Matthias Wolff

Akustische Mustererkennung

TUDpress

Studientexte zur Sprachkommunikation
Hg. von Rüdiger Hoffmann
ISSN 0940-6832
Bd. 57

Matthias Wolff

Akustische Mustererkennung

TUD*press*
2011

Die vorliegende Arbeit wurde unter dem Titel »Akustische Mustererkennung« von der Fakultät Elektrotechnik und Informationstechnik der Technischen Universität Dresden zur Erlangung des akademischen Grades eines Doktor-Ingenieur habilitatus (Dr.-Ing. habil.) als Habilitationsschrift genehmigt.

Gutachter:
Prof. Dr.-Ing. habil. Rüdiger Hoffmann, TU Dresden
Prof. Dr. rer. nat. habil. Günther Wirsching, Katholische Universität Eichstätt
Prof. Dr. rer. nat. Andreas Wendemuth, Otto-von-Guericke-Universität Magdeburg

Tag der Einreichung: 19. Mai 2010
Vortrag mit Kolloquium: 24. Februar 2011

Bibliografische Information der Deutschen Nationalbibliothek
Die Deutsche Nationalbibliothek verzeichnet diese Publikation in der Deutschen Nationalbibliografie; detaillierte bibliografische Daten sind im Internet über http://dnb.d-nb.de abrufbar.

Bibliographic information published by the Deutsche Nationalbibliothek
The Deutsche Nationalbibliothek lists this publication in the Deutsche Nationalbibliografie; detailed bibliographic data are available in the Internet at http://dnb.d-nb.de.

ISBN 978-3-942710-14-5

Verlag der Wissenschaften GmbH
Bergstr. 70 | D-01069 Dresden
Tel.: 0351/47969720 | Fax: 0351/47960819
http://www.tudpress.de

Gesetzt vom Autor.
Printed in Germany.

Formelzeichen und Symbole

Schriftsatz

a	Element, Skalar, Index
$\mathbf{a}$	Folge
$\vec{a}$	Vektor
$\vec{\mathbf{a}}$	Vektorfolge
A	Menge, Alphabet, Anzahl
$\mathbf{A}$	Matrix
$\mathcal{A}$	Menge von Mengen, Automat
A	Zeichen (in einem Alphabet)
$\mathbb{A}$	Grundmenge
x^a	zeitlicher Index (hochgestellt, wenn eindeutig)
x_a	räumlicher Index (tiefgestellt)
$x^{(a)}$	Iterationsindex (hochgestellt, in runden Klammern)

Formelzeichen

*	KLEENEsche Hülle
$\mathbf{A}$	zeitliche Filtermatrix
$\mathcal{A}$	Automat
α	Lernkonstante
$\vec{b}$	Basisvektor
$\mathbf{B}$	lineare Transformationsmatrix
β_m^k	Zuordnungswkt. zu Einzelverteilung
β_e^k	Zuordnungswkt. zu Übergang
c	Klasse
C	Klassenanzahl
$\mathcal{C}$	Klassenmenge

$\mathbf{c}$	Klassenfolge
γ_z^k	Zuordnungswkt. zu Zustand
d	Aussage
D	Aussagenraum
d_c	Unterscheidungsfunktion
$\delta_{i,j}$	KRONECKER-Symbol
e	Zustandsübergang
E	Menge der Zustandsübergänge
$\mathbf{E}$	Einheitsmatrix
ε	leeres Zeichen, leeres Wort
F	Menge der Schlusszustände
g_z^k	Vorwärtsvariable
γ	geometrischer Rand
$\hat{\gamma}$	funktionaler Rand
h_z^k	Rückwärtsvariable
h	absolute Häufigkeit
H	relative Häufigkeit
I	Menge der Anfangszustände
j	Kosten
$\mathbf{J}$	Kostenmatrix
J	Zielfunktion
k	zeitlicher Folgenindex
K	Folgenlänge, auch Stichprobengröße
K	Kernfunktion
$\mathbf{K}$	Kernmatrix
L	Kontextlänge
L	LAGRANGE-Funktion
L	Likelihood-Funktion
LL	Log-Likelihood-Funktion
L_X	Sprache über dem Alphabet X
$\mathcal{L}$	Partitur- oder Syntaxmodell
λ	Interpolationskoeffizient
NLL	Neg. Log-Likelihood-Funktion
NLP	Neg. log. Wahrscheinlichkeit(sdichte)
M	Dimension des sekundären Merkmalraums
$\mathcal{M}$	Modell(information)
μ	Mittelwert
N	Dimension des primären Merkmalraums
$\mathbb{N}$	Menge der natürlichen Zahlen
o	Merkmal, Element der Testfolge
$\mathcal{O}$	(sekundärer) Merkmalraum
$\mathbf{o}$	Merkmalfolge, Testfolge
$\vec{o}$	Merkmalvektor
$\vec{\mathbf{o}}$	Merkmalvektorfolge

p	Wahrscheinlichkeitsdichte
P	Wahrscheinlichkeit
(p)	Iterationszähler
Ψ_z^k	Rückverfolgungsvariable
q	Parameter (allgemein)
q	Ausgabefunktion
Q	Menge der Ausgabefunktionen
r	Realisierung
R	Menge der Realisierungen
$\mathcal{R}$	Erkennungsnetzwerk
$\Re$	Eingaberaum
$\Re'$	Referenzsystem
s	Entscheidung
S	Entscheidungsraum
S	(Gewichts-)Halbring
s_{nm}	Korrelation
$\mathbf{S}$	Autokorrelationsmatrix
σ_{nm}	Kovarianz
$\boldsymbol{\Sigma}$	Kovarianzmatrix
t	(kontinuierliche) Zeit
$\mathcal{T}$	Lernbeispiel für Automaten
U	Weg
$\mathcal{U}$	Menge von Wegen
w	Verhaltensfunktion
w	Gewicht
$\vec{w}$	Parametervektor
$\mathbf{W}$	Gewichtsmatrix, lin. Transformationsmatrix
x	Signal
X	Spektrum
$\mathcal{X}$	Signalraum
$\vec{x}$	(primärer) Merkmalvektor
x	Eingabezeichen
X	Alphabet, Eingabealphabet
$\mathbf{x}$	Wort, Zeichenkette, Eingabefolge
$\vec{\mathbf{x}}$	primäre Merkmalvektorfolge
$\vec{y}$	transformierter primärer Merkmalvektor
y	Ausgabezeichen
Y	Ausgabealphabet
$\mathbf{y}$	Ausgabefolge
z	Zustand, Startzustand
Z	Zustandsalphabet
z'	Zielzustand

Symbole

Allgemein

$\lvert\mathbf{A}\rvert$	Determinante der Matrix **A**
$\lvert\mathbf{a}\rvert$	Länge der Folge **a**
$\dot{\vee}$	logische Antivalenz
$*$	Faltung
$\oplus$	allgemeine Additionsoperation
$\otimes$	allgemeine Multiplikationsoperation
$\oplus_{\ln}$	logarithmische Addition
$\olessthan$	allgemeine Kleiner-als-Operation
$\ogreaterthan$	allgemeine Größer-als-Operation
$\overline{0}$	neutrales Element bzgl. der allg. Addition
$\overline{1}$	neutrales Element bzgl. der allg. Multiplikation
∞	unendliche Zeichenkette
$\operatorname{arg\,ext}$	$\operatorname{arg\,min}$ oder $\operatorname{arg\,max}$
$\operatorname{arg\,rank}_{\mathrm{n}}$	n-tes Element einer Rangfolge
diag	Diagonalmatrix
tr	Spur

Automatenalgebra

$\cup$	Vereinigung
$\cap$	topologischer Durchschnitt
$\setminus$	topologische Differenz
$\oplus$	Summe
$\otimes$	Produkt
$\ominus$	rationale Differenz
$\times$	kartesisches Produkt
$\circ$	Komposition
$\underline{\cap}$	rationaler Durchschnitt
$\equiv$	Äquivalenz
*	Kleenesche Hülle, Kleenescher Abschluss
$^{\leftarrow}$	Umkehrung
$^{-1}$	Inversion
$\downarrow$	Projektion
$\langle\rangle$	Zuschneiden
$\not\varepsilon$	Epsilon-Elimination
det	Determinierung
min	Minimierung
push	Verschiebung

Danksagung

Vor allem gebührt meinem Mentor Herrn Professor Dr. Rüdiger Hoffmann Dank, ohne den diese Arbeit nicht geschrieben worden wäre. Die Darstellung der Grundlagen der Mustererkennung[1] basieren auf seinem Lehrbuch „Signalanalyse und -erkennung“ [120]. Herr Professor Hoffmann gab mir die freundliche Erlaubnis, einige Grafiken aus seinem Buch zu übernehmen.[2] Von ihm stammt auch die ursprüngliche Idee zu dem in Kapitel 7.1 vorgestellten einheitlichen System zur Sprachsynthese und -erkennung (UASR).

Mein besonderer Dank gilt Constanze Tschöpe für die vielen (schönen) Stunden, in denen wir gemeinsam über der *finite-state*-Formulierung von Hidden-MARKOV-Modellen und dem entsprechenden EM-Algorithmus gebrütet haben sowie Frank Duckhorn, der wesentlich zur korrekten Formulierung der verschiedenen Varianten der A*-Suche beigetragen hat. Herr Dr. Rolf Dietzel hat mir Heinrich BARKHAUSENs Originalaufsatz zu dem nach ihm benannten Magneteffekt zur Verfügung gestellt (s. Seite 249). Auch dafür meinen herzlichen Dank. Thomas Fehér, Guntram Strecha und Sören Wittenberg danke ich für viele Anregungen und für ihre Hilfe bei der Literaturrecherche zur akustischen Nutzerschnittstelle und zur Merkmalanalyse.

Die semantische Komponente des UASR-Systems nach Abbildung 7.1 wurde von den Herren Professoren Dr. Robert Lorenz und Dr. Günther Wirsching sowie Markus Huber, Christian Kölbl und Dr. Ronald Römer konzipiert. Ich danke den Kollegen für die vielen anregenden Tage (und Abende im Wirtshaus „Trompete“ :) der wissenschaftlichen und philosophischen Diskussion.

Schließlich danke ich allen Kollegen am Institut für Akustik und Sprachkommunikation der TU Dresden für viele Jahre der spannenden und fruchtbaren Zusammenarbeit, allen voran Herrn Privatdozenten Dr. Ulrich Kordon, sowie Dr. Maximiliano Cuevas, Dr. Matthias Eichner, Hussein Hussein, Stephan Hübler, Rainer Jäckel, Oliver Jokisch, Mathias Kortke, Steffen Kürbis, Dietmar Richter, Dr. Steffen Werner und Barbara Wrann.

Dresden, März 2011 Matthias Wolff

[1] besonders die Kapitel 1.2.1, 1.2.3, 2.2, 2.3.2, 2.3.3 und 3.2

[2] Die Kennzeichnung ist jeweils Bestandteil der Bildunterschrift.

Inhaltsverzeichnis

1 Einführung

1.1 Zur Einordnung

1.1.1 Akustische Mustererkennung

Ziel der Mustererkennung ist das maschinelle Gewinnen von Aussagen über reale Dinge und Prozesse. Unter einem „realen Ding“ kann beispielsweise eine konkrete Münze verstanden werden und die gewünschte „Aussage“ könnte sein: „das ist eine Ein-Euro-Münze“. In der Mustererkennung nennt man reale Objekte Realisierungen oder in Anlehnung an die Informatik Instanzen. Die Aussage hat vorzugsweise symbolischen Charakter und wird mit dem Begriff Klasse bezeichnet. Natürlich können auch weiche Aussagen wie: „das ist wahrscheinlich eine Ein-Euro-Münze“ getroffen und entsprechend numerisch ausgedrückt werden.

Abbildung 1.1 zeigt das allgemeine Prinzip eines technischen Systems zur Mustererkennung. Die Realisierungen r sind üblicherweise Teile eines so genannten Eingabesystems $\mathfrak{R}$ (zum Beispiel des Portemonnaies), welches nicht unmittelbar rechentechnisch untersucht werden kann. Daher werden mit Hilfe von geeigneten Sensoren (Kameras, Mikrofone usw.) zunächst Messwerte x der Realisierungen erfasst. Bei der akustischen Mustererkennung sind dies immer Signale (genauer: eindimensionale Zeitfunktionen). Diese Signale sind die eigentlichen Eingabedaten des Mustererkenners. Mathematisch werden sie in der Regel als Realisierungen eines stochastischen Prozesses aufgefasst. Abgesehen von Sonderfällen sind die Messsignale durch enthaltene Redundanz, Irrelevanz und Störungen nur schlecht für die Mustererkennung geeignet. Deshalb werden sie in einem so genannten Analysator in eine numerische Realisierungsbeschreibung umgewandelt, welche als Beobachtung oder Merkmale o der Realisierung bezeichnet wird und in der Regel aus einem einzelnen oder einer Folge von N-dimensionalen Vektoren besteht. Über diese Merkmalvektoren oder Merkmalvektorfolgen trifft der eigentliche Klassifikator mit Hilfe von Modellinformationen $\mathcal{M}$ eine Aussage d, aus der auf die Zugehörigkeit der Realisierung zu einer Klasse c geschlossen werden kann.

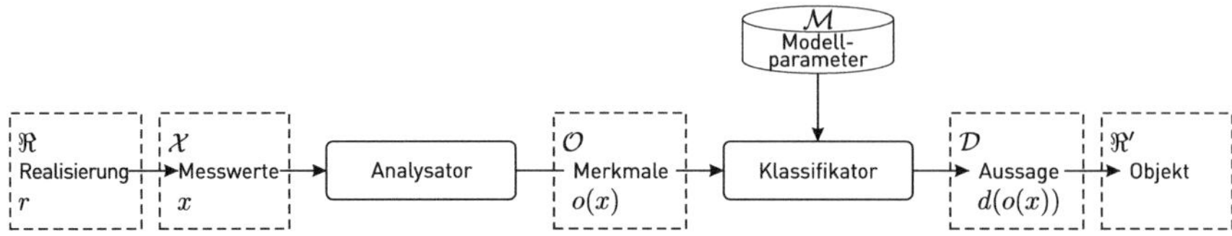

Abb. 1.1. Schematische Darstellung eines allgemeinen Mustererkennungssystems (nach [311] und [120]). Konkrete Mustererkenner können von dem dargestellten Grundprinzip abweichen. Die einzelnen Elemente sind in Tabelle 1.1 genauer erläutert.

Klasse	$c \in \mathcal{C}$	Menge von realen Möglichkeiten
Realisierung (Instanz)	$r \in R$	konkretes reales Objekt
Eingabesystem	$\mathfrak{R}$	über dieses System sollen durch „Beobachtung" von Realisierungen Aussagen gewonnen werden
Messwerteraum	$x \in \mathcal{X}$	Messwerte und Messwerteraum, z. B. - Signale, Bilder, ...
Merkmalraum	$o \in \mathcal{O}$	Merkmale und Merkmalraum, z. B. - Merkmalvektorraum $\vec{o}(x) \in \mathcal{O} = \mathbb{R}^N$ - Merkmalvektorfolgenraum $\vec{\mathbf{o}}(x) \in \mathcal{O} = (\mathbb{R}^N)^*$
Analysator	$o : \mathcal{X} \to \mathcal{O}$	Analysetransformation
Aussagenraum	$d \in D$	Sachverhalte bzw. Reaktionen, z. B. - Wahrscheinlichkeit einer Klasse $P(c) \in [0,1]$ - Ähnlichkeitsmaße $d_c \in [0, \infty)$
Klassifikator	$d : \mathcal{C} \times \mathcal{O} \to \mathcal{D}$	Aussage-/Modellabbildung
Modellparameter	$\mathcal{M}$	variable Elemente von d - meist pro Klasse $\mathcal{M}_c$
Entscheidungsraum	$s \in S$	spezielle, „verschärfte" Aussagen (optional), z. B. - Klasse $c \in \mathcal{C}$ - Klassenfolge $\mathbf{c} \in \mathcal{C}^*$
Referenzsystem	$\mathfrak{R}'$	Modell von $\mathfrak{R}$, kann Restriktionen hinsichtlich der möglichen Entscheidungen vorgeben

Tabelle 1.1. Begriffe und Formelzeichen zur Mustererkennung

1.1.2 Intelligente Audiosignalverarbeitung

Akustische Mustererkennung ist eine Teildisziplin der intelligenten Audiosignalverarbeitung. Dieser liegt die folgende Modellvorstellung zugrunde:

▷ *Audiosignale bestehen aus akustischen Elementarereignissen, die nach einer bestimmten Vorschrift neben- und nacheinander angeordnet sind.*

Dass diese Modellvorstellung sinnvoll ist, zeigt der Blick auf einige Beispielsignale.

- **Sprache**
Technisch werden beim Sprachsignal Lautphasen (oder Sublaute) als akustische Ereignisse betrachtet. Diese werden nacheinander angeordnet und ergeben Laute, Silben, Wörter, Sätze und Texte. Die Vorschriften für diese Anordnung sind beispielsweise Lexika und Grammatiken. Abbildung 1.2 zeigt eine schematische Darstellung der „Partitur“ von Sprachsignalen. Nicht durch die Partitur erfasste Restinformationen sind ohne Anspruch auf Vollständigkeit rechts aufgelistet.

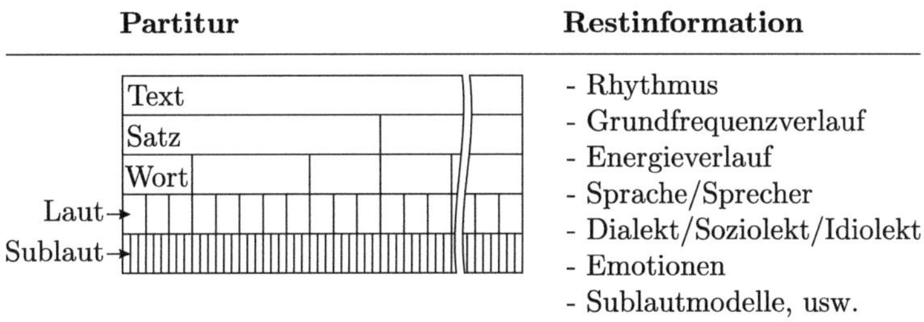

Abb. 1.2. Struktur von Sprachsignalen.

- **Musik**
Akustische Ereignisse im Musiksignal sind gespielte oder gesungene Noten. Diese werden nebeneinander zu Akkorden und nacheinander zu Takten, Teilen, Sätzen und Stücken angeordnet. Die Vorschrift für die Anordnung ist die Partitur. Auch hier existieren, jedenfalls im technischen Sinne, von der Partitur nicht erfasste Restinformationen. Die prinzipielle Struktur von Musiksignalen ist in Abbildung 1.3 dargestellt.

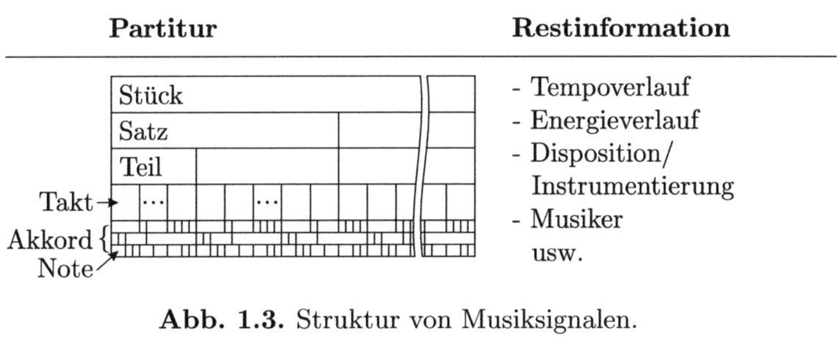

Abb. 1.3. Struktur von Musiksignalen.

- **Korotkoff-Geräusch**
Hierbei handelt es sich um das akustische Signal, welches bei der auskultatorischen Blutdruckmessung durch das Stethoskop hörbar ist. Die akustischen Ereignisse sind die Pulsschläge, die „Partitur“ besteht aus den fünf

von KOROTKOFF [224] beschriebenen Phasen des Pulsgeräusches [174]. Zu den Restinformationen zählt unter anderem der Herzrhythmus und der Klang der Pulsschläge. Abbildung 1.4 zeigt schematisch die Struktur und die Restinformationen des KOROTKOFF-Geräusches. Die automatische Mustererkennung für solche Signale wird in [338] beschrieben.

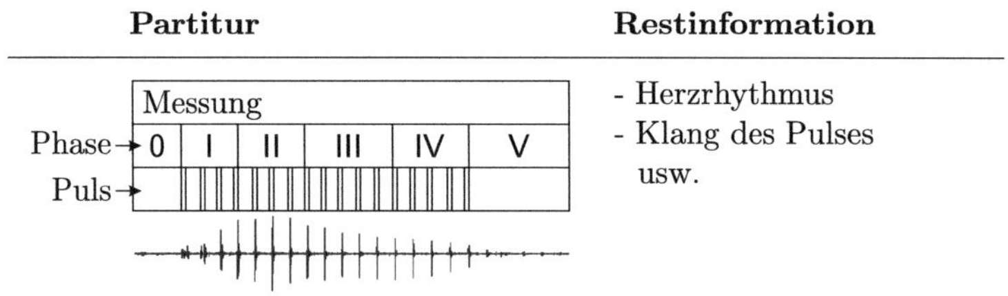

Abb. 1.4. Struktur von KOROTKOFF-Geräuschen.

- **Schaltgeräusche von Magnetventilen**
  Das in Abbildung 1.5 dargestellte Schaltgeräusch eines Magnetventils ist ein Beispiel für ein technisches Signal mit einer klar erkennbaren Partitur. Die in [286, 280] detaillierter beschriebene Mustererkennungsaufgabe besteht hier in der Auswertung eines Teils der Restinformation, nämlich dem Klang des Ein- und Ausschaltens. Anhand dessen kann entschieden werden, ob das Bauteil intakt, verschlissen oder ausgefallen ist.

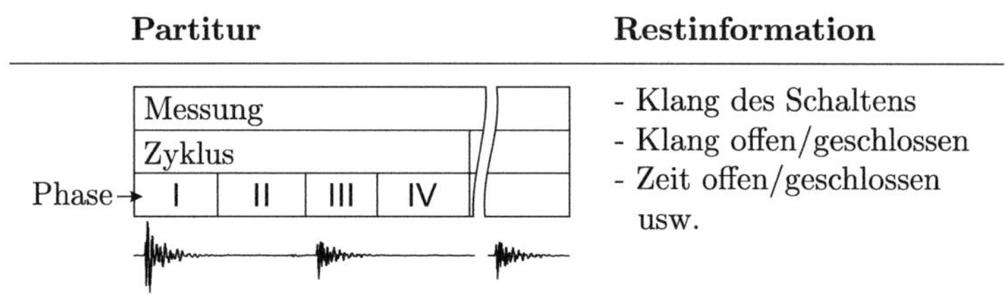

Abb. 1.5. Struktur des Schaltgeräusches von Magnetventilen (siehe auch Abb. 4.9 in Abschnitt 4.4);
Phasen: I-öffnen, II-offen, III-schließen, IV-geschlossen.

Ähnliche räumliche und zeitlichen Strukturen können in vielen akustischen Signalen gefunden werden. Die intelligente Audiosignalverarbeitung beschäftigt sich mit der automatischen Aufdeckung und Verarbeitung dieser Strukturen mit Hilfe mathematischer Modelle. Sie muss dazu vier Teilaufgaben lösen.

- **Analyse:** automatische Aufdeckung der Signalstruktur und Dekomposition in eine Partitur und Restinformationen,

- **Interpretation:** automatisches Ableiten von Schlussfolgerungen aus der Partitur und den Restinformationen,
- **Manipulation:** Modifikation der Partitur und/oder der Restinformationen sowie
- **Synthese:** Komposition von Signalen aus einer Partitur und Restinformationen.

Ein intelligentes System zur Audiosignalverarbeitung kann eine ganze Reihe von Problemen lösen. Die Kombination von Analyse und Interpretation ergibt beispielsweise einen akustischen Mustererkenner oder einen Spracherkenner. Die Synthese kann für Spracherzeugung, Musiksynthesizer und ähnliches eingesetzt werden. Eine Kombination von Analyse und Synthese realisiert, da, wie wir später sehen werden, die Datenrate durch Analyse erheblich sinkt, einen Audiocodec. Da dieser die Partitur als Kodeworte überträgt, sind extrem niedrige Datenraten erreichbar. Die Kombination von Analyse, Manipulation und Synthese ergibt für Sprachsignale einen Vokoder. Es sei dabei angemerkt, dass ein solcher Vokoder natürlich Zugriff auf die „Partitur“ des Signals hat und daher nicht nur bloße Signalmanipulation, sondern auch syntaktische oder semantische Änderungen ausführen kann. Beispiele sind Stimmenkonvertierung, Modifikation der Aussprache oder des Textes sowie die Änderung paralinguistischer Merkmale wie der Emotion. Eine Anwendung des Prinzips auf Musiksignale ermöglicht beispielsweise eine Equalizerfunktion auf Partiturebene (Schlagzeug, Bass, Begleitstimmen, Melodiestimme/Gesang) [144] und ähnliches.

Abbildung 1.6 zeigt ein Ersatzschaltbild für ein System zur intelligenten Audiosignalverarbeitung. Im Ausblick (Abschnitt 7) wird das System unter Verwendung der in den Kapiteln 2 bis 4 erläuterten Verfahren und Algorithmen detaillierter ausgeführt und auf weitere Anwendungsbeispiele eingegangen.

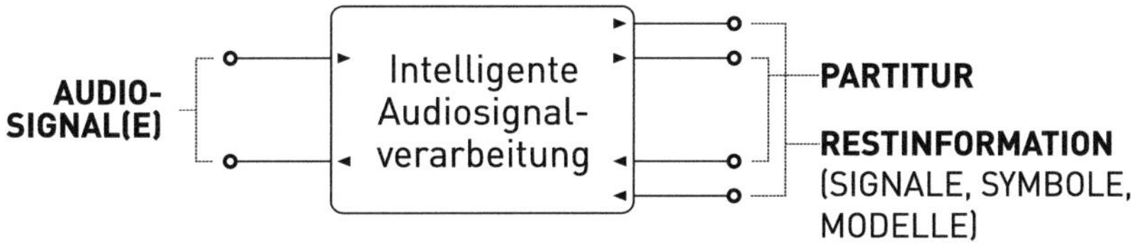

Abb. 1.6. System zur intelligenten Audiosignalverarbeitung.

Die im Folgenden behandelte akustische Mustererkennung realisiert den Analysezweig des intelligenten Systems zur Audiosignalverarbeitung. Dabei wird der Datenstrom der Eingabesignale in drei Teile zerlegt:

- **Relevanz**
  Anteil der Signalinformation, der für die Klassifikationsaufgabe von Bedeutung ist; kann in der Partitur und/oder der Restinformation enthalten sein,
- **Irrelevanz**
  restliche Signalinformation sowie
- **Redundanz**
  nicht informationstragende Datenmenge.

Die Menge der relevanten Daten ist normalerweise verschwindend gering im Vergleich zur Menge der Signaldaten. Tabelle 1.2 gibt als Beispiel die Datenraten des Sprachsignals vor und nach der Signalanalyse sowie verschiedener Partiturspuren an.

Datenstrom	Datenrate (kbit/s)
Signal	64 – 320
Sekundäre Merkmalvektoren (s. Abschn. 2.1)	1,2 – 14,4
Laute (Hypothesengitter)	0,2 – 0,4
Wörter	ca. 0,06

Tabelle 1.2. Ungefähre Datenraten des Sprachsignals und verschiedener Partiturspuren.

1.2 Voraussetzung für Mustererkennung

1.2.1 Äquivalenzrelation

Wir betrachten zunächst den etwas vereinfachten Fall, dass die Informationsreduktion bei der Mustererkennung bis zur Zuordnung eines Messsignals zu genau einer aus C möglichen Klassen getrieben wird. Falls also den beiden Signalen x_1 und x_2 die gleiche Klasse c zugeordnet wird, besteht zwischen ihnen offenbar eine Äquivalenzrelation $x_1 \sim x_2$.[1]

Äquivalenzrelationen haben die folgenden Eigenschaften:

$$\begin{array}{ll} x_1 \sim x_1 & \text{Reflexivität,} \\ x_1 \sim x_2 \Rightarrow x_2 \sim x_1 & \text{Symmetrie,} \\ x_1 \sim x_2 \wedge x_2 \sim x_3 \Rightarrow x_1 \sim x_3 & \text{Transitivität.} \end{array} \tag{1.1}$$

In der Menge $\mathcal{X}$ aller Signale bewirken diese Relationen die Bildung von Äquivalenzklassen $a/\sim$ mit

[1] Die Darstellung der Äquivalenzrelationen folgt [120].

$$a/\sim = \{x \in \mathcal{X} | x \sim a\} \subseteq \mathcal{X} \qquad \text{sowie } a \in \mathcal{X}, \tag{1.2}$$

wobei $a/\sim$ alle diejenigen Signale x bezeichnet, die zum Signal a äquivalent sind. Wir haben unterstellt, dass jedes Signal genau einer Äquivalenzklasse angehört. Außerdem wollen wir sinnvollerweise annehmen, dass alle Klassen paarweise *nicht* äquivalent sind. Somit bilden die Äquivalenzklassen eine vollständige Zerlegung der Signalmenge $\mathcal{X}$ in disjunkte Teilmengen, eine für jede Klasse. Eine solche Zerlegung $\mathcal{X}/\sim$ heißt Partition.

Im Folgenden soll der Begriff „Klasse“ im Sinne der Äquivalenzklassen verwendet werden. Der Entscheidungsprozess, der einem Messsignal eine Klasse zuordnet, heißt Klassifikation. Falls diese automatisch durchgeführt wird, sprechen wir von Objekt- oder Mustererkennung (engl. *pattern recognition*). Wie in der objektorientierten Programmierung unterscheiden wir Objekte[2] und Realisierungen (Instanzen). Ein Objekt ist ein Typ von Dingen oder Ereignissen, eine Realisierung ist ein konkretes, individuelles Ding oder Ereignis. Man könnte in diesem Sinne beispielsweise die Kuh „Elsa“ als Realisierung der Klasse „Kuh“ bezeichnen.

Wir werden uns auf Fälle beschränken, in denen die Realisierungen eindimensionale reellwertige Signale sind.

1.2.2 Merkmalvektor, Merkmalvektorfolge und Merkmalraum

Wie in Abbildung 1.1 dargestellt, verarbeiten technische Mustererkennungssysteme meist nicht die Messsignale selbst, sondern daraus abgeleitete Merkmale. Der Grund für die Durchführung der so genannten Merkmalanalyse liegt schlicht in der Notwendigkeit einer Vorauswahl der zu verarbeitenden Informationen. Demnach ist es das Ziel der Merkmalanalyse

1. die Redundanz des Messsignals zu vermindern,
2. die Irrelevanz im Messsignal zu reduzieren und
3. als Folge von 1. und 2. die Datenrate zu verringern.

Oftmals sind diese Forderungen nur unzureichend in einem einzigen Rechenschritt erreichbar. Daher verwenden wir im Allgemeinen ein zweistufiges Verfahren bestehend aus einer primären und einer sekundären Merkmalanalyse. Die Primäranalyse ist in der Regel eine Signaltransformation (wie zum Beispiel die Kurzzeit-Spektralanalyse). Die Sekundäranalyse ist für die eigentliche Kompression des Datenstroms verantwortlich. Diese Aspekte werden im Abschnitt 2.1 näher erläutert.

Merkmalvektoren

Viele gängige Verfahren der Merkmalanalyse erzeugen aus dem eindimensionalen Messsignal mehrdimensionale Merkmalvektoren:

---

[2] Zur klaren Begriffsabgrenzung vermeiden wir in der Mustererkennung hier den Begriff „Klasse“.

$$\vec{o} = f(x(t)) \in \mathcal{O} \qquad \text{z. B. mit } \mathcal{O} = \mathbb{R}^N \tag{1.3}$$

wobei f für die so genannte Analysetransformation und N für die Dimension des Merkmalvektors, also für die Anzahl der Vektorkomponenten, steht. Diese Dimension ist in praktischen Anwendungen meist recht groß (etwa 10 bis 30).

Wenn die zu klassifizierenden Messsignale eine ausgeprägte zeitliche Struktur besitzen, was in vielen wichtigen Anwendungen wie beispielsweise der Spracherkennung der Fall ist, kann ein einziger Merkmalvektor keine ausreichende Repräsentation sein. Hier wird das Messsignal zunächst in kurze Abschnitte $x(t,\tau)$ zerlegt und die Analysetransformation f auf jeden einzelnen Abschnitt angewendet. Damit ergibt sich eine zeitliche Merkmalvektorfolge:

$$\vec{\mathbf{o}} = (f(x(t,\tau_1)), f(x(t,\tau_2)), \ldots) \in \mathcal{O}^* \qquad \text{z. B. mit } \mathcal{O}^* = \left(\mathbb{R}^N\right)^*. \tag{1.4}$$

Wir bezeichnen $x(t,\tau)$ auch als Zeitfenster. Das „Ausschneiden“ aus dem Signal $x(t)$ geschieht mit Hilfe einer Fensterfunktion $h(t)$:

$$x(t,\tau) = x(t) \cdot h(t-\tau). \tag{1.5}$$

Merkmalraum und Abstandsfunktion

Zur gewünschten Klasseneinteilung der Signalmenge $\mathcal{X}$ benötigen wir eine für die praktische Berechnung geeignete Definition der in Abschnitt 1.2.1 diskutierten Äquivalenzrelation. Diese ist besonders einfach, wenn wir annehmen dürfen, dass unsere Merkmalvektoren Punkte in einem Merkmalvektorraum sind.

Bekanntermaßen ist ein Vektorraum eine ABELsche Gruppe $(\mathcal{O},+)$ mit den Elementen $\mathcal{O}$ Vektormenge und $+$ Vektoraddition, auf der zusätzlich eine Skalarmultiplikation erklärt ist:

$$\cdot : S \times \mathcal{O} \to \mathcal{O} \tag{1.6}$$

mit dem skalaren Körper S, beispielsweise den reelle Zahlen $S = (\mathbb{R},+,\cdot)$.

Unterstellen wir also, dass unsere Merkmalvektoren Punkte in einem Vektorraum sind, so kann die Definition von Äquivalenzrelationen über den Abstand von Vektoren erfolgen. Wir benutzen eine skalare Abstandsfunktion

$$d : \mathcal{O} \times \mathcal{O} \to S, \tag{1.7}$$

welche folgende Eigenschaften besitzt:

$$\begin{array}{ll} d(\vec{x},\vec{y}) \geq 0 & \text{Nichtnegativität,} \\ d(\vec{x},\vec{y}) = 0 \Leftrightarrow \vec{x} = \vec{y} & \left.\begin{array}{l}\text{Identität} \\ \text{Symmetrie}\end{array}\right\} \text{positive Definitheit,} \\ d(\vec{x},\vec{y}) = d(\vec{y},\vec{x}) & \\ d(\vec{x},\vec{y}) \leq d(\vec{x},\vec{z}) + d(\vec{z},\vec{y}) & \text{Dreiecksungleichung,} \end{array} \tag{1.8}$$

wobei gilt $\vec{x}, \vec{y} \in \mathcal{O}$. Gleichung (1.7) wird in Verbindung mit den axiomatischen Bedingungen (1.8) auch als Metrik bezeichnet.

Allgemein kann man zur Definition von Äquivalenzklassen durch Abstände sagen, dass zwei Messsignale wahrscheinlich dann zu ein und derselben Klasse gehören, wenn der Abstand zwischen ihren Merkmalvektoren klein ist. Die Forderung nach der Partition des Merkmalraums bringt praktisch jedoch einige Schwierigkeiten mit sich, deren Diskussion hier zu weit führte. Wir werden im Abschnitt 1.2.3 darauf zurück kommen.

Verallgemeinerter Euklidischer Abstand

Besonders nahe liegend ist die Wahl des EUKLIDischen Abstands. Wir müssen allerdings berücksichtigen, dass die konkrete Anwendung besondere Anforderungen mit sich bringen kann, welche einen verallgemeinerten Abstandsbegriff erfordern.[3]

Betrachten wir dazu folgendes Beispiel: Zur Klassifikation von Früchten soll ein Merkmalvektor bestehend aus den Messwerten „Masse", angegeben in Gramm, und „Farbe", angegeben als Wellenlänge in Metern, verwendet werden. Offenbar kann zwischen zwei Vektoren dieser Zusammensetzung *kein* EUKLIDischer Abstand berechnet werden, wie eine einfache Dimensionskontrolle zeigt:

$$\Big[d(\vec{x},\vec{y})\Big] = \sqrt{\Big[(x_1 - y_1)\Big]^2 - \Big[(x_2 - y_2)\Big]^2} = \sqrt{\mathrm{g}^2 + \mathrm{m}^2} \;\lightning \tag{1.9}$$

Zur Behebung dieses Problems erweitern wir die Definition des Abstands um Wichtungsfaktoren (in Beispiel w_1 in g und w_2 in m) der Komponenten:[4]

$$\Big[d(\vec{x},\vec{y})\Big] = \sqrt{\left(\frac{\Big[(x_1 - y_1)\Big]}{\Big[w_1\Big]}\right)^2 - \left(\frac{\Big[(x_2 - y_2)\Big]}{\Big[w_2\Big]}\right)^2} = \sqrt{\frac{\cancel{\mathrm{g}}^2}{\cancel{\mathrm{g}}^2} + \frac{\cancel{\mathrm{m}}^2}{\cancel{\mathrm{m}}^2}} \;\checkmark \tag{1.10}$$

Selbst wenn die physikalischen Einheiten der Merkmalvektorkomponenten gleich sind, kann die Anwendung von Wichtungsfaktoren geboten sein. Wenn wir in unserem Beispiel den Durchmesser der Frucht anstelle ihrer Masse als erstes Merkmal verwenden, besteht formal kein Einheitenproblem. Da die Werte des Durchmessers aber im Zentimeter-, die der Wellenlänge jedoch im Nanometerbereich liegen, ist klar, dass ohne ausgleichende Wichtungsfaktoren berechnete Abstände vom Durchmesser dominiert würden und die Wellenlänge praktisch keinen Einfluss hätte. Der verallgemeinerte EUKLIDische Abstand zweier Vektoren lautet also:

---

[3] Die Darstellung des verallgemeinerten EUKLIDischen Abstands folgt [120].

[4] Die hier dargestellte Einheitenkontrolle ist lediglich eine Plausibilitätsbetrachtung. Eine mathematisch exakte Rechnung kann in Anhang A.2 gefunden werden.

$$d(\vec{x},\vec{y}) = \sqrt{\sum_{n=1}^{N} \frac{(x_n - y_n)^2}{w_n^2}}. \tag{1.11}$$

Ohne hier weiter darauf einzugehen, sei erwähnt, dass die Einstellung der Wichtungsfaktoren keineswegs heuristisch geschehen muss oder sollte. Vielmehr sind sie Gegenstand des Klassifikatortrainings, welches unter anderem in Abschnitt 2.3 behandelt wird.

Minkowski-Norm

Der Begriff des Abstands steht in engem Zusammenhang mit dem der Norm[5] $\|\vec{x}\|$ eines Vektors. Anschaulich ist die Norm schlicht ein Maß für die Länge eines Vektors, also für den Abstand eines Punktes im Raum vom Koordinatenursprung. Mathematisch erfordert die Definition einer Norm das Vorhandensein eines Skalarprodukts

$$\langle\rangle : \mathcal{O} \times \mathcal{O} \to S. \tag{1.12}$$

Das einfachste Beispiel ist das Standardskalarprodukt im reellen Vektorraum:

$$\langle\vec{x},\vec{y}\rangle = x_1y_1 + x_2y_2 + \ldots + x_Ny_N = \vec{x}^\top\vec{y}. \tag{1.13}$$

Ein Raum, in dem ein Skalarprodukt definiert ist, heißt HILBERT-Raum. Die

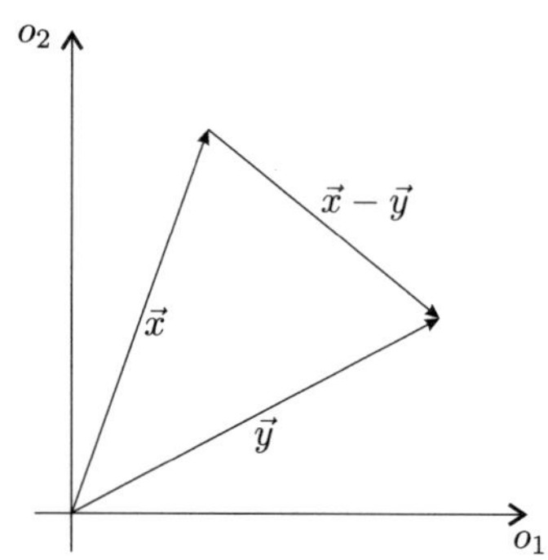

Abb. 1.7. Veranschaulichung der Begriffe Norm und Abstand.

Norm eines Vektors ist als die Wurzel seines Skalarprodukts mit sich selbst definiert:

$$\|\vec{x}\| = \sqrt{\langle\vec{x},\vec{x}\rangle} \tag{1.14}$$

Wir können nun den Abstand zweier Vektoren als die Norm des Differenzvektors auffassen, wie Abbildung 1.7 veranschaulicht:

[5] Die Darstellung der MINKOWSKI-Norm folgt bis auf einige Korrekturen [120].

$$d(\vec{x},\vec{y}) = \|\vec{x}-\vec{y}\| = \sqrt{\langle \vec{x}-\vec{y}, \vec{x}-\vec{y}\rangle}. \tag{1.15}$$

Im Falle der EUKLIDischen Norm erhalten wir:

$$\begin{aligned} d(\vec{x},\vec{y}) &= \sqrt{(x_1-y_1)(x_1-y_1)+\ldots+(x_N-y_N)(x_N-y_N)} \\ &= \sqrt{\sum_{n=1}^{N}(x_n-y_n)^2}, \end{aligned} \tag{1.16}$$

also – natürlich – genau den EUKLIDischen Abstand.

Aus Sicht der Normierung des Raums ist die Wahl des Exponenten 2 willkürlich. Andere Exponenten g definieren ebenfalls gültige Normen. Die entsprechende Verallgemeinerung heißt MINKOWSKI-Norm:

$$d(\vec{x},\vec{y}) = \sqrt[g]{\sum_{n=1}^{N}(x_n-y_n)^g} \qquad \text{mit } g \geq 1. \tag{1.17}$$

Berücksichtigen wir noch die in Gleichung (1.11) eingeführten Wichtungsfaktoren erhalten wir schließlich als allgemeinstes hier betrachtetes Abstandsmaß die gewichtete MINKOWSKI-Norm:

$$d(\vec{x},\vec{y}) = \sqrt[g]{\sum_{n=1}^{N}\frac{(x_n-y_n)^g}{w_n^g}} \qquad \text{mit } g \geq 1. \tag{1.18}$$

Je größer der Exponent g gewählt wird, desto stärker gehen *große* komponentenweise Differenzen in das Abstandsmaß ein. Je kleiner g gewählt wird, desto stärker gehen *kleine* komponentenweise Differenzen in das Abstandsmaß ein. Tabelle 1.3 stellt einige wichtige Spezialfälle hinsichtlich der Wahl von g zusammen.

1.2.3 Stetigkeit, Kompaktheit und Separierbarkeit

Als letzte grundlegende Voraussetzung für die automatische Erkennung von Signalen wollen wir auf eine eigentlich selbstverständliche Forderung an die Merkmalanalyse eingehen, die aber keinesfalls übersehen werden darf: Die Merkmalanalyse muss sicher stellen, dass kleine Änderungen des Signals auch nur zu kleinen Änderungen der Merkmalvektoren führen dürfen. Man spricht hier von der so genannten Stetigkeitsbedingung.

Wir haben schon oben festgestellt, dass Mitglieder einer Äquivalenzklasse einander „ähnlich“ sein sollten. Zusammen mit der Stetigkeitsbedingung kommt man zur Kompaktheitshypothese:

▷ *Die Mitglieder von Äquivalenzklassen bilden im Merkmalraum Ballungen.*

g	Name	$d(\vec{x}, \vec{y})$	Skizze
$-\infty$	TSCHEBYSCHEW-Abstand[A]	$\min\limits_n \left\lvert \frac{x_n - y_n}{w_n} \right\rvert$	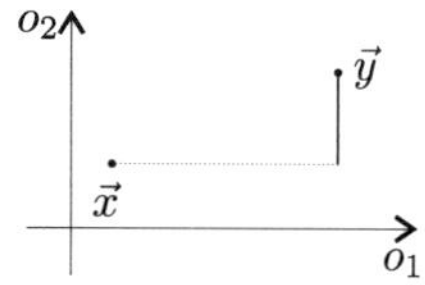
1	City-Block-Abstand	$\sum\limits_{n=1}^{N} \left\lvert \frac{x_n - y_n}{w_n} \right\rvert$	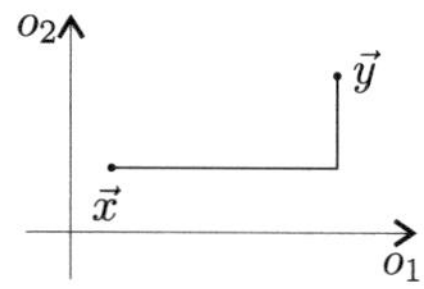
2	EUKLIDischer Abstand	$\sqrt{\sum\limits_{n=1}^{N} \frac{(x_n - y_n)^2}{w_n^2}}$	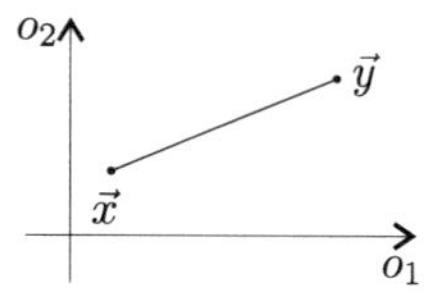
∞	TSCHEBYSCHEW-Abstand	$\max\limits_n \left\lvert \frac{x_n - y_n}{w_n} \right\rvert$	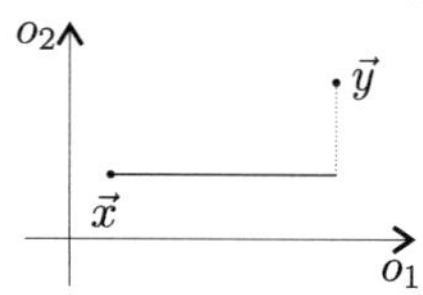

[A] Obwohl als „Abstand“ bezeichnet, handelt es sich hierbei nicht um eine Norm (Dreiecksungleichung wird nicht erfüllt, Details s. [319]).

Tabelle 1.3. Wichtige Spezialfälle der MINKOWSKI-Norm.

Diese Eigenschaft ist Grundvoraussetzung für die Mustererkennung. Falls sie nicht gegeben ist, kann keine Unterscheidung der Äquivalenzklassen im Merkmalraum vorgenommen werden. Allerdings ist es nicht unbedingt erforderlich, dass jede Äquivalenzklasse *genau eine* Ballung im Merkmalraum besitzt. Die Mitglieder können in beliebig vielen Ballungsgebieten von beliebiger räumlicher Form und Ausdehnung liegen.

Wie oben erläutert, definieren Mustererkenner normalerweise mit Hilfe von Äquivalenzrelationen eine vollständige Zerlegung des Merkmalraums in Klassengebiete (Partition, siehe Abschnitt 1.2.1). Dadurch entstehen Grenzen zwischen den Klassengebieten, welche als Trennfunktionen bezeichnet werden. Die Partitionierung des Merkmalraums kann natürlich nur dann zu einem vollständig korrekt arbeitenden Klassifikator führen, wenn die Klassengebiete sich nicht überlappen. Man spricht in diesem Fall von *separierbaren* Klassen. Andernfalls führt die Festlegung von Trennfunktionen unweigerlich zu Erkennungsfehlern.

Falls die Klassengebiete korrekt durch lineare Trennfunktionen (Hyperebenen) eingeteilt werden können, spricht man von linearer Separierbarkeit. Falls dies nur mit Hilfe anderer Funktionen möglich ist, spricht man von einem nicht linear separierbaren Problem. Beide Fälle sind hauptsächlich für theoretische Betrachtungen von Bedeutung. Die meisten praktischen Probleme sind überhaupt nicht separierbar. Daher müssen in der Regel in gewissem Maße Klassifikationsfehler in Kauf genommen werden. Es ist dann das Ziel des Mustererkenners, wenigstens so selten wie möglich falsch zu entscheiden.

Abbildung 1.8 zeigt Beispiele für verschiedene typische Verteilungen von Merkmalvektoren in einem zweidimensionalen Merkmalraum.

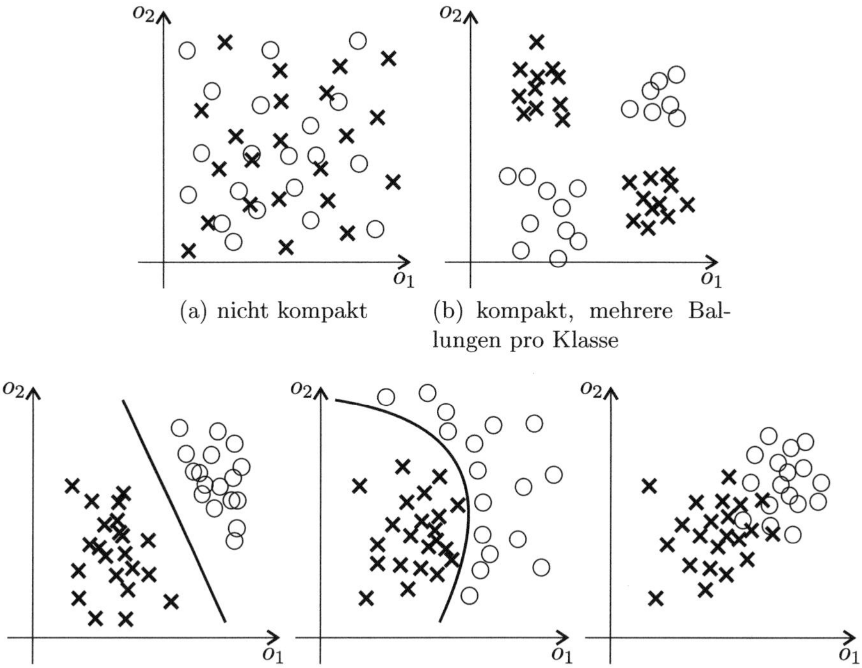

(a) nicht kompakt (b) kompakt, mehrere Ballungen pro Klasse

(c) linear separierbar (d) nicht linear separierbar (e) nicht separierbar

Abb. 1.8. Typische Verteilungen von Merkmalvektoren zweier Klassen in einem zweidimensionalen Merkmalraum.

2

Grundlagen

Dieses Kapitel beschäftigt sich mit den Grundlagen der Signalerkennung. Wie schon in Abbildung 1.1 gezeigt, bestehen die meisten technischen Mustererkenner im Wesentlichen aus den Verarbeitungseinheiten Analysator und Klassifikator.

Im Abschnitt 2.1 werden wir überblicksweise die Funktionsweise des Analysators betrachten. Der Abschnitt 2.2 behandelt das Grundprinzip der automatischen Klassifikation sowie einen einfachen Vertreter, den Linearklassifikator. Aufbauend auf diesen Überlegungen werden wir uns später in den Kapiteln 3 und 4 mit Vektor- und Folgenklassifikatoren beschäftigen. Abschnitt 2.3 befasst sich mit dem Grundlagen des automatischen Lernens. Auch hierbei beschränken wir uns auf die für das Training von Klassifikatoren notwendigen Überlegungen. Abschließend werden wir in Abschnitt 2.4 Verfahren zum Testen von Klassifikatoren und zur Bemessung ihrer Leistungsfähigkeit erörtern. Diese Tests hängen von der Art der Klassifikationsaufgabe ab und werden in der Regel durch Auswertung von speziellen Testdatensätzen durchgeführt.

2.1 Analysator

Die Aufgabe des Analysators ist es, von realen Objekten ausgehende und über Sensoren erfasste Signale für den Klassifikator aufzubereiten. Wir werden zwar im Folgenden speziell von akustischen Signalen sprechen, die vorgestellten Verfahren sind jedoch ohne Weiteres für alle Arten von Messsignalen und Zeitreihen anwendbar. Der Analysator führt nacheinander drei wesentliche Aufgaben aus:

- **Akustische Schnittstelle**
  Zunächst verringert der Analysator Kanal- und Störeinflüsse auf das Messsignal. Diese Maßnahmen werden unter dem Begriff „Akustische Schnittstelle“ zusammengefasst (Abschnitt 2.1.1).

- **Primäre Merkmalanalyse**
  Die erste eigentliche Analysestufe besteht in der Regel in einer Transformation des Messsignals in einen Bildbereich wie beispielsweise das Frequenzspektrum (Signalanalyse, Abschnitt 2.1.2).
- **Sekundäre Merkmalanalyse**
  In der zweiten Analysestufe erfolgt eine formale, numerische Vorverarbeitung der gewonnenen Primärmerkmale (Abschnitt 2.1.3), eine Anreicherung mit so genannten dynamischen Merkmalen (Abschnitt 2.1.4) sowie eine Transformation und Selektion mit dem Ziel, dem Klassifikator optimale Daten zur Weiterverarbeitung zu liefern (Abschnitt 2.1.6).

Die für den Analysator benötigten Algorithmen sind im Wesentlichen Gegenstand der Signalverarbeitung. Daher nennt dieser Abschnitt lediglich die für die akustische Mustererkennung wichtigen Probleme, skizziert kurz deren Lösung und verweist im Übrigen auf die einschlägige Literatur. Eine ausführliche, mit diesem Buch kompatible Darstellung der Signalverarbeitung und -analyse ist in [120] zu finden. Weitere Literaturstellen werden jeweils bei den einzelnen Themen genannt.

2.1.1 Akustische Schnittstelle

Sensoren liefern kontinuierlich Messsignale. In der Regel sind jedoch nur bestimmte zeitliche Abschnitte des erfassten Signals für die Mustererkennung relevant, während „Pausen“-Abschnitte nicht berücksichtigt werden sollen.

Eine erste Aufgabe der akustischen Schnittstelle ist also die Segmentierung des Messsignals. Im einfachsten Fall müssen Start- und Endzeitpunkte der für die Mustererkennung relevanten Signalabschnitte gefunden werden. Für technische Anwendungen wird zu diesem Zweck häufig ein Triggersignal verwendet, welches die Ein- und Ausschaltzeitpunkte festlegt. Steht ein solches Signal nicht zur Verfügung, müssen die Grenzen aus dem Messsignal selbst ermittelt werden. Man verwendet dazu beispielsweise die Signalenergie oder relativ einfache statistische Signaleigenschaften. Im Falle von Sprachsignalen wird die Ermittlung der Nutzsignalgrenzen als Sprach-Pause-Detektion (*voice activity detection*, VAD) bezeichnet. Ein Überblick über gängige Verfahren kann zum Beispiel in [239] gefunden werden.

Durch den Einfluss des Übertragungskanals zum Sensor, des Sensors selbst und durch Störer sind die erfassten Messsignale nicht identisch mit den von den Objekten ausgehenden Quellsignalen. Vor der Merkmalberechnung muss der Analysator Störungen der Messsignale beseitigen oder wenigstens weitestgehend unterdrücken. Abbildung 2.1 zeigt ein übliches, einfaches Modell des Zusammenhangs zwischen Quell- und Messsignal, welches zwei Arten von Störungen erfasst:

- **Übertragungskanal**
  Zwischen der Signalquelle und dem Sensor liegt in der Praxis immer eine Übertragungsstrecke, welche gemeinsam mit dem Sensor selbst im einfach-

sten Fall als lineares, zeitinvariantes System mit der Impulsantwort $h(t)$ beschrieben werden kann. Diese Impulsantwort ist mit dem Quellsignal gefaltet. Verfahren, welche den Kanaleinfluss unterdrücken, werden je nach konkreter Aufgabe als Kanalkompensation, Echounterdrückung, Enthallung usw. bezeichnet.

- **Additive Störer**
  Das Quellsignal kann mit Rauschen oder Fremdsignalen $n(t)$ überlagert sein. In der Regel wird vereinfachend unterstellt, dass diese Störer mit dem Quellsignal unkorreliert sind. Verfahren, die Rauschen und Fremdsignale dämpfen, werden je nach konkretem Ziel als Störgeräuschunterdrückung oder Quellentrennung bezeichnet.

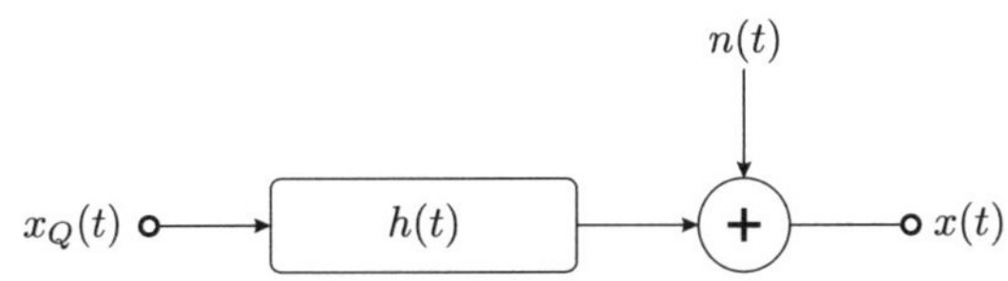

Abb. 2.1. Einfaches Modell für Kanal- und additive Störungen mit Quellsignal $x_Q(t)$, Impulsantwort $h(t)$ des Übertragungskanals inklusive Sensor, Störgeräusch $n(t)$ und Messsignal $x(t)$.

Mit den genannten Modellannahmen kann der Zusammenhang zwischen Messsignal $x(t)$ und Quellsignal $x_Q(t)$ als

$$x(t) = (x_Q * h)(t) + n(t) \tag{2.1}$$

angegeben werden. Im Frequenzbereich gilt entsprechend:

$$X(\omega) = X_Q(\omega)H(\omega) + N(\omega). \tag{2.2}$$

Wie man leicht nachrechnet, ist es dabei unerheblich, ob additive Störer „vor" und/oder „nach" Durchlaufen des Kanals $H(\omega)$ auftreten:

$$\begin{aligned} x(t) &= (x_Q + n_1)(t) * h(t) + n_2(t) \\ &= (x_Q * h)(t) + \underbrace{(n_1 * h)(t) + n_2(t)}_{=n(t)}. \end{aligned} \tag{2.3}$$

Die meisten Verfahren zur Störgeräuschunterdrückung und Kanalkompensation versuchen, Schätzungen $\hat{H}(\omega)$ und $\hat{N}(\omega)$ für die Übertragungsfunktion und das Störspektrum zu ermitteln, diese aus dem Messsignal zu entfernen und somit eine Approximation $\widetilde{x}_Q(t)$ des Quellsignals, etwa nach der Vorschrift

$$\widetilde{x}_Q(t) = \mathcal{F}^{-1}\big[(X(\omega) - \hat{N}(\omega)) \cdot \hat{H}^{-1}(\omega)\big], \tag{2.4}$$

zu erhalten.

Eine wichtige Erweiterung liegt in der simultanen Verarbeitung mehrerer Sensorsignale zur Gewinnung eines oder mehrerer entstörter Messsignale. Abbildung 2.2 skizziert das Problem. Dieser „mehrkanalige“ Fall geht davon aus, dass mehrere Nutz- und Störquellen existieren, welche lokalisiert, voneinander getrennt und gegebenenfalls räumlich verfolgt werden sollen. Dies geschieht durch Ausnutzung von Korrelationen zwischen den Sensorsignalen. Für An-

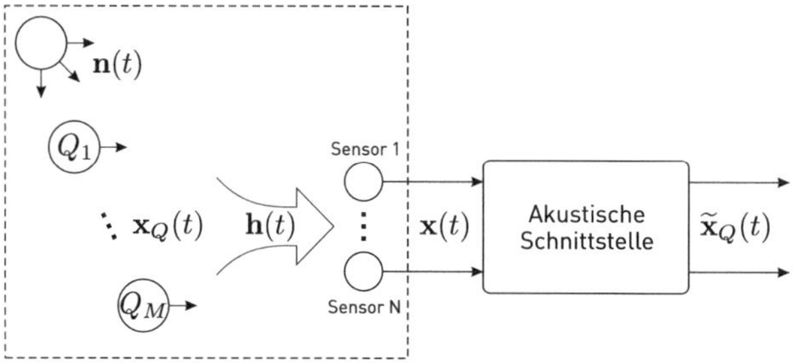

Abb. 2.2. Akustische Schnittstelle mit M Quellsignalen $\mathbf{x}_Q(t)$, N Sensoren und Messsignalen $\mathbf{x}(t)$, Matrix aus Impulsantworten $\mathbf{h}(t)$, Störsignalen $\mathbf{n}(t)$ und Approximation der Quellsignale $\widetilde{\mathbf{x}}_Q(t)$ (nach KELLERMANN [160]).

wendungen der technischen Sprachkommunikation sind die Signalquellen Personen und die Sensoren Mikrofone. Der Block „Akustische Schnittstelle“ in Abbildung 2.2 wird um einen Ausgabezweig mit mehreren Lautsprechern erweitert, die Sprache von einem entfernten Teilnehmer zu den Personen übertragen. In dieser Anordnung sind zusätzliche Übertragungsfunktionen von den Lautsprechern zu den Personen und von den Lautsprechern zu den Mikrofonen zu berücksichtigen [160].

Die allgemeinste Betrachtung der akustischen Schnittstelle ist die so genannte (rechentechnische) auditorische Szenenanalyse (engl. *(computational) auditory scene analysis*, (C)ASA), welche Situationen mit Signalquellen, Störquellen, Interaktionen, Bewegungen und komplexen Übertragungsfunktionen ähnlich einer visuellen Szene auffasst und analysiert. Sie wird aus perzeptiver Sicht in [26] und aus rechentechnischer Sicht in [299] umfassend behandelt.

Tabelle 2.1 stellt ohne Anspruch auf Vollständigkeit ausgewählte Algorithmen der akustischen Schnittstelle zusammen.

2.1.2 Signalanalyse

Nach der Entstörung transformiert der Analysator das Messsignals in einen Bildbereich. Dafür stehen eine Vielzahl möglicher Algorithmen zur Verfügung, unter denen problemabhängig gewählt werden muss.

Prinzipiell unterscheiden wir Analysetransformationen, welche einen einzigen Merkmalvektor für das Signal berechnen und solche, die eine zeitliche Fol-

Einkanalige Verfahren		
Name	Ziel	Verweise
Optimalfilterung	Störgeräuschreduktion	[120, 293]
Spektrale Subtraktion	Störgeräuschreduktion	[22, 161]
- nach Ephraim und Malah		[343, 161]
- nach Martin		[197]
- modellbasiert		[316]
Cepstrale Mittelwertsubtraktion	Kanalkompensation	[247, 315]
Blinde Entfaltung	Kanalkompensation	[161]
Harmonicity based dereverberation (HERB)	Enthallung	[216, 167]
Harmonicity based feature analysis (HFA)	Enthallung/Primäranalyse	[337]
RASTA	Entstörung/Primäranalyse	[117]
Refiltering	Quellentrennung	[248]
Nicht negative Matrixfaktorisierung (NMF)	Quellentrennung	[33, 295]
	Störgeräuschreduktion	[318]

Mehrkanalige Verfahren		
Name	Ziel	Verweise
Beamforming	Störgeräuschunterdrückung	[25, 151]
Beamsteering	Quellenortung/-verfolgung	[25, 151, 102]
MUSIC-Algorithmus	Quellenortung	[257]
Blinde Quellentrennung	Quellentrennung	[161]
- *Natural-Gradient*-Verfahren	Quellentrennung	[2, 104]
- Infomax	Quellentrennung	[12, 104]
- mit fastICA	Quellentrennung	[36, 146, 145]
- nach Bussgang	Quellentrennung	[29, 104]

Tabelle 2.1. Ausgewählte Algorithmen der akustischen Schnittstelle

ge von Merkmalvektoren erzeugen. Als Faustregel können wir festhalten, dass wir Vektorfolgen verwenden sollten, wenn die zur Klassifikation benötigte Information zumindest teilweise in der zeitlichen Struktur des Signals liegt. Das ist beispielsweise ganz offensichtlich bei Sprache der Fall. Liegt die zur Klassifikation benötigte Information nicht in der zeitlichen Struktur, so können wir Analysetransformationen benutzen, welche nur einen einzigen Merkmalvektor erzeugen. Als Beispiel für ein entsprechendes Problem sei die Analyse von Maschinengeräuschen zum Zwecke der Diagnose genannt, für welche in der Regel die Auswertung des Langzeitspektrums ausreicht. Selbstverständlich werden die Aufgaben des Klassifikators und des automatischen Lernens umso schwieriger, je komplexer die Ausgangsdaten des Analysators sind. Es ist also in jedem Falle ratsam, die einfachste mögliche Primäranalyse zu wählen.

Merkmalvektoren		
Analyse	Einsatzgebiet	Verweise
(keine)	z. B. SVM-Klassifikatoren	3.1
Langzeitspektrum/DTFT	universell	[120]
Langzeit-Mel-Spektrum	Sprechererkennung	[120]
Linear Prediction Coding (LPC)	Sprache	[120]
statistische Kenngrößen (z. B. Pegelkreuzungshistogramm)	universell	[324]

Merkmalvektorfolgen		
Analyse	Einsatzgebiet	Verweise
Kurzzeitspektrum	universell	[120]
Filterbank	universell	[293]
Mel-Filterbank	Sprache	[293]
Wavelet-Transformation	universell	[19, 101, 298]
FOURIER-t-Transformation	universell	[278, 253, 279]
verallgemeinertes Mel-Cepstrum[A]	universell	[16]
Line Spectral Frequencies (LSF)	Sprache	[16]
Line Cepstral Quefrencies (LCQ)	Sprache	[270]
Kurzzeit-LPC	Sprache	[44]
Perceptual Linear Predictive Analysis (PLP)[B]	Sprache	[16]
RASTA-PLP[C]	Sprache	[118]
STRAIGHT	Sprache	[158, 147]
Independent Component Analysis (ICA)	universell	[145]
Chroma	Musik	[207]

[A] engl. *generalized mel-cepstrum*, inkl. MFCC
[B] LPC mit gehörrichtiger Vorverarbeitung
[C] PLP mit Störgeräuschunterdrückung und Kanalkompensation

Tabelle 2.2. Übersicht gängiger Primäranalysen.

Tabelle 2.2 zeigt ohne Anspruch auf Vollständigkeit eine Übersicht gängiger Analysetransformationen. Die für die Sprachsignale optimierten Verfahren führen meist eine „gehörrichtige" Analyse aus. Diese trägt dem Umstand Rechnung, dass die Frequenzauflösung des menschlichen Gehörs ab etwa 500 Hz nicht mehr linear ist, sondern einer annähernd logarithmischen Kurve folgt. Abbildung 2.3 zeigt diese Kennlinie. Die gehörrichtigen Frequenzen werden im deutschsprachigen Raum in der Einheit Bark (benannt nach Heinrich BARKHAUSEN), international in Mel angegeben. Die Umrechnung ist trivial.[1]

[1] Die Einheit Mel wurde 1937 in [268] von STEVENS und 1982 in [350] von ZWICKER unterschiedlich definiert. Die Aussage gilt für die ZWICKERsche Variante.

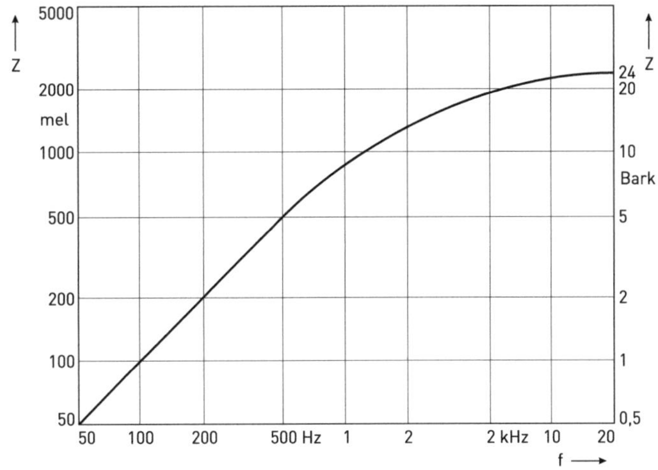

Abb. 2.3. Umrechnungskennlinie von der linearen zur gehörrichtigen Frequenzskala (linke Ordinate: Angabe in Mel, rechte Ordinate: Angabe in Bark, nach ZWICKER[350]).

Abschließend sei noch darauf verwiesen, dass viele Primäranalysen, besonders diejenigen für die Sprachsignalverarbeitung, eng miteinander verwandt sind. Diese erwähnenswerte Tatsache wird detailliert in [270] diskutiert.

Zur digitalen Signalverarbeitung existiert eine enorme Vielfalt an Literatur. Stellvertretend sei auf [204, 120, 293, 160, 301] und [223] verwiesen.

2.1.3 Vorverarbeitung

Die von den Analysetransformationen erzeugten primären Merkmalvektoren weisen in manchen Fällen für die Weiterverarbeitung ungünstige numerische Eigenschaften auf. Der Grund liegt in der großen Menge an Merkmalvektoren, welche in praktischen Anwendungen zum Training der Klassifikatoren verwendet werden. Zur Verminderung von Rechenungenauigkeiten bieten sich einige einfache Maßnahmen an, welche im Folgenden kurz beschrieben werden.

Logarithmierung

Besonders bei der Verarbeitung von Sprachsignalen gilt die Funktion des menschlichen Gehörs als Vorbild für die Merkmalanalyse. Wir haben im Abschnitt 2.1.2 bereits erwähnt, dass die Frequenzauflösung des Gehörs einer annähernd logarithmischen Kennlinie folgt. Das Gleiche gilt für die Wahrnehmung der Amplituden. Grob gesagt hebt das Gehör kleine Amplituden stark an und schwächt große Amplituden stark ab. Eine vereinfachte algorithmische Nachbildung dieses Verhaltens kann durch Logarithmierung der Primärmerkmale erreicht werden:

$$\vec{y} = \ln \vec{x}. \tag{2.5}$$

Üblicher als eine einfache Logarithmierung ist die Berechnung eines Pegelmaßes:

$$\vec{y} = \begin{cases} 10 \log \vec{x} & \text{für Energiemerkmale} \\ 20 \log \vec{x} & \text{für Amplitudenmerkmale.} \end{cases} \tag{2.6}$$

Aus Sicht der Mustererkennung ist die Art der durchgeführten Logarithmierung, nicht aber deren Einsatz, unerheblich.

Rudolph schlägt in [249] eine Verfeinerung vor, die er als dynamische Logarithmierung bezeichnet und deren wesentliche Eigenschaft die Beibehaltung des ursprünglichen Wertebereichs ist. Dies ist offensichtlich sinnvoll, da der Logarithmus für nicht positive Merkmalwerte undefiniert ist und für sehr kleine positive Werte schnell gegen minus unendlich strebt, was beides zu numerischen Problemen führt.

Wir führen eine obere Schranke $x_{\max}$ für den *Betrag* der Merkmalwerte ein. Die Berechnung des dynamischen Logarithmus geschieht dann wie folgt:

$$y_i = \operatorname{sgn}(x_i) \left[\frac{x_{\max}}{r} \cdot l(x_i) + x_{\max} \right]. \tag{2.7}$$

l ist dabei ein begrenztes Pegelmaß

$$l(x_i) = \max \left[-r, \min \left(0, n \log \frac{|x_i|}{x_{\max}} \right) \right] \text{ dB}, \tag{2.8}$$

dessen Werte zwischen $-r$ und 0 dB liegen. Der Dynamikbereich r kann unter Berücksichtigung des betragsmäßig kleinsten Merkmalwerts $x_{\min}$ (beziehungsweise einer sinnvollen unteren Schranke) mit

$$r \leq n \cdot \log \frac{x_{\max}}{x_{\min}} \tag{2.9}$$

abgeschätzt werden. Der Parameter n wird in Abhängigkeit von den Merkmalen x_i gewählt. Er beträgt 10, falls die Merkmale Energiewerte darstellen, und 20, falls die Merkmale Amplitudenwerte darstellen. Abbildung 2.4 zeigt ein Kennlinienfeld der dynamischen Logarithmierung.

Normierung

Schon im Abschnitt 1.2.2 haben wir die Notwendigkeit einer komponentenweisen Normierung der Merkmalvektoren diskutiert. Wir wollen diesen Gedanken hier wieder aufgreifen und das Konzept etwas ausbauen, indem wir folgende Modifikation der primären Merkmale definieren:

$$\vec{y} = \begin{pmatrix} \dfrac{x_1 - x_{01}}{w_1} \\ \vdots \\ \dfrac{x_N - x_{0N}}{w_N} \end{pmatrix} = \operatorname{diag}(\vec{w})^{-1} \cdot (\vec{x} - \vec{x_0}), \tag{2.10}$$

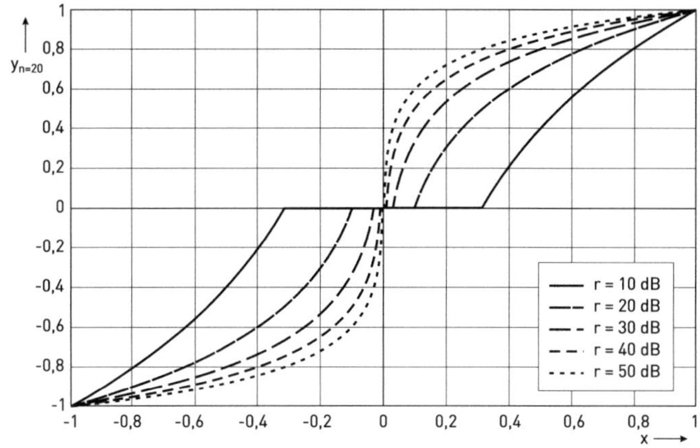

Abb. 2.4. Kennlinienfeld der dynamischen Logarithmierung nach RUDOLPH [249] für verschiedene Dynamikbereiche r und Amplitudenmerkmale ($n = 20$) mit einen maximalen Betrag von $x_{\max} = 1$.

wobei w_n für die schon eingeführten Wichtungsfaktoren und x_{0n} für Verschiebungen der Merkmalwerte stehen. Eine typische Anwendung dieser Normierung besteht in der Wahl des komponentenweisen Mittelwerts für x_{0n} und der komponentenweisen Standardabweichung für w_n. In diesem Fall sprechen wir von einer Vektorstandardisierung [23]:

$$\vec{y} = \begin{pmatrix} \dfrac{x_1 - \mu_1}{\sigma_1} \\ \vdots \\ \dfrac{x_N - \mu_N}{\sigma_N} \end{pmatrix} = \operatorname{diag}(\vec{\sigma})^{-1} \cdot (\vec{x} - \vec{\mu}). \tag{2.11}$$

Glättung

Die technische Realisierung vieler Primäranalysen basiert auf der schnellen FOURIER-Transformation (FFT). Diese unterstellt bekanntlich ein periodisches Signal und berechnet das Spektrum einer einzigen Signalperiode. Bei der Berechnung von Kurzzeitspektren werden Zeitfenster nach Gleichung (1.5) mit Hilfe der FFT analysiert. Dabei wird implizit angenommen, dass jedes Zeitfenster genau einer Signalperiode entspricht. Da wir Kurzzeitspektralanalysen jedoch genau dann verwenden, wenn die zeitliche Struktur des Signals von Bedeutung ist (was bei periodischen Signalen natürlich nicht der Fall wäre), besteht hier ein Widerspruch. Der argumentative Ausweg ist, dass ein wenigstens quasiperiodisches Signal angenommen und ein Zeitfenster als *näherungsweise* Signalperiode interpretiert wird. Auch das ist praktisch aber in der Regel nicht gegeben und es kommt zu systematischen Fehlern bei der Berechnung des Kurzzeitspektrums, die sich in Diskontinuitäten zwischen benachbarten Spektrallinien und Kurzzeitspektren äußert. Besonders kritisch ist der Fall der Analyse eines tatsächlich (quasi)periodischen Signals, dessen Periodenlänge *nicht* der Zeitfensterlänge entspricht. Dann kommt es zum so genannten Lattenzauneffekt (engl. *picket fence effect*, z. B. [229]), der zum Verschwinden wesentlicher spektraler Merkmale führen kann.

Eine gewisse Abhilfe für diese praktisch leider unvermeidbaren Probleme kann einerseits die geschickte Wahl der Fensterfunktion h in Gleichung (1.5)(siehe [120]), andererseits eine Glättung der Merkmalvektorfolge nach der Analyse bringen. Da die Diskontinuitäten sowohl in zeitlicher als auch in räumlicher Richtung auftreten werden, müssen wir in beide Richtungen glätten. Im einfachsten Fall benutzen wir den folgenden Ansatz:

$$y_i(k) = \bigoplus_{m=-L}^{L} \left[\bigoplus_{n=-L}^{L} \lambda(m,n) \cdot x_{i+m}(k+n) \right], \tag{2.12}$$

wobei $\bigoplus$ für verschiedene Aggregationsoperationen wie beispielsweise Summe oder Maximum stehen kann. Die erste Summe beschreibt die räumliche, die zweite die zeitliche Glättung. Der Parameter L wird als Kontextlänge bezeichnet. Meist muss für die Summe der Koeffizienten $\lambda(m,n)$ eine Randbedingung der Gestalt

$$\bigoplus_{m} \bigoplus_{n} \lambda(m,n) = \overline{1} \tag{2.13}$$

eingehalten werden. $\overline{1}$ steht für eine Normierungskonstante, welche von der Art der Glättung abhängt.

Zwei mögliche Konkretisierungen von Gleichung (2.12) zeigen die Möglichkeiten des Ansatzes:

$$y_i(k) = \sum_{n=-L}^{L} \lambda_n x_i(k+n) \qquad \text{mit} \sum_{n} \lambda_n = 1 \tag{2.14}$$

(zeitliches Mittelwertfilter) sowie

$$y_i(k) = \operatorname*{Max}_{m=-L}^{L} x_{i+m}(k) \qquad (\text{mit } \lambda_m = 1) \tag{2.15}$$

(räumliches Maximumfilter). Auch hier ist die konkrete Wahl der Parameter problemabhängig und muss experimentell geschehen.

Besonders für Sprache gibt es eine Reihe über diesen einfachen Ansatz weit hinausgehende Verfahren, deren Erörterung hier jedoch zu weit führen würde. Als Beispiel sei das STRAIGHT-Verfahren [158, 147] genannt.

2.1.4 Dynamische Merkmale

Die für die Erkennungsaufgabe relevanten zeitlichen Signalstrukturen werden spätestens vom Klassifikator berücksichtigt. Es besteht aber auch die Möglichkeit, kurzfristige zeitliche Strukturen direkt durch die Merkmalvektoren zu beschreiben. Zu diesem Zweck führen wir dynamische Merkmale ein. Wie wir sehen werden, können eine ganze Reihe solcher dynamischen Merkmale berechnet werden. Natürlich wollen wir diese nicht anstelle der ursprünglichen verwenden, sondern als Ergänzung. Zu diesem Zweck bilden wir Supervektoren aus den ursprünglichen und den dynamischen Merkmalen:

$$\vec{y} = \begin{pmatrix} \vec{x} \\ \vec{y}_1 \\ \vdots \\ \vec{y}_M \end{pmatrix}. \tag{2.16}$$

Deren Dimension beträgt nun allerdings $(M+1) \cdot N$, was für die weitere Verarbeitung problematisch sein kann. In Abschnitt 2.1.6 werden wir Verfahren zur Merkmaltransformation und -selektion unter anderem dazu verwenden, die Dimension der Merkmalvektoren geeignet, das heißt, möglichst ohne Informationsverlust, zu reduzieren.

Geschwindigkeits- und Beschleunigungsmerkmale

Wir betrachten zunächst die komponentenweisen Differenzen der Merkmale. Diese werden manchmal auch als Delta- oder Geschwindigkeitsmerkmale beziehungsweise als Delta-Delta- oder Beschleunigungsmerkmale bezeichnet. Ihre Berechnung kann praktischerweise mit Hilfe der Beziehung (2.12) erfolgen:

$$\vec{x}'(k) = \sum_{n=-L}^{L} \lambda_n \vec{x}(k+n) \tag{2.17}$$

$$\vec{x}''(k) = \sum_{n=-L}^{L} \lambda_n \vec{x}'(k+n) \tag{2.18}$$

$$= \sum_{n=-L}^{L} \sum_{m=-L}^{L} \lambda_n \lambda_m \vec{x}(k+m+n). \tag{2.19}$$

Natürlich müssen die Koeffizienten λ entsprechend gewählt werden. Wir gehen dazu davon aus, dass die Elemente der zeitdiskreten Folge $\vec{x}(k)$ äquidistant sind und dass $\vec{x}(k)$ somit eigentlich eine Kurzschreibweise für $\vec{x}(k\Delta t)$ ist. Letzteres ist unmissverständlich, wenn man beim Argument sorgfältig zwischen der dimensionslosen ganzen Zahl k und dem dimensionsbehafteten Zeitpunkt $k\Delta t$ unterscheidet. Zur Ermittlung der Ableitung $\vec{x}'(k)$ wandeln wir die Folge in der Nähe der Stelle $t = k\Delta t$ durch LAGRANGE-Interpolation der benachbarten $2L+1$ Folgenelemente in eine zeitkontinuierliche Funktion

$$\vec{x}_k(t) = \sum_{n=-L}^{L} \vec{x}(k+n) G_n(t - k\Delta t) \tag{2.20}$$

um, wobei G_n für das LAGRANGE-Polynom

$$G_n(t) = \prod_{\substack{l=-L \\ l \neq n}}^{L} \frac{t - l\Delta t}{(n-l)\Delta t} \tag{2.21}$$

steht. Die gesuchte Ableitung kann nun mit Hilfe von (2.20) als

$$\vec{x}\,'(k) = \vec{x}_k'(t)\Big|_{t=k\Delta t} = \sum_{n=-L}^{L} \vec{x}(k+n) \frac{\mathrm{d}}{\mathrm{d}t} G_n(t - k\Delta t)\Big|_{t=k\Delta t} \tag{2.22}$$

$$= \sum_{n=-L}^{L} \vec{x}(k+n) \frac{\mathrm{d}}{\mathrm{d}t} G_n(t)\Big|_{t=0} \tag{2.23}$$

berechnet werden. Ein Koeffizientenvergleich mit (2.17) ergibt schließlich die Berechnungsvorschrift für die gesuchten λ:

$$\lambda_n = \frac{\mathrm{d}}{\mathrm{d}t} G_n(t)\Big|_{t=0}. \tag{2.24}$$

Nach Gleichung (2.19) kann die Berechnung der zweiten Ableitung direkt aus $\vec{x}(k)$ erfolgen. Der dafür erforderliche Kontext beträgt $4L+1$ Merkmalvektoren (anstelle von $2L+1$ zur Berechnung der ersten Ableitung)

$$\vec{x}\,''(k) = \sum_{n=-2L}^{2L} \lambda_n' \vec{x}(k+n). \tag{2.25}$$

Die erforderlichen Koeffizienten λ' können durch Umsortieren nach $\vec{x}(k+n)$ und Zusammenfassen ebenfalls aus (2.19) ermittelt werden und lauten:

$$\lambda_n' = \begin{cases} \sum\limits_{m=n-L}^{L} \lambda_m \lambda_{n-m} & \text{für } n \geq 0 \\ \sum\limits_{m=-L}^{n+L} \lambda_m \lambda_{n-m} & \text{für } n < 0. \end{cases} \tag{2.26}$$

Mit Hilfe der Beziehungen (2.24) und (2.26) können wir nun für verschiedene Kontextlängen L die zur Berechnung der ersten und zweiten Ableitung erforderlichen Interpolationskoeffizienten bestimmen. Tabelle 2.3 stellt einige Zahlenwerte zusammen.

Der Supervektor aus ursprünglichen Merkmalen und Differenzen sieht nun wie folgt aus

$$\vec{y}(k) = \begin{pmatrix} \vec{x}(k) \\ \vec{y}_1(k) \\ \vec{y}_2(k) \end{pmatrix} = \begin{pmatrix} \vec{x}(k) \\ \vec{x}\,'(k) \\ \vec{x}\,''(k) \end{pmatrix} = \sum_{n=-2L}^{L} \begin{pmatrix} \lambda_n^{(0)} \vec{x}(k+n) \\ \lambda_n \; \vec{x}(k+n) \\ \lambda_n' \; \vec{x}(k+n) \end{pmatrix}, \tag{2.27}$$

$L =$	1	2	3	$L =$	1	2	3
				λ'_{-6}			$\frac{1}{3600}$
				λ'_{-5}			$-\frac{1}{200}$
				λ'_{-4}		$\frac{1}{144}$	$\frac{19}{400}$
λ_{-3}			$-\frac{1}{60}$	λ'_{-3}		$-\frac{1}{9}$	$-\frac{9}{40}$
λ_{-2}		$\frac{1}{12}$	$\frac{3}{20}$	λ'_{-2}	$\frac{1}{4}$	$\frac{4}{9}$	$\frac{129}{240}$
λ_{-1}	$-\frac{1}{2}$	$-\frac{2}{3}$	$-\frac{3}{4}$	λ'_{-1}	0	$\frac{1}{9}$	$\frac{23}{100}$
λ_0	0	0	0	λ'_0	$-\frac{1}{2}$	$-\frac{65}{72}$	$-\frac{2107}{1800}$
λ_1	$\frac{1}{2}$	$\frac{2}{3}$	$\frac{3}{4}$	λ'_1	0	$\frac{1}{9}$	$\frac{23}{100}$
λ_2		$-\frac{1}{12}$	$-\frac{3}{20}$	λ'_2	$\frac{1}{4}$	$\frac{4}{9}$	$\frac{129}{240}$
λ_3			$\frac{1}{60}$	λ'_3		$-\frac{1}{9}$	$-\frac{9}{40}$
				λ'_4		$\frac{1}{144}$	$\frac{19}{400}$
				λ'_5			$-\frac{1}{200}$
				λ'_6			$\frac{1}{3600}$

Tabelle 2.3. Koeffizienten zur Berechnung der Differenzen erster und zweiter Ordnung von Merkmalvektorfolgen nach Gleichungen (2.17) und (2.25), unter Annahme von $\Delta t = 1$ s. Andernfalls müssen die für λ angegebenen Werte mit $\frac{[\Delta t]}{\Delta t}$ und die für λ' angegebenen mit $\frac{[\Delta t]^2}{\Delta t^2}$ multipliziert werden (mit $[\Delta t]$: Maßeinheit von Δt). Dieser Faktor ist jedoch für die Klassifikation irrelevant und wird daher in der Praxis weggelassen.

wobei λ_n für die Koeffizienten aus (2.24) und λ'_n für die Koeffizienten aus (2.26) steht. Die Originalfolge kann ebenfalls in Form einer Summe ausgedrückt werden, wenn die Koeffizienten

$$\lambda_n^{(0)} = \begin{cases} 1 & n = 0 \\ 0 & \text{sonst} \end{cases} \tag{2.28}$$

verwendet werden. Wir werden diesen „Trick“ später bei der allgemeinen Formulierung der sekundären Merkmalanalyse verwenden.

Kontextmerkmale

Wir wollen noch einmal auf die interessante Tatsache zurückkommen, dass die Berechnung der zeitlichen Ableitungen durch eine spezielle Parameterwahl für die als Glättungsverfahren eingeführte Gleichung (2.12) geschehen konnte. Das wirft die Frage auf, ob nicht noch andere Parametrierungen mit besonderen Eigenschaften existieren.

Das ist in der Tat der Fall. Wenn wir die zeitliche Struktur unserer Messsignale nicht durch Ableitungen, sondern durch Kontextmerkmale erfassen wollen, bilden wir einen Supervektor aus den ursprünglichen und den benachbarten Merkmalvektoren. Dem entspricht die Darstellung

$$\vec{y}(k) = \begin{pmatrix} \vec{y}_1(k) \\ \vec{y}_2(k) \\ \vec{y}_3(k) \end{pmatrix} = \begin{pmatrix} \vec{x}(k-1) \\ \vec{x}(k) \\ \vec{x}(k+1) \end{pmatrix} = \sum_{n=-1}^{1} \begin{pmatrix} \lambda_n^{(-)} \vec{x}(k+n) \\ \lambda_n^{(0)} \vec{x}(k+n) \\ \lambda_n^{(+)} \vec{x}(k+n) \end{pmatrix} . \tag{2.29}$$

Sie lässt sich ebenfalls als Summe nach Gleichung (2.12) darstellen, wenn man die Koeffizienten $\lambda_n^{(0)}$ aus (2.28) sowie

$$\lambda_n^{(-)} = \begin{cases} 1 & n = -1 \\ 0 & \text{sonst} \end{cases} \quad \text{und} \quad \lambda_n^{(+)} = \begin{cases} 1 & n = 1 \\ 0 & \text{sonst} \end{cases} \tag{2.30}$$

benutzt.

Wir halten fest, dass es keinen Grund gibt, mathematisch zwischen ursprünglichen und dynamischen Merkmalen zu unterscheiden, da wir erstere mit speziellen Koeffizienten $\lambda_n^{(0)}$ als „dynamisches“ Merkmal schreiben können. Die Berechnung dynamischer Merkmale unter impliziter Einbeziehung der Originalmerkmale kann also allgemein wie folgt notiert werden:

$$\vec{y} = \sum_{n=-L}^{L} \begin{pmatrix} \lambda_n^{(1)} \vec{x}(k+n) \\ \vdots \\ \lambda_n^{(M)} \vec{x}(k+n) \end{pmatrix} . \tag{2.31}$$

Durch entsprechende Wahl der Koeffizienten λ können folgende Funktionen in beliebiger Kombination realisiert werden:

- zeitliche Ableitungen,
- zeitlicher Kontext und
- zeitliche Glättung (FIR-Filterung).

Wir werden diesen Gedanken in Abschnitt 2.1.7 noch einmal aufgreifen und eine allgemeine mathematische Darstellung der gesamten Merkmalanalyse entwickeln.

2.1.5 Merkmalgenerierung als Zufallsprozess

Wir betrachten nun einen weiteren wesentlichen Aspekt der Merkmalanalyse. Aus Sicht des Klassifikators kann diese nämlich als Zufallsquelle für Merkmalvektoren interpretiert werden. Diese Vorstellung trägt dem Umstand Rechnung, dass in der Praxis die am Klassifikator auflaufenden Merkmalvektoren keinem angebbaren Bildungsgesetz unterworfen sind und somit oftmals *ausschließlich* eine statistische Betrachtung in Frage kommt. Die folgende Einführung beschränkt sich auf das Nötigste und hält sich argumentativ an [249]. Eine umfassende Darstellung kann in [161] gefunden werden.

Merkmale als stetige Zufallsgrößen

Wir interpretieren also Merkmalvektoren als N-dimensionale Zufallsgröße $\vec{X}$, definieren eine entsprechende Verteilungsfunktion

$$F_{\vec{X}}(\vec{x}) = P(\vec{X} < \vec{x}) \tag{2.32}$$

und führen diese auf N eindimensionale Verteilungsfunktionen zurück:

$$F_{\vec{X}} \begin{pmatrix} x_1 \\ \vdots \\ x_n \end{pmatrix} = P \begin{pmatrix} X_1 < x_1 \\ \vdots \\ X_N < x_N \end{pmatrix}. \tag{2.33}$$

Für reellwertige Merkmalvektoren kann keine *Wahrscheinlichkeit* angegeben werden. Wir müssen vielmehr eine N-dimensionale Dichtefunktion $p(\vec{x})$ so definieren, dass

$$F_{\vec{X}}(\vec{x}) = \int_{-\infty}^{x_1} \dots \int_{-\infty}^{x_N} p(\vec{\xi})\, \mathrm{d}\xi_1 \dots \mathrm{d}\xi_N \tag{2.34}$$

mit der stochastischen Randbedingung

$$\int_{-\infty}^{\infty} \dots \int_{-\infty}^{\infty} p(\vec{x})\, \mathrm{d}x_1 \dots \mathrm{d}x_N = 1 \tag{2.35}$$

gilt.

Momente und Ergodizität

Die statistische Betrachtung der vom Analysator erzeugten Merkmalvektoren benötigt die Definition von Momenten, welche aus der Verteilungsdichtefunktion berechnet werden können. Dazu muss diese bekannt sein, wovon wir zunächst ausgehen wollen. Es existiert eine – theoretisch – unendliche Anzahl statistischer Momente, die sich in ihrer Ordnung und in ihrer Mittelwertfreiheit unterscheiden. Für unsere weiteren Betrachtungen werden wir nur einige wenige benötigen. Diese sind in Tabelle 2.4 zusammengestellt.

Die aus der Verteilungsdichtefunktion berechneten Momente nennt man „räumlich". Im Gegensatz zu unserer einführenden Annahme ist die Verteilungsdichtefunktion der Merkmalvektoren in der Regel nicht bekannt und damit zur Ermittlung statistischer Kenngrößen des Analysators in der Praxis nur von geringem Nutzen.

Abhilfe schafft hier die ersatzweise Ermittlung so genannter „zeitlicher" Momente. Falls dem Analysator ein ergodischer Zufallsprozess zu Grunde liegt, fallen die zeitlichen mit den räumlichen Momenten zusammen. Es reicht

Mittelwert (gewöhnliches Moment 1. Ordnung):

$$\mathsf{E}(X_n) = \mu_n = \int_{-\infty}^{\infty} \dots \int_{-\infty}^{\infty} x_n p(\vec{x}) \, \mathrm{d}x_1 \dots \mathrm{d}x_N \tag{2.36}$$

Mittelwertvektor: $\vec{\mu} = \begin{pmatrix} \mu_1 \\ \vdots \\ \mu_N \end{pmatrix}$

Varianz (zentrales Moment 2. Ordnung):

$$\mathsf{Var}(X_n) = \sigma_n^2 = \int_{-\infty}^{\infty} \dots \int_{-\infty}^{\infty} (x_n - \mu_n)^2 p(\vec{x}) \, \mathrm{d}x_1 \dots \mathrm{d}x_N; \tag{2.37}$$

Varianzvektor: $\vec{\sigma}^2 = \begin{pmatrix} \sigma_1^2 \\ \vdots \\ \sigma_N^2 \end{pmatrix}$

Kovarianz (zentrales Moment 2. Ordnung):

$$\mathsf{Cov}(X_n, X_m) = \sigma_{nm} = \int_{-\infty}^{\infty} \dots \int_{-\infty}^{\infty} (x_n - \mu_n)(x_m - \mu_m) p(\vec{x}) \, \mathrm{d}x_1 \dots \mathrm{d}x_N \tag{2.38}$$

Kovarianzmatrix: $\mathbf{\Sigma} = \begin{pmatrix} \mathsf{Cov}(X_1, X_1) & \dots & \mathsf{Cov}(X_1, X_N) \\ \vdots & \ddots & \vdots \\ \mathsf{Cov}(X_N, X_1) & \dots & \mathsf{Cov}(X_N, X_N) \end{pmatrix}$

Anmerkung: $\mathsf{Cov}(X_n, X_n) = \mathsf{Var}(X_n)$ und $\sigma_{nn} = \sigma_n^2$

Tabelle 2.4. Wichtige räumliche Momente.

übrigens Ergodizität im erweiterten Sinne aus, welche nur das Zusammenfallen *bestimmter* Momente verlangt. Diese Forderung ist für nahezu alle praktischen Anwendungen erfüllt und wir können die statistischen Kenngrößen des Analysators durch „unendlich“ langes Beobachten der von ihm ausgegebenen Merkmalvektoren ermitteln. Tabelle 2.5 stellt die entsprechenden Berechnungsvorschriften für die wichtigsten Momente zusammen.

Mittelwert (gewöhnliches Moment 1. Ordnung):

$$\mathsf{E}(X) = \mu_X \tag{2.39}$$

$$\text{Komponentenmittelwert: } \mu_n = \lim_{K\to\infty} \frac{1}{K} \sum_{k=1}^{K} x_n(k)$$

$$\text{Mittelwertvektor: } \vec{\mu} = \lim_{K\to\infty} \frac{1}{K} \sum_{k=1}^{K} \vec{x}(k)$$

Korrelation (gewöhnliches Moment 2. Ordnung):

$$\mathsf{Cor}(X,Y) = \mathsf{E}(XY) = s_{XY} \tag{2.40}$$

$$\text{Komponentenkorrelation: } s_{nm} = \lim_{K\to\infty} \frac{1}{K} \sum_{k=1}^{K} x_n(k) x_m(k)$$

$$\text{Autokorrelationsmatrix}^*\text{: } \mathbf{S} = \lim_{K\to\infty} \frac{1}{K} \sum_{k=1}^{K} \vec{x}(k)\vec{x}(k)^\top$$

Varianz (zentrales Moment 2. Ordnung):

$$\mathsf{Var}(X) = \mathsf{E}((X-\mu_X)^2) = \sigma_X^2 \tag{2.41}$$

$$\text{Komponentenvarianz: } \sigma_n^2 = \lim_{K\to\infty} \frac{1}{K} \sum_{k=1}^{K} (x_n(k) - \mu_n)^2$$

$$\text{Varianzvektor: } \vec{\sigma}^2 = \lim_{K\to\infty} \frac{1}{K} \sum_{k=1}^{K} (\vec{x}(k) - \vec{\mu})^2$$

Kovarianz (zentrales Moment 2. Ordnung):

$$\mathsf{Cov}(X,Y) = \mathsf{E}((X-\mu_X)(Y-\mu_Y)) = \sigma_{XY} \tag{2.42}$$

$$\text{Komponentenkovarianz: } \sigma_{nm} = \lim_{K\to\infty} \frac{1}{K} \sum_{k=1}^{K} (x_n(k)-\mu_n)(x_m(k)-\mu_m)$$

$$\text{Kovarianzmatrix: } \mathbf{\Sigma} = \lim_{K\to\infty} \frac{1}{K} \sum_{k=1}^{K} (\vec{x}(k) - \vec{\mu})(\vec{x}(k) - \vec{\mu})^\top$$

$$\mathbf{\Sigma} = \mathbf{S} - \vec{\mu}\vec{\mu}^\top$$

---

* Die aus der Signalverarbeitung stammende Bezeichnung „Autokorrelationsmatrix“ ist irreführend. Der eigentlich zutreffende Name „Korrelationsmatrix“ ist jedoch schon für die Matrix der Korrelations*koeffizienten* vergeben.

Tabelle 2.5. Wichtige zeitliche Momente für Merkmalvektoren und deren Komponenten.

Schätzung der Momente aus endlichen Stichproben

Selbstverständlich können wir den Analysator zur Ermittlung der zeitlichen Momente nicht unendlich lange beobachten. Wir müssen uns mit einer endlich großen Stichprobe von Merkmalvektoren zufrieden geben und den dabei entstehenden Fehler in Kauf nehmen. Mit endlicher Stichprobengröße K erhalten wir aus den Gleichungen (2.39) und (2.42) folgende Ausdrücke:

$$\vec{\mu} \approx \frac{1}{K} \sum_{k=1}^{K} \vec{x}(k) \tag{2.43}$$

$$\mathbf{\Sigma} \approx \frac{1}{K} \sum_{k=1}^{K} (\vec{x}(k) - \vec{\mu})(\vec{x}(k) - \vec{\mu})^{\top}. \tag{2.44}$$

Wenngleich die Stichprobe in der Praxis nicht unendlich ist, kann sie doch sehr groß sein.[2] Bisweilen sind daher rekursive Schätzformeln für die statistischen Momente hilfreich:

$$\vec{\mu}(k) \approx \left(1 - \frac{1}{k}\right) \vec{\mu}(k-1) + \frac{1}{k} \vec{x}(k) \tag{2.45}$$

$$\mathbf{\Sigma}(k) \approx \left(1 - \frac{1}{k}\right) \mathbf{\Sigma}(k-1) + \frac{k-1}{k^2} \big(\vec{x}(k) - \vec{\mu}(k-1)\big)\big(\vec{x}(k) - \vec{\mu}(k-1)\big)^{\top} \tag{2.46}$$

mit $\mu(0) = \vec{0}$ und $\Sigma(0) = \mathbf{0}$.

Wir belassen es zunächst bei der bloßen Angabe der Schätzformeln. Im Zusammenhang mit Lernverfahren für stochastische Klassifikatoren werden wir im Abschnitt 2.3.5 überlegen, inwieweit diese Formeln gerechtfertigt sind und ob wir eine Vorschrift zur Schätzung der Parameter allgemeiner Verteilungsfunktionen angeben können.

Normalverteilte Merkmalvektoren

Obwohl die Verteilungsdichtefunktion der Merkmalvektoren in der Regel unbekannt ist, können trotzdem sinnvolle Annahmen getroffen werden. Da der Analysator natürliche Messsignale verarbeitet, haben die daraus berechneten Merkmale oftmals normalverteilte Eigenschaften. Deswegen wird bei der statistischen Beschreibung von Merkmalvektoren in der übergroßen Mehrzahl der Fälle von einer N-dimensionalen (oder multivariaten) Normalverteilungsdichtefunktion (engl. *Gaussian probability density function, Gaussian PDF* oder *Gaussian*) ausgegangen.

Die multivariate Normalverteilungsdichtefunktion ist wie folgt definiert:

[2] Die Analyse von 100 Stunden Sprache ergibt zum Beispiel 36 Millionen Merkmalvektoren.

$$p(\vec{x}|\vec{\mu}, \mathbf{\Sigma}) = \frac{1}{\sqrt{(2\pi)^N |\mathbf{\Sigma}|}} \exp\left(-\frac{1}{2}(\vec{x}-\vec{\mu})^\top \mathbf{\Sigma}^{-1} (\vec{x}-\vec{\mu})\right). \tag{2.47}$$

Sie besitzt die Parameter $\vec{\mu}$ (Mittelwertvektor) und $\mathbf{\Sigma}$ (Kovarianzmatrix). Das sind insgesamt $\frac{N(N+3)}{2}$ Werte. Ihre Anzahl wächst quadratisch mit der Merkmalvektordimension N.

Diese Werte werden später (unter anderen) Gegenstand des Klassifikatortrainings sein. Dieses wird um so schwieriger, je größer die Anzahl der zu lernenden Parameter ist. Aus diesem Grund werden manchmal die Kovarianzen als Null angenommen

$$\mathbf{\Sigma} = \begin{pmatrix} \sigma_1^2 & 0 & \dots & 0 \\ 0 & \sigma_2^2 & \dots & 0 \\ \vdots & & \ddots & \vdots \\ 0 & 0 & \dots & \sigma_N^2 \end{pmatrix}, \tag{2.48}$$

womit sich Gleichung (2.47) zu

$$\begin{aligned} p(\vec{x}|\vec{\mu}, \vec{\sigma}) &= \frac{1}{\sqrt{(2\pi)^N |\mathbf{\Sigma}|}} \exp\left[-\frac{1}{2}(\dots\ \vec{x}-\vec{\mu}\ \dots) \begin{pmatrix} \ddots & & \\ & \frac{1}{\sigma_n^2} & \\ & & \ddots \end{pmatrix} \begin{pmatrix} \vdots \\ \vec{x}-\vec{\mu} \\ \vdots \end{pmatrix}\right] \\ &= \frac{1}{\sqrt{(2\pi)^N}} \prod_{n=1}^{N} \frac{1}{\sigma_n} \exp\left[-\frac{1}{2}\left(\frac{x_n-\mu_n}{\sigma_n}\right)^2\right] \end{aligned} \tag{2.49}$$

vereinfacht. Diese Form der Normalverteilungsdichte besitzt die Parameter $\vec{\mu}$ (Mittelwertvektor) und $\vec{\sigma}$ (Standardabweichungen), was insgesamt nur $2N$ Werte sind. Da die Anzahl der Werte im Gegensatz zur Normalverteilungsdichte mit voll besetzter Kovarianzmatrix nach Gleichung (2.47) nur linear mit der Dimension des Merkmalraums steigt, werden Dichtefunktionen mit diagonal besetzter Kovarianzmatrix nach Gleichung (2.49) besonders dann eingesetzt, wenn N groß ist.

Die Schätzung der Parameter $\vec{\mu}$ und $\mathbf{\Sigma}$ (bzw. $\vec{\sigma}^2$) erfolgt im Prinzip durch Beobachtung des Analysators und durch Anwendung der Beziehungen (2.43) und (2.44). Wir werden später noch darauf zurück kommen.

Die Unterstellung einer Normalverteilung ist natürlich nicht in jedem Fall vertretbar. Eine sehr große Vielfalt von Verteilungen kann aber durch eine Überlagerung von M Normalverteilungen angenähert werden. Eine solche Verteilung heißt GAUSSsche Mischverteilungsdichtefunktion (engl. *Gaussian mixture model, GMM*). Ihre Definition ist – im Gegensatz zu ihrem Namen – einfach:

$$
\begin{aligned}
p(\vec{x}|\{\vec{\mu}_m, \mathbf{\Sigma}_m, \lambda_m\}) &= \sum_{m=1}^{M} \lambda_m p(\vec{x}|\vec{\mu}_m, \mathbf{\Sigma}_m) \\
&= \sum_{m=1}^{M} \frac{\lambda_m}{\sqrt{(2\pi)^N |\mathbf{\Sigma}_m|}} \exp\left[-\frac{1}{2}(\vec{x}-\vec{\mu}_m)^\top \mathbf{\Sigma}_m^{-1}(\vec{x}-\vec{\mu}_m)\right], \quad (2.50)
\end{aligned}
$$

wobei auch hier die stochastische Randbedingung eingehalten werden muss, die genau dann erfüllt ist, wenn

$$\sum_{m=1}^{M} \lambda_m = 1 \quad (2.51)$$

gilt. Abbildung 2.5 zeigt ein Beispiel für eine zweidimensionale Mischverteilungsdichtefunktion. Natürlich ist auch hier die Verwendung diagonal besetzter Kovarianzmatrizen zum Reduzierung der Parameteranzahl möglich. Zusätzlich zur Schätzung von $\vec{\mu}$ und $\mathbf{\Sigma}$ müssen bei der Mischverteilungen auch noch die so genannten Mischungsgewichte λ_m geschätzt werden. Darauf werden wir jedoch erst in Abschnitt 3.3 eingehen.

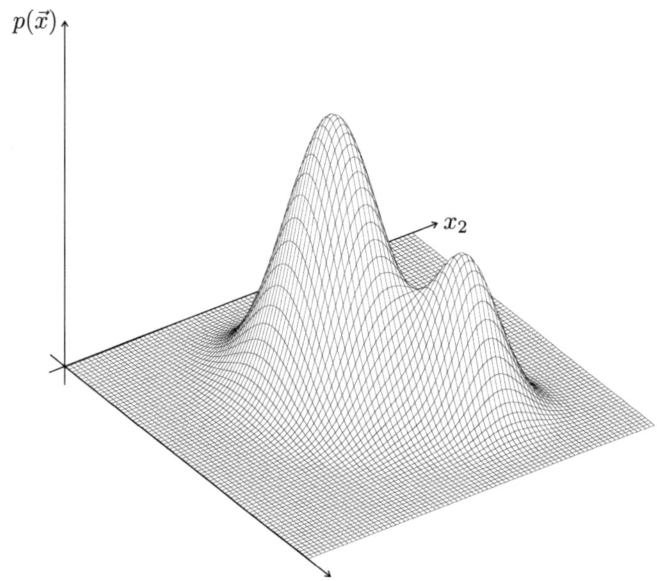

Abb. 2.5. Beispiel für eine zweidimensionale GAUSSsche Mischverteilungsdichtefunktion.

2.1.6 Merkmaltransformation und -selektion

Wir haben in Abschnitt 2.1.4 die Anreicherung des Ergebnisses der Analysetransformation mit dynamischen Merkmalen (Differenzen und Kontext) vorgestellt. Diese Informationen sind für manche Mustererkennungsaufgaben von entscheidender Wichtigkeit. Allerdings vervielfältigen sie, wie wir gesehen haben, leider auch die Dimension des Merkmalraums, was die weitere Verarbeitung erheblich erschwert und unter Umständen das erfolgreiche Lernen von Modellen verhindert (das Phänomen ist als „Fluch der Dimensionalität“[14, 230] bekannt).

Glücklicherweise tragen in der Regel nicht alle Komponenten des angereicherten Merkmalvektors gleichwichtige, unabhängige und klassifikationsrelevante Informationen. Die Merkmaltransformation und -selektion benutzt die in Abschnitt 2.1.5 eingeführte statistische Betrachtung, um

- die Dimension des Merkmalraums zu reduzieren,
- dessen Komponenten zu dekorrelieren und
- die für die Klassifikation irrelevanten Informationen zu entfernen.

Der im Folgenden umrissene Ansatz[3] geht davon aus, dass die Komponenten des Merkmalvektors miteinander korreliert sind und nutzt diese Eigenschaft aus. Eine lineare Abhängigkeit der Merkmale muss aber ausgeschlossen sein. Abbildung 2.6 veranschaulicht das Prinzip an einem einfachen Beispiel: Die zwei Komponenten der Vektoren $\vec{x}$ sind offensichtlich statistisch abhängig. Die klassifikationsrelevante Information kann nach einer einfachen Drehung des Merkmalraums durch eine anstelle von zwei Vektorkomponenten ausgedrückt werden.

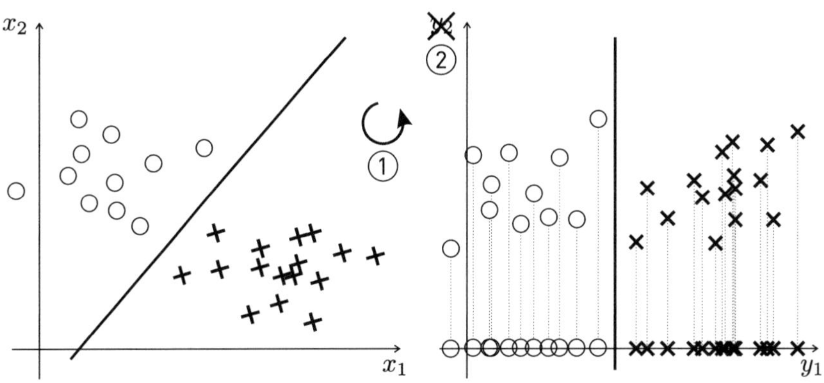

Abb. 2.6. Lineare Transformation (Drehung, ①) eines zweidimensionalen Merkmalraums und Selektion (Streichung von Komponente y_2, ②) unter Beibehaltung der linearen Separierbarkeit zweier Klassen.

[3] Die Darstellung basiert auf [249].

Mathematisch entspricht die Drehung eines Raums einer linearen Transformation. Wir werden uns hier ausschließlich mit linearen Verfahren beschäftigen und eine Gruppe näher vorstellen. Es gibt weitere, auch nicht lineare Ansätze, auf die hier jedoch nicht eingegangen werden soll. Als weiterführende Literatur sind unter anderem [161, 148, 145] empfehlenswert.

Lineare Vektortransformationen

Eine lineare Vektor- (oder Koordinaten-)transformation bildet Linearkombinationen der Form

$$\begin{array}{lllll} y_1 &= b_{11}x_1 &+ b_{12}x_2 &+ \ldots + b_{1N}x_N &= \sum_{n=1}^{N} b_{1n}x_n \\ \vdots & \quad\vdots & \quad\vdots & \qquad\quad\vdots & \qquad\vdots \\ y_M &= b_{M1}x_1 &+ b_{M2}x_2 &+ \ldots + b_{MN}x_N &= \sum_{n=1}^{N} b_{Mn}x_n \end{array} \tag{2.52}$$

aus den Komponenten von Originalvektoren $\vec{x}$.[4] Alle Zeilen zusammen beschreiben einen Bildvektor

$$\vec{y} = \sum_{n=1}^{N} \vec{b}_n x_n = \mathbf{B}\vec{x} \tag{2.53}$$

$$\text{mit} \quad \vec{b}_n = \begin{pmatrix} b_{1n} \\ \vdots \\ b_{Mn} \end{pmatrix} \quad \text{und} \quad \mathbf{B} = (\vec{b}_1 \ldots \vec{b}_N) = \begin{pmatrix} b_{11} & \ldots & b_{1N} \\ \vdots & \ddots & \vdots \\ b_{M1} & \ldots & b_{MN} \end{pmatrix}.$$

Wie man aus Gleichung (2.52) leicht ablesen kann, sind die Vektoren $\vec{b}_n$ gerade die Bilder der Einheitsvektoren entlang der Koordinatenachsen.

Wir gehen bis auf Weiteres davon aus, dass die Dimensionen von Original- und Bildvektoren gleich sind und $\mathbf{B}$ damit eine quadratische Matrix ist. Eine lineare Vektortransformation heißt dann

- **nicht singulär**, wenn sie verschiedene Originalvektoren auf verschiedene Bildvektoren abbildet (genau dann ist die Matrix $\mathbf{B}$ ebenfalls nicht singulär),
- **orthogonal**, wenn alle Vektoren $\vec{b}_n$ paarweise senkrecht aufeinander stehen (also $\vec{b}_i^\top \vec{b}_j = 0$ für alle $i \neq j$ gilt) und
- **orthonormal**, wenn die Transformation orthogonal ist und außerdem alle Vektoren $\vec{b}_n$ Einheitsvektoren sind (also $\vec{b}_n^\top \vec{b}_n = 1$ gilt); zusammenfassend gilt für orthonormale Transformationen also

$$\vec{b}_i^\top \vec{b}_j = \delta_{i,j} = \begin{cases} 1 : i = j \\ 0 : i \neq j \end{cases}. \tag{2.54}$$

[4] Da Merkmalvektoren reellwertig sind, gehen wir im Folgenden stillschweigend von einem metrischen Vektorraum aus.

Lineare Vektortransformationen haben folgende Eigenschaften (nach [5]):

- Eine nicht singuläre Transformation überführt linear unabhängige Originalvektoren in linear unabhängige Bildvektoren.
- Wenn, und nur wenn, die Transformation nicht singulär ist, existiert die inverse Transformation $\vec{x} = \mathbf{B}^{-1}\vec{y}$.
- Für die Nacheinanderausführung linearer Transformationen $\vec{y} = \mathbf{B}\vec{x}$, $\vec{z} = \mathbf{C}\vec{y}$ und $\vec{w} = \mathbf{D}\vec{z}$ gilt: $\vec{w} = (\mathbf{DCB})\vec{x}$.

Diskrete Karhunen-Loève-Transformation (DKLT)

Wir haben schon im Abschnitt 2.1.5 die Merkmale $\vec{x}$ als Zufallsvektoren betrachtet. Solche Zufallsvektoren können nach dem Satz von KARHUNEN und LOÈVE als Linearkombination

$$\vec{x} = \sum_{n=1}^{N} y_n \vec{b}_n = \mathbf{B}\vec{y} \tag{2.55}$$

einer Basis aus paarweise orthogonalen Vektoren $\vec{b}_n$ so ausgedrückt werden, dass die Entwicklungskoeffizienten y_n paarweise unkorreliert sind. Gleichung (2.55) wird unter diesen Bedingungen als diskrete KARHUNEN-LOÈVE-Reihe bezeichnet[5][197]. Der Form nach ist sie eine lineare Transformation entsprechend Gleichung (2.53). Man beachte aber, dass die Koeffizienten y_n der Reihe Zufallszahlen sind.

Wenn wir Zufallsvektoren $\vec{x}$ als diskrete KARHUNEN-LOÈVE-Reihe darstellen wollen, müssen wir sowohl eine orthogonale Basis $(\vec{b}_1 \ldots \vec{b}_N)$ als auch die (zufälligen) Entwicklungskoeffizienten y_n ermitteln. Letztere sind Ergebnis der inversen Transformation

$$\vec{y} = \mathbf{B}^{-1}\vec{x} = \mathbf{B}^{\top}\vec{x} \tag{2.56}$$

und wir wollen sie zusammen als transformierten Merkmalvektor bezeichnen. Da wir von orthogonalen Basisvektoren ausgehen, gilt $\mathbf{B}^{-1} = \mathbf{B}^{\top}$. Damit berechnen sich die Komponenten des transformierten Vektors zu:

$$y_n = \vec{b}_n^{\top}\vec{x}. \tag{2.57}$$

Unsere Forderung nach paarweiser Unkorreliertheit der Komponenten y_n lässt sich mathematisch durch eine diagonale Autokorrelationsmatrix (vgl. 2.40)

$$(\mathsf{Cor}(y_i, y_j)) = (\mathsf{E}(y_i y_j)) = \begin{pmatrix} \mathsf{E}(y_1^2) & 0 & \cdots & 0 \\ 0 & \mathsf{E}(y_2^2) & \cdots & 0 \\ \vdots & & \ddots & \vdots \\ 0 & 0 & \cdots & \mathsf{E}(y_n^2) \end{pmatrix} \tag{2.58}$$

[5] Der Laufindex der Summe geht eigentlich bis Unendlich. Man kann aber leicht nachrechnen, dass die Reihe in jedem Fall fehlerfrei bei der Dimension N der Vektoren $\vec{x}$ abgebrochen werden kann [250].

ausdrücken. Unter Verwendung des KRONECKER-Symbols sowie der Abkürzung $\mathsf{E}(y_j^2) = \lambda_j$ für die quadratischen Mittelwerte können wir die einzelnen Elemente der Autokorrelationsmatrix als

$$\mathsf{E}(y_i y_j) = \lambda_j \delta_{i,j} \tag{2.59}$$

schreiben. Einsetzen von (2.57) in (2.59) ergibt

$$\lambda_j \delta_{i,j} = \mathsf{E}(y_i y_j) = \mathsf{E}(\vec{b}_i^\top \vec{x} \cdot \vec{b}_j^\top \vec{x}) = \mathsf{E}(\vec{b}_i^\top \vec{x}\vec{x}^\top \vec{b}_j) = \vec{b}_i^\top \mathsf{E}(\vec{x}\vec{x}^\top)\vec{b}_j, \tag{2.60}$$

wobei wir im letzten Umformungsschritt berücksichtigt haben, dass die $\vec{b}_n$ keine Zufallsgrößen sind.

Auf direktem Wege ist es schwierig, λ_n und $\vec{b}_n$ zu finden, welche Gleichung (2.60) erfüllen. Man kann sich aber leicht davon überzeugen, dass die Eigenwerte und -vektoren des Problems

$$\mathsf{E}(\vec{x}\vec{x}^\top)\vec{b} = \lambda \vec{b} \tag{2.61}$$

auch Lösungen von (2.60) sind (Beweis siehe Satz B.4.1 im Anhang). Das gilt jedoch nur unter der Voraussetzung, dass Eigenvektoren $\vec{b}$ paarweise orthogonale Einheitsvektoren sind. Da $\mathsf{E}(\vec{x}\vec{x}^\top)$ nichts Anderes als die (reelle, symmetrische, positiv semidefinite) Autokorrelationsmatrix (vgl. 2.40) der Merkmalvektoren ist, existiert eine solche Lösung aber immer.

Durch Lösung des Eigenwertproblems (2.61) finden wir also die Orthonormalbasis der KARHUNEN-LOÈVE-Reihe (und damit die lineare Transformationsmatrix für Gleichung 2.56). Der zum Merkmalvektor $\vec{x}$ gehörende Vektor von Entwicklungskoeffizienten $\vec{y}$ (und damit der transformierte Merkmalvektor) ergibt sich dann zu

$$\vec{y} = \mathbf{B}^\top \vec{x}. \tag{2.62}$$

Wenn $\mathbf{B}$ auf dem beschriebenen Weg ermittelt wurde, bezeichnet man Gleichung (2.62) als diskrete KARHUNEN-LOÈVE-Transformation (DKLT). Die Komponenten des Bildvektors $\vec{y}$ sind entsprechend der Voraussetzung paarweise unkorreliert. Die DKLT realisiert also durch eine lineare Vektortransformation unseren Wunsch nach unkorrelierten Merkmalen.

Dimensionsreduktion

Wir wollen nun den zweiten Wunsch, nämlich die Dimensionsreduktion, erfüllen. Wir betrachten dazu noch einmal Gleichung (2.55)

$$\vec{x}' = \sum_{n=1}^{M} y_n \vec{b}_n \quad \text{mit } M < N, \tag{2.63}$$

wobei wir als Maßnahme zur Dimensionsreduktion einige Summanden weggelassen haben und daher nur noch eine Approximation $\vec{x}'$ des Merkmalvektors erhalten.

Der mittlere quadratische Fehler der Approximation (2.63) ist

$$\mathsf{E}\left\{\|\vec{x}-\vec{x}'\|^2\right\} = \mathsf{E}\left\{\left\|\sum_{n=M+1}^{N} y_n \vec{b}_n\right\|^2\right\} = \sum_{n=M+1}^{N} \mathsf{E}\left\{y_n^2\right\} \overset{(2.59)}{=} \sum_{n=M+1}^{N} \lambda_n. \quad (2.64)$$

Der Fehler ist damit am kleinsten, wenn wir die Basisvektoren mit den kleinsten Eigenwerten λ_n streichen. Praktisch werden wir also die Basisvektoren absteigend nach ihren Eigenwerten sortieren und dann eine gewünschte Anzahl weglassen. Die Transformationsmatrix $\mathbf{B}^\top$ in Gleichung (2.62) hat dann also N Spalten, aber nur noch $M < N$ Zeilen.

Hauptkomponentenanalyse (HKA) und Hauptachsentransformation (HAT)

Die diskrete Karhunen-Loève-Transformation benötigt die Autokorrelationsmatrix $\mathsf{E}(\vec{x}\vec{x}^\top)$ zur Berechnung der Transformationsmatrix. Da diese in der Praxis jedoch normalerweise nicht ohne Weiteres bekannt ist, müssen wir sie mit Hilfe der Beziehung (2.40) aus einer Vektorstichprobe schätzen. Bei Verwendung der empirischen Autokorrelationsmatrix sprechen wir von einer Hauptkomponentenanalyse (HKA, engl. *principal component analysis*, PCA). Ein wichtiger Spezialfall sind mittelwertfreie Vektoren $\vec{x}$. Diese Eigenschaft kann beispielsweise durch eine Normierung nach Abschnitt 2.1.3 immer leicht hergestellt werden. In diesem Fall ist die empirische Autokorrelationsmatrix identisch mit der empirischen Kovarianzmatrix (2.42) und man spricht von einer Hauptachsentransformation (HAT). Sowohl die HKA als auch die HAT schließen üblicherweise eine Dimensionsreduktion ein. Abbildung 2.7 fasst die mathematischen Darstellungen zusammen.

Beide Verfahren gehen davon aus, dass der die Merkmalvektoren erzeugende Zufallsprozess vollständig mit Momenten erster und zweiter Ordnung beschreibbar ist. Wenn dies tatsächlich *nicht* der Fall ist, so sind die ermittelte Orthonormalbasis und die Entwicklungskoeffizienten nicht optimal. Bei der oben beschriebenen Dimensionsreduktion ist ein minimaler Fehler ebenfalls nicht mehr garantiert. Es empfiehlt sich also bei der praktischen Anwendung, die statistischen Eigenschaften der Merkmalvektoren geeignet zu überprüfen.

Weitere Verfahren

Die bisher betrachteten Verfahren zum Merkmaltransformation und -selektion gehen von statistischen Eigenschaften der *Gesamtheit* der Merkmalvektoren aus. Da die Merkmaltransformation Teil eines Mustererkennungsalgorithmus ist, welcher letztendlich zwischen Klassen unterscheiden soll, liegt eine klassenabhängige statistische Betrachtung der Merkmalvektoren nahe. Das ist bei den hier betrachteten Mustererkennern immer möglich, da diese ohnehin eine klassifizierte Lernstichprobe benötigen.

Eine lineare Transformation N-dimensionaler Vektoren

$$\vec{y} = \mathbf{B}^\top \vec{x} \qquad \text{mit } \mathbf{B} = (\vec{b}_1, \ldots, \vec{b}_M) \text{ und } M \leq N,$$

bei der $\vec{b}_m$ die nach absteigenden Eigenwerten λ sortierten Lösungen von

$$(\mathbf{R} - \lambda \mathbf{E})\vec{b} = 0$$

sind, heißt

Hauptkomponentenanalyse, wenn $\mathbf{R} = \sum_p \vec{x}^{(p)} \vec{x}^{(p)\top}$, bzw.
Hauptachsentransformation, wenn $\mathbf{R} = \sum_p (\vec{x}^{(p)} - \vec{\mu})(\vec{x}^{(p)} - \vec{\mu})^\top$

ist, wobei $\{\vec{x}^{(p)}\}$ eine unklassifizierte Lernstichprobe von Merkmalvektoren mit dem empirischen Mittelwertvektor $\vec{\mu} = \sum_p \vec{x}^{(p)}$ bezeichnet.

Abb. 2.7. Definition Hauptkomponentenanalyse und Hauptachsentransformation

Ein einfacher, heuristischer Ansatz geht von der Beobachtung aus, dass die Auftretenshäufigkeiten von Klassen in den meisten Fällen dem ZIPFschen Gesetz [348] gehorchen. Dieses besagt, dass die meisten Klassen selten vorkommen und nur wenige Klassen häufig. Eine klassenunabhängige, statistische Merkmaltransformation und -selektion berücksichtigt also die typischen Merkmale seltener (und damit der meisten) Klassen praktisch nicht. Es kann daher sinnvoll sein, eine Merkmalstatistik zu verwenden, welche alle Klassen als gleich häufig betrachtet. Dazu schätzt man zunächst die Autokorrelations- oder Kovarianzmatrix für jede Klassen getrennt, mittelt diese anschließend

$$\mathbf{R} = \frac{1}{C} \sum_{c=1}^{C} \mathbf{R}_c = \frac{1}{C} \sum_{c=1}^{C} \frac{1}{K_c} \sum_{p:c^{(p)}=c} \vec{x}^{(p)} \vec{x}^{(p)\top} \tag{2.65}$$

beziehungsweise

$$\mathbf{R} = \frac{1}{C} \sum_{c=1}^{C} \mathbf{R}_c = \frac{1}{C} \sum_{c=1}^{C} \frac{1}{K_c} \sum_{p:c^{(p)}=c} (\vec{x}^{(p)} - \vec{\mu}_c)(\vec{x}^{(p)} - \vec{\mu}_c)^\top \tag{2.66}$$

und verwendet die so erhaltene Matrix $\mathbf{R}$ für die HKA oder HAT nach Abbildung 2.7. K_c steht für die Stichprobengröße der Klasse c. Die Mittelung der Matrizen ist mathematisch zulässig, da die entscheidende Eigenschaft der positiven Semidefinitheit bei einer gewichteten Summe aus Autokorrelations- oder Kovarianzmatrizen erhalten bleibt (Beweis in Anhang B.3).

Fortgeschrittenere Methoden der klassenabhängigen Transformation benutzen als Zielfunktion zur Erstellung der Transformationsmatrix eine bestmögliche Separierbarkeit der Klassen. Dies ist für einen Klassifikator natürlich offensichtlich wünschenswert. Ein Beispiel für ein entsprechendes Verfahren ist die lineare Diskriminanzanalyse (LDA). Eine Einführung kann beispielsweise in [249] nachgelesen werden.

Ein weiteres mögliches Vorgehen basiert auf der Independent Component Analysis (ICA). Diese geht vom zentralen Grenzwertsatz der Statistik aus und versucht, möglichst nicht-normalverteilte transformierte Merkmalkomponenten zu erreichen. Ein wesentliches Problem dieses Ansatzes liegt in der Wahl der nach der Transformation zu selektierenden Merkmalkomponenten, welche sich wesentlich schwieriger als bei der HKA oder HAT gestaltet ([220], auch [32]).

2.1.7 Zusammenfassung

In den vorangegangenen Abschnitten haben wir Manipulationen der Primärmerkmale $\vec{x}$ betrachtet. So verschiedenartig diese auch sind, folgen sie doch wenigen Grundprinzipien:

1. Verschiebung um einen konstanten Vektor $\vec{x}_0$
2. Zeitliche Filterung
3. Supervektorbildung
4. lineare Transformation mit Dimensionsreduktion

Ausgehend von den Gleichungen (2.10) und (2.31) lassen sie sich zu folgender einfachen Formel zusammenfassen, welche die komplette Rechnung von der Primärmerkmalvektorfolge $\vec{\mathbf{x}}$ bis hin zur Sekundärmerkmalvektorfolge $\vec{\mathbf{o}}$ umfasst:

$$\vec{\mathbf{o}} = \mathbf{W} \begin{bmatrix} (\vec{\mathbf{x}} - \vec{x}_0)\mathbf{A}_1 \\ \vdots \\ (\vec{\mathbf{x}} - \vec{x}_0)\mathbf{A}_n \end{bmatrix}, \tag{2.67}$$

wobei sich die lineare Transformationsmatrix $\mathbf{W}$ aus der Vektorstandardisierung nach Gleichung (2.10) und einer Merkmaltransformation aus Abschnitt 2.1.6 zusammensetzt:

$$\mathbf{W} = \mathbf{B}^\top \cdot \mathrm{diag}(\vec{w})^{-1}. \tag{2.68}$$

Die Filtermatrizen

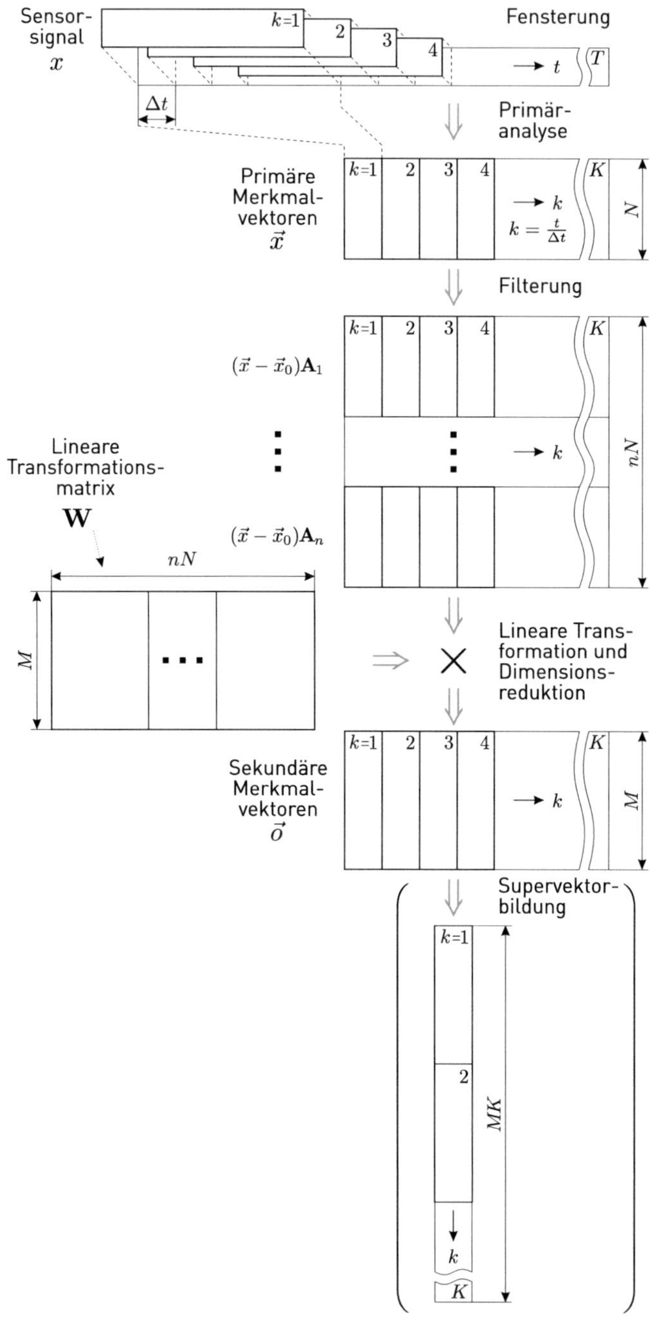

Abb. 2.8. Signalflussbild des Analysators. Der obere Teil zeigt die primäre Merkmalanalyse (siehe Abschnitt 2.1.2), der untere Teil die sekundäre Merkmalanalyse (siehe Abschnitte 2.1.3 bis 2.1.6).

$$
\mathbf{A} = \begin{pmatrix}
a_0 & & a_{-L} & 0 & \dots & 0 & 0 & & 0 \\
\vdots & \ddots & \vdots & a_{-L} & & \vdots & \vdots & & \vdots \\
a_L & & a_0 & \vdots & & & & & \\
0 & \ddots & \vdots & a_0 & \ddots & \vdots & & & \\
\vdots & & a_L & \vdots & & 0 & \vdots & & \\
& & 0 & a_L & \ddots & a_{-L} & 0 & & \\
& & \vdots & 0 & & \vdots & a_{-L} & & \vdots \\
& & & \vdots & \ddots & a_0 & \vdots & \ddots & 0 \\
& & & & & \vdots & a_0 & & a_{-L} \\
\vdots & & \vdots & \vdots & & a_L & \vdots & \ddots & \vdots \\
0 & & 0 & 0 & \dots & 0 & a_L & & a_0
\end{pmatrix}. \tag{2.69}
$$

in Gleichung (2.67) erhält man, wenn man die Summe in Gleichung (2.31) in die Form eines Matrizenprodukts bringt.

Abbildung 2.8 zeigt zusammenfassend den Signalfluss des Analysators, bestehend aus einer Primäranalyse nach Abschnitt 2.1.2 und einer Sekundäranalyse nach Gleichung (2.67).

2.2 Klassifikator

Die Aufgabe der Mustererkennung ist es, automatisch Aussagen d über Objekte in der realen Welt zu treffen. Man beachte, dass der Begriff „Aussage“ formal ist. Er bedeutet nicht, dass eine sinnvolle oder wahre Aussage im umgangssprachlichen Sinn getroffen wird. In den vorangegangenen Abschnitten wurde dargelegt, wie aus von realen Objekten ausgehenden Messsignalen Merkmalvektoren oder Folgen solcher Vektoren gewonnen werden. Wie in Kapitel 1 diskutiert, gehören diese mathematisch gesehen einem Merkmalraum $\mathcal{O}$ an, welcher für die meisten Anwendungen ein N-dimensionaler Vektorraum ist. Aufgabe des Klassifikators ist nun die algorithmische Realisierung einer Abbildung aus dem Merkmalraum $\mathcal{O}$ in einen Aussagenraum $\mathcal{D}$. Abbildung 2.9 zeigt einige Beispiele für solche Abbildungen.

2.2.1 Aussagen und Klassen

Wir unterscheiden eindeutige (scharfe) Aussagen und mehrdeutige Aussagen. Der einfachste Fall einer scharfen Aussage wurde schon in Abschnitt 1.2.1 besprochen und besteht in der Angabe genau einer Äquivalenzklasse für jeden Merkmalvektor:

$$
d : \mathcal{O} \rightarrow \mathcal{C}. \tag{2.70}
$$

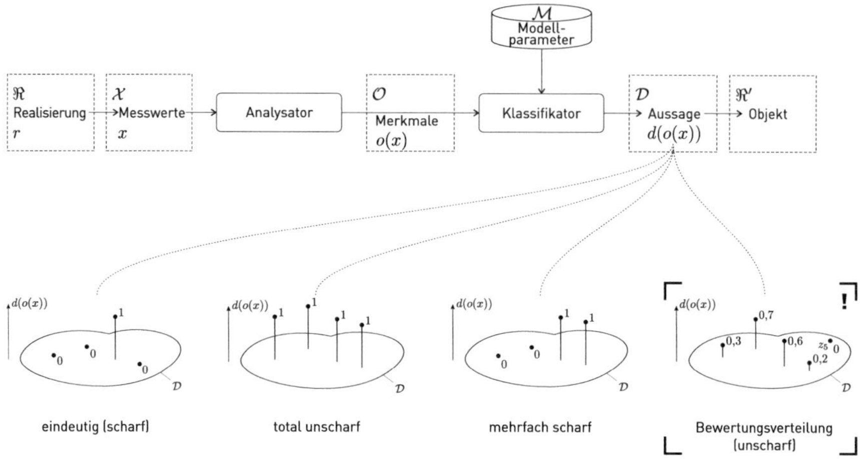

Abb. 2.9. Aussagen (nach [311]).

Bei praktischen Problemen sind solche Aussagen zwar leicht zu erzielen, jedoch nicht mit einer akzeptablen Zuverlässigkeit. Daher verwenden wir oft unscharfe Aussagen, welche jeder Realisierungsbeschreibung einen skalaren Wert zuordnen:

$$d : \mathcal{C} \times \mathcal{O} \to \mathbb{R} \qquad d \in \mathcal{D}. \tag{2.71}$$

Wir bezeichnen d als Modellabbildung oder Bewertungsverteilung [120, 311]. Sie quantifiziert die Zugehörigkeit des Merkmals $\vec{\mathbf{o}}$ zu *allen* Äquivalenzklassen.[6] Eine Bewertungsverteilung stellt also gewichtete Möglichkeiten dar. Diese können beispielsweise probabilistisch (durch Wahrscheinlichkeiten), possibilistisch (durch Fuzzy-Aussagen, siehe Abschnitt 3.4.2) oder durch Rangordnungen ausgedrückt werden. In Abbildung 2.10 werden die Begriffe Merkmalraum, Aussagenraum und Klassifikation am Beispiel von Aussagen über das Wetter veranschaulicht.

Typischerweise wird die Bewertungsverteilung dahingehend vereinfacht, dass pro Äquivalenzklasse eine so genannte Unterscheidungsfunktion

$$d_c : \mathcal{O} \to \mathbb{R} \tag{2.72}$$

definiert wird. d hat meist variable Elemente, welche Modellparameter ($\mathcal{M}$) genannt werden. Wir bezeichnen die Modellparameter von Unterscheidungsfunktionen mit $\mathcal{M}_c$. Die nicht variablen Elemente werden dabei in der Regel unabhängig von der Klasse gewählt, so dass die typische parametrische Unterscheidungsfunktion wie folgt aussieht:

$$d_c(o(x)) = d(o(x), \mathcal{M}_c). \tag{2.73}$$

[6] Falls die Zuordnung total unscharf ist, also für jedes Merkmal die gleiche Aussage getroffen wird, ist die entsprechende Bewertungsverteilung nutzlos.

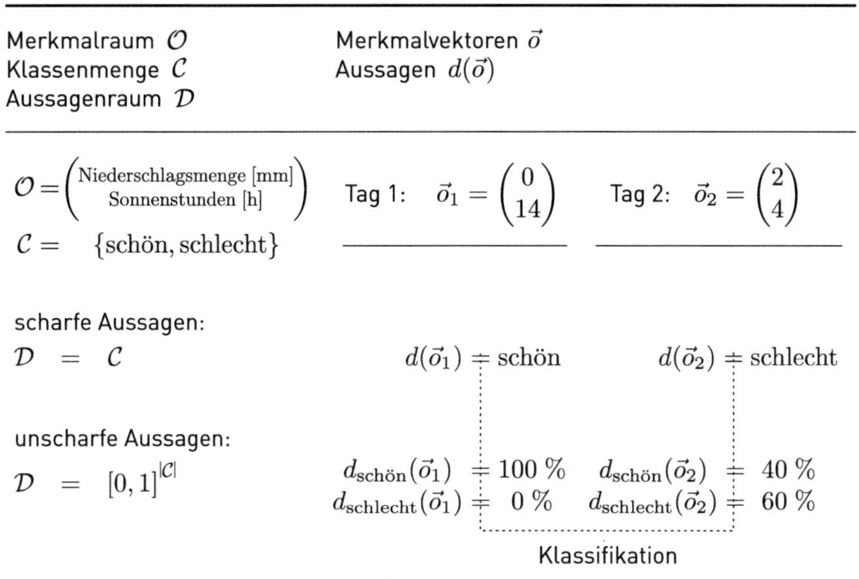

Abb. 2.10. Beispiele für scharfe und unscharfe formale Aussagen über das Wetter. Die Aussagen werden anhand der Merkmale „Niederschlagsmenge" und „Anzahl der Sonnenstunden" getroffen.

2.2.2 Entscheidungsproblem

Im vorangegangenen Abschnitt wurde beschrieben, dass der Klassifikator aus Beobachtungen von Realisierungen Aussagen über diese ableitet. Aufgrund dieser Aussagen wird nun in einem zweiten Schritt eine Entscheidung s getroffen

$$s : \mathcal{D} \to \mathcal{S}, \tag{2.74}$$

welche in einem Entscheidungsraum $\mathcal{S}$ liegt. Bei scharfen Aussagen fallen der Aussagenraum $\mathcal{D}$ und der Entscheidungsraum $\mathcal{S}$ zusammen. Unscharfe Aussagen müssen zu einer endgültigen Entscheidung zusammenfasst werden. Bei der Verwendung von Unterscheidungsfunktionen geschieht dies durch eine Entscheidungsfunktion

$$s = \bigoplus_{c \in \mathcal{C}} d_c(o(x)) \tag{2.75}$$

mit Hilfe einer Aggregationsoperation $\oplus$, welche je nach Aufgabenstellung eine Klasse, eine Rangfolge von Klassen, eine Wahrscheinlichkeitsverteilung auf Klassen oder ähnliches ergeben kann. Abbildung 2.11 zeigt ein typisches Blockschaltbild für einen Signal- oder Worterkenner, welcher je eine Unterscheidungsfunktion d_c pro Äquivalenzklasse mit variablen Modellinformationen $\mathcal{M}_c$ benutzt.

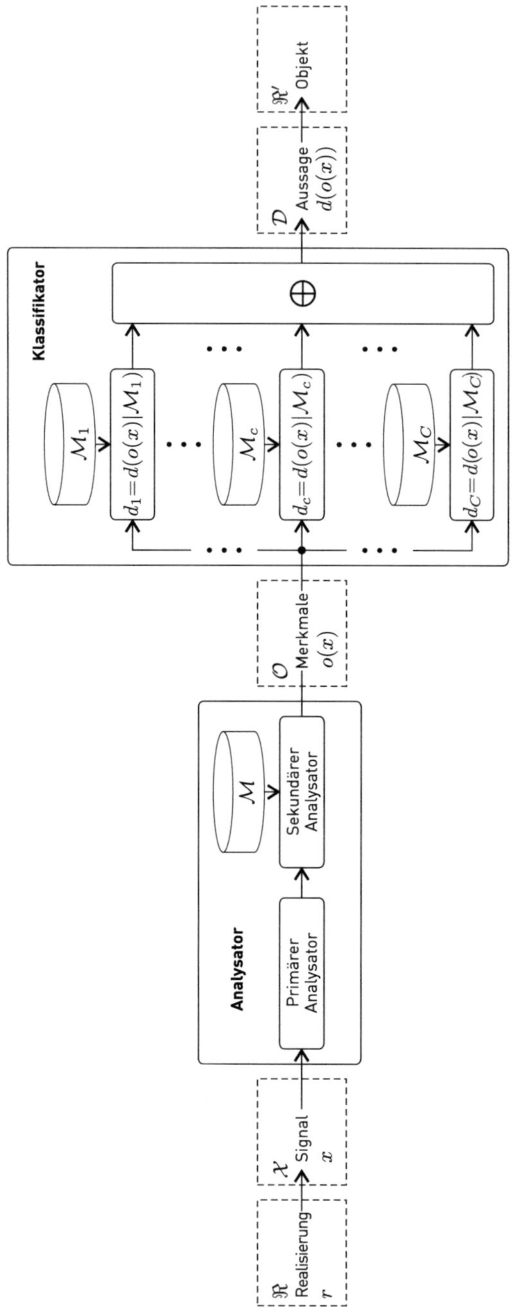

Abb. 2.11. Blockschaltbild eines typischen Signal- oder Worterkenners.

Klassifikatoren können nach den von ihnen benutzten Unterscheidungs- und Entscheidungsfunktionen kategorisiert werden. Einige Beispiele sind in Tabelle 2.6 aufgeführt.

Klassifikator	Unterscheidungsfkt. $s(o(x))$	Entscheidungsfkt. $d_c(o(x))$	siehe
Abstandsklassifikator	geometrisch	mit Verschärfung	2.2.4
Supportvektormaschine	geometrisch	mit Verschärfung	3.1
BAYES-Klassifikator	stochastisch	mit Verschärfung	3.2.1
Fuzzy-Klassifikator	geometrisch	unscharf	3.4.2

Tabelle 2.6. Beispiele für Klassifikatoren mit Kategorisierung nach Unterscheidungs- und Entscheidungsfunktion.

Entscheidung durch Verschärfung

Wir wollen nun die wichtigste Entscheidungsfunktion, nämlich die Angabe genau einer Klasse für jede Realisierung, näher betrachten. Dieses Verfahren nennt man „Entscheidung durch Verschärfung". Wir können dazu eine Aggregation nach Gleichung (2.75) verwenden, wenn der Operator $\oplus$ eine Klasse liefert. Das ist zum Beispiel beim arg ext-Operator der Fall und wir schreiben:

$$s = \underset{c \in \mathcal{C}}{\arg\text{ext}}\ d_c(o(x)). \tag{2.76}$$

Wir wählen also einfach diejenige Klasse, deren Unterscheidungsfunktion den minimalen oder maximalen Wert für das Merkmal o liefert. Falls o ein einziger Vektor ist, sprechen wir von Vektorklassifikation:

$$s = \underset{c \in \mathcal{C}}{\arg\text{ext}}\ d_c(\vec{o}(x)). \tag{2.77}$$

Falls o eine Vektorfolge ist, sprechen wir von Folgenklassifikation:

$$s = \underset{c \in \mathcal{C}}{\arg\text{ext}}\ d_c(\vec{\mathbf{o}}(x)). \tag{2.78}$$

Bei der letzteren gibt es den für die Sprach- und Musikerkennung wichtigen Sonderfall, dass pro Realisierung nicht für eine einzige Klasse, sondern für eine *Folge* von Klassen (beispielsweise Wörter oder Noten/Akkorde) entschieden werden muss. Wir benutzen dann Entscheidungsfunktionen der Form:

$$s = \underset{\mathbf{c} \in \mathcal{C}^*}{\arg\text{ext}}\ d_{\mathbf{c}}(\vec{\mathbf{o}}(x)). \tag{2.79}$$

In diesem Fall sprechen wir von Klassenfolgenklassifikation.

Die Entscheidung durch Verschärfung definiert Klassengebiete im Merkmalraum. Dabei werden die Bereiche, in denen der Wert der Unterscheidungsfunktion d_c minimal oder maximal ist, dieser Klasse als ihr Gebiet zugeordnet. Dadurch liegt jeder Punkt im Merkmalraum in genau einem Klassengebiet. Die Entscheidung durch Verschärfung bewirkt also eine Partition des Merkmalraums (siehe Abschnitt 1.2.1). Nach der in Abschnitt 1.2.3 aufgestellten Kompaktheitshypothese haben die Klassengebiete eine „vernünftige" Form, womit nicht gesagt ist, dass sie zusammenhängend sein müssen. Die Entscheidung durch Verschärfung nimmt Klassifikationsfehler zugunsten einer scharfen Aussage in Kauf. Als Konsequenz definiert sie Grenzen zwischen den Klassengebieten, die wir als Trennfunktionen bezeichnen. Deren Lage kann durch Gleichsetzen der Unterscheidungsfunktionen zweier „benachbarter" Klasse einfach bestimmt werden:

$$d_{cb}(o(x)) = d_c(o(x)) - d_b(o(x)) \tag{2.80}$$

mit $c, b \in \mathcal{C}$. Die geeignete Festlegung der Trennfunktionen ist im Wesentlichen die Aufgabe des Klassifikatortrainings (siehe Abschnitt 2.3). Abbildung 2.12 führt das Beispiel des Wetterklassifikators fort und zeigt eine mögliche Trennfunktion zwischen „schönem" und „schlechtem" Wetter im Merkmalraum aus Abbildung 2.10.

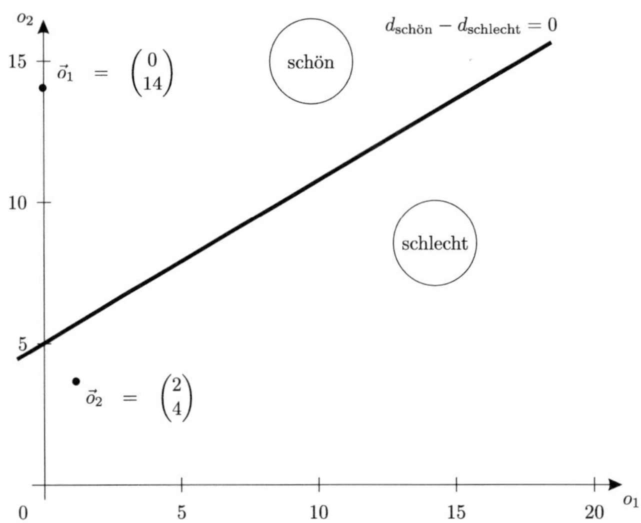

Abb. 2.12. Beispiel für Klassengebiete und eine Trennfunktion für einen Wetterklassifikator in dem in Abbildung 2.10 definierten Merkmalraum. Die Lage der dort beispielhaft benutzen Merkmalvektoren ist durch Punkte gekennzeichnet.

Rückweisung

Bei einer Entscheidung durch Verschärfung kann der Sonderfall auftreten, dass der Klassifikator einen bestimmten Merkmalwert $o(x)$ überhaupt keiner Klasse mit einiger Sicherheit zuordnen kann. Es ist dann sinnvoll, auch tatsächlich keine Entscheidung für eine der Klassen zu treffen und $o(x)$ anstelle dessen zurückzuweisen. Formal ist eine Rückweisung nichts anderes als eine zusätzliche Klasse, die wir mit dem Index $c = 0$ kennzeichnen. Ihre Unterscheidungsfunktion ist meist einfach ein Schwellwert d_0. Eine Entscheidungsfunktion mit Verschärfung und Rückweisung über C Klassen sieht damit wie folgt aus:

$$s = \arg\operatorname*{ext}_{c} \begin{cases} d_1(o(x)) \\ \vdots \\ d_C(o(x)) \\ d_0 \end{cases} . \tag{2.81}$$

Abbildung 2.13 zeigt ein Beispiel für zwei Klassengebiete mit einem zusätzlichen Rückweisungsgebiet in einem zweidimensionalen Merkmalraum.

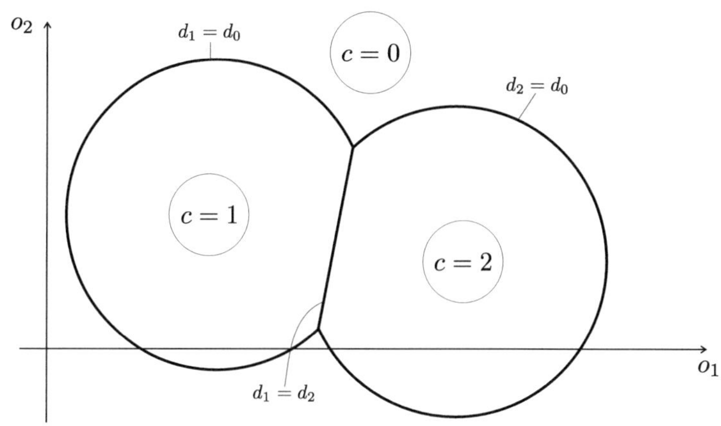

Abb. 2.13. Beispiel für Klassengebiete und die Trennfunktionen für einen Klassifikator mit zwei Klassen und Rückweisung (ausgedrückt durch eine zusätzliche Klasse $c = 0$). Die Lage der Trennfunktionen entspricht einem EUKLIDischen Abstandsklassifikator mit einem maximalen zulässigen Abstand (siehe Abschnitt 2.2.4).

Für den typischen Fall, dass sich die Unterscheidungsfunktionen nur durch Parameter – die Modellinformation, siehe Abschnitt 2.2.1 – unterscheiden, ergibt sich mit (2.73) die Entscheidungsfunktion

$$s = \arg\operatorname*{ext}_{c} \begin{cases} d(o(x), \mathcal{M}_1) \\ \vdots \\ d(o(x), \mathcal{M}_C) \\ d_0 \end{cases} . \tag{2.82}$$

Wir haben also im Falle der Rückweisung $C+1$ Klassen, aber nur C Modelle. Das „Modell" für die Rückweisungsklasse ergibt sich implizit. Es beschreibt die Gebiete im Merkmalraum, die nicht durch ein anderes Klassenmodell „belegt" werden.

Detektion

Im Extremfall werden nur ein einziges Klassenmodell sowie die implizite Rückweisungsklasse verwendet. Ein solcher Klassifikator heißt Detektor, da er lediglich das Vorhandensein bestimmter Klassenmerkmale prüft („detektiert") und eine Realisierung daraufhin entweder akzeptiert oder zurückweist. Ein Beispiel für eine Detektionsaufgabe ist die Ausschussprüfung von Bauteilen, bei der nur ein Modell für den Sollzustand existiert und alle abweichenden Teile zurückgewiesen und somit aussortiert werden. Abbildung 2.14 verdeutlicht diesen Fall in einem zweidimensionalen Merkmalraum.

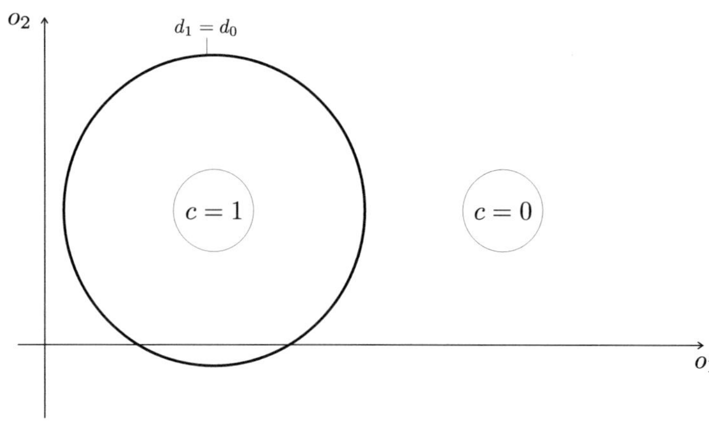

Abb. 2.14. Beispiel für Klassengebiete und die Trennfunktion eines Detektors. Die Lage der Trennfunktion entspricht einem EUKLIDischen Abstandsklassifikator mit einem maximalen zulässigen Abstand (siehe Abschnitt 2.2.4).

Mehrstufige und mehrkriterielle Entscheidungen

In machen Fällen kann eine Entscheidung nicht in einem einzigen Schritt oder nicht auf Grund einer einzigen Bewertungsverteilung getroffen werden. Der erste Fall tritt beispielsweise dann ein, wenn Objekte eine bekannte, hierarchische Struktur besitzen, die vom Klassifikator berücksichtigt werden soll. Um beim oben begonnenen Beispiel des Wetterklassifikators zu bleiben, könnten wir eine Entscheidung über das „Sommerwetter" treffen wollen. Die bekannte Objektstruktur bestünde dann in den aufeinander folgenden Tagen des Sommers, für die wir ja schon einzelne Entscheidungen treffen können. Diese stellen eine erste Stufe der Entscheidung dar. Ein Klassifikator für das Sommerwetter würde in einer zweiten Stufe aus den Teilentscheidungen eine Gesamtentscheidung bilden.

Eine mehrstufige Entscheidung liegt ebenfalls vor, wenn statt einer einfachen Aggregation nach Gleichung (2.75) eine Klassifikation des Merkmalvektors der Form

$$\vec{d} = \begin{pmatrix} d_1(o(x)) \\ \vdots \\ d_C(o(x)) \end{pmatrix} \tag{2.83}$$

vorgenommen wird. Dieses Vorgehen wird als Metaklassifikation bezeichnet. Denkt man diesen Ansatz weiter, gelangt man zum Konzept hierarchischer Bewertungsverteilungen, welches hier aber nicht weiter behandelt werden soll.

Eine andere Art komplexer Entscheidungsfindung ist die so genannte mehrkriterielle Entscheidung. Hierbei bearbeiten mehrere Klassifikatoren unterschiedliche Aspekte ein und desselben Problems. Anschließend wird zum Beispiel durch Mehrheitsentscheidung oder Metaklassifikation eine gemeinsame Entscheidung gefunden. Ist das nicht erwünscht, kann auch eine so genannte funktional effiziente Klassenmenge der Form

$$c \in \tilde{\mathcal{C}} \leftrightarrow \nexists\, b : (\forall\, m : d_{m,c} \otimes d_{m,b}) \tag{2.84}$$

als Ergebnis ausgegeben werden [86]. Eine Klasse c ist genau dann Element von $\tilde{\mathcal{C}}$, wenn keine Klasse b existiert, die von allen Teilklassifikatoren eine bessere Bewertung erhalten hat. Wir wollen auch diesen Gedanken nicht weiter verfolgen und bleiben im Folgenden bei der Entscheidung für eine einzige Klasse.

2.2.3 Modelle

Wir haben schon in Abschnitt 2.2.1 erwähnt, dass Unterscheidungsfunktionen meist parametrisch sind und dass deren Parameter Modellinformation heißen. Diese sind in der Mustererkennung meist nicht a-priori bekannt, sondern ein Gegenstand des Klassifikator- oder Modelltrainings. Das Modell umfasst neben seinen Parametern auch feste Elemente, welche im Fall der Mustererkennung beispielsweise die Unterscheidungsfunktion selbst sind. Die festen Modellelemente werden meist a-priori festgelegt und als gegeben angenommen. Der Modellbegriff wird vielfältig verwendet und eine allgemeine Definition ist schwierig. Tabelle 2.7 stellt einige wichtige Modelltypen zusammen. Für eine ausführlichere Betrachtung sei auf die Literatur, beispielsweise [120], verwiesen.

Der praktische Nutzen von Modellen ist die Formalisierung von Wissen. Für die Mustererkennung sprechen wir von Referenzwissen, da es uns die Unterscheidung von Klassen auf Grund der Modellinformationen („der Referenzen“) erlaubt. Wir unterscheiden prozedurales und deklaratives Wissen. Das

stochastisch	unter Benutzung von Zufallsvariablen
deterministisch	keine Benutzung von Zufallsvariablen, jeder Faktor ist eindeutig bestimmt, sobald die Faktoren bestimmt sind, mit denen er in Beziehung steht
dynamisch	die Zeit tritt explizit als Variable auf
statisch	die Zeit tritt nicht als Variable auf
linear	Änderungen in einer Variablen verursachen nur proportionale Änderungen in anderen Variablen
nicht linear	nicht proportionale Änderungen
diskret	unter Benutzung von Variablen, die sich schrittweise ändern, z. B. in Schritten von ganzen Zahlen
kontinuierlich	unter Benutzung von Variablen, die sich stetig ändern, meist wird weiter vorausgesetzt, dass der Kurvenverlauf glatt, d. h. differenzierbar, ist
qualitativ	Variablen werden mit Nominal- und Ordinalskalen versehen
quantitativ	Variablen werden mit Intervall- und Verhältnisskalen versehen
Mikro	Modell enthält auch Individualdaten
Makro	Modell enthält nur aggregierte Daten

Tabelle 2.7. Wichtige Modelltypen (nach HUPFELD [138]).

prozedurale Wissen besteht in den festen Modellelementen. Das können Algorithmen, Systeme, Gleichungen und ähnliches sein. Das deklarative Wissen besteht in den variablen Modellelementen, also in Parametern, Koeffizienten, Datenbeispielen usw. Prozedurales und deklaratives Wissen sind in Grenzen austauschbar. Die Unterscheidung ist nicht immer klar. So können zum Beispiel Regeln in beide Kategorien eingeordnet werden.

2.2.4 Linearklassifikator

Wir führen die Betrachtungen zu den Grundlagen der Klassifikation anhand eines einfachen Vertreters fort: dem Linearklassifikator. Dieser benutzt Unterscheidungsfunktionen der Form

$$\begin{aligned} d_c(\vec{o}) &= w_N o_N + \ldots + w_2 o_2 + w_1 o_1 + w_0 \\ &= (w_N \ \ldots \ w_2 \ w_1) \begin{pmatrix} o_N \\ \vdots \\ o_2 \\ o_1 \end{pmatrix} + w_0 \\ &= \vec{w}^\top \vec{o} + w_0 \end{aligned} \tag{2.85}$$

mit einem Koeffizientenvektor $\vec{w}$ und einer Verschiebung w_0. Wie bei dem in Abschnitt 2.2.2 als einführendes Beispiel verwendeten Wetterklassifikator haben die Trennfunktionen des Linearklassifikators die Gestalt von Geraden (oder im mehrdimensionalen Fall von Hyperebenen). Abbildung 2.15 zeigt die formale Version des Wetterklassifikators.

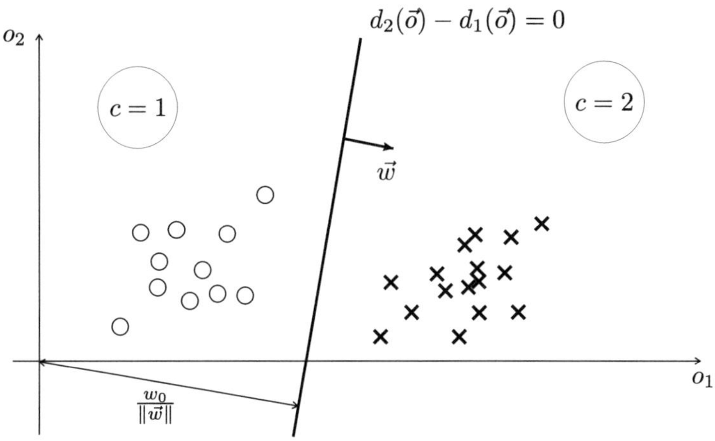

Abb. 2.15. Beispiel für Klassengebiete und Trennfunktion eines Linearklassifikators mit zwei Klassen $\mathcal{C} = \{1,2\}$.

Abstandsklassifikator

Die einfachste mögliche Modellinformation für einen Vektorklassifikator ist die Angabe eines „typischen" Merkmalvektors $\vec{\mu}_c$ pro Klasse. Wie die Wahl des Symbols bereits andeutet, wählen wir üblicherweise den Mittelwertvektor aller bekannten Beobachtungen für eine Klasse als „typischen" Vertreter, was gleichzeitig das einfachste mögliche Klassifikator- oder Modelltraining darstellt. Unter diesen Voraussetzungen besteht die naheliegendste Klassifikationsentscheidung darin, einen unbekannten Beobachtungsvektor der Klasse zuzuordnen, deren Repräsentanten er am nächsten liegt. Abbildung 2.16 veranschaulicht das Prinzip der Abstandsklassifikation anhand eines Zweiklassenproblems. Schon dieses einfache Vorgehen erfordert eine Metrik und somit das Vorhandensein eines Merkmalraums nach Abschnitt 1.2.2. Als Unterscheidungsfunktion wählen wir beispielsweise den MINKOWSKI-Abstand nach Gleichung (1.18). Damit lauten die Unterscheidungsfunktionen der Klassen:

$$d_c(\vec{o}) = \sqrt[g]{\sum_{n}^{N} |o_n - \mu_{c,n}|^g}. \tag{2.86}$$

Für den gebräuchlichen Spezialfall des EUKLIDischen Abstands erhalten wir den EUKLIDischen Abstandsklassifikator:

$$d_c(\vec{o}) = \|\vec{o} - \vec{\mu}_c\| = \sqrt{\sum_n^N |o_n - \mu_{c,n}|^2} = \sqrt{(\vec{o} - \vec{\mu}_c)^\top (\vec{o} - \vec{\mu}_c)} \tag{2.87}$$

Nach Gleichung (2.80) ergeben sich die Trennfunktionen durch Gleichsetzen der Unterscheidungsfunktionen. Bei zwei Klassen existiert genau eine Trennfunktion der Form

$$f_{1,2}(\vec{o}) : d_2(\vec{o}) - d_1(\vec{o}) = 0. \tag{2.88}$$

Der Beweis, dass diese Funktion im Falle des Abstandsklassifikator tatsächlich linear ist, steht noch aus. Dazu müssen wir aber noch einige Überlegungen zu den Eigenschaften von Unterscheidungsfunktionen anstellen.

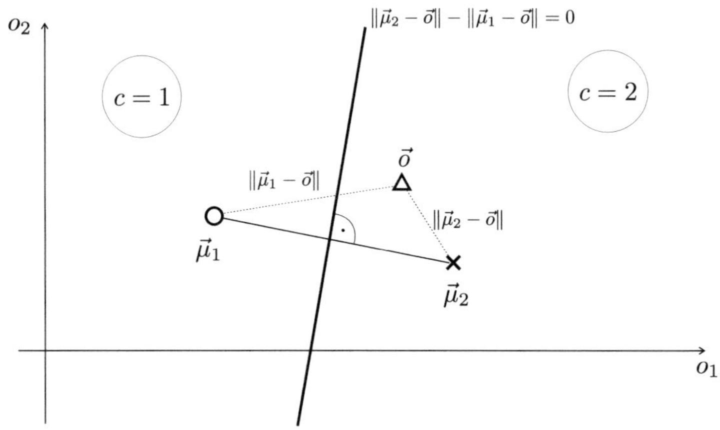

Abb. 2.16. Beispiel für Klassengebiete und Trennfunktion eines Abstandsklassifikators mit zwei Klassen $\mathcal{C} = \{1,2\}$.

Verallgemeinerung der Unterscheidungsfunktion

Bei Verwendung der arg ext-Entscheidungsregel hängt das Klassifikationsergebnis nicht von den absoluten Werten der Unterscheidungsfunktionen d_c, sondern nur von der Rangfolge dieser Werte ab. Daher haben streng monotone Transformationen F_{mon} derselben *keinen* Einfluss auf die Trennfunktionen. Es ist zu beachten, dass bei einem konkreten Klassifikationsvorgang der Merkmalvektor $\vec{o}$ fest steht und somit als konstant angesehen werden kann. Das bedeutet, dass zulässige streng monotone Transformationen durchaus von $\vec{o}$ abhängen dürfen!

Es gilt:

$$\arg \left\{ \begin{matrix} \max \\ \min \end{matrix} \right\} d_c(\vec{o}) = \arg \left\{ \begin{matrix} \max \\ \min \end{matrix} \right\} F_{\text{mon}}[d_c(\vec{o})] \tag{2.89}$$

mit streng monoton wachsender Transformation F_{mon} und

$$\arg\left\{\begin{matrix}\max\\\min\end{matrix}\right\} d_c(\vec{o}) = \arg\left\{\begin{matrix}\min\\\max\end{matrix}\right\} F_{\text{mon}}[d_c(\vec{o})] \tag{2.90}$$

mit streng monoton fallender Transformation F_{mon}. Mit dieser Erkenntnis kann die Trennfunktion des EUKLIDischen Abstandsklassifikators wie folgt vereinfacht werden [120]:

$$\begin{aligned}
s &= \arg\min_c \underbrace{\sqrt{(\vec{o}-\vec{\mu}_c)^\top(\vec{o}-\vec{\mu}_c)}}_{d_c(\vec{o})} && (2.91)\\
&= \arg\min_c \underbrace{(\vec{o}-\vec{\mu}_c)^\top(\vec{o}-\vec{\mu}_c)}_{d'_c(\vec{o})} && (2.92)\\
&= \arg\min_c(\vec{o}^\top\vec{o} - 2\vec{\mu}_c^\top\vec{o} + \vec{\mu}_c^\top\vec{\mu}_c) && (2.93)\\
&= \arg\min_c \underbrace{(-2\vec{\mu}_c^\top\vec{o} + \vec{\mu}_c^\top\vec{\mu}_c)}_{d''_c(\vec{o})}, && (2.94)
\end{aligned}$$

wobei wir die zulässigen – weil streng monotonen – Vereinfachungen

$$d'_c(\vec{o}) = d_c(\vec{o})^2 \tag{2.95}$$

und

$$d''_c(\vec{o}) = d'_c(\vec{o}) - \vec{o}^\top\vec{o} \tag{2.96}$$

angewendet haben. Abbildung 2.17 zeigt grafisch die Wirkung der Vereinfachungen an einem beispielhaften Paar von Unterscheidungsfunktionen. Für den EUKLIDischen Abstandsklassifikator erhalten wir also nach Vereinfachung die Trennfunktion

$$s = \arg\min_c(-2\vec{\mu}_c{}^\top\vec{o} + \vec{\mu}_c^\top\vec{\mu}_c). \tag{2.97}$$

und haben damit bewiesen, dass er einen speziellen Linearklassifikator mit

$$\vec{w} = -2\vec{\mu}_c \tag{2.98}$$

$$w_0 = \vec{\mu}_c^\top\vec{\mu}_c \tag{2.99}$$

darstellt.

Zweiklassenproblem

Wir betrachten nun einen weiteren wichtigen Spezialfall: einen Linearklassifikator mit genau zwei Klassen.[7] Dieser stellt die einfachste Lösung für das elementare Zweiklassenproblem der Mustererkennung dar, bei dem die Klassifikationsentscheidung für genau eine aus zwei möglichen Klassen $c = \{-1, +1\}$ gefällt wird:

[7] Die Darstellung des Zweiklassenproblems folgt [120].

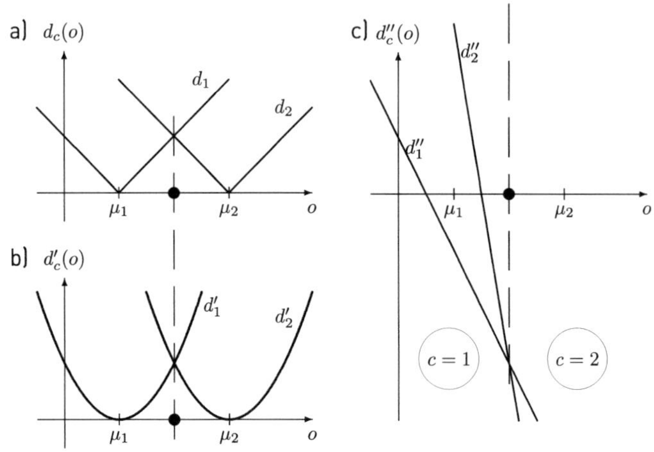

Abb. 2.17. Beispiel für die Vereinfachung eines Paares von Unterscheidungsfunktionen unter Beibehaltung der Trennfunktion (hier ein Punkt); a) originale Unterscheidungsfunktionen (EUKLIDischer Abstand), b) nach Vereinfachung (2.95), c) nach Vereinfachung (2.96); (aus [120]).

$$s = \underset{c \in \{-1,1\}}{\arg\min}\, d_c(\vec{o}). \tag{2.100}$$

Die Unterscheidungsfunktionen seien $d_{-1}(\vec{o})$ und $d_{+1}(\vec{o})$. Um zu einer möglichst handlichen mathematischen Form zu kommen, subtrahieren wir $d_{+1}(\vec{o})$ von beiden Unterscheidungsfunktionen:

$$d'_{-1}(\vec{o}) = d_{-1}(\vec{o}) - d_{+1}(\vec{o}) \;=\; d(\vec{o}) \tag{2.101}$$
$$d'_{+1}(\vec{o}) = d_{+1}(\vec{o}) - d_{+1}(\vec{o}) \;=\; 0. \tag{2.102}$$

Die Änderung ist streng monoton und daher zulässig. Mit ihrer Hilfe haben wir eine der beiden Unterscheidungsfunktionen eliminiert. Wir nennen die verbleibende $d(\vec{o})$. Da $d_{-1}(\vec{o})$ und $d_{+1}(\vec{o})$ linear sind, ist auch d linear und kann als

$$d(\vec{o}) = \vec{w}^\top \vec{o} + w_0 \tag{2.103}$$

geschrieben werden. Die Trennfunktion zwischen $d_{-1}(\vec{o})$ und $d_{+1}(\vec{o})$ wird durch Gleichsetzen der beiden Ausdrücke erhalten. Natürlich kann anstelle dessen auch die Differenz Null gesetzt werden:

$$d_{-1}(\vec{o}) - d_{+1}(\vec{o}) = 0. \tag{2.104}$$

Wegen (2.101) ist die Trennfunktion unseres Klassifikators also gerade

$$d(\vec{o}) = 0. \tag{2.105}$$

Somit lautet die Entscheidungsregel

$$s = \begin{cases} d(\vec{o}) < 0 : c = -1 \\ d(\vec{o}) = 0 : c = ? \\ d(\vec{o}) > 0 : c = +1, \end{cases} \tag{2.106}$$

was sich mit Hilfe der Vorzeichenfunktion einfacher als

$$s = \operatorname{sgn} d(\vec{o}) = \operatorname{sgn}(\vec{w}^{\top}\vec{o} + w_0) \tag{2.107}$$

schreiben lässt. Ein solcher Linearklassifikator für zwei Klassen wird manchmal als Neuron oder, in Verbindung mit dem in Abschnitt 2.3.2 beschriebenen Lernverfahren, als Perzeptron bezeichnet. Mit geringfügigen Modifikationen bildet er die Grundlage der künstlichen neuronalen Netze (KNN).

2.3 Lernen

Dieser Abschnitt befasst sich mit den Grundlagen des Klassifikatortrainings und mit prinzipiellen Ansätzen zum Lernen der Modellinformationen. Die spätere Erörterung der Lernverfahren für Vektor- und Folgenklassifikatoren baut auf diesen Grundlagen auf.

2.3.1 Überblick

Bevor wir einen Klassifikator anwenden können, muss dieser in aller Regel „trainiert“ werden. Meistens bedeutet das, die variablen Elemente $\mathcal{M}$ der Unterscheidungsfunktionen (also die Modellinformation oder das deklarative Wissen) automatisch aus einer Datenstichprobe zu ermitteln. Man spricht in diesem Zusammenhang von der Lernphase und der Kannphase der Musterkennung. Wir spechen von „Lernen“, wenn das deklarative Wissen in der Lernphase erworben wird und von „Adaption“, wenn das deklarative Wisse in der Kannphase erworben, angepasst oder erweitert wird.

Beim Lernen können Stichproben verwendet werden, deren Elemente klassifiziert sind, also deren „objektive“ Klassenzugehörigkeit bekannt ist. Wir sprechen in diesem Fall von überwachtem Lernen oder Lernen mit Belehrung. Ist die Lernstichprobe nicht klassifiziert und muss die Klassenzugehörigkeit während des Lernens selbständig ermittelt werden, sprechen wir von unüberwachtem Lernen oder Lernen ohne Belehrung. Abbildung 2.18 zeigt eine grafische Übersicht dieser Begriffe.

Allen Lern- und Adaptionsverfahren ist gemeinsam, das sie ein mathematisch definiertes Lernziel verfolgen. Dieses besteht in der Maximierung oder Minimierung einer Zielfunktion $J(\mathcal{M})$ (auch Lern- oder Gütekriterium genannt). Zu diesem Zweck stehen eine Vielzahl von Möglichkeiten zur Verfügung, die hier nicht alle erläutert werden können. [120] enthält eine Systematisierung verschiedenster Lernverfahren, welche einen guten Überblick gibt.

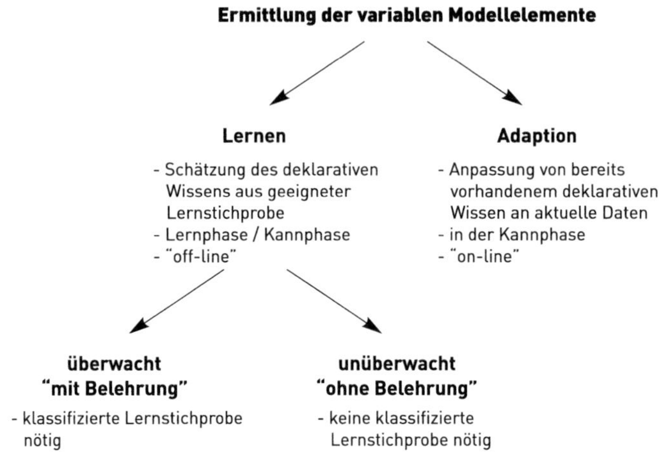

Abb. 2.18. Begriffe des Klassifikatortrainings.

Die folgenden beiden Abschnitte schildern zwei grundlegende Lernansätze am Beispiel des Neurons aus Abschnitt 2.2.4, die beide später bei der Darlegung der Lernverfahren für Vektor- und Folgenklassifikatoren wieder aufgegriffen werden. Das deklarative Wissen des Neurons ist in dessen Parametern $\vec{w}$ und w_0 gespeichert (siehe Gleichung 2.101). Wir gehen von einer klassifizierten Stichprobe in Form von geordneten Tupeln aus Beobachtungsvektor und Klassenangabe aus:

$$\{(\vec{o}^{(p)}, c^{(p)})\} = \left\{(\vec{o}^{(0)}, c^{(0)}), (\vec{o}^{(1)}, c^{(1)}), (\vec{o}^{(2)}, c^{(2)}), \ldots\right\}. \tag{2.108}$$

Die hochgestellten, in Klammern gesetzten Zahlen bezeichnen das p-te Element der Lernstichprobe.

Im Abschnitt 2.3.4 wird ein weiteres analytisches Lernverfahren vorgestellt. Die Abschnitte 2.3.5 bis 2.3.7 befassen sich schließlich mit den Grundlagen des statistischen Lernens.

2.3.2 Serieller Perzeptron-Lernalgorithmus

Eine einfache Möglichkeit, die Parameter eines Neurons zu erlernen, besteht in folgendem Algorithmus.[8]

---

1. wähle eine beliebige initiale Unterscheidungsfunktion

   $d^{(0)}(\vec{o}) = \vec{w}^{(0)\top}\vec{o} + w_0^{(0)}$

2. für alle Elemente der Lernstichprobe:
   2.1 klassifiziere
   2.2 wenn falsch klassifiziert, passe Unterscheidungsfunktion an

---

Wir betrachten für die weitere Erläuterung ein konkretes Zahlenbeispiel und wählen ohne Beschränkung der Allgemeinheit $N = 2$ sowie $w_0 = 0$. Die initiale Trenngerade sei

$$d(\vec{o}) = -1 \cdot o_1 + 2 \cdot o_2 + 0 = \begin{pmatrix} -1 \\ 2 \end{pmatrix} \vec{o} + 0 = \vec{w}^{(0)\top}\vec{o} + 0 \tag{2.109}$$

und das erste Element der Lernstichprobe

$$(\vec{o}^{(0)}, c^{(0)}) = \left(\begin{pmatrix} 1 \\ 3 \end{pmatrix}, -1 \right). \tag{2.110}$$

Im Merkmalraum ergibt sich damit die in Abbildung 2.19 dargestellte Ausgangssituation. Wir sehen, dass der erste Lernvektor falsch klassifiziert wird (vgl. Gleichung 2.107):

$$\operatorname{sgn}\left[(-1\ 2) \begin{pmatrix} 1 \\ 3 \end{pmatrix} + 0 \right] = \operatorname{sgn}(-1+6) = 1 \neq c^{(0)}. \tag{2.111}$$

Wir berechnen nun den so genannten Klassifikationsfehler:

$$e^{(0)} = s\left(\vec{o}^{(0)}\right) - c^{(0)} = 1 - (-1) = 2. \tag{2.112}$$

Wäre der Lernvektor richtig klassifiziert worden, wäre der so definierte Fehler $e^{(0)} = 0$ gewesen. Wir passen jetzt den Parametervektor nach folgender Vorschrift an:

$$\vec{w}^{(1)} = \vec{w}^{(0)} - \vec{o}^{(0)} e^{(0)}. \tag{2.113}$$

Mit den Beispielzahlen ergibt sich:

$$\vec{w}^{(1)} = \begin{pmatrix} -1 \\ 2 \end{pmatrix} - \begin{pmatrix} 1 \\ 3 \end{pmatrix} \cdot 2 = \begin{pmatrix} -3 \\ -4 \end{pmatrix} \tag{2.114}$$

Die Lage der Trenngerade nach der Anpassung ist im linken Diagramm von Abbildung 2.20 grafisch dargestellt. Wir sehen, das $\vec{o}^{(0)}$ nun richtig klassifiziert

[8] Die Darstellung ist aus [120] entnommen.

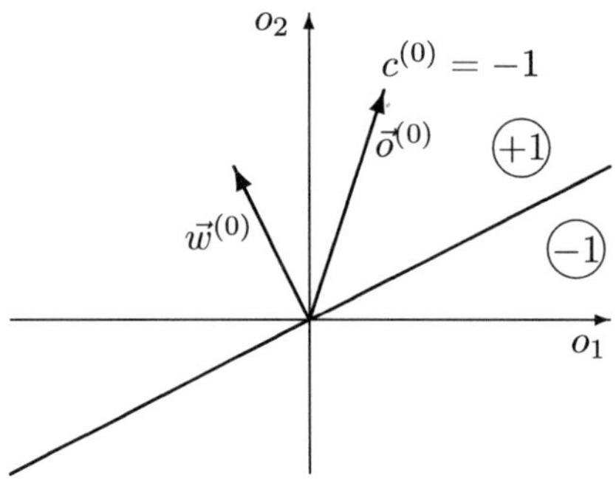

Abb. 2.19. Zahlenbeispiel für den seriellen Perzeptron-Lernalgorithmus mit Lage der initialen Trenngeraden $\vec{w}^{(0)}$ und dem ersten Element $(\vec{o}^{(0)}, c^{(0)})$ einer Lernstichprobe (aus [120]).

würde. Es erfolgte aber eine unnötig große Drehung der Trenngerade. Um diese Drehung zu vermindern, führen wir eine Lernkonstante α mit $0 \leq \alpha \leq 1$ ein. Die Anpassungsvorschrift lautet dann:

$$\vec{w}^{(1)} = \vec{w}^{(0)} - \alpha \vec{o}^{(0)} e^{(0)} \tag{2.115}$$

Mit den Beispielzahlen ergibt sich:

$$\vec{w}^{(1)} = \begin{pmatrix} -1 \\ 2 \end{pmatrix} - \alpha \cdot \begin{pmatrix} 1 \\ 3 \end{pmatrix} \cdot 2 = \begin{pmatrix} -2 \\ -1 \end{pmatrix} \tag{2.116}$$

Das rechte Diagramm von Abbildung 2.20 stellt das Ergebnis der Anpassung bei Verwendung einer Lernkonstante von $\alpha = 0{,}5$ dar.

Allgemein lautet die serielle Perzeptron-Lernregel:

$$\begin{aligned} \vec{w}^{(p+1)} &= \vec{w}^{(p)} - \alpha \vec{o}^{(p)} \cdot e^{(p)} \\ &= \vec{w}^{(p)} - \alpha \vec{o}^{(p)} \cdot \left[s\left(\vec{o}^{(p)}\right) - c^{(p)} \right] \\ &= \vec{w}^{(p)} - \alpha \vec{o}^{(p)} \cdot \left[\operatorname{sgn} \vec{w}^{(p)\top} \vec{o}^{(p)} - c^{(p)} \right]. \end{aligned} \tag{2.117}$$

Sie wird iterativ für alle Elemente der Lernstichprobe wiederholt. Wie wir gesehen haben, erfolgt nur bei Fehlklassifikationen eine Anpassung des Parametervektors. Es gibt nur zwei mögliche Fälle für Fehlentscheidungen, nämlich

$$s\left(\vec{o}^{(p)}\right) = 1 \rightarrow c^{(p)} = -1 \quad \text{und} \quad s\left(\vec{o}^{(p)}\right) = -1 \rightarrow c^{(p)} = 1. \tag{2.118}$$

Der Wert des Klassifikationsfehlers ist in beiden Fällen $-2c^{(p)}$, wie man leicht nachrechnet:

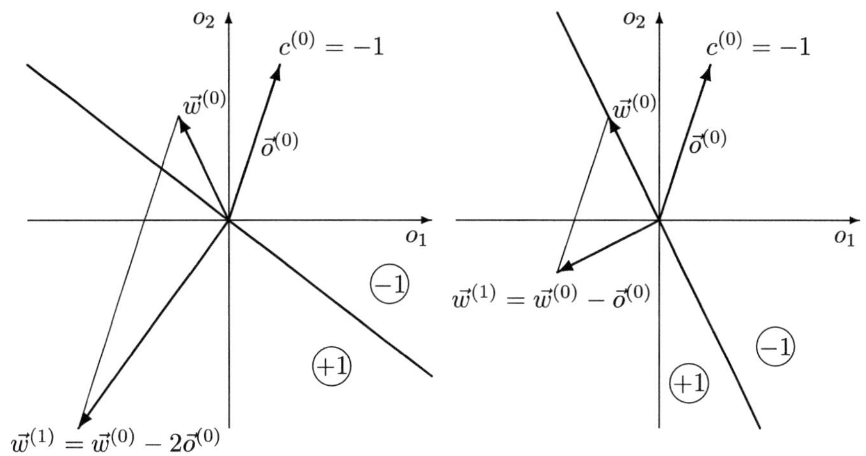

Abb. 2.20. Zahlenbeispiel für den seriellen Perzeptron-Lernalgorithmus mit Lage der Trenngeraden nach dem ersten Lernschritt; links: Lernkonstante $\alpha = 1$, rechts: Lernkonstante $\alpha = 0{,}5$ (aus [120]).

$$e = 1 - (-1) = 2 = -2c^{(p)} \quad \text{und} \quad e = -1 - 1 = -2 = -2c^{(p)}. \tag{2.119}$$

Wir können damit die Lernregel noch etwas vereinfachen, indem wir

$$\vec{w}^{(p+1)} = \begin{cases} \vec{w}^{(p)} & : c^{(p)} = s\left(\vec{o}^{(p)}\right) \\ \vec{w}^{(p)} + 2\alpha\vec{o}^{(p)}c^{(p)} & : c^{(p)} \neq s\left(\vec{o}^{(p)}\right) \end{cases} \tag{2.120}$$

schreiben.

Wir erkennen aus den Gleichungen (2.117) und (2.120), dass sich die Parameter der Trennfunktion als Linearkombination einiger oder aller Elemente der Lernstichprobe ergeben. Auf genau diesem Prinzip basieren auch die Lernalgorithmen für Supportvektormaschinen, Gaussian-Mixture-Models und Hidden-MARKOV-Models. Letztere Verfahren unterscheiden sich vom Perzeptron-Lernalgorithmus durch die Benutzung (und Optimierung) individueller Lernkonstanten für die Elemente der Lernstichprobe sowie durch die Einbeziehung statistischer Größen.

Abschließend sei angemerkt, dass der serielle Perzeptron-Lernalgorithmus immer konvergiert. Der Beweis wird in Anhang B.1 erbracht.

2.3.3 Gradientenverfahren

Wir haben in der Einleitung des Abschnitts 2.3 bereits festgehalten, dass Lernverfahren eine Zielfunktion $J(\mathcal{M})$ optimieren. Beim Perzeptron-Lernalgorithmus haben wir diese nicht beachtet, weil dieses Verfahren heuristisch motiviert ist (die Wahl eines vernünftigen Lernziels stellt die wesentliche Verbesserung der Supportvektormaschine gegenüber dem Perzeptron dar). Die folgende Darstellung ist aus [120] entnommen.

Prinzip

Wir gehen ohne Beschränkung der Allgemeinheit davon aus, dass die Modellinformation durch einen Parametervektor ausgedrückt werden kann:

$$\mathcal{M} = \vec{w}. \tag{2.121}$$

Falls also ein Lernziel definiert ist, lautet es $J(\vec{w})$. Die Funktion J kann im Prinzip durch partielles Ableiten nach allen Parametern und Nullsetzen

$$\frac{\partial J}{\partial \vec{w}} = 0 \tag{2.122}$$

minimiert oder maximiert werden.

Oftmals ist diese Extremwertaufgabe jedoch nicht geschlossen lösbar. In solchen Fällen bietet sich ein iteratives Vorgehen an, das als Gradientenverfahren bezeichnet wird.[9] Abbildung 2.21 zeigt das simple Prinzip: Ausgehend von einem initialen Parametervektor $\vec{w}^{(0)}$ als Startpunkt nähern wir uns schrittweise dem Extremwert, indem wir ein Stück in Richtung des positiven oder negativen Gradienten

$$\operatorname{grad} J(\vec{w}) = \nabla J(\vec{w}) = \frac{\partial J}{\partial \vec{w}} \tag{2.123}$$

voranschreiten. Es wird vorausgesetzt, dass $J(\vec{w}, w_0)$ stetig und differenzier-

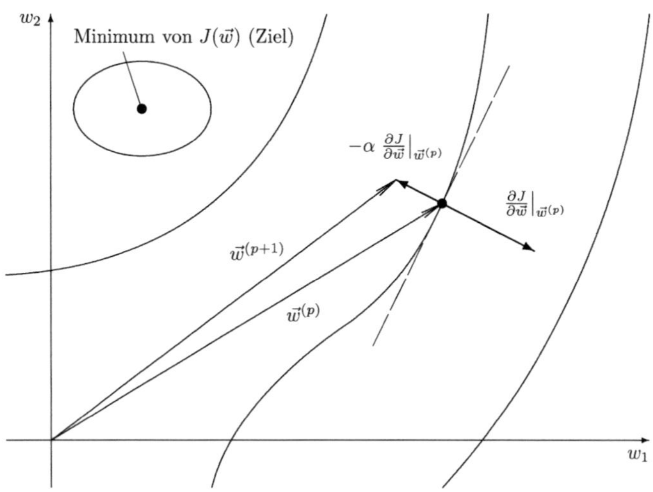

Abb. 2.21. Grafische Veranschaulichung des Gradientenverfahrens für die Minimumsuche (Gradientenabstiegsverfahren) (aus [120]).

[9] Wenn die Zielfunktion minimiert wird, ist auch der Begriff Gradientenabstiegsverfahren üblich.

bar ist, was entsprechend überprüft werden sollte. Da der Gradient an der Stelle $\vec{w}^{(p)}$ „bergauf" zeigt, lautet die Verbesserungsvorschrift für $\vec{w}$

$$\vec{w}^{(p+1)} = \vec{w}^{(p)} \pm \alpha \left.\frac{\partial J}{\partial \vec{w}}\right|_{\vec{w}^{(p)}}, \tag{2.124}$$

wobei das Vorzeichen $-$ bei der Minimumsuche und das Vorzeichen $+$ bei der Maximumsuche verwendet werden muss. Auch hier taucht eine Lernkonstante α auf, welche die Schrittweite steuert. Ein zu großer Wert von α kann zum Oszillieren um das Extremum führen. Daher wird α während der Iteration üblicherweise schrittweise verringert:

$$\vec{w}^{(p+1)} = \vec{w}^{(p)} \pm \alpha^{(p)} \left.\frac{\partial J}{\partial \vec{w}}\right|_{\vec{w}^{(p)}}. \tag{2.125}$$

Adaline-Lernalgorithmus

Wir wollen das Gradientenverfahren nun auf das Lernen der Trennfunktion eines Linearklassifikators anwenden. Nach Gleichung (2.86) besteht die Modellinformation dann also aus dem Parametervektor $\vec{w}$ sowie der Verschiebung w_0. Als Zielfunktion benutzen wir den mittleren quadratischen Klassifikationsfehler

$$J(\vec{w}) = \mathsf{E}[s(\vec{o}) - c]^2 = \mathsf{E}[\operatorname{sgn}(\vec{w}^\top \vec{o} + w_0) - c]^2 \to \text{Min!} \tag{2.126}$$

Da die Vorzeichenfunktion nicht differenzierbar ist, lassen wir die harte Entscheidung weg und benutzen anstelle dessen eine modifizierte Klassifikationsfunktion, welche jedoch die gleiche Trenngerade liefert

$$s(\vec{o}) := \vec{w}^\top \vec{o} + w_0. \tag{2.127}$$

Diese Funktion heißt „lineares adaptives Element" (engl. *adaptive linear element*, Adaline) und gibt unserem Lernalgorithmus den Namen. Die modifizierte Zielfunktion lautet damit

$$J(\vec{w}) = \mathsf{E}[\vec{w}^\top \vec{o} + w_0 - c]^2. \tag{2.128}$$

Deren Minimierung ist natürlich auch geschlossen lösbar. Wir wollen aber das Gradientenverfahren anwenden und betrachten dazu den quadratischen Fehler eines einzelnen Elements der Lernstichprobe:

$$J(\vec{w}^{(p)}, w_0^{(p)}) = \left(\vec{w}^{(p)\top} \vec{o}^{(p)} + w_0^{(p)} - c^{(p)}\right)^2. \tag{2.129}$$

Die partiellen Ableitungen nach $\vec{w}$ und w_0 lauten

$$\frac{\partial J(\vec{w}^{(p)}, w_0^{(p)})}{\partial \vec{w}^{(p)}} = 2\left(\vec{w}^{(p)\top} \vec{o}^{(p)} + w_0^{(p)} - c^{(p)}\right) \cdot \vec{o}^{(p)} \tag{2.130}$$

und

$$\frac{\partial J(\vec{w}^{(p)}, w_0^{(p)})}{\partial w_0^{(p)}} = 2\left(\vec{w}^{(p)}\vec{o}^{(p)} + 2w_0^{(p)} - c^{(p)}\right). \tag{2.131}$$

Das Einsetzen dieser partiellen Ableitungen in die Verbesserungsregel (2.124) ergibt schließlich den Adaline-Lernalgorithmus:

$$\vec{w}^{(p+1)} = \vec{w}^{(p)} - 2\alpha\vec{o}^{(p)}\left(\vec{w}^{(p)\top}\vec{o}^{(p)} + w_0^{(p)} - c^{(p)}\right) \tag{2.132}$$

$$w_0^{(p+1)} = w_0^{(p)} - 2\alpha\left(\vec{w}^{(p)\top}\vec{o}^{(p)} + w_0^{(p)} - c^{(p)}\right). \tag{2.133}$$

Die Ähnlichkeit zur Perzeptron-Lernregel (2.117) ist offensichtlich. Der Adaline-Lernalgorithmus ist auch als Delta-Regel oder WIDROW-HOFF-Algorithmus bekannt. Der Algorithmus konvergiert, wenn α kleiner als der Kehrwert des größten Eigenwertes der Autokorrelationsmatrix $E[\vec{o}\vec{o}^\top]$ (siehe Gl. 2.40) ist ([120], vgl. Aussage zur Konvergenz im Originalaufatz [317]).

2.3.4 Konvexe Optimierung

Die konvexe Optimierung ermittelt ebenso wie das Gradientenverfahren ein Extremum, genauer gesagt: ein Minimum, der Zielfunktion $J(\vec{w})$. Im Gegensatz zum Gradientenverfahren können bei der konvexen Optimierung aber bestimmte Lösungsgebiete mit Hilfe von Nebenbedingungen „verboten“ werden.

Prinzip

Das Verfahren fordert, dass sowohl die Funktion $J(\vec{w})$ als auch die Nebenbedingungen konvex sind. Das bedeutet, dass jeweils im gesamten Definitionsbereich die Bedingung

$$J(C\vec{w}_1 + (1-C)\vec{w}_2) \leq CJ(\vec{w}_1) + (1-C)J(\vec{w}_2) \tag{2.134}$$

gilt. Abbildung 2.22 veranschaulicht diese Bedingung grafisch für den eindimensionalen Fall. Die betrachtete Extremwertaufgabe lautet

$$J(\vec{w}) \to \text{Min}(\vec{w})! \tag{2.135}$$

mit n Nebenbedingungen

$$g_k(\vec{w}) \leq 0 \quad \text{mit } 1 \leq k \leq n, \tag{2.136}$$

welche den zulässigen Lösungsbereich einschränken. Abbildung 2.23 stellt die Ausgangslage an einem Beispiel dar. Wir bringen das Problem nun mit Hilfe der LAGRANGE-Funktion zunächst in eine geschlossene Form:

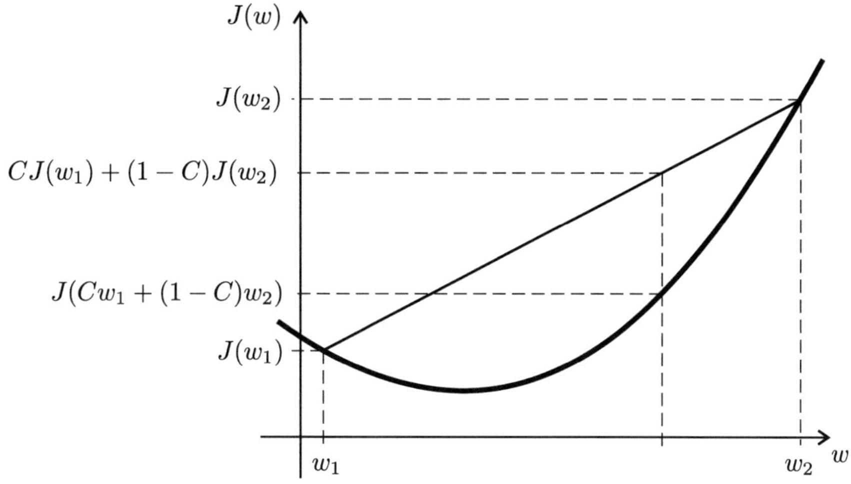

Abb. 2.22. Konvexe Funktion.

$$L(\vec{w},\vec{\alpha}) = J(\vec{w}) + \sum_{k=1}^{n} \alpha_k g_k(\vec{w}) \;\rightarrow\; \text{Min!} \tag{2.137}$$

Die Koeffizienten α_k heißen LAGRANGE-Multiplikatoren[10]. Es existieren zwei Lösungsmöglichkeiten für die Optimierung (ohne Beweis):

$$\text{primale Lösung: } p^* = (\vec{w}^*,\vec{\alpha}^*)^p : \Big(L(\vec{w},\vec{\alpha}) \rightarrow \text{Max}(\vec{\alpha})\Big) \rightarrow \text{Min}(\vec{w}), \tag{2.138}$$

$$\text{duale Lösung: } d^* = (\vec{w}^*,\vec{\alpha}^*)^d : \Big(L(\vec{w},\vec{\alpha}) \rightarrow \text{Min}(\vec{w})\Big) \rightarrow \text{Max}(\vec{\alpha}). \tag{2.139}$$

Primale und duale Lösung sind, wiederum ohne Beweis, genau unter den folgenden vier Bedingungen gleich.

$$\left.\frac{\partial L(\vec{w},\vec{\alpha})}{\partial w_i}\right|_{\vec{w}^*} = 0 \tag{2.140}$$

$$\alpha_k^* g_k(\vec{w}^*) = 0 \quad \forall k \tag{2.141}$$

$$\alpha_k^* \geq 0 \quad \forall k \tag{2.142}$$

$$g_k(\vec{w}^*) \leq 0 \quad \forall k \tag{2.143}$$

Diese Beziehungen heißen KARUSH-KUHN-TUCKER-Bedingungen (KKT, [156, 179]). Ihre Lösung bezüglich $\vec{w}$ und $\vec{\alpha}$ stellt gleichzeitig die Lösung der Minimierungsaufgabe dar. Die KKT-Bedingungen können leicht interpretiert werden:

---

[10] Bei der klassischen LAGRANGE-Optimierung sind die Nebenbedingungen genau Null.

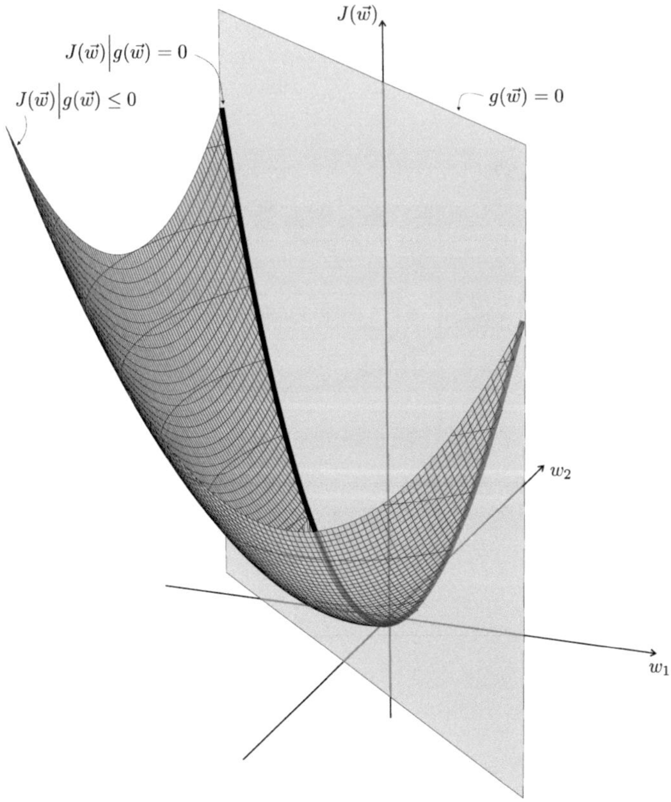

Abb. 2.23. Zweidimensionales Beispiel mit einer parabelförmigen Zielfunktion und einer linearen Nebenbedingung. Zulässige Lösungen liegen „vor" der durch die Nebenbedingung aufgespannten Ebene.

(2.140) Minimierung der LAGRANGE-Funktion
(2.141) Die so genannte KKT-Komplementärbedingung wird genau dann Null, wenn mindestens einer der Faktoren Null ist. Im Fall $\alpha_k^* = 0$ ist die Nebenbedingung „inaktiv" und hat keinen Einfluss auf die Lösung der Minimierungsaufgabe. Im Fall $g_k(\vec{w}^*) = 0$ liegt die Lösung genau auf der Nebenbedingung. Dieses Verhalten wird durch Abbildung 2.24 veranschaulicht.
(2.143) Ist gegeben und damit immer erfüllt.

Diskussion

Die konvexe Optimierung wird zum Beispiel für das Training der Supportvektormaschine benötigt, wo es in der hier (überblicksweise) vorgestellten geschlossenen Form angewandt wird. Im Prinzip ist auch eine iterative Lösung

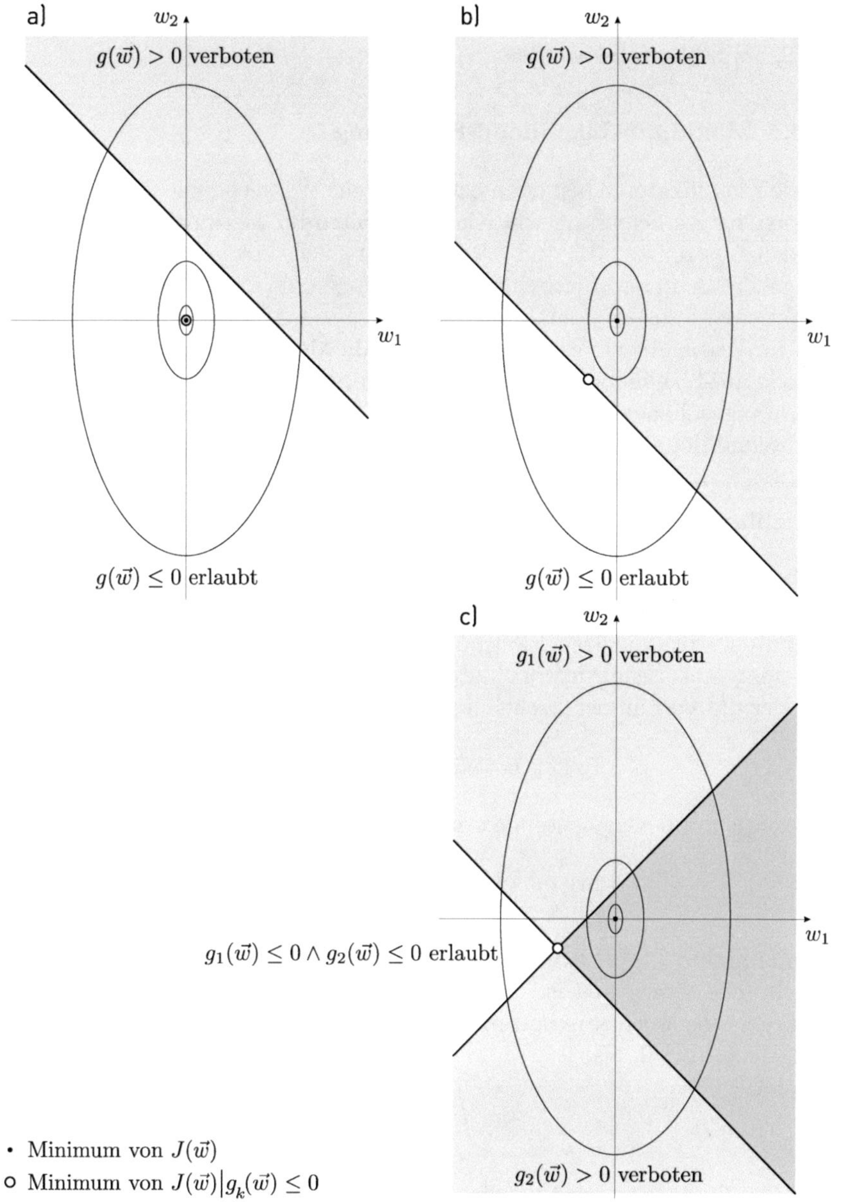

Abb. 2.24. Zur KARUSH-KUHN-TUCKER-Komplementärbedingung. a) Eine Nebenbedingung, die das Minimum der Zielfunktion $J(\vec{w})$ nicht „verdeckt", hat keinen Einfluss auf die Minimierung. b) Wenn eine Nebenbedingung das Minimum verdeckt, so liegt die Lösung dem verdeckten Minimum am nächsten, also genau auf der Nebenbedingung. c) Wird das Minimum von mehreren Nebenbedingungen verdeckt, liegt die Lösung auf deren Schnittpunkt. Die Aussagen b) und c) gelten nur, wenn keine Nebenbedingung existiert, die eine stärkere Einschränkung darstellt.

ähnlich des Gradientenverfahrens möglich. Details können unter anderem in [179, 38] nachgelesen werden.

2.3.5 Maximum-Likelihood-Schätzung

Viele Klassifikatoren benutzen parametrische Wahrscheinlichkeits(dichte)funktionen zur Modellierung von Klassengebieten im Merkmalraum. Wir werden in den Abschnitten 3.2 und 3.3 näher auf solche statistischen Klassifikatoren eingehen. Beim automatischen Lernen müssen die Parameter der Verteilungsfunktionen anhand einer Lernstichprobe geeignet gewählt werden. Wir wollen in diesem Abschnitt eine grundlegende Möglichkeit dazu betrachten: die Maximum-Likelihood-Schätzung. Mit ihrer Hilfe werden wir die in Abschnitt 2.1.5 angegebenen Schätzformeln für die Parameter von Normalverteilungsdichtefunktionen herleiten.

Likelihood-Funktion

Wir betrachten eine allgemeine Dichtefunktion $p(\vec{x}|q)$ mit dem Parameter q. Zu dessen Schätzung steht eine Stichprobe $\vec{\mathbf{x}} = \left\{\vec{x}^1, \ldots, \vec{x}^K\right\}$ zur Verfügung.[11] Wir stellen uns die Frage, welche Wahl des Parameters q am *plausibelsten* ist. Die mathematische Antwort lautet: Am plausibelsten ist derjenige Parameter q^*, der die Verbundwahrscheinlichkeitsdichte

$$p(\vec{\mathbf{x}}|q) = p(\vec{x}^1, \ldots, \vec{x}^K|q) = L(q|\vec{\mathbf{x}}) \tag{2.144}$$

aller Stichprobenelemente maximiert:

$$q^* = \arg\max_q L(q|\vec{\mathbf{x}}) = \arg\max_q p(\vec{x}^1, \ldots, \vec{x}^K|q). \tag{2.145}$$

Die Funktion $L(q|\vec{\mathbf{x}})$ drückt die Plausibilität des Parameters q aus, wenn die Stichprobe $\vec{\mathbf{x}}$ gegeben ist. L ist kein Wahrscheinlichkeitsmaß, da die dafür erforderliche stochastische Randbedingung bezüglich q im Allgemeinen nicht eingehalten wird, also

$$\int_{-\infty}^{\infty} L(q|\vec{\mathbf{x}}) \mathrm{d}q \neq 1 \tag{2.146}$$

gilt. Im Englischen wird für die „Plausibilität“ der Begriff *likelihood* verwendet, weswegen $L(q|\vec{\mathbf{x}})$ auch Likelihood-Funktion heißt.

Wenn wir davon ausgehen, dass die Elemente der Lernstichprobe statistisch unabhängig voneinander sind, können wir Gleichung (2.144) faktorisieren und

[11] Zur Verwendung der hochgestellten Indizes siehe Gleichung (4.22) in Abschnitt 4.1.2!

$$L(q|\vec{\mathbf{x}}) = \prod_{k=1}^{K} p(\vec{x}^k|q) \tag{2.147}$$

schreiben. Da sich dieser Ausdruck schlecht maximieren lässt, bilden wir den Logarithmus. Das ändert zwar den Wert des Maximums, aber natürlich nicht dessen Lage:

$$LL(q|\vec{\mathbf{x}}) = \ln L(q|\vec{\mathbf{x}}) = \sum_{k=1}^{K} \ln p(\vec{x}^k|q). \tag{2.148}$$

Die so erhaltene Funktion $LL(q|\vec{\mathbf{x}})$ ist von fundamentaler Bedeutung für statistische Klassifikatoren. Sie heißt logarithmische Likelihood-Funktion oder kurz Log-Likelihood.

Der Ansatz der (Log-)Likelihood-Funktion und deren anschließende Maximierung

$$q^* = \arg\max_q \prod_{k=1}^{K} p(\vec{x}^k|q) = \arg\max_q \sum_{k=1}^{K} \ln p(\vec{x}^k|q) \tag{2.149}$$

heißt Maximum-Likelihood-Verfahren (ML-Verfahren) zur Bestimmung der Parameter von Verteilungs(dichte)funktionen anhand einer gegebenen Stichprobe.

Beispiel

Wir wollen nun nachrechnen, was die plausibelste Wahl für die Parameter einer Normalverteilungsdichtefunktion bei gegebener Stichprobe $\vec{\mathbf{x}}$ ist. Der Einfachheit halber betrachten wir die Variante mit nur diagonal besetzter Kovarianzmatrix nach Gleichung (2.49) und setzen die Log-Likelihood-Funktion entsprechend Gleichung (2.148) an:

$$\begin{aligned} LL(q|\vec{\mathbf{x}}) &= LL(\vec{\mu}, \vec{\sigma}|\vec{\mathbf{x}}) \\ &= \sum_{k=1}^{K} \ln\left[\frac{1}{\sqrt{(2\pi)^N}} \prod_{n=1}^{N} \frac{1}{\sigma_n} \exp\left(-\frac{(x_n^k - \mu_n)^2}{2\sigma_n^2}\right)\right] \\ &= \sum_{k=1}^{K} \left[-\frac{N}{2} \ln 2\pi + \sum_{n=1}^{N} \left(-\ln\sigma_n - \frac{(x_n^k - \mu_n)^2}{2\sigma_n^2}\right)\right] \\ &= -\frac{NK}{2} \ln 2\pi + \sum_{n=1}^{N} \sum_{k=1}^{K} \left(-\ln\sigma_n - \frac{(x_n^k - \mu_n)^2}{2\sigma_n}\right) \\ &= -\frac{NK}{2} \ln 2\pi + \sum_{n=1}^{N} \left(-K \ln\sigma_n - \frac{1}{2\sigma_n^2} \sum_{k=1}^{K} (x_n^k - \mu_n)^2\right). \end{aligned} \tag{2.150}$$

Wir lösen das Maximierungsproblem

$$q^* = \{\vec{\mu}^*, \vec{\sigma}^*\} = \underset{\vec{\mu},\vec{\sigma}}{\arg\max}\, LL(\vec{\mu}, \vec{\sigma}|\vec{\mathbf{x}}) \tag{2.151}$$

durch Nullsetzen der partiellen Ableitungen nach μ_n und σ_n. Für die Mittelwerte erhalten wir damit

$$\begin{aligned} \frac{\partial}{\partial \mu_n} LL(\vec{\mu}, \vec{\sigma}|\vec{\mathbf{x}}) &= -\frac{-\not{2}\sum_{k=1}^{K}(x_n^k - \mu_n)}{\not{2}\vec{\sigma}^2} \quad \Bigg| \quad \sigma_n \neq 0! \\ &= \sum_{k=1}^{K} x_n^k \; - K\mu_n \quad = \quad 0 \\ \rightsquigarrow \quad \vec{\mu}^* &= \frac{1}{K}\sum_{k=1}^{K} \vec{x}^k \end{aligned} \tag{2.152}$$

und für die Varianzen

$$\begin{aligned} \frac{\partial}{\partial \sigma_n} LL(\vec{\mu}, \vec{\sigma}|\vec{\mathbf{x}}) &= -\frac{K}{\sigma_n} + \frac{\sum_{k=1}^{K}(x_n^k - \mu_n)^2}{\sigma_n^3} = 0 \quad \Bigg| \quad \sigma_n \neq 0! \\ \rightsquigarrow \quad \vec{\sigma}^* &= \sqrt{\frac{1}{K}\sum_{k=1}^{K}(\vec{x}^k - \vec{\mu}^*)^2}, \end{aligned} \tag{2.153}$$

wobei wir in der letzten Zeile $\vec{\mu}^*$ als „plausibelsten“ Mittelwertvektor aus Gleichung (2.152) verwendet haben.

Wir sehen, dass die in Abschnitt 2.1.5 angegebenen Schätzformeln tatsächlich zur plausibelsten Parameterwahl führen. Das gilt übrigens *unabhängig* von der oben aufgestellten Forderung nach Ergodizität des zu Grunde liegenden Zufallsprozesses.

2.3.6 Maximum-A-Posteriori-Schätzung

Die Maximum-Likelihood-Schätzung ermittelt die *plausibelsten* Werte für die Parameter von Verteilungs(dichte)funktionen. Wegen der nicht eingehaltenen stochastischen Randbedingung (Gleichung 2.146) handelt es sich dabei jedoch nicht um die – im mathematischen Sinne – *wahrscheinlichsten*. Ziel der Maximum-a-posteriori-Schätzung (MAP) ist es, genau diese Parameter zu bestimmen.

Wir benötigen also einen Ausdruck für die bedingte Wahrscheinlichkeit[12] der Parameter q bei gegebener Lernstichprobe $\vec{\mathbf{x}}$. Nach dem Satz von Bayes besteht der Zusammenhang

$$p(q|\vec{\mathbf{x}}) = \frac{p(\vec{\mathbf{x}}|q)p(q)}{p(\vec{\mathbf{x}})}, \tag{2.154}$$

---

[12] Zur besseren Lesbarkeit verzichten wir hier auf den mathematisch korrekten Begriff Wahrscheinlichkeits*dichte*.

welcher als a-posteriori-Wahrscheinlichkeit von q „bei Kenntnis von $\vec{\mathbf{x}}$" bezeichnet wird. Die wahrscheinlichste Wahl für die Parameter q ist damit

$$q^* = \arg\max_q \frac{p(\vec{\mathbf{x}}|q)p(q)}{p(\vec{\mathbf{x}})} = \arg\max_q p(\vec{\mathbf{x}}|q)p(q), \tag{2.155}$$

wobei der (unbekannte) Nenner nicht von den zu variierenden Parametern q abhängt und damit keinen Einfluss auf die Maximierung hat. Die Größe $p(q)$ heißt a-priori-Wahrscheinlichkeit von q („ohne Kenntnis von $\vec{\mathbf{x}}$").

Wir gehen wieder davon aus, dass die Elemente der Lernstichprobe statistisch unabhängig voneinander sind und wir die Verbundwahrscheinlichkeit $p(\vec{\mathbf{x}}|q)$ faktorisieren können. Wir erhalten damit die Maximierungsaufgabe der Maximum-a-posteriori-Schätzung:

$$\begin{aligned} q^* &= \arg\max_q \left[\prod_{k=1}^{K} p(\vec{x}^k|q)\right] p(q) \\ &= \arg\max_q \left[\sum_{k=1}^{K} \ln p(\vec{x}^k|q)\right] + \ln p(q), \end{aligned} \tag{2.156}$$

welche sich – wie bei der ML-Schätzung – leichter in der logarithmischen Form lösen lässt. Details können beispielsweise in [43, 265] nachgelesen werden.

Beispiel

Wir betrachten eine einfache Normalverteilung mit den Parametern $q = \{\mu, \sigma\}$, wobei wir σ als gegeben und fest betrachten. Wir nehmen außerdem an, dass die a-priori-Wahrscheinlichkeit des Mittelwerts μ bekannt ist und einer Normalverteilung gehorcht: $\mu \sim \mathcal{N}(0, \sigma_\mu)$. Zur MAP-Schätzung der Parameter q steht uns eine Lernstichprobe $\mathbf{x} = \{x^1, \ldots, x^K\}$ zur Verfügung.

Für die wahrscheinlichste Wahl des Mittelwerts μ setzen wir also an:

$$\begin{aligned} \mu^* &= \arg\max_\mu \left\{\sum_{k=1}^{K} \left[\ln p(x^k|\mu)\right] + \ln p(\mu)\right\} \\ &= \arg\max_\mu \left\{\sum_{k=1}^{K} \left[\ln\left(\frac{1}{\sqrt{2\pi}\sigma} \mathrm{e}^{-\frac{(x^k-\mu)^2}{2\sigma^2}}\right)\right] + \ln\left(\frac{1}{\sqrt{2\pi}\sigma_\mu} \mathrm{e}^{-\frac{(x^k)^2}{2\sigma_\mu^2}}\right)\right\} \\ &= \arg\max_\mu \left\{\sum_{k=1}^{K} \left[-\frac{\ln 2\pi}{2} - \ln\sigma - \frac{(x^k-\mu)^2}{2\sigma^2}\right] + \left[-\frac{\ln 2\pi}{2} - \ln\sigma_\mu - \frac{\mu^2}{2\sigma_\mu^2}\right]\right\} \\ &= \arg\min_\mu \left\{\frac{\sum_{k=1}^{K}(x^k-\mu)^2}{2\sigma^2} + \frac{\mu^2}{2\sigma_\mu^2}\right\}. \end{aligned} \tag{2.157}$$

Ableiten und Nullsetzen ergibt

$$\frac{\partial}{\partial\mu}\left(\frac{\sum_{k=1}^{K}(x^k-\mu)^2}{2\sigma^2}+\frac{\mu^2}{2\sigma_\mu^2}\right)=\frac{-\sum_{k=1}^{K}x^k+K\mu}{\sigma^2}+\frac{\mu}{\sigma_\mu^2}=0 \quad (2.158)$$

$$\rightsquigarrow \mu^*=\frac{\sigma_\mu^2}{K\sigma_\mu^2+\sigma^2}\sum_{k=1}^{K}x^k.$$

Die MAP-Schätzung entspricht also bis auf den Vorfaktor der ML-Schätzung (2.152). Für $\sigma_\mu \to \infty$ geht die erste in die zweite über. Dieser Fall entspricht einer Gleichverteilung von μ, also $p(\mu) = \text{const}$.

2.3.7 EM-Algorithmus

Manche parametrischen Verteilungsdichtefunktionen sind so kompliziert, dass die Maximierung der Likelihood-Funktion nach Gleichung (2.149) analytisch nicht möglich ist. In solchen Fällen kann ein iteratives Verfahren zur Bestimmung der plausibelsten Parameter q^* verwendet werden.[13]

Wir erinnern uns, dass der Maximum-Likelihood-Ansatz die Verbundwahrscheinlichkeit der Lernstichprobe $\vec{\mathbf{x}} = \{\vec{x}^1, \ldots, \vec{x}^K\}$ durch Variation der Modellparameter q maximiert:

$$LL(q|\vec{\mathbf{x}}) = \ln p(\vec{\mathbf{x}}|q) = \sum_{k=1}^{K} \ln p(\vec{x}^k|q) \to \text{Max}(q)! \quad (2.159)$$

Zur besseren Lesbarkeit schreiben wir die Parameter der Likelihood- oder Verteilungsdichtefunktionen im Folgenden als Index, also

$$p_q(\cdot) := p(\cdot|q) \text{ und} \quad (2.160)$$

$$LL_q(\cdot) := LL(q|\cdot). \quad (2.161)$$

Damit lautet (2.159)[14]

$$LL_q(\vec{\mathbf{x}}) = \ln p_q(\vec{\mathbf{x}}) = \sum_{k=1}^{K} \ln p_q(\vec{x}^k) \to \text{Max}(q)! \quad (2.162)$$

Ein iteratives Verfahren berechnet dann also ausgehend von *vorläufigen* Parametern q *verbesserte* Parameter q'. Natürlich muss dabei

$$LL_{q'}(\vec{\mathbf{x}}) \geq LL_q(\vec{\mathbf{x}}) \quad (2.163)$$

gelten.

[13] Die folgende Herleitung ist an [302] und [258] angelehnt und verzichtet zugunsten der Verständlichkeit auf eine Reihe (wichtiger) mathematischer Feinheiten. Details können im Originalaufsatz [45] oder in [161] nachgelesen werden.

[14] Die Langformen der folgenden Gleichungen sind in Anhang A.3 aufgeführt.

Um eine allgemeine Iterationsvorschrift entwickeln zu können, führen wir eine zufällige Hilfsgröße z ein. Wir fordern, dass ein statistischer Zusammenhang mit der Lernstichprobe in Form der Verbundverteilungsdichte

$$p_q(z, \vec{\mathbf{x}}) = p_q(z|\vec{\mathbf{x}})\, p_q(\vec{\mathbf{x}}) \tag{2.164}$$

bestehen soll. Wir werden am Ende der Rechnung sehen, dass diese Hilfsgröße leicht interpretiert werden kann. Wir bringen z nun durch formale Erweiterung um das Integral über die bedingte Verteilung $p_q(z|\vec{\mathbf{x}})$ in Gleichung (2.162) ein:

$$LL_q(\vec{\mathbf{x}}) \stackrel{(2.162)}{=} \ln p_q(\vec{\mathbf{x}}) = \ln p_q(\vec{\mathbf{x}}) \cdot \underbrace{\int\limits_z p_q(z|\vec{\mathbf{x}})\, \mathrm{d}z}_{=1} . \tag{2.165}$$

Durch Logarithmieren und Umstellen können wir (2.164) in

$$\ln p_q(\vec{\mathbf{x}}) = \underbrace{\ln p_q(z, \vec{\mathbf{x}})}_{LL_q(z,\vec{\mathbf{x}})} - \ln p_q(z|\vec{\mathbf{x}}) \tag{2.166}$$

umformen. Wir nehmen zur Kenntnis, dass wir mit dem Ausdruck $\ln p_q(z, \vec{\mathbf{x}})$ die Verbund-Log-Likelihood $LL_q(z, \vec{\mathbf{x}})$ der Stichprobe und der Hilfsgröße z erhalten haben. Einsetzen in (2.165) ergibt

$$\begin{aligned} LL_q(\vec{\mathbf{x}}) &= \Big[LL_q(z, \vec{\mathbf{x}}) - \ln p_q(z|\vec{\mathbf{x}})\Big] \int\limits_z p_q(z|\vec{\mathbf{x}})\, \mathrm{d}z \\ &= \underbrace{\int\limits_z p_q(z|\vec{\mathbf{x}})\, LL_q(z, \vec{\mathbf{x}})\, \mathrm{d}z}_{Q(q,q)} - \underbrace{\int\limits_z p_q(z|\vec{\mathbf{x}})\, \ln p_q(z|\vec{\mathbf{x}})\, \mathrm{d}z}_{H(q,q)}, \end{aligned} \tag{2.167}$$

wobei wir die Bezeichnungen $Q(q, q)$ und $H(q, q)$ wie angegeben einführen.

Für das verbesserte Modell mit den Parametern q' führen wir die gleiche Rechnung aus. Allerdings bleibt das in Gleichung (2.165) hinzugefügte Integral aus taktischen Gründen bezogen auf die vorläufigen Parameter q, was zumindest mathematisch zweifellos zulässig ist. Wir erhalten damit

$$\begin{aligned} LL_{q'}(\vec{\mathbf{x}}) &= \ln p_{q'}(\vec{\mathbf{x}}) \cdot \int\limits_z p_q(z|\vec{\mathbf{x}})\, \mathrm{d}z \\ &= \underbrace{\int\limits_z p_q(z|\vec{\mathbf{x}})\, LL_{q'}(z, \vec{\mathbf{x}})\, \mathrm{d}z}_{Q(q',q)} - \underbrace{\int\limits_z p_q(z|\vec{\mathbf{x}})\, \ln p_{q'}(z|\vec{\mathbf{x}})\, \mathrm{d}z}_{H(q',q)} . \end{aligned} \tag{2.168}$$

Wir wollen nun nachrechnen, unter welchen Voraussetzungen sich der Wert der Log-Likelihood-Funktion gemäß Gleichung (2.163) erhöht und betrachten dazu den Ausdruck

$$\begin{aligned} LL_{q'}(\vec{\mathbf{x}}) - LL_q(\vec{\mathbf{x}}) &= Q(q',q) - Q(q,q) + H(q,q) - H(q',q) \\ &= Q(q',q) - Q(q,q) \\ &\quad + \int_z p_q(z|\vec{\mathbf{x}}) \Big[\ln p_q(z|\vec{\mathbf{x}}) - \ln p_{q'}(z|\vec{\mathbf{x}}) \Big] \, \mathrm{d}z \\ &= Q(q',q) - Q(q,q) + \underbrace{\int_z p_q(z|\vec{\mathbf{x}}) \ln \frac{p_q(z|\vec{\mathbf{x}})}{p_{q'}(z|\vec{\mathbf{x}})} \, \mathrm{d}z}_{=D_{KL}(p_q,p_{q'})\geq 0} . \end{aligned} \tag{2.169}$$

Der mit D_{KL} bezeichnete Term ist eine KULLBACK-LEIBLER-Divergenz. Da diese nach der GIBBSschen Ungleichung (z. B. [182]) nicht negativ ist, kann die Log-Likelihood-Differenz nach unten abgeschätzt werden:

$$LL_{q'}(\vec{\mathbf{x}}) - LL_q(\vec{\mathbf{x}}) \geq Q(q',q) - Q(q,q). \tag{2.170}$$

Falls nun

$$Q(q',q) - Q(q,q) > 0 \quad \text{bzw.} \quad Q(q',q) > Q(q,q) \tag{2.171}$$

gilt, so gilt nach Gleichung (2.170) erst recht

$$LL_{q'}(\vec{\mathbf{x}}) - LL_q(\vec{\mathbf{x}}) > 0 \quad \text{bzw.} \quad LL_{q'}(\vec{\mathbf{x}}) > LL_q(\vec{\mathbf{x}}). \tag{2.172}$$

Wenn wir also die Funktion $Q(q',q)$ maximieren, wird damit auch die Stichproben-Log-Likelihood $LL_{q'}(\vec{\mathbf{x}}) = LL(q'|\vec{\mathbf{x}})$ vergrößert. Da q die vorläufigen und q' die verbesserten Parameter sind, maximieren wir Q natürlich durch Variation von q'.

Interpretation der Funktion $Q(q',q)$

Wir haben überlegt, dass, falls die Maximierung der Funktion $LL_q(\vec{\mathbf{x}})$ nicht direkt möglich ist, durch ersatzweises Maximieren von

$$Q(q',q) = \int_z LL_{q'}(z,\vec{\mathbf{x}}) \, p_q(z|\vec{\mathbf{x}}) \, \mathrm{d}z \tag{2.173}$$

wenigstens eine garantierte Verbesserung bezüglich vorläufig gewählter Parameter q erzielt werden kann.

Wir versuchen nun, die rechte Seite von Gleichung (2.173) in eine leichter interpretierbare Form zu bringen. Dazu erinnern wir uns, dass der Erwartungswert einer Funktion f einer Zufallsvariablen x

$$\mathsf{E}\big(f(x)\big) = \int_x f(x)p(x)\mathrm{d}x \tag{2.174}$$

und der *bedingte* Erwartungswert dieser Funktion

$$\mathsf{E}\big(f(x)\big|y\big) = \int_x f(x)p(x|y)\mathrm{d}x \tag{2.175}$$

ist. Wir sehen, dass Gleichung (2.173) genau diese Form hat:

$$Q(q', q) = \int_z \underbrace{LL_{q'}(z, \vec{\mathbf{x}})}_{\text{„}f(x)\text{“}} \underbrace{p_q(z|\vec{\mathbf{x}})}_{\text{„}p(x|y)\text{“}} \mathrm{d}z.$$

Also können wir schreiben:

$$Q(q', q) = \mathsf{E}_q\big(LL_{q'}(z, \vec{\mathbf{x}})\big|\vec{\mathbf{x}}\big) = \mathsf{E}\big(LL(q'|z, \vec{\mathbf{x}})\big|\vec{\mathbf{x}}, q\big). \tag{2.176}$$

Somit ist $Q(q', q)$ der Erwartungswert der Verbund-Log-Likelihood der Lernstichprobe und der zufälligen Hilfsgröße z mit den *verbesserten* Modellparametern q'. Zur Erinnerung: Letztere werden zur Maximierung der Funktion Q variiert. Außer von q' hängt Q nur noch von der bekannten Lernstichprobe und den ebenfalls bekannten *vorläufigen* Parametern q ab.

Interpretation der zufälligen Hilfsgröße z

Für die zufällige Hilfsgröße z, welche auch als latente Variable bezeichnet wird, gibt es zwei gängige Interpretationen:

1. Die Lernstichprobe $\vec{\mathbf{x}}$ ist *unvollständig* und die *vollständige* Lernstichprobe ist $\{\vec{\mathbf{x}}, z\}$. z sind also „fehlende“ Beobachtungen. Mit Hilfe der bedingten Verteilung $p_q(z|\vec{\mathbf{x}})$ können diese Daten „ergänzt“ werden.
2. z sind „versteckte“ Parameter des zu lernenden Modells. Mit Hilfe der bedingten Verteilung $p_q(z|\vec{\mathbf{x}})$ können diese versteckten Parameter „geraten“ werden. Die Parameter z müssen nicht tatsächlich unzugreifbar sein. Es reicht, wenn das Auffassen mancher Modellparameter als „versteckt“ bequem für die Maximierung der Funktion Q ist.

Da z also in der Regel eine diskrete Zufallsgröße ist, werden wir eine entsprechende Variante der Funktion Q benötigen. Diese lautet

$$Q(q', q) = \sum_z LL_{q'}(z, \vec{\mathbf{x}})\ P_q(z|\vec{\mathbf{x}}), \tag{2.177}$$

wobei der Summationsindex im Sinne von „über alle diskreten Werte, die z annehmen kann“ zu verstehen ist.

Beide Interpretationen von z haben ein Henne-Ei-Problem: Einerseits ist zur Verbesserung der Parameter q durch Maximierung der Funktion Q die Kenntnis der Hilfsgröße z erforderlich (Gleichung 2.176), andererseits ist umgekehrt zur Berechnung von z die Kenntnis der Parameter q nötig (Gleichung 2.164).

Algorithmus

Die wechselseitige Abhängigkeit der Modellparameter q und der Hilfsgröße z ist insofern unproblematisch, dass bei einer iterativen Vorgehensweise im Schritt (p) die Hilfsgröße z zunächst aus vorläufigen Parametern $q^{(p)}$ geschätzt und dann mit dem Ergebnis verbesserte Parameter $q^{(p+1)}$ ermittelt werden können.

Alg. 2.1
Erwartungswert-Maximierung (EM)

---

1. Finde geeignete (oder zufällige) Startparameter $q^{(0)}$
2. **E-Schritt**: Berechne den Erwartungswert
$$Q\big(q^{(p+1)}, q^{(p)}\big) = \mathsf{E}_{q^{(p)}}\big(LL_{q^{(p+1)}}(z, \vec{\mathbf{x}})\big|\vec{\mathbf{x}}\big)$$
als Funktion von $q^{(p)}$
3. **M-Schritt**: Maximiere
$$q^{(p+1)} = \arg\max_{q} Q\big(q, q^{(p)}\big)$$
und erhalte verbesserte Parameter $q^{(p+1)}$
4. Wenn $LL_{q^{(p+1)}}(\vec{\mathbf{x}}) - LL_{q^{(p)}}(\vec{\mathbf{x}}) > \varepsilon$, gehe zu 2.

Algorithmus 2.1 fasst das Erwartungswert-Maximierungs-Verfahren (*expectation-maximization*, EM) zusammen. Wegen Gleichung (2.172) verbessert es die Log-Likelihood der Stichprobe auf jeden Fall. Es garantiert aber *nicht*, dass das globale Maximum gefunden wird.

Beispiel

Wir betrachten eine Mischung aus M Normalverteilungen $q_m = \{\mu_m, \sigma_m\}$. Die Mischverteilungsdichtefunktion lautet:

$$p_q(x) = \sum_{m=1}^{M} p(x|q_m)P(q_m) = \sum_{m=1}^{M} \frac{P(q_m)}{\sqrt{2\pi}\sigma_m} \exp\left[-\frac{1}{2}\left(\frac{x-\mu_m}{\sigma_m}\right)^2\right] \tag{2.178}$$

mit den Parametern $q = \{\mu_1, \ldots, \mu_M, \sigma_1, \ldots, \sigma_M, P(q_1), \ldots, P(q_M)\}$. Abbildung 2.25 zeigt ein Beispiel für $M = 2$. Zur Schätzung der Parameter q aus einer Lernstichprobe $\mathbf{x} = \{x^1, \ldots, x^K\}$ mit der Maximum-Likelihood-Methode müssen wir das Problem

$$q^* = \arg\max_{q'} \left[\sum_{k=1}^{K} \ln \sum_{m=1}^{M} p(x^k|q'_m)P(q'_m)\right] \tag{2.179}$$

lösen (vgl. 2.149, 2.178), wobei wegen der Summe innerhalb des Logarithmus die Maximierung jedoch schwierig ist. Wie in Gleichung (2.176) bezeichnen wir die zu variierenden Parameter mit q'.

E-Schritt

Zur Vereinfachung führen wir K Hilfsgrößen $\mathbf{z} = \{z^1, \dots, z^K\}$ ein, die jedem Element der Lernstichprobe *genau eine* Einzelverteilung q_{z^k} zuordnen. Die z^k können also Werte aus dem Intervall $[1, M]$ annehmen. Mit Hilfe des KRONECKER-Symbols

$$\delta_{i,j} = \begin{cases} 1 : i = j \\ 0 : \text{sonst} \end{cases} \tag{2.180}$$

können wir eine Verbund-Log-Likelihood-Funktion

$$LL_{q'}(\mathbf{x}, \mathbf{z}) = \sum_{k=1}^{K} \ln \sum_{m=1}^{M} \delta_{z^k,m}\, p(x^k|q'_m)P(q'_m) \tag{2.181}$$

aufstellen. In dieser kann, da jede innere Summe aus nur genau einem von Null verschiedenen Summanden besteht, der Logarithmus nach innen gebracht werden:

$$LL_{q'}(\mathbf{x}, \mathbf{z}) = \sum_{k=1}^{K} \sum_{m=1}^{M} \delta_{z^k,m} \ln \left[p(x^k|q'_m)P(q'_m)\right]. \tag{2.182}$$

Diese Log-Likelihood-Funktion hat zwar eine für die Maximierung günstige Form, hängt aber dafür auch von den eingeführten „latenten“ Variablen z^k ab. Da diese nicht bekannt sind, kann der Ausdruck (2.182) nicht berechnet werden.

Zur Lösung dieses Problems fassen wir die z^k als Zufallsvariable auf, welche Werte aus dem Intervall $[1, M]$ annehmen können und damit jedes Element x^k der Lernstichprobe *zufällig* zu genau einer Einzelverteilung q_{z^k} zuordnen. Falls es uns gelingt, für diese Zufallsvariable eine geeignete Verteilungsfunktion anzugeben, können wir wenigstens einen *Erwartungswert* für die Log-Likelihood-Funktion (2.182) berechnen. Die Verteilungsfunktion darf bedingt sein, sollte dann aber natürlich nur von bekannten Größen abhängen.

Wie wahrscheinlich ist also die Wahl einer bestimmten Einzelverteilung q_{z^k}? Abbildung 2.25 illustriert, dass die Antwort auf diese Frage offenbar vom zu z^k gehörenden Lerndatum x^k und von den Parametern q der Mischverteilung abhängt. Nach dem Satz von BAYES gilt für den Ausdruck $P_q(z^k|x^k)$

$$P_q(z^k|x^k) \cdot p_q(x^k) = p_q(x^k|z^k) \cdot P_q(z^k), \tag{2.183}$$

wobei alle Terme außer dem gesuchten bekannt sind:

- Die Wahrscheinlichkeit $p_q(x^k)$ des Lerndatums x^k unter der Bedingung „Mischverteilung q“ ist die Mischverteilungsdichtefunktion (2.178) selbst.

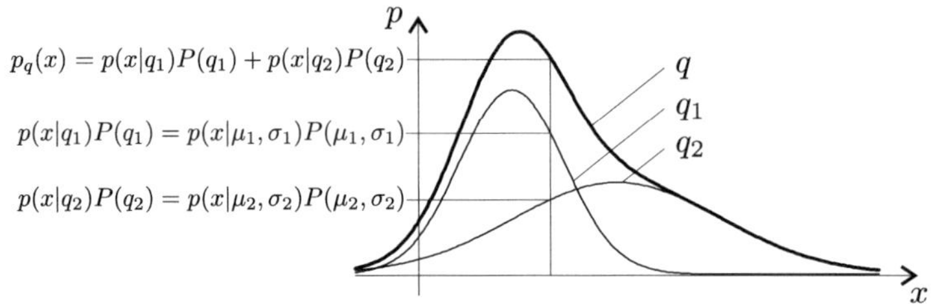

Abb. 2.25. Zur Wahrscheinlichkeit $P_q(z|x)$ der Entscheidung für die Einzelverteilung q_z aus einer GAUSSschen Mischverteilungsdichte mit den Parametern $q = \{\mu_1, \mu_2, \sigma_1, \sigma_2, P(q_1), P(q_2)\}$ bei gegebenem Lerndatum x.

- Die Wahrscheinlichkeit $p_q(x^k|z^k)$ des Lerndatums x^k unter den Bedingungen „Mischverteilung q“ *und* „Einzelverteilung z^k“ ist $p(x^k|\mu_{z^k}, \sigma_{z^k})$.
- Die Wahrscheinlichkeit $P_q(z^k)$ der Einzelverteilung z^k unter der Bedingung der Mischverteilung q ist das Mischungsgewicht $P(q_{z^k})$.

Durch Einsetzen von (2.178) ergibt sich also für die gesuchte Verteilung

$$P_q(z^k|x^k) = \frac{p(x^k|\mu_{z^k}, \sigma_{z^k})P(q_{z^k})}{\sum_{i=1}^{M} p(x^k|\mu_i, \sigma_i)P(q_i)}. \tag{2.184}$$

$P_q(z^k|x^k)$ ist eine Verteilungsfunktion, welche die Wahrscheinlichkeit angibt, dass dem Lerndatum x^k die Einzelverteilung q_{z^k} der Mischverteilung q zugeordnet wird. Für die Wahrscheinlichkeit, dass x^k der *speziellen* Einzelverteilung q_m zugeordnet wird, schreiben wir $P_q(z^k{=}m|x^k)$. Tabelle 2.8 zeigt ein fiktives Beispiel. Es sei ausdrücklich darauf hingewiesen, dass (2.184) *nicht* die zur Maximierung von (2.179) zu variierenden Parameter q', sondern vorläufige (oder „geratene“) Parameter q benutzt.

m	1	2	...	M	$\sum$
x^1	0,4	0,1	...	0,1	1
x^2	0,1	0,1	...	0,7	1
⋮	⋮	⋮		⋮	⋮
x^K	0,1	0,8	...	0,1	1
$\sum$	$KP(q'_1)$	$KP(q'_2)$	...	$KP(q'_M)$	K

Tabelle 2.8. Beispiel für die Verteilungsfunktion (2.184). Die Zahlenwerte geben die Wahrscheinlichkeiten $P(z_k{=}m|x^k, q)$ an, dass ein Lerndatum x^k zur Einzelverteilung q_m der GAUSSschen Mischverteilungsdichte (2.178) zugeordnet wird. Siehe auch Abb. 2.25.

Wir ersetzen nun in Gleichung (2.182) das KRONECKER-Symbol durch die Verteilungsfunktion (2.184) und beachten, dass wir dann nicht mehr die

Log-Likelihood $LL_{q'}(\mathbf{x}, \mathbf{z})$, sondern nur noch deren bedingten Erwartungswert $\mathsf{E}_q[LL_{q'}(\mathbf{z}, \mathbf{x})|\mathbf{x}]$ ermitteln. Dieser entspricht aber nach Gleichung (2.176) genau der im M-Schritt zu maximierenden Q-Funktion. Damit ergibt sich der Ausdruck

$$\begin{aligned} Q(q', q) &= \mathsf{E}_q[LL_{q'}(\mathbf{z}, \mathbf{x})|\mathbf{x}] \\ &= \sum_{k=1}^{K} \sum_{m=1}^{M} P_q(z^k{=}m|x^k) \ln \Big[p(x^k|\mu'_m, \sigma'_m) P(q'_m) \Big]. \end{aligned} \tag{2.185}$$

Dass es sich hierbei tatsächlich um einen bedingten Erwartungswert der Form $\sum_{\mathbf{z}} P(\mathbf{z}|\mathbf{x}) f(\mathbf{z})$ handelt (Gl. 2.177), kann man nachrechnen, indem man (2.185) direkt aus (2.177) ableitet. Diese (etwas sperrige) Rechnung is in Abbildung 2.26 skizziert. Der erhaltene Erwartungswert ist nicht mehr von den latenten Variablen z^k, dafür aber nach Gleichung (2.184) von q abhängig.

M-Schritt

Nachdem wir die Funktion Q aufgestellt haben, muss diese nun bezüglich der Parameter q' maximiert werden. Wir schreiben dazu Gleichung (2.185) wie folgt um:

$$\begin{aligned} Q(q', q) = &\sum_{k=1}^{K} \sum_{m=1}^{M} \underbrace{P_q(z^k{=}m|x^k)}_{=:\beta_m^k} \ln \underbrace{P(q'_m)}_{=:\lambda'_m} \\ &+ \sum_{k=1}^{K} \sum_{m=1}^{M} \underbrace{P_q(z^k{=}m|x^k)}_{=:\beta_m^k} \ln p(x^k|\mu'_m, \sigma'_m) \end{aligned} \tag{2.186}$$

und führen die Abkürzungen λ'_m für die Mischungsgewichte und β_m^k für den Funktionswert der Verteilung (2.184) an der Stelle $z^k = m$ ein. Da der linke Summand nur von den Mischungsgewichten und der rechte nur von den Mittelwerten und Varianzen abhängt, können wir beide getrennt maximieren.

Wir betrachten zunächst den linken Summanden

$$\lambda_m^* = \arg\max_{\lambda'_m} \left[\sum_{k=1}^{K} \sum_{m=1}^{M} \beta_m^k \ln \lambda'_m \right]. \tag{2.187}$$

Es gilt die stochastische Randbedingung $\sum_i \lambda'_i = 1$, welche wir in Form eines LAGRANGE-Multiplikators α (siehe Abschnitt 2.3.4) mit in die Maximierung einbeziehen müssen:

$$\frac{\partial}{\partial \lambda'_m} \left[\sum_{k=1}^{K} \sum_{m=1}^{M} \beta_m^k \ln \lambda'_m + \alpha \left(\sum_{i=1}^{M} \lambda'_i - 1 \right) \right] = 0. \tag{2.188}$$

Die partiellen Ableitungen sind

$$Q(q',q) = \mathsf{E}_q(LL_{q'}(\mathbf{z},\mathbf{x})|\mathbf{x}) = \sum_{\mathbf{z}} \underbrace{LL_{q'}(\mathbf{z},\mathbf{x})}\,\underbrace{P_q(\mathbf{z}|\mathbf{x})}$$

$$= \sum_{z^1=1}^{M}\sum_{z^2=1}^{M}\cdots\sum_{z^K=1}^{M} \underbrace{\left[\sum_{k=1}^{K} \ln p(x^k|q'_{z^k})P(q'_{z^k}|q')\right]} \prod_{l=1}^{K} P_q(z^l|x^l)$$

$$= \sum_{k=1}^{K}\sum_{m=1}^{M} \delta_{m,z^k} \ln p(x^k|q'_m)P(q'_m)$$

$$= \sum_{k=1}^{K}\sum_{m=1}^{M} \underbrace{\left[\sum_{z^1=1}^{M}\sum_{z^2=1}^{M}\cdots\sum_{z^K=1}^{M} \delta_{m,z^k} \prod_{l=1}^{K} P_q(z^l|x^l)\right]} \ln\left[p(x^k|q'_m)P(q'_m)\right]$$

$$= \left(\sum_{z^1=1}^{M}\cdots\sum_{z^{m-1}=1}^{M}\;\sum_{z^{m+1}=1}^{M}\cdots\sum_{z^K=1}^{M}\;\prod_{\substack{l=1\\ l\neq m}}^{K} P_q(z^l|x^l)\right) P_q(z^k{=}m|x^k)$$

$$= \underbrace{\prod_{\substack{l=1\\ l\neq m}}^{K} \underbrace{\left(\sum_{z^l=1}^{M} P_q(z^l|x^l)\right)}_{=1}}_{=1} P_q(z^k{=}m|x^k)$$

$$Q(q',q) = \mathsf{E}_q[LL_{q'}(\mathbf{z},\mathbf{x})|\mathbf{x}] = \sum_{k=1}^{K}\sum_{m=1}^{M} P_q(z^k{=}m|x^k) \ln\left[p(x^k|q'_m)P(q'_m)\right]$$

Abb. 2.26. Herleitung von Gleichung (2.185) aus Gleichung (2.177) (nach [17]).

$$\sum_{k=1}^{K} \frac{\beta_m^k}{\lambda'_m} + \alpha = 0. \tag{2.189}$$

Zur Ermittlung von α setzen wir für den Zähler Gleichung (2.184) mit $z^k = m$ ein

$$\frac{1}{\lambda'_m} \sum_{k=1}^{K} \frac{p(x^k|\mu_m,\sigma_m)P(q_m)}{\sum_{i=1}^{M} p(x^k|\mu_i,\sigma_i)P(q_i)} = -\alpha, \tag{2.190}$$

summieren beide Seiten über m

$$\frac{1}{\lambda'_m}\sum_{k=1}^{K}\underbrace{\frac{\sum_{m=1}^{M}p(x^k|\mu_m,\sigma_m)P(q_m)}{\sum_{i=1}^{M}p(x^k|\mu_i,\sigma_i)P(q_i)}}_{=1} = -\alpha\sum_{m=1}^{M}1 \tag{2.191}$$

und erhalten

$$\frac{K}{\lambda'_m} = -M\alpha \qquad \text{bzw.} \qquad \lambda'_m = -\frac{K}{M\alpha}. \tag{2.192}$$

Erneutes Summieren über m ergibt mit der stochastischen Randbedingung $\sum_m \lambda'_m = 1$

$$1 = -\frac{K}{M\alpha}\sum_{m=1}^{M}1 = -\frac{K}{\alpha} \qquad \text{bzw.} \qquad \alpha = -K. \tag{2.193}$$

Durch Einsetzen von α in Gleichung (2.189) erhalten wir schließlich die Aussage, dass das Maximum der Funktion $Q(q', q)$ an der Stelle

$$\lambda^*_m = P(q^*_m) = \frac{1}{K}\sum_{k=1}^{K}\beta^k_m \tag{2.194}$$

liegt.

Nun maximieren wir den rechten Summanden von Gleichung (2.186)

$$\begin{aligned}\{\mu^*_m, \sigma^*_m\} &= \underset{\mu'_m,\sigma'_m}{\arg\max}\left[\sum_{k=1}^{K}\sum_{m=1}^{M}\beta^k_m \ln p(x^k|\mu'_m,\sigma'_m)\right] \\ &= \underset{\mu'_m,\sigma'_m}{\arg\max}\left[\sum_{k=1}^{K}\sum_{m=1}^{M}\beta^k_m \ln\left[\frac{1}{\sqrt{2\pi}\sigma'_m}\exp\left(-\frac{(x-\mu'_m)^2}{2\,{\sigma'_m}^2}\right)\right]\right].\end{aligned} \tag{2.195}$$

Partielles Ableiten nach μ'_m und Nullsetzen ergibt

$$0 = \sum_{k=1}^{K}\beta^k_m \frac{x^k-\mu'_m}{\sigma'_m} \qquad \Big| \qquad \sigma'_m \neq 0 \tag{2.196}$$

$$\rightsquigarrow \quad \sum_{k=1}^{K}\beta^k_m x^k = \mu'_m\sum_{k=1}^{K}\beta^k_m \tag{2.197}$$

$$\rightsquigarrow \quad \mu^*_m = \frac{\sum_{k=1}^{K}\beta^k_m x^k}{\sum_{k=1}^{K}\beta^k_m}. \tag{2.198}$$

Für σ'_m erhalten wir entsprechend

$$0 = \sum_{k=1}^{K} \beta_m^k \left[-\frac{1}{\sigma'_m} + \frac{(x^k - \mu'_m)^2}{{\sigma'_m}^3} \right] \quad \Bigg| \quad \sigma'_m \neq 0 \tag{2.199}$$

$$\rightsquigarrow \sum_{k=1}^{K} \beta_m^k = \frac{1}{{\sigma'_m}^2} \sum_{k=1}^{K} \beta_m^k (x^k - \mu'_m)^2 \tag{2.200}$$

$$\rightsquigarrow \quad \sigma_m^* = \sqrt{\frac{\sum_{k=1}^{K} \beta_m^k (x^k - \mu_m^*)^2}{\sum_{k=1}^{K} \beta_m^k}}, \tag{2.201}$$

wobei wir in der letzten Zeile den Mittelwert (2.198) eingesetzt haben.

Da wir Gleichung (2.185) analytisch maximiert haben, können wir die E- und M-Schritte in je einer gemeinsamen Formel pro Parameter angegeben. Algorithmus 2.2 stellt das EM-Verfahren für eine Gaussssche Mischverteilung nach Gleichung (2.178) zusammenfassend dar.

Alg. 2.2
EM-Verfahren für eine Gaussssche Mischverteilung nach Gleichung (2.178)

1. Finde geeignete (oder zufällige) Startparameter
   $q^{(0)} = \left\{ \mu_1^{(0)}, \ldots, \mu_M^{(0)}, \sigma_1^{(0)}, \ldots, \sigma_M^{(0)}, \lambda_1^{(0)}, \ldots, \lambda_M^{(0)} \right\}$

2. **EM-Schritt**: Berechne verbesserte Parameter

$$\lambda_m^{(p+1)} = \frac{1}{K} \sum_{k=1}^{K} \beta_m^k$$

$$\mu_m^{(p+1)} = \frac{\sum_{k=1}^{K} \beta_m^k x^k}{\sum_{k=1}^{K} \beta_m^k}$$

$$\sigma_m^{(p+1)} = \sqrt{\frac{\sum_{k=1}^{K} \beta_m^k \left(x^k - \mu_m^{(p)} \right)^2}{\sum_{k=1}^{K} \beta_m^k}}$$

   mit $\beta_m^k = P_{q^{(p)}}(z^k{=}m|x^k) = \dfrac{p\left(x^k|\mu_m^{(p)}, \sigma_m^{(p)}\right) \lambda_m^{(p)}}{\sum_{i=1}^{M} p\left(x^k|\mu_i^{(p)}, \sigma_i^{(p)}\right) \lambda_i^{(p)}}$

   und $\lambda_m = P(q_m)$

3. Wenn $LL(q^{(p+1)}|\vec{\mathbf{x}}) - LL(q^{(p)}|\vec{\mathbf{x}}) > \varepsilon$, gehe zu 2.

Diskussion

Der EM-Algorithmus wird unter anderem zur Schätzung der Parameter von Gaussschen Mischverteilungsdichten (*Gaussian mixture models*, GMM, siehe

Abschnitt 3.3) und von Hidden-MARKOV-Modellen (HMM, siehe Abschnitt 4.3) verwendet.

Er kann ohne Weiteres auch zur Maximum-a-posteriori-Schätzung (siehe Abschnitt 2.3.6)

$$q^* = \arg\max_z \left[\sum_{k=1}^{k} \ln p(\vec{\mathbf{x}}|q) \right] + \ln P(q) \tag{2.202}$$

benutzt werden, indem für die Q-Funktion (2.173) der Ausdruck

$$Q(q', q) = \int\limits_z LL(z, \vec{\mathbf{x}}|q')p(z|\vec{\mathbf{x}}, q)\mathrm{d}z + \ln p(q) \tag{2.203}$$

verwendet wird [98].

Weitere Anwendungen sind unter anderem die Varianz- und Faktoranalyse [218, 37, 153] und die Modellierung unvollständiger Daten [273].

2.4 Test

Wir müssen uns nun noch mit der Frage nach der Messung der Leistungsfähigkeit eines Klassifikators beschäftigen. Eine offensichtliche Antwort darauf könnte in der Betrachtung der in Abschnitt 2.3 eingeführten Zielfunktion für das Lernen $J(\mathcal{M})$ bestehen. Je besser das Lernziel erreicht wurde, umso besser müsste die Klassifikationsleistung sein.

Dieser Ansatz versagt in der Praxis, wenn sich die Eigenschaften der in der Kannphase zu verarbeitenden Daten von den Eigenschaften der in der Lernphase „gesehenen" unterscheiden. Das darf zwar nach der Theorie nicht der Fall sein, kann aber praktisch in aller Regel nicht vermieden werden. Wir verfolgen daher zum Test eines Klassifikators den bodenständigen Ansatz, die Unwägbarkeiten der Kannphase durch Test mit einer gesonderten Teststichprobe, die *nicht* beim Lernen gesehen wurde, zu simulieren. Ein solcher Test hat gleichzeitig den Vorteil, dass sämtliche Probleme – bis hin zu Programmfehlern – detektiert und deren Behebung nachgewiesen werden können.

2.4.1 Anforderungen an Tests

An dieser Stelle sei auf vier ultimative Forderungen an Klassifikatortests und die daraus gezogenen Schlussfolgerungen verwiesen. Die Verletzung auch nur einer der folgenden Forderungen verhindert jegliche Aussagekraft des Tests. Ergebnisse, die unter Verletzung der Bedingungen ermittelt wurden, sind ungültig und ihre Veröffentlichung verstößt gegen die Regeln der wissenschaftlichen Arbeit.

1. *Lern- und Teststichprobe müssen disjunkt sein!*

2. Lern- und Teststichprobe müssen zufällig *gezogen werden; es darf keine manuelle Nachbearbeitung der Stichproben oder Testergebnisse erfolgen!*

3. Die Parameter des Klassifikators dürfen nicht auf die Teststichprobe optimiert werden!

4. Aus statistischen Testergebnissen muss die Signifikanz hervorgehen!

Die erste Forderung ist selbstverständlich. Eine bloße Wiedererkennung dürfte in jedem Fall einfacher als eine Erkennung unbekannter Daten sein. Testergebnisse der Lernstichprobe besitzen daher keinerlei Aussagekraft für die Teststichprobe.

Die zweite Forderung soll eine möglichst realistische Teststichprobe sicherstellen. Einmal gezogen, darf diese nicht mehr – beispielsweise zur Beseitigung von „Ausreißern" – geändert werden. Ebenso dürfen keine Einzelergebnisse ignoriert werden. Wird diese Forderung nicht beachtet, können die Testergebnisse grob verfälscht werden.[15]

Die dritte Forderung verhindert ein „Tunen" des Klassifikators auf die Teststichprobe. Ein solches Vorgehen würde nämlich nichts anderes bedeuten, als die Teststichprobe implizit doch zum Training zu verwenden. Da in vielen Fällen aber wirklich eine Optimierung der Einstellungen erforderlich ist, muss dafür eine dritte, paarweise mit Lern- und Teststichprobe disjunkte, *Entwicklungsstichprobe* zur Optimierung verwendet werden. Die Teststichprobe bleibt auf diese Weise ausschließlich für den Test reserviert.

Die vierte Forderung zielt auf die Vergleichbarkeit von statistischen Testergebnissen. So muss beispielsweise bei der Angabe eines Mittelwerts als Testergebnis der Vertrauensbereich angegeben werden. Beim Vergleich zweier Mittelwerte ist 96,1 ± 2 % *nicht* signifikant größer als 94,8 ± 2 %! Die Signifikanzgrenze muss im Einzelfall definiert und angegeben werden, also beispielsweise „Konfidenzniveau: 95 %".

Die oben genannten Punkte umfassen nicht die selbstverständliche Forderung nach Wahrheitstreue und Sorgfalt. Die Testbedingungen müssen in jedem Falle ausreichend beschrieben sein. Jegliche direkte Manipulation der Testergebnisse ist natürlich unzulässig. Des Weiteren sollte die subjektive Beurteilung von Messwerten, wenn möglich, vermieden werden. Falls eine subjektive Beurteilung unerlässlich ist, muss ein Blind- oder Doppelblindtest (siehe beispielsweise [24]) durchgeführt werden.

---

[15] Ein Beispiel hierfür ist die so genannte „Leipziger Studie" [255], bei der unter anderem durch Streichen von Ausreißern die Wirksamkeit eines homöopathischen Präparats „nachgewiesen" wurde [159]. Die Studie musste später zurückgezogen werden [42].

2.4.2 Beurteilung eines Klassifikators

Verwechslungsmatrix

Die Leistungsfähigkeit eines Klassifikators kann anhand einer Teststichprobe sehr einfach gemessen werden, falls pro Beobachtung eine Entscheidung für genau eine aus C Klassen getroffen wird. Wir hatten diese Strategie in Abschnitt 2.2.2 als „Entscheidung durch Verschärfung“ eingeführt. Wir setzen eine klassifizierte Teststichprobe $\{(o, c)\}$ voraus, was bedeutet, dass wir für jedes Element o die objektive Klassenzugehörigkeit c kennen. Wir führen die Klassifikation für alle Elemente der Teststichprobe durch und zählen, wie häufig die richtige Entscheidung $s = c$ getroffen wird. Der Ansatz kann noch etwas verfeinert werden, indem wir zählen, wie häufig die Entscheidung s getroffen wird, wenn objektiv die Klasse c vorlag. Das Ergebnis dieser Zählung wird üblicherweise in Form einer Verwechslungsmatrix

$$\mathbf{H} = \Big(H(s,c)\Big) = \begin{pmatrix} H(1,1) & \cdots & H(1,C) \\ & & \textcircled{2} \\ \vdots & \ddots & \vdots \\ \textcircled{2} & \textcircled{1} & \\ H(C,1) & \cdots & H(C,C) \end{pmatrix} \downarrow s \quad \rightarrow c \tag{2.204}$$

dargestellt. Die objektive Klassenzugehörigkeit steht in den Spalten, die Entscheidung in den Zeilen der Matrix. $H(s, c)$ steht für die *absolute* Häufigkeit des Ereignisses, dass objektiv Klasse c vorliegt und der Klassifikator für Klasse s entscheidet. Die korrekten Erkennungen liegen auf der Hauptdiagonalen ① der Verwechslungsmatrix, die falschen abseits davon ②.

Die relativen Häufigkeiten der Elemente der Verwechslungsmatrix können durch Normieren auf die Anzahl N der Lernprobenelemente ermittelt werden:

$$h(s,c) = \frac{H(s,c)}{N}. \tag{2.205}$$

Durch Summieren der *relativen* Häufigkeiten entlang der Hauptdiagonale erhalten wir die Erkennungsrate

$$RR = \sum_{c=1}^{C} h(c,c) = \frac{1}{N} \sum_{c=1}^{C} H(c,c), \tag{2.206}$$

ein einfaches Maß für die Güte unseres Klassifikators. N steht hierbei für die Anzahl der Elemente in der Teststichprobe.

Kosten

Eine gewisse Anzahl von Fehlentscheidungen ist in der Praxis stets unvermeidlich. Allerdings sind meist nicht alle Fehlentscheidungen gleich schwerwiegend. Man stelle sich beispielsweise einen Klassifikator vor, der darüber entscheidet, ob ein Notfallschirm gezogen werden soll oder nicht. Wenn – um bei diesem Bespiel zu bleiben – eine gewisse Anzahl von Fehlentscheidungen unvermeidlich ist, sollte der Fallschirm lieber einmal zu oft als einmal zu wenig gezogen werden! Entsprechend müssen wir auch die Klassifikationsleistung einschätzen. Wir führen dazu in Anlehnung an das Zielkriterium J des Lernens die Kosten $j(s, c)$ der Entscheidung für die Klasse s ein, wenn objektiv die Klasse c vorliegt, und stellen eine Kostenmatrix

$$\mathbf{J} = \Big(j(s,c)\Big) = \begin{pmatrix} j(1,1) & \cdots & j(1,C) \\ \vdots & \ddots & \vdots \\ j(C,1) & \cdots & j(C,C) \end{pmatrix} \begin{matrix} \\ \\ \downarrow s \end{matrix} \quad \rightarrow c \tag{2.207}$$

auf. Meistens werden wir die Kosten für eine korrekte Entscheidung mit Null ansetzen. Die Kosten für jede Fehlentscheidung sind im einfachsten Fall gleich Eins:

$$\mathbf{J} = \begin{pmatrix} 0 & 1 & \cdots & 1 \\ 1 & 0 & \cdots & 1 \\ \vdots & \vdots & \ddots & \vdots \\ 1 & 1 & \cdots & 0 \end{pmatrix}. \tag{2.208}$$

Wir können einen Klassifikator nun also auch durch Angabe der mittleren Kosten

$$\mathsf{E}(j(s,c)) = \sum_{s=1}^{C} \sum_{c=1}^{C} j(s,c) \cdot h(s,c) \tag{2.209}$$

beurteilen.

2.4.3 Beurteilung eines Detektors

Wir wenden uns nun dem in Abschnitt 2.2.2 eingeführten Spezialfall der Detektion zu. Die Beurteilung von Detektoren wurde von der Signalentdeckungstheorie [274, 99], welche die Detektion schwer erkennbarer Signale durch menschliche Beobachter analysiert, eingehend studiert. Die Versuchspersonen sollen hierbei entscheiden, ob Hörproben lediglich Rauschen oder zusätzlich einen (leisen) Testton enthalten. Eine korrekte „Detektion“ bedeutet die Erkennung des Testtons im Rauschen beziehungsweise die Rückweisung von bloßem Rauschen. Das Detektionsproblem spielt auch in der medizinischen Diagnostik eine Rolle. Dort wird die Fähigkeit bestimmter Tests untersucht, eine Krankheit anzuzeigen (siehe z. B. [349]).

Die auf eine Arbeit von Swets und Green aus dem Jahre 1964 zurückgehenden Bewertungsmaße für (menschliche) Detektoren sind bis heute in der Mustererkennung weit verbreitet und sollen daher in diesem Abschnitt kurz vorgestellt werden. Wir erinnern uns, dass ein Detektor eine (einzige) zu entdeckende Klasse $c = 1$ entweder akzeptiert, also die Entscheidung $s = 1$ trifft, oder die Eingabe zurückweist, also die Entscheidung $s = 0$ trifft.

Detektoren werden mit Hilfe einer speziellen Verwechslungsmatrix untersucht:

$$\mathbf{H} = (H(s,c)) = \begin{pmatrix} H(1,1) & H(1,0) \\ H(0,1) & H(0,0) \end{pmatrix} = \begin{pmatrix} TP & FP \\ FN & TN \end{pmatrix}. \tag{2.210}$$

Dabei steht $TP = H(1,1)$ für *true positive*, $FP = H(1,0)$ für *false positive*, $FN = H(0,1)$ für *false negative* und $TN = H(0,0)$ für *true negative*. Man beachte, dass die Anordnung der Elemente in der Verwechslungsmatrix von der Form aus Gleichung (2.204) abweicht. Tabelle 2.9 gibt eine Übersicht der von der Signalentdeckungstheorie definierten Maßzahlen, welche alle aus den Elementen der Verwechslungsmatrix abgeleitet sind. In der Mustererkennung sind besonders die Erkennungs- und Fehlerraten sowie die Falschalarm- und Falschrückweisungsraten von Bedeutung. Bei manchen Anwendungen spielen die Sensitivität (engl. *recall*) und die Relevanz (engl. *precision*) eine Rolle. Es sei darauf hingewiesen, dass die englische Bezeichnung *accuracy* für „Erkennungsrate“ *nicht* verwandt ist mit der gleichfalls als *accuracy* bezeichneten Genauigkeit von Klassenfolgenerkennern (siehe Abschnitt 2.4.4).

Receiver Operating Characteristic (ROC)

Die Elemente der Verwechslungsmatrix sind nicht unabhängig voneinander, wie die Betrachtung der Entscheidungsfunktion des Detektors

$$s = \underset{c \in \{0,1\}}{\arg\operatorname{ext}} \begin{cases} d_1(o(x)) \\ d_0 \end{cases} \tag{2.211}$$

(vgl. Gleichung 2.81) zeigt. Offenbar können die Elemente und Maßzahlen durch Variation des Schwellwertes d_0 verändert werden. Wenn wir beispielsweise die arg min-Entscheidung benutzen und einen unendlich großen Schwellwert d_0 wählen, legen wir die Entscheidung des Klassifikators damit auf $s = 1$ fest. Dann kann eine Realisierung der Klasse 0 nie korrekt erkannt werden. Das bedeutet, dass die Anzahl der *true negatives* Null und die Anzahl der *false positives* maximal ist. Andererseits kann aber auch eine Realisierung der Klasse 1 nie falsch erkannt werden. Damit ist die Anzahl der *false positives* Null und die Anzahl der *true negatives* maximal. Mit anderen Worten: wir akzeptieren alle Realisierungen und verhindern um den Preis maximaler Falschakzeptanz jegliche Falschrückweisung. Oder, um auf das Beispiel mit dem Notfallschirm zurückzukommen, wir sind übervorsichtig und ziehen den Fallschirm *immer*.

Wenn wir bei der arg min-Entscheidung einen unendlich kleinen Schwellwert d_0 wählen, liegt die Entscheidung des Klassifikators $s = 0$ fest. Wir wären in diesem Fall also tollkühn und würden den Notfallschirm *nie* ziehen.

Name, weitere Namen Beschreibung	Formel(zeichen)
true positive,*hit* korrekte Akzeptanz	TP
true negative korrekte Rückweisung	TN
false positive, Fehlalarm irrtümliche Akzeptanz, Fehler 1. Art	FP
false negative, *miss* irrtümliche Rückweisung, Fehler 2. Art	FN
Größe der Teststichprobe	$N = TP + FP + FN + TN$
Proben der Klasse 0	$N_0 = FP + TN$
Proben der Klasse 1	$N_1 = TP + FN$
Erkennungsrate, *accuracy* Klasse richtig erkannt	$ACC = \frac{TP+TN}{N} = 1 - ERR$
Fehlerrate Klasse falsch erkannt	$ERR = \frac{FP+FN}{N} = 1 - ACC$
Sensitivität, *recall*, *true positive rate* $c = 1$ und richtig erkannt	$SEN = \frac{TP}{TP+FN} = 1 - FRR (= TPR)$
Spezifität, *true negative rate* $c = 0$ und richtig erkannt	$SPC = \frac{TN}{FP+TN} = 1 - FAR (= TNR)$
Relevanz, *precision*, *positive predictive value* $s = 1$ und richtig erkannt	$REL = \frac{TP}{TP+FP}$ $(= PPV)$
Fehlalarmrate, *false positive rate* $c = 0$ und falsch erkannt	$FAR = \frac{FP}{FP+TN} = 1 - SPC (= FPR)$
Fehldetektionsrate $s = 1$ und falsch erkannt	$FDR = \frac{FP}{FP+TP}$
Segreganz, *negative predictive value* $s = 0$ und richtig erkannt	$SEG = \frac{TN}{TN+FN}$ $(= NPV)$
Fehlrückweisungsrate, *false negative rate* $c = 1$ und falsch erkannt	$FRR = \frac{FN}{TP+FN} = 1 - SEN (= FNR)$

Tabelle 2.9. Bewertungsmaße für Detektoren.

Für die Extremfälle der Schwellwertwahl ergibt sich das in Tabelle 2.10 dargestellte Bild. Natürlich wird in der praktischen Anwendung keines der Extreme angemessen sein. Wir müssen uns also mit der Frage beschäftigen, wie wir durch vernünftige Wahl von d_0 einen Arbeitspunkt für den Detektor einstellen können. Dazu tragen wir die Falschakzeptanz- und Falschrückweisungsraten entweder in ein gemeinsames Diagramm ein oder übereinander ab. Im zweiten Fall ergibt sich die im rechten Diagramm von Abbildung 2.27 dargestellte Kurve, welche den Namen *receiver operating characteristic*

arg ext =	$d_0 \rightarrow$	TP	FP	TN	FN	FAR	FRR
arg min	∞	N_1	N_0	0	0	1	0
	$-\infty$	0	0	N_0	N_1	0	1
arg max	∞	0	0	N_0	N_1	0	1
	$-\infty$	N_1	N_0	0	0	1	0

Tabelle 2.10. Einfluss einer extremen Wahl des Schwellwertes d_0 auf die Elemente der Verwechslungsmatrix sowie die Falschakzeptanz- und Falschrückweisungsrate; N_c bezeichnet die Anzahl der Lernstichprobenelemente mit objektiver Klassenzugehörigkeit c.

(ROC) trägt. Der Arbeitspunkt wird je nach den Anforderungen der Anwen-

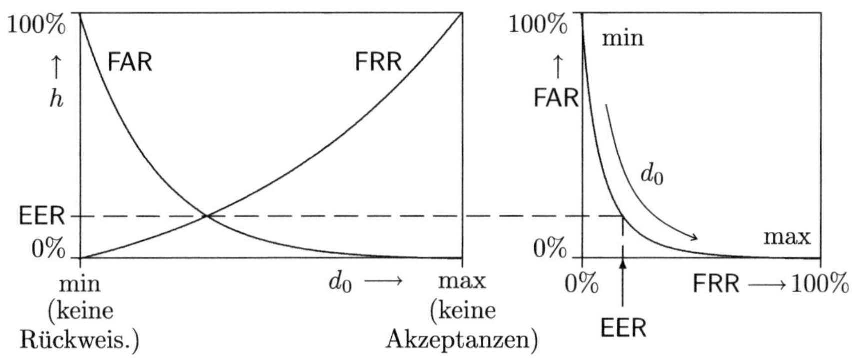

Abb. 2.27. Links: typische Verläufe der Falschakzeptanz- und Falschrückweisungsraten in Abhängigkeit vom Rückweisungsschwellwert d_0; rechts: Falschakzeptanzrate abgetragen über Falschrückweisungsrate (*receiver operating characteristic*, ROC), die Punkte der Kurve ergeben sich durch Variation von d_0; der Verlauf ist hypothetisch, in der Praxis besitzt die ROC-Kurve mehr oder weniger ausgeprägte Stufen; aus [120].

dung gewählt. Ein markanter Punkt auf der ROC-Kurve ist die so genannte Gleichfehlerrate (engl. *equal error rate*, EER). An dieser Stelle sind die Falschakzeptanz- und die Falschrückweisungsrate gerade gleich. Die Gleichfehlerrate eignet sich als Maß für die Leistung eines Klassifikators. Optimal ist ein möglichst niedriger Wert.

Verallgemeinerung

Wir betrachten nun die Verwechslungsmatrix eines Klassifikators mit C Klassen und einer zusätzlichen Rückweisungsklasse nach Abschnitt 2.2.2. Ein typisches Beispiel wäre ein Ziffernerkenner, der die Wörter „Null“ bis „Neun“ erkennen, alle anderen Spracheingaben aber zurückweisen soll.[16] Die Verwechslungsmatrix lautet dann

$$\mathbf{H} = \Big(H(s,c)\Big) = \begin{pmatrix} H(0,0) & H(0,1) & \cdots & H(0,C) \\ H(1,0) & H(1,1) & \cdots & H(1,C) \\ \vdots & \vdots & \ddots & \vdots \\ H(C,0) & H(C,1) & \cdots & H(C,C) \end{pmatrix} \downarrow s \quad \rightarrow c \tag{2.212}$$

(Markierungen in der Matrix: TN bei $H(0,0)$; FN bei $H(0,1) \cdots H(0,C)$; FP bei $H(1,0) \ldots H(C,0)$; TP_1 auf der Diagonalen $H(1,1) \ldots H(C,C)$; TP_2 außerhalb der Diagonalen.)

und stellt eine Kombination aus (2.204) und (2.210) dar. Im Fall, dass die Eingabe korrekterweise angenommen wurde (*true positive*), bestehen hier zwei Möglichkeiten: TP_1 - korrekte Akzeptanz und korrekte Erkennung und TP_2 - korrekte Akzeptanz, aber falsche Erkennung. Dementsprechend sind manche abgeleitete Maßzahlen nach Tabelle 2.9 leicht abweichend definiert. Tabelle 2.11 stellt diese Abweichungen zusammen. Man beachte, dass die Erkennungs-

Name, weitere Namen Beschreibung	Formel(zeichen)
true positive 1, *hit* korrekte Akzeptanz und korrekte Erkennung	TP_1
true positive 2, *substitution* korrekte Akzeptanz und falsche Erkennung	TP_2
true negative korrekte Rückweisung	TN
false positive, Fehlalarm irrtümliche Akzeptanz, Fehler 1. Art	FP
false negative, *miss* irrtümliche Rückweisung, Fehler 2. Art	FN
Erkennungsrate, *(word) recognition rate* $c \neq 0$ und richtig erkannt	$WRR = \frac{TP_1}{TP_1+TP_2+FN} = 1 - ERR$
Fehlerrate, *error rate* $c \neq 0$ und falsch erkannt	$ERR = \frac{TP_2+FN}{TP_1+TP_2+FN} = 1 - WER$

Tabelle 2.11. Von Tabelle 2.9 abweichende Bewertungsmaße für Klassifikatoren mit Rückweisung.

und Fehlerraten im Falle mehreren Klassen üblicherweise nur auf die Anzahl der zu akzeptierenden Elemente der Teststichprobe normiert werden.

[16] Die Rückweisungsklasse bei Worterkennern wird auch als *out-of-vocabulary* (OOV) bezeichnet.

2.4.4 Beurteilung eines Klassenfolgenklassifikators

Wir sind bisher davon ausgegangen, dass ein Klassifikationsergebnis in der Angabe genau einer aus C Klassen besteht ($c \in \mathcal{C}$, vgl. Gl. 2.77). Wie schon in den Abschnitten 2.2.1 und 2.2.2 dargestellt, ist dies natürlich nur eine unter vielen Möglichkeiten der Angabe von Klassifikationsergebnissen. Ein weiterer wichtiger Fall ist die Angabe einer *Folge* $\mathbf{c} \in \mathcal{C}^*$ von Klassen (vgl. Gl. 2.79).

Zur Beurteilung der Richtigkeit einer automatisch ermittelten Klassenfolge muss diese mit der als richtig bekannten Referenzfolge vergleichen werden.

Vergleich von Folgen

Das Problem des Folgenvergleichs wird natürlich auf den Vergleich der Einzelelemente zurückgeführt. Das ist allerdings nicht ganz trivial, wie das folgende kleine Beispiel zeigt: Betrachten wir die Folgen ACHTBAR und WASCHBÄR und schreiben diese zur besseren Übersicht untereinander. Da sich die Längen der Folgen um Eins unterscheiden, haben wir zwei Möglichkeiten:

$$\begin{matrix} \mathsf{A\ C\ H\ T\ B\ A\ R\ -} \\ \mathsf{W\ A\ S\ C\ H\ B\ \ddot{A}\ R} \end{matrix} \quad \text{und} \quad \begin{matrix} \mathsf{-\ A\ C\ H\ T\ B\ A\ R} \\ \mathsf{W\ A\ S\ C\ H\ B\ \ddot{A}\ R}\end{matrix}. \tag{2.213}$$

Bei der linken Variante stimmt kein einziges Zeichen überein, bei der rechten immerhin schon drei. Wir können die Übereinstimmung sogar auf fünf Zeichen verbessern, indem wir schreiben:

$$\begin{matrix} \mathsf{-\ A\ -\ C\ H\ T\ B\ A\ R} \\ \mathsf{W\ A\ S\ C\ H\ -\ B\ \ddot{A}\ R} \end{matrix}, \tag{2.214}$$

was eine optimale Abbildung der beiden Folgen aufeinander darstellt. Der Algorithmus, mit dem diese Abbildung ermittelt werden kann, heißt dynamische Programmierung und wird in Abschnitt 4.2.4 erklärt. Darauf aufbauend kann ein Abstandsmaß für Folgen – die LEVENSHTEIN-Distanz – definiert werden, welches in Abschnitt 4.2.2 beschrieben wird.

Richtigkeit und Genauigkeit

Die Betrachtung von Gleichung 2.214 zeigt, dass beim Folgenvergleich eine Kombination von vier Grundsituationen auftritt. Nehmen wir an, dass ACHTBAR die Referenz und WASCHBÄR die erkannte Folge ist. Ein Zeichen der erkannten Folge kann im Vergleich zur Referenzfolge, eingefügt (W, S) entfernt (T), ersetzt ($\mathsf{\ddot{A}}$) oder gleich ($\mathsf{A}, \mathsf{C}, \mathsf{H}, \mathsf{B}, \mathsf{R}$) sein. Wir zählen diese Ereignisse und berechnen daraus die in Tabelle 2.12 definierten Bewertungsmaße Richtigkeit, Genauigkeit und Hypothesendichte. Im Beispiel ergibt sich

Name, weitere Namen Beschreibung	Formel(zeichen)
Einfügung , *insertion* zusätzliches Zeichen in erkannter Folge	I
Auslassung, *deletion* fehlendes Zeichen in erkannter Folge	D
Ersetzung , *substitution* falsches Zeichen in erkannter Folge	S
Erkennung richtiges Zeichen in erkannter Folge	C
Länge Referenzfolge	$N = C + S + D$
Länge erkannte Folge	$M = C + D + I$
Richtigkeit, *correctness* korrekt erkannte Zeichen	$COR = \frac{C}{N} = \frac{N-D-S}{N}$
Genauigkeit, *accuracy* korrekt erkannte Zeichen mit Bestrafung von Einfügungen	$ACC = \frac{C-I}{N} = \frac{N-D-S-I}{N}$
Hypothesendichte erkannte Zeichen pro Referenzzeichen	$HYP = \frac{M}{N} = 1 + \frac{I-D}{N}$

Tabelle 2.12. Bewertungsmaße für Klassenfolgenklassifikatoren.

$$\text{Richtigkeit: } COR = \frac{5}{7} \approx 71\,\%, \tag{2.215}$$

$$\text{Genauigkeit: } ACC = \frac{3}{7} \approx 43\,\% \text{ und} \tag{2.216}$$

$$\text{Hypothesendichte: } HYP = \frac{8}{7} \approx 1{,}1. \tag{2.217}$$

Offensichtlich ist die Genauigkeit nie größer als die Richtigkeit. Wenn mehr Einfügungen als richtig erkannte Zeichen vorliegen, ergibt sich ein negativer Wert für die Genauigkeit. Man beachte, dass die Genauigkeit trotz der gleichen englischen Bezeichnung *accuracy* nichts mit der in Tabelle 2.9 definierten Erkennungsrate von Detektoren zu tun hat.

3

Vektorklassifikatoren

In diesem Kapitel werden wir uns mit Klassifikatoren für Merkmalvektoren beschäftigen. Deren Betrachtung ist eine Voraussetzung für die Definition von Vektor*folgen*klassifikatoren, mit welchen sich Kapitel 4 befasst. Wir werden auf drei wichtige spezielle Vektorklassifikatoren detailliert eingehen und einige weitere nennen.

3.1 Supportvektormaschine

Wir haben in Abschnitt 2.2.4 das Neuron nach Gleichung (2.107) als speziellen Linearklassifikator eingeführt. Eine Supportvektormaschine ist ein Neuron, das nach einem bestimmten Algorithmus trainiert wird. Die folgende Darstellung gibt einen Überblick über grundlegende Aspekte der Supportvektormaschine. Für Details sei auf die einschlägige Literatur verwiesen, beispielsweise [254, 266, 292, 38].

3.1.1 Duale Form des Linearklassifikators

Wir erinnern uns, dass die Trainingsaufgabe in der geeigneten Einstellung des Parametervektors $\vec{w}$ sowie der Verschiebung w_0 besteht. Dabei wird von einer klassifizierten Trainingsstichprobe nach Gleichung (2.108) ausgegangen. Wir haben das Grundprinzip festgehalten, dass sich die Parameter der Trennfunktion als Linearkombination der Elemente der Lernstichprobe ergeben. Diesen Gedanken wollen wir zunächst etwas vertiefen und wiederholen dazu die Perzeptron-Lernregel nach Gleichung (2.120) in leicht modifizierter Form

$$\vec{w}^{(p+1)} = \begin{cases} \vec{w}^{(p)} + 0 \cdot \vec{o}^{(p)} c^{(p)} : c^{(p)} = s(\vec{o}(p)) \\ \vec{w}^{(p)} + 2\alpha\, \vec{o}^{(p)} c^{(p)} : c^{(p)} \neq s(\vec{o}(p)) \end{cases}, \tag{3.1}$$

wobei wir jedem Vektor der Lernstichprobe eine individuelle Lernkonstante $\alpha^{(p)}$ zugewiesen haben. Wir können also anstelle von (3.1) auch

$$\vec{w}^{(p+1)} = \vec{w}^{(p)} + \alpha^{(p)} c^{(p)} \vec{o}^{(p)} \qquad \text{mit } \alpha^{(p)} = \begin{cases} 0 & : c^{(p)} = s(\vec{o}(p)) \\ 2\alpha & : c^{(p)} \neq s(\vec{o}(p)) \end{cases} \tag{3.2}$$

schreiben. Um die $\alpha^{(p)}$ kümmern wir uns zunächst nicht weiter. Sie werden später der eigentliche Gegenstand des Trainings der Supportvektormaschine sein. Wenn wir von einem initialen Parametervektor $\vec{w}^{(0)} = \vec{0}$ ausgehen, erhalten wir nach Verbesserung mit allen Elementen der Lernstichprobe

$$\vec{w}^{(n)} = \sum_{p=1}^{n} \alpha^{(p)} c^{(p)} \vec{o}^{(p)}. \tag{3.3}$$

Diesen Ausdruck setzen wir nun in Gleichung (2.107) ein und erhalten die Unterscheidungsfunktion der Supportvektormaschine

$$d(\vec{o}) = \sum_{p=1}^{n} \alpha^{(p)} c^{(p)} \vec{o}^{(p)\top} \vec{o} + w_0 = \sum_{p=1}^{n} \alpha^{(p)} c^{(p)} \langle \vec{o}^{(p)}, \vec{o} \rangle + w_0. \tag{3.4}$$

Diese Gleichung wird auch als duale Form des Linearklassifikators bezeichnet. Wir stellen fest, dass sie die Merkmalvektoren der Lernstichprobe *ausschließlich* innerhalb eines Skalarprodukts verwendet – ein Umstand, der später von großer Bedeutung sein wird.

3.1.2 Supportvektoren

Von den verschiedenen algorithmischen Möglichkeiten, die Trennfunktion aus einer Lernstichprobe zu ermitteln, haben wir die Perzeptron- und Adaline-Lernverfahren vorgestellt. Wie der Vergleich von (2.117) und (2.132) zeigt, ermitteln beide die Parameter der Trennfunktion als Linearkombination der Lernstichprobenelemente. Sie unterscheiden sich letztlich nur in der Wahl individueller Lernkonstanten $\alpha^{(p)}$.[1] Beide finden, lineare Separierbarkeit der Trainingsstichprobe vorausgesetzt, eine Trennfunktion, mit der alle Trainingsvektoren korrekt klassifiziert werden. Nach diesem Kriterium ist die Lösung der Trainingsaufgabe, falls sie existiert, aber nicht eindeutig, wie Abbildung 3.1 zeigt. Das Ergebnis des heuristischen Perzeptron-Lernalgorithmus hängt sogar von der Reihenfolge ab, in der die Elemente der Trainingsstichprobe angeboten werden. Ist die Lernstichprobe nicht linear separierbar, findet der Algorithmus überhaupt keine vernünftige Lösung. Der Adaline-Algorithmus minimiert den mittleren quadratischen Klassifikationsfehler und findet nach diesem Kriterium auch dann eine „optimale" Lösung, wenn die Lernstichprobe nicht linear separierbar ist. Da wegen der Unstetigkeit der Vorzeichenfunktion eine modifizierte Entscheidungsfunktion verwendet werden musste, ist das Ergebnis jedoch nicht befriedigend.

[1] nämlich beim Perzeptron $\alpha^{(p)} = -\alpha(\operatorname{sgn} \vec{w}^{(p)\top} \vec{o}^{(p)} - c^{(p)})$ und beim Adaline $\alpha^{(p)} = -2\alpha(\vec{w}^{(p)\top} \vec{o}^{(p)} + w_0^{(p)} - c^{(p)})$

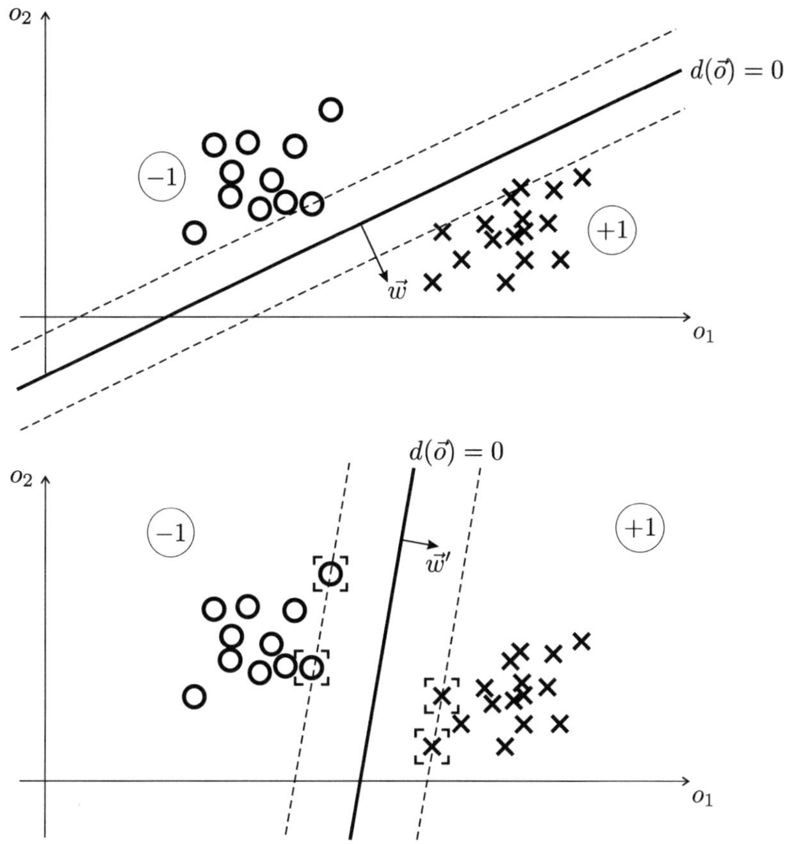

Abb. 3.1. Klassifizierte Vektorstichprobe mit zwei möglichen linearen Trennfunktionen. Im unteren Diagramm wird ein maximaler Abstand der Trenngeraden von den Vertretern beider Klassen realisiert.

Der Ausgangspunkt der Herleitung der Supportvektormaschine ist die Definition eines leistungsfähigen Zielkriteriums für das Lernen. Wir betrachten dazu noch einmal Abbildung 3.1. Sowohl das obere als auch das untere Diagramm stellen gültige Lösungen für das Trainingsproblem dar. Wir müssen aber davon ausgehen, dass unsere Trainingsstichprobe unvollständig ist. Es kann also gut sein, dass weitere Vertreter der Klassen *neben* und nicht *in* den sichtbaren Ballungsgebieten liegen. Wir wünschen uns daher eine Trennfunktion, die eine möglichst große Sicherheit für die Klassifikation von Ausreißern beider Klassen bietet. Diese würden aber nur dann ein Problem für den Klassifikator darstellen, wenn sie in Richtung der anderen Klasse lägen. Genaueres lässt sich nicht sagen, da wir nur unsere Trainingsstichprobe kennen. So ist die einzige Möglichkeit, unseren Wunsch nach möglichst großer Klassifikationssicherheit zu erfüllen, die Wahl einer Trennfunktion, die in möglichst großem Abstand von den bekannten Klassenvertretern verläuft und somit Ausreißern soviel Platz wie möglich bietet. Im Sinne der statistischen Lerntheorie ist dieses Kriterium sogar optimal, was bewiesen werden kann. Wir wollen diesen Beweis hier aber nicht führen und verweisen anstelle dessen auf die weiterführende Literatur (zum Beispiel [291, 292, 38]).

Wenn wir einen möglichst großen Abstand der Trennfunktion von den bekannten Klassenvertretern fordern, so fließen in dessen Ermittlung offensichtlich nur sehr wenige von ihnen ein. Von Bedeutung sind ausschließlich diejenigen, die am weitesten in Richtung der jeweils anderen Klasse liegen. Diese Elemente der Lernstichprobe heißen Supportvektoren. Im unteren Diagramm von Abbildung 3.1 sind sie mit Markierungen versehen. Genau genommen, können wir alle anderen Elemente der Lernstichprobe beim Training weglassen, da sie auf den Wert unserer Zielfunktion keinen Einfluss haben. Mathematisch bedeutet das, dass die meisten Lernkonstanten Null sind. Das einzige Problem besteht nun darin, die Supportvektoren in der Lernstichprobe zu finden. Das ist aber leider nicht trivial.

3.1.3 Geometrischer und funktionaler Rand, Randmaximierung

Zur Definition der Zielfunktion für das Training suchen wir also die Abstände $\gamma^{(p)}$ der Lernvektoren $\vec{o}^{(p)}$ von der Trennfunktion $d(\vec{o}) = \vec{w}^\top \vec{o} + w_0 = 0$. Diese werde auch als *geometrische* Abstände bezeichnet. Abbildung 3.2 veranschaulicht das Problem für je einen Vektor beider Klassen. Zur Berechnung

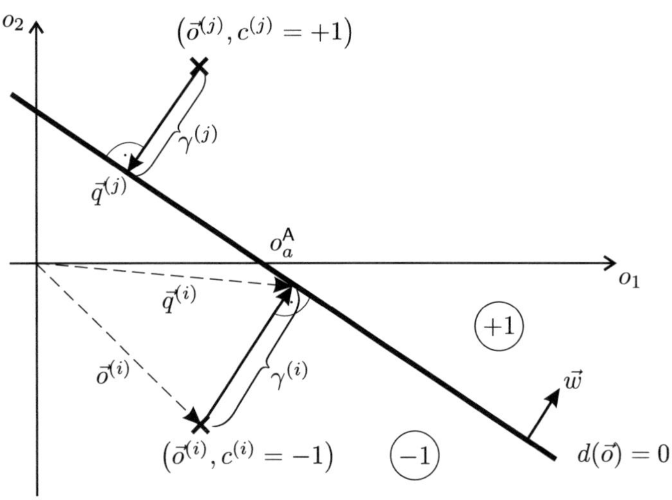

Abb. 3.2. Zur Berechnung der geometrischen Abstände $\gamma^{(i)}$ und $\gamma^{(j)}$ für zwei Merkmalvektoren $\vec{o}^{(i)}$ und $\vec{o}^{(j)}$ von unterschiedlicher Klasse.

des geometrischen Abstandes eines Vektors fällen wir das Lot von dessen Endpunkt auf die Trennfunktion. Die Länge des Lots ist genau der gesuchte Wert.

Wir erhalten einen Fußpunkt

$$\vec{q}^{(p)} = \vec{o}^{(p)} - \gamma^{(p)} \cdot \frac{\vec{w}}{\|\vec{w}\|}, \tag{3.5}$$

wenn der Vektor links, und

$$\vec{q}^{(p)} = \vec{o}^{(p)} + \gamma^{(p)} \cdot \frac{\vec{w}}{\|\vec{w}\|}, \tag{3.6}$$

wenn der Vektor rechts der Trenngerade liegt. Da im ersten Fall $c^{(p)} = +1$ und im zweiten Fall $c^{(p)} = -1$ gilt, können wir beide Gleichungen zusammenfassen:

$$\vec{q}^{(p)} = \vec{o}^{(p)} - c^{(p)}\gamma^{(p)} \frac{\vec{w}}{\|\vec{w}\|}. \tag{3.7}$$

Der Fußpunkt liegt auf der Trenngeraden. Wir können $\gamma^{(p)}$ also wie folgt berechnen:

$$0 = \vec{w}^\top \vec{q}^{(p)} + w_0 = \vec{w}^\top \left(\vec{o}^{(p)} - c^{(p)}\gamma^{(p)} \frac{\vec{w}}{\|\vec{w}\|} \right) + w_0 \tag{3.8}$$

$$0 = \vec{w}^\top \vec{o}^{(p)} + w_0 - c^{(p)}\gamma^{(p)} \frac{\overbrace{\vec{w}^\top \vec{w}}^{=\|\vec{w}\|^2}}{\|\vec{w}\|}. \tag{3.9}$$

Durch Umstellen erhalten wir

$$\vec{w}^\top \vec{o}^{(p)} + w_0 = c^{(p)}\gamma^{(p)} \|\vec{w}\| \tag{3.10}$$

sowie schließlich

$$\gamma^{(p)} = \frac{1}{c^{(p)}\|\vec{w}\|} \left(\vec{w}^\top \vec{o}^{(p)} + w_0 \right), \tag{3.11}$$

was sich wegen $c^{(p)} = \frac{1}{c^{(p)}}$ zum gesuchten Ausdruck für den geometrischen Abstand vereinfacht:

$$\gamma^{(p)} = c^{(p)} \frac{\vec{w}^\top \vec{o}^{(p)} + w_0}{\|\vec{w}\|} = c^{(p)} \frac{d(\vec{o}^{(p)})}{\|\vec{w}\|}. \tag{3.12}$$

Der kleinste geometrische Abstand wird als geometrischer Rand bezeichnet:

$$\gamma = \min_p \gamma^{(p)}. \tag{3.13}$$

Wenn der geometrische Abstand eines Lernvektors positiv ist, wird dieser korrekt klassifiziert. Ist er negativ, wird er falsch klassifiziert:

$$\gamma^{(p)} \begin{cases} > 0 : \text{korrekte Klassifikation,} \\ < 0 : \text{falsche Klassifikation.} \end{cases} \tag{3.14}$$

Ist der geometrische Rand positiv, kann die Lernstichprobe linear separiert werden. Ist er negativ, kann die Lernstichprobe nicht linear separiert werden:

$$\gamma \quad \begin{cases} > 0 : \text{Lernstichprobe linear separierbar,} \\ < 0 : \text{Lernstichprobe nicht linear separierbar.} \end{cases} \tag{3.15}$$

Ziel des Trainings ist, wie oben erläutert, die Maximierung des geometrischen Randes

$$\gamma \rightarrow \operatorname{Max}(\vec{w}, w_0)! \tag{3.16}$$

Leider ist diese Extremwertaufgabe nicht eindeutig lösbar, wie Abbildung 3.3 an einem eindimensionalen Beispiel verdeutlicht. Wir finden unendlich viele Trennfunktionen

$$C\vec{w}^\top\vec{o} + Cw_0 \qquad \text{mit } C \neq 0 \in \mathbb{R} \tag{3.17}$$

mit maximalem geometrischen Rand, die sich alle nur durch ihren Anstieg unterscheiden. Wir betrachten daher den Wert $d\left(\vec{o}^{(p)}\right)$ der Unterscheidungs-

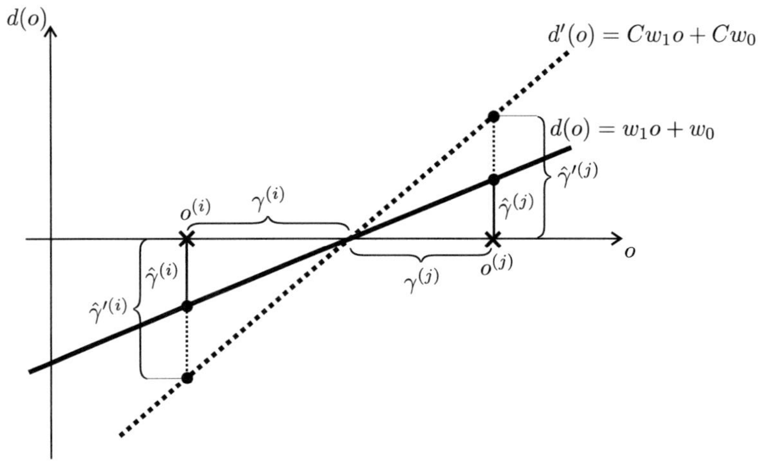

Abb. 3.3. Zum Zusammenhang zwischen funktionalem und geometrischem Rand.

funktion über den Merkmalvektoren. Wie beim geometrischen Rand multiplizieren wir diesen Wert mit dem Klassenindex und erhalten den so genannten funktionalen Abstand

$$\hat{\gamma}^{(p)} = c^{(p)} d(\vec{o}^{(p)}) = c^{(p)}\left(\vec{w}^\top\vec{o}^{(p)} + w_0\right). \tag{3.18}$$

Mit (3.12) können wir den funktionalen Abstand auch als

$$\hat{\gamma}^{(p)} = \|\vec{w}\| \cdot \gamma^{(p)} \tag{3.19}$$

ausdrücken. Wie oben nennen wir den kleinsten funktionalen Abstand aller Lernvektoren funktionaler Rand:

$$\hat{\gamma} = \min_p \hat{\gamma}^{(p)}. \tag{3.20}$$

Abbildung 3.4 veranschaulicht den Zusammenhang zwischen Unterscheidungsfunktion $d(\vec{o})$, Trennfunktion $d(\vec{o}) = 0$, geometrischem und funktionalem Rand. Wir hatten oben festgestellt, dass die Maximierung des geometrischen Randes keine eindeutige Lösung für die Parameter der Unterscheidungsfunktion ergibt, sondern dass eine Schar von Funktionen nach Gleichung (3.17) optimal ist. Wir können den störenden Freiheitsgrad C mit einem einfachen Trick beseitigen: Wir fordern einfach, dass der funktionale Rand genau Eins ist

$$\hat{\gamma} := 1. \tag{3.21}$$

Damit ist C eindeutig bestimmt und die Maximierung erbringt eine einzige Lösung. Nach der Definition (3.20) des funktionalen Randes gilt mit (3.21) für alle funktionalen Abstände

$$\hat{\gamma}^{(p)} \geq 1 \quad \forall p. \tag{3.22}$$

Da aus (3.19)

$$\gamma = \frac{\hat{\gamma}}{\|\vec{w}\|} \tag{3.23}$$

folgt und wir $\hat{\gamma}$ bei Eins festhalten wollen, ist die Maximierung des geometrischen Randes gleichbedeutend mit der Minimierung der Länge des Parametervektors $\|\vec{w}\|$. Wiederum gleichbedeutend damit, aber einfacher berechenbar, ist die Minimierung des Quadrates dieser Länge, so dass sich schließlich die Extremwertaufgabe

$$\frac{1}{2}\|\vec{w}\|^2 = \frac{1}{2}\vec{w}^\top\vec{w} \to \text{ Min}\,(\vec{w}, w_0)! \tag{3.24}$$

ergibt. Wir müssen dabei beachten, dass diese den Nebenbedingungen (3.22)

$$\hat{\gamma}^{(p)} = c^{(p)}\left(\vec{w}^\top\vec{o}^{(p)} + w_0\right) \geq 1 \quad \forall p \tag{3.25}$$

beziehungsweise

$$1 - c^{(p)}\left(\vec{w}^\top\vec{o}^{(p)} + w_0\right) \leq 0 \quad \forall p \tag{3.26}$$

unterliegt. Dieses Problem kann mit Hilfe der in Abschnitt 2.3.4 vorgestellten konvexen Optimierung gelöst werden, da sowohl die Zielfunktion als auch die Nebenbedingungen konvex sind. Wir setzen also die LAGRANGE-Funktion

$$L(\vec{w}, w_0, \vec{\alpha}) = \frac{1}{2}\vec{w}^\top\vec{w} + \sum_{p=1}^{n} \alpha^{(p)}\left[1 - c^{(p)}\left(\vec{w}^\top\vec{o}^{(p)} + w_0\right)\right] \tag{3.27}$$

an, verfolgen die duale Lösung (siehe Abschnitt 2.3.4)

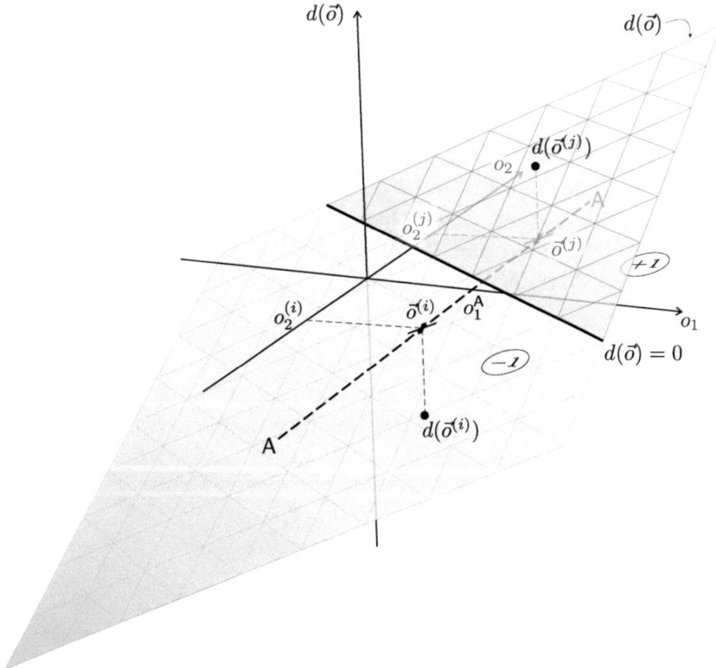

Draufsicht: geometrischer Rand

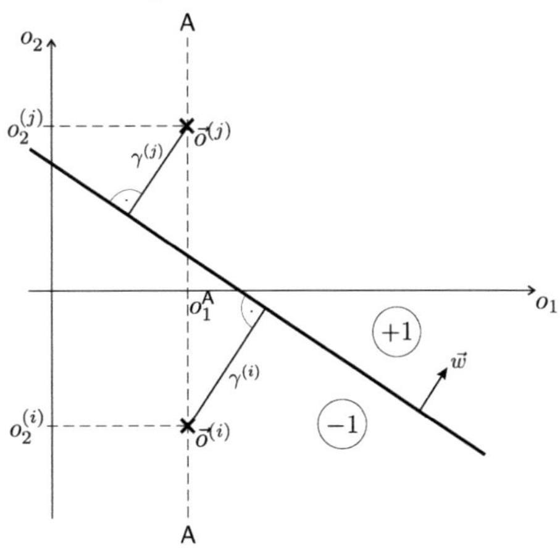

Schnitt A – A: funktionaler Rand

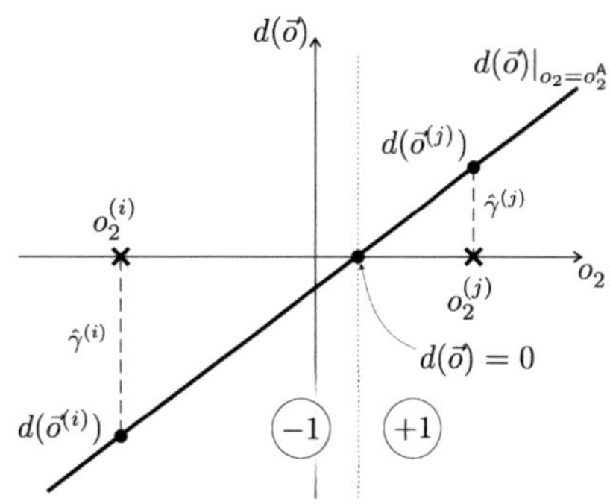

Abb. 3.4. Zum Zusammenhang zwischen funktionalem Rand, geometrischem Rand und Unterscheidungsfunktion.

$$(\vec{w}^*, w_0^*, \vec{\alpha}^*)^d : \underbrace{\Big(L(\vec{w}, w_0, \vec{\alpha}) \to \text{Min}(\vec{w}, w_0)\Big)}_{L(\vec{w}^*, w_0^*, \vec{\alpha})} \to \text{Max}(\vec{\alpha}) \tag{3.28}$$

und führen die innere Minimierung durch partielles Ableiten und Nullsetzen aus. Für den Parametervektor $\vec{w}$ erhalten wir

$$\begin{aligned} \left.\tfrac{\partial L(\vec{w}, w_0, \vec{\alpha})}{\partial \vec{w}}\right|_{\vec{w}^*} &= \vec{w} - \textstyle\sum_p \alpha^{(p)} c^{(p)} \vec{o}^{(p)} = 0 \\ \rightsquigarrow \quad \vec{w}^* &= \textstyle\sum_p \alpha^{(p)} c^{(p)} \vec{o}^{(p)}. \end{aligned} \tag{3.29}$$

Die optimale Lösung $\vec{w}^*$ entspricht also genau der dualen Form des Linearklassifikators! Die LAGRANGE-Multiplikatoren sind *identisch* mit den Lernkonstanten, welche also „nebenbei“ mitbestimmt werden. Das Ableiten nach der Verschiebung w_0 und Nullsetzen ergibt die Bedingung

$$\left.\frac{\partial L(\vec{w}, w_0, \vec{\alpha})}{\partial w_0}\right|_{w_0^*} = \sum_p \alpha^{(p)} c^{(p)} = 0. \tag{3.30}$$

Der zweite Schritt der dualen Lösung ist die äußere Maximierung

$$L(\vec{w}^*, w_0^*, \vec{\alpha}) \ \to \text{Max}(\vec{\alpha})! \tag{3.31}$$

Wir setzen die Lösung (3.29) der inneren Minimierung bezüglich $\vec{w}$ in die LAGRANGE-Funktion ein und vereinfachen den Ausdruck so weit wie möglich:

$$L(\vec{w}^*, w_0^*, \vec{\alpha}) = \frac{1}{2} \vec{w}^{*\top} \vec{w}^* + \sum_p \alpha^{(p)} \left[1 - c^{(p)} \left(\vec{w}^{*\top} \vec{o}^{(p)} + w_0^*\right)\right] \tag{3.32}$$

$$\begin{aligned} L(\vec{w}^*, w_0^*, \vec{\alpha}) = &\tfrac{1}{2} \underbrace{\vec{w}^{*\top} \vec{w}^*}_{\mathsf{A}} + \textstyle\sum_p \alpha^{(p)} \\ &- \textstyle\sum_p \alpha^{(p)} c^{(p)} \underbrace{\vec{w}^*}_{\mathsf{B}}{}^\top \vec{o}^{(p)} - w_0^* \underbrace{\sum_p \alpha^{(p)} c^{(p)}}_{=0 \text{ wg. } (3.30)}. \end{aligned} \tag{3.33}$$

In die Terme A und B setzen wir jeweils das Ergebnis von (3.29) ein:

$$\mathsf{A} = \left(\sum_i \alpha^{(i)} c^{(i)} \vec{o}^{(i)}\right)^\top \cdot \sum_j \alpha^{(j)} c^{(j)} \vec{o}^{(j)} \quad \text{und} \quad \mathsf{B} = \sum_q \alpha^{(q)} c^{(q)} \vec{o}^{(q)}. \tag{3.34}$$

Damit wird Gleichung (3.33) nach Umsortieren zu

$$\begin{aligned} L(\vec{w}^*, w_0^*, \vec{\alpha}) &= \frac{1}{2} \sum_i \sum_j \alpha^{(i)} \alpha^{(j)} c^{(i)} c^{(j)} \vec{o}^{(i)\top} \vec{o}^{(j)} + \sum_p \alpha^{(p)} \qquad (3.35) \\ &\quad - \sum_p \sum_q \alpha^{(p)} \alpha^{(q)} c^{(p)} c^{(q)} \vec{o}^{(q)\top} \vec{o}^{(p)} \\ &= \sum_p \alpha^{(p)} - \frac{1}{2} \sum_p \sum_q \alpha^{(p)} \alpha^{(q)} c^{(p)} c^{(q)} \vec{o}^{(q)\top} \vec{o}^{(p)}. \qquad (3.36) \end{aligned}$$

Nach Ausklammern der Summe in p erhalten wir schließlich wegen $\vec{o}^{(q)\top}\vec{o}^{(p)} = \vec{o}^{(p)\top}\vec{o}^{(q)} = \langle\vec{o}^{(p)}, \vec{o}^{(q)}\rangle$ folgenden Ausdruck zur Maximierung:

$$L(\vec{w}^*, w_0^*, \vec{\alpha}) = \sum_p \left(\alpha^{(p)} - \frac{1}{2}\sum_q \alpha^{(p)}\alpha^{(q)}c^{(p)}c^{(q)}\langle\vec{o}^{(p)}, \vec{o}^{(q)}\rangle\right). \tag{3.37}$$

3.1.4 Hard-Margin-Supportvektormaschine

Eine weitere Herleitung ist allgemein nicht möglich. Wir definieren die einfachste Supportvektormaschine daher also wie folgt:

Ein Linearklassifikator mit $d(\vec{o}) = \vec{w}^{*\top}\vec{o} + w_0^*$ realisiert einen maximalen Rand auf einer Lernstichprobe $\left\{(\vec{o}^{(p)}, c^{(p)})\right\}$, wenn gilt

$$\vec{w}^* = \sum_{p=1}^{n} \alpha^{*(p)}c^{(p)}\vec{o}^{(p)} \tag{3.38}$$

und

$$w_0^* = -\frac{1}{2}\vec{w}^{*\top}\left(\vec{o}^{(j)} + \vec{o}^{(i)}\right) \tag{3.39}$$

mit zwei beliebigen Supportvektoren $\vec{o}^{(i)} \in SV_{+1}$ und $\vec{o}^{(j)} \in SV_{-1}$, wobei $\alpha^{*(p)}$ die Ergebnisse sind aus

$$\sum_{p=1}^{n}\left(\alpha^{(p)} - \frac{1}{2}\sum_{q=1}^{n}\alpha^{(p)}\alpha^{(q)}c^{(p)}c^{(q)}\left\langle\vec{o}^{(p)}, \vec{o}^{(q)}\right\rangle\right) \to \mathrm{Max}(\vec{\alpha})! \tag{3.40}$$

so dass

$$\sum_{p=1}^{n}\alpha^{(p)}c^{(p)} = 0 \quad \text{und} \quad \alpha^{(p)} \geq 0\ \forall p. \tag{3.41}$$

Ein solcher Linearklassifikator heißt Hard-Margin-Supportvektormaschine. Die Gleichungen entsprechen den oben hergeleiteten. Neu ist lediglich die Berechnungsvorschrift für w_0^*. Sie enthält je einen Supportvektor $\vec{o}^{(i)}$ und $\vec{o}^{(j)}$ pro Klasse und kann, wie in Abbildung 3.5 dargestellt, grafisch leicht veranschaulicht werden. Die verbleibende Maximierung für $\alpha^{*(p)}$ kann durch herkömmliche quadratische Optimierung gelöst werden. Wir sehen, dass der Gegenstand der Optimierung nicht $\vec{w}^*$ direkt, sondern Lernkonstanten $\alpha^{(p)}$ sind. Aus der Karush-Kuhn-Tucker-Komplementärbedingung (2.141)

$$\alpha^{*(p)}\left[1 - c^{(p)}\left(\vec{w}^{*\top}\vec{o}^{(p)} + w_0^*\right)\right] = 0 \quad \forall p \tag{3.42}$$

folgt, dass entweder

$$\alpha^{(p)} = 0$$

oder

$$c^{(p)}(\vec{w}^{*\top}\vec{o}^{(p)} + w_0^*) = 1$$

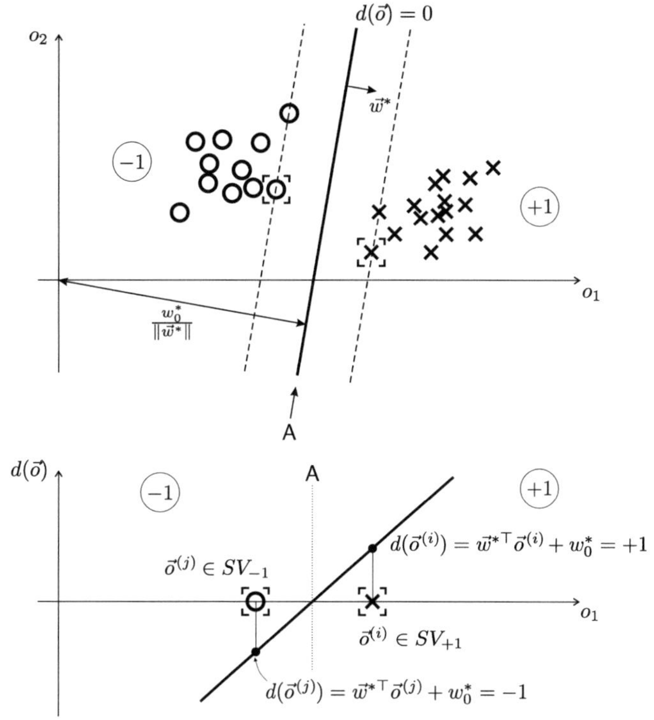

$$\vec{w}^{*\top}\vec{o}^{(i)} + w_0^* = -\vec{w}^{*\top}\vec{o}^{(j)} - w_0^* \quad \rightsquigarrow \quad \boxed{w_0^* = -\tfrac{1}{2}\left(\vec{w}^{*\top}\vec{o}^{(i)} + \vec{w}^{*\top}\vec{o}^{(j)}\right)}$$

Abb. 3.5. Zur Berechnung des Parameters w_0^* der Hard-Margin-Supportvektormaschine.

gilt. Im ersten Fall ist $\vec{o}^{(p)}$ *kein* Supportvektor und geht nicht in die Berechnung von $\vec{w}^*$ ein. Im zweiten Fall ist $\vec{o}^{(p)}$ ein Supportvektor und liegt genau auf dem geometrischen Rand. Wie schon in Abbildung 3.1 gezeigt, sind die meisten Lernkonstanten Null, und es existieren nur relativ wenige Supportvektoren. Die Unterscheidungsfunktion der Hard-Margin-Supportvektormaschine lautet also vereinfacht

$$d(\vec{o}) = \sum_{p \in SV} \alpha^{*(p)} c^{(p)} \left\langle \vec{o}^{(p)}, \vec{o} \right\rangle + w_0^*, \tag{3.43}$$

wobei SV für die Menge der Supportvektoren

$$SV = \left\{ x^{(p)} : \alpha^{*(p)} > 0 \right\} \tag{3.44}$$

steht. Wie schon oben erwähnt, gehen Merkmalvektoren $\vec{o}$ sowohl ins Training als auch in die Klassifikation nur in Form von Skalarprodukten ein. Das bedeutet, dass die Komplexität der Aufgabe *unabhängig* von der Merkmalvektordimension ist. Die Supportvektormaschine bricht damit den berühmten „Fluch der Dimensionalität“ [14, 230] der Mustererkennung.

3.1.5 Gestörte Daten und Soft-Margin-Supportvektormaschine

Wir sind bisher davon ausgegangen, dass die Lernstichprobe linear separierbar ist. Das ist für praktische Klassifikationsaufgaben natürlich in der Regel nicht der Fall. Und selbst wenn lineare Separierbarkeit vorliegt, können einzelne Supportvektoren durch ihre ungünstige Lage den Rand stark verkleinern, wie Abbildung 3.6 verdeutlicht. Wir sprechen bei beiden Phänomenen von „gestörten Daten“.

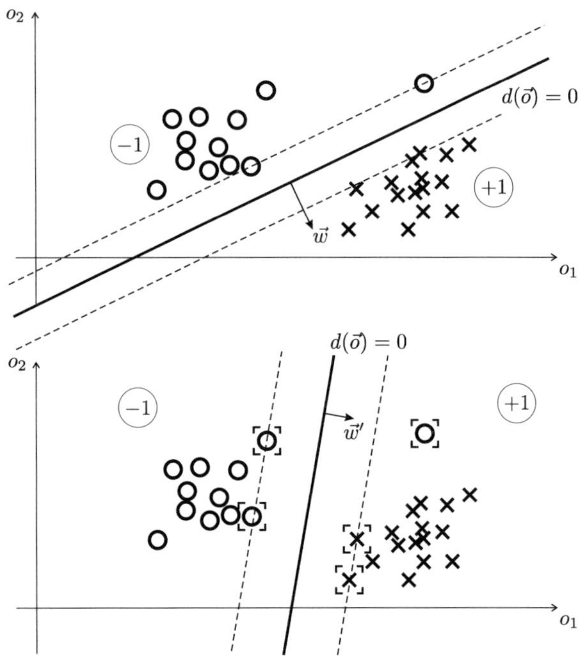

Abb. 3.6. Klassifizierte Vektorstichprobe mit einem Ausreißer in Klasse −1 und den Trenngeraden einer Hard-Margin- und Soft-Margin-Supportvektormaschine (oben und unten).

Beide Probleme können recht einfach behoben werden, indem wir zulassen, dass einige Merkmalvektoren jenseits der Randebenen liegen

$$\hat{\gamma}^{(p)} < 1. \tag{3.45}$$

Um die mathematischen Änderungen gering zu halten und bei der Form unserer Nebenbedingungen bleiben zu können, führen wir eine Randschlupfvariable

$\xi^{(p)}$ ein und schreiben für (3.25)

$$\hat{\gamma}^{(p)} + \xi^{(p)} = c^{(p)} \left(\vec{w}^\top \vec{o}^{(p)} + w_0 \right) + \xi^{(p)} \geq 1 \quad \forall p \tag{3.46}$$

sowie für (3.26)

$$1 - c^{(p)} \left(\vec{w}^\top \vec{o}^{(p)} + w_0 \right) - \xi^{(p)} \leq 0 \quad \forall p. \tag{3.47}$$

Da $\xi^{(p)}$ lediglich das Einhalten der gewohnten Randbedingungen garantiert, berechnet es sich direkt aus dem funktionalen Rand:

$$\xi^{(p)} = \begin{cases} 0 & \hat{\gamma}^{(p)} \geq 1 \\ 1 - \hat{\gamma}^{(p)} & \text{sonst (Randfehler).} \end{cases} \tag{3.48}$$

Offensichtlich gilt $\xi^{(p)} \geq 0 \ \forall p$.

Natürlich muss bei der Optimierung darauf geachtet werden, dass möglichst wenig „Randschlupf" entsteht. Außerdem soll eine Randverletzung ausdrücklich bestraft werden. Wir ändern die Optimierungsaufgabe (3.24) also wie folgt ab:

$$\frac{1}{2}\|\vec{w}\|^2 + C \left(\sum_{p=1}^{n} \xi^{(p)} \right)^l \to \text{Min}\left(\vec{w}, w_0, \xi^{(p)} \right) \tag{3.49}$$

mit den Nebenbedingungen (3.47), wobei C für den so genannten Regularisierungsparameter – die Strafe für Randverletzungen – steht. Der Exponent l ist ein weiterer Freiheitsgrad, der üblicherweise gleich Eins oder gleich Zwei gewählt wird.

Für $l = 2$ ergibt sich die L_2-Soft-Margin-Supportvektormaschine wie folgt: Ein Linearklassifikator mit $d(\vec{o}) = \vec{w}^{*\top}\vec{o} + w_0^*$ realisiert einen maximalen Rand auf einer Lernstichprobe $\left\{ (\vec{o}^{(p)}, c^{(p)}) \right\}$ mit gestörten Daten, wenn gilt

$$\vec{w}^* = \sum_{p=1}^{n} \alpha^{*(p)} c^{(p)} \vec{o}^{(p)} \tag{3.50}$$

und

$$w_0^* = -\frac{1}{2}\vec{w}^{*\top} \left(\vec{o}^{(j)} + \vec{o}^{(i)} \right) + \frac{1}{C} \left(\alpha^{*(j)} - \alpha^{*(i)} \right), \tag{3.51}$$

mit Regularisierungsparameter C, zwei beliebigen Supportvektoren $\vec{o}^{(i)} \in SV_{+1}$ und $\vec{o}^{(j)} \in SV_{-1}$, wobei $\alpha^{*(p)}$ die Ergebnisse sind aus

$$\sum_{p=1}^{n} \left[\alpha^{(p)} - \frac{1}{2} \sum_{q=1}^{n} \alpha^{(p)} \alpha^{(q)} c^{(p)} c^{(q)} \left(\left\langle \vec{o}^{(p)}, \vec{o}^{(q)} \right\rangle + \frac{1}{C} \delta_{p,q} \right) \right] \to \text{Max}(\vec{\alpha})! \tag{3.52}$$

so dass

$$\sum_{p=1}^{n} \alpha^{(p)} c^{(p)} = 0 \text{ und } \alpha^{(p)} \geq 0 \ \forall p. \tag{3.53}$$

$\delta_{p,q}$ steht in Gleichung (3.52) für das KRONECKER-Symbol

$$\delta_{p,q} = \begin{cases} 1 & p = q \\ 0 & p \neq q \end{cases} . \tag{3.54}$$

Für $C \to \infty$ ergibt sich die Hard-Margin-Supportvektormaschine nach Gleichungen (3.38) bis (3.41).

3.1.6 Separierbarkeit und Kernmethode

Die Soft-Margin-Supportvektormaschine geht davon aus, dass die Trainingsstichprobe *im Prinzip* linear separierbar und lediglich gestört ist. Sie kann keine brauchbare Klassifikation durchführen, wenn die Lernstichprobe prinzipiell nicht linear separierbar ist. Abbildung 3.7 zeigt ein einfaches Beispiel für einen solchen Fall. Abhilfe kann hier eine im Allgemeinen nicht lineare

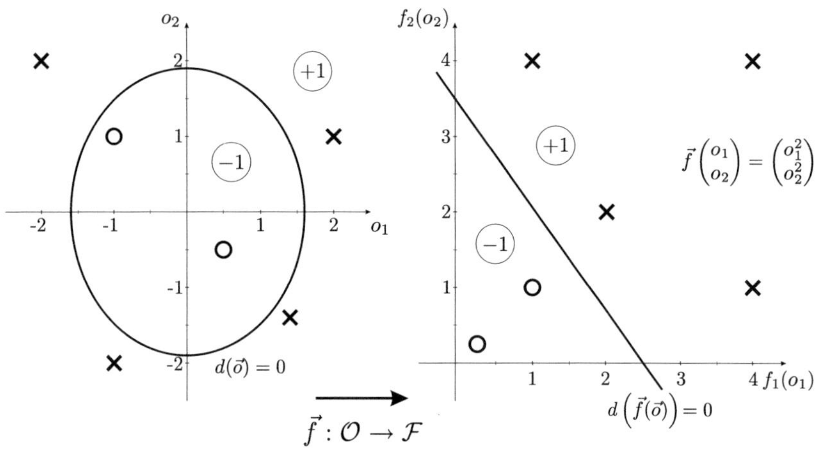

Abb. 3.7. Beispiel für eine prinzipiell nicht linear separierbare Lernstichprobe (links) sowie für eine nicht lineare Transformation $\vec{f}$, welche die lineare Separierbarkeit herstellt.

Transformation

$$\vec{f} : \mathcal{O} \to \mathcal{F} \tag{3.55}$$

der Merkmalvektoren schaffen. Dieses Prinzip wurde, allerdings mit linearen Transformationen, schon im Abschnitt 2.1.6 vorgestellt. Die transformierten Merkmale werden ausschließlich in Form von Skalarprodukten

$$K\left(\vec{o}^{(i)}, \vec{o}^{(j)}\right) = \vec{f}\left(\vec{o}^{(i)}\right)^{\top} \vec{f}\left(\vec{o}^{(j)}\right) \tag{3.56}$$

benötigt. Praktischerweise muss also nur die so genannte Kernfunktion K, nicht aber die Transformation $\vec{f}$ selbst berechnet werden oder überhaupt berechenbar sein. Es ist nicht einmal erforderlich, dass sich die Kernfunktion als Skalarprodukt darstellen lässt. Allgemein kann gesagt werden, dass eine Funktion

$$K : \mathcal{O} \times \mathcal{O} \to \mathbb{R} \tag{3.57}$$

genau dann eine Kernfunktion ist, wenn die Kernmatrix

$$\mathbf{K} = \begin{pmatrix} K\big(\vec{o}^{(1)}, \vec{o}^{(1)}\big) & \cdots & K\big(\vec{o}^{(1)}, \vec{o}^{(n)}\big) \\ \vdots & \ddots & \vdots \\ K\big(\vec{o}^{(n)}, \vec{o}^{(1)}\big) & \cdots & K\big(\vec{o}^{(n)}, \vec{o}^{(n)}\big) \end{pmatrix}$$

positiv semidefinit ist. Das heißt, es muss für alle Paare $\vec{o}^{(i)}, \vec{o}^{(j)}$ der Lernstichprobe $K(\vec{o}^{(i)}, \vec{o}^{(j)}) \geq 0$ gelten ([38], ursprünglich [201]). Falls $|\mathcal{O}|$ unendlich viele Elemente hat, lautet die Bedingung:

$$\forall \vec{f} \in L^2(\mathcal{O}) \int\limits_{\mathcal{O}\times\mathcal{O}} K(\vec{u}, \vec{v}) \vec{f}(\vec{u}) \vec{f}(\vec{v}) \,\mathrm{d}\vec{u}\,\mathrm{d}\vec{v} \geq 0 \tag{3.58}$$

mit $\vec{u}, \vec{v} \in \mathcal{O}$. Einige gebräuchliche Kernfunktionen sind:

$$\text{linear}: \quad K\big(\vec{o}^{(i)}, \vec{o}^{(j)}\big) = \vec{o}^{(i)\top} \vec{o}^{(j)} \tag{3.59}$$

$$\text{polynomial}: \quad K_{\lambda,\mu,\kappa}\big(\vec{o}^{(i)}, \vec{o}^{(j)}\big) = \Big(\lambda\, \vec{o}^{(i)\top} \vec{o}^{(j)} + \mu\Big)^{\kappa} \tag{3.60}$$

$$\text{sigmoidal}: \quad K_{\lambda,\mu}\big(\vec{o}^{(i)}, \vec{o}^{(j)}\big) = \tanh\Big(\lambda\, \vec{o}^{(i)\top} \vec{o}^{(j)} + \mu\Big) \tag{3.61}$$

$$\text{Gaussfunktion}: \quad K_{\lambda}\big(\vec{o}^{(i)}, \vec{o}^{(j)}\big) = \mathrm{e}^{-\lambda \left(\vec{o}^{(i)} - \vec{o}^{(j)}\right)^\top \left(\vec{o}^{(i)} - \vec{o}^{(j)}\right)}. \tag{3.62}$$

Die Gaussfunktion (3.62) wird auch RBF-Kern (engl. *radial basis function*) genannt. Kernfunktionen können unter Beachtung einiger einfacher Regeln beliebig kombiniert werden [259]. Seien

- K_1, K_2 Kernfunktionen über $\mathbb{R}^N \times \mathbb{R}^N$,
- a_1, a_2 positive reelle Zahle,
- $\vec{f}$ eine reellwertige Funktion $\vec{f} : \mathbb{R}^N \to \mathbb{R}^M$,
- K_3 eine Kernfunktionen über $\mathbb{R}^M \times \mathbb{R}^M$,
- g eine reellwertige Funktion $g : \mathbb{R}^N \to \mathbb{R}$ sowie
- $\mathbf{B}$ eine symmetrische, positiv semidefinite $N \times N$-Matrix.

Dann sind folgende Funktionen Kerne in $\big(\vec{o}^{(i)}, \vec{o}^{(j)}\big)$:

$$a_1 K_1\big(\vec{o}^{(i)}, \vec{o}^{(j)}\big) + a_2 K_2\big(\vec{o}^{(i)}, \vec{o}^{(j)}\big), \tag{3.63}$$

$$a_1 K_1\big(\vec{o}^{(i)}, \vec{o}^{(j)}\big) \cdot a_2 K_2\big(\vec{o}^{(i)}, \vec{o}^{(j)}\big), \tag{3.64}$$

$$g\big(\vec{o}^{(i)}\big) \cdot g\big(\vec{o}^{(j)}\big), \tag{3.65}$$

$$K_3\Big[\vec{f}\big(\vec{o}^{(i)}\big), \vec{f}\big(\vec{o}^{(j)}\big)\Big], \tag{3.66}$$

$$\vec{o}^{(i)\top} \mathbf{B}\, \vec{o}^{(j)}. \tag{3.67}$$

Abbildung 3.8 zeigt einige Beispiele für Trennfunktionen unter Verwendung verschiedener Kerne.

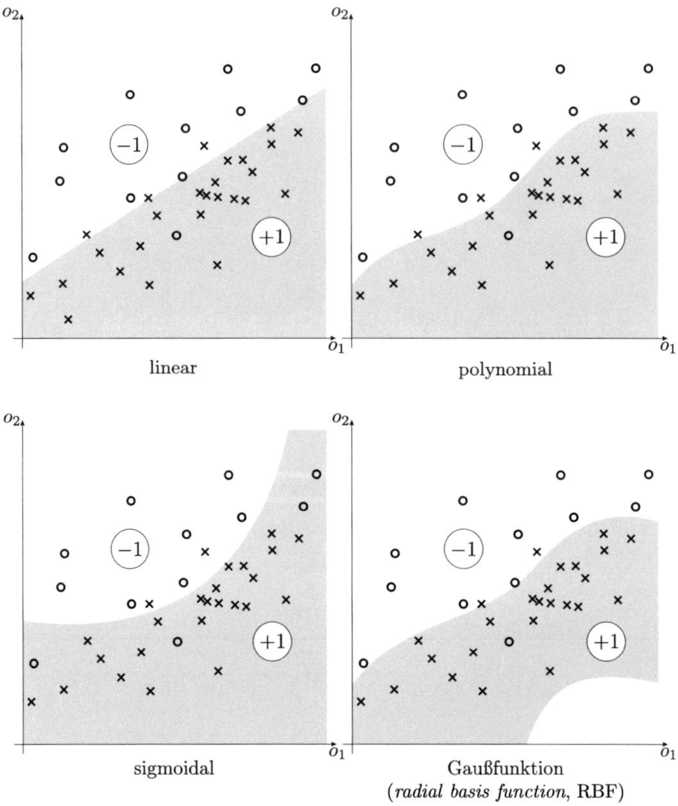

Abb. 3.8. Beispiel für Trennfunktionen von Supportvektormaschinen bei Verwendung unterschiedlicher Kerne (Bild: R. SCHUBERT, erzeugt mit LIBSVM [31]).

3.2 Statistischer Vektorklassifikator

Bisher haben wir die Klassengebiete durch Angabe eines oder mehrerer Repräsentanten modelliert. Wir wollen nun die in Abschnitt 2.1.5 eingeführte statistische Betrachtung der vom Analysator gelieferten Merkmalvektoren wieder aufgreifen und sie zur Modellierung der Klassengebiete benutzen.[2] Dieser Vorgehensweise liegt die Beobachtung zu Grunde, dass einerseits eventuelle Ausreißer von einer Menge von Repräsentanten nie hinreichend erfasst werden können und andererseits dennoch die *meisten* Vertreter in Ballungsgebieten liegen. Wir benutzen Wahrscheinlichkeits(dichte)funktionen zur statistischen Modellierung von Merkmalvektormengen und betrachten im Folgenden bedingte Dichtefunktionen der Form

$$p(\vec{o}|c),$$

[2] Die Darstellung des statistischen Vektorklassifikators folgt teilweise [120].

welche die Wahrscheinlichkeit bemessen, dass ein Merkmalvektor $\vec{o}$ zu einer Klasse c zugeordnet werden kann. Wir werden meist von einer Normalverteilung ausgehen. In jedem Falle sollen die Funktionen $p(\vec{o}|c)$ aber parametrisch sein. Entsprechende Schätzverfahren haben wir schon im Abschnitt 2.1.5 eingeführt.

3.2.1 Bayes- und Maximum-Likelihood-Klassifikator

Bei einer probabilistischen Klassifikation sollten wir den Umstand beachten, dass die Klassen an sich meist nicht gleich wahrscheinlich sind. Beispielsweise tritt der Buchstabe „n“ in einem deutschen Text wesentlich häufiger auf als der Buchstabe „x“. Ein zufällig herausgegriffener Buchstabe wird also *wahrscheinlicher* ein „n“ als ein „x“ sein. Ein Buchstabenerkenner sollte diese Tatsache mit in seine Entscheidung einbeziehen.

Zur mathematischen Beschreibung des Sachverhalts definieren wir die a-priori-Wahrscheinlichkeit $P(c)$ einer Klasse als die Wahrscheinlichkeit, mit welcher diese Klasse *vor* (ohne) Kenntnis eines Merkmalvektors $\vec{o}$ auftritt. Wir bezeichnen die Wahrscheinlichkeit $P(c|\vec{o})$, dass eine Klasse *nach* (mit) Kenntnis eines Merkmalvektors auftritt, als a-posteriori-Wahrscheinlichkeit. Natürlich treffen wir unsere Klassifikationsentscheidung anhand der letzteren:

$$s = \arg\max_c P(c|\vec{o}). \tag{3.68}$$

Das heißt, der statistische Vektorklassifikator entscheidet sich für die Klasse mit der größten a-posteriori-Wahrscheinlichkeit bei gegebenem Merkmalvektor $\vec{o}$. Da uns diese Größe nicht direkt bekannt ist, formen wir (3.68) mit Hilfe des Satzes von Bayes

$$p(c, \vec{o}) = p(c|\vec{o})p(\vec{o}) = p(\vec{o}|c)P(c) \tag{3.69}$$

in den Ausdruck

$$s = \arg\max_c \frac{p(\vec{o}|c)P(c)}{p(\vec{o})} \tag{3.70}$$

um. Dieser ist eine Entscheidungsfunktion, deren klassenabhängige Unterscheidungsfunktionen $d_c(\vec{o})$ dem Argument der arg max-Funktion entsprechen. Da der Nenner bei gegebenem Merkmalvektor konstant ist, können wir ihn nach den in Abschnitt 2.2.4 aufgestellten Regeln zur Vereinfachung von Unterscheidungsfunktionen eliminieren. Er kann keinen Einfluss auf die Entscheidung haben.

Wir definieren: Ein Klassifikator mit der Entscheidungsfunktion

$$s = \arg\max_c d_c(\vec{o}) \tag{3.71}$$

heißt Bayes-Klassifikator, wenn gilt

$$d_c(\vec{o}) = p(\vec{o}|c)P(c), \tag{3.72}$$

und *Maximum-Likelihood*-Klassifikator, wenn gilt

$$d_c(\vec{o}) = p(\vec{o}|c). \tag{3.73}$$

Der *Maximum-Likelihood*-Klassifikator ist ein Spezialfall des BAYES-Klassifikators mit Gleichverteilung der a-priori-Wahrscheinlichkeiten

$$P(c) = \frac{1}{C}. \tag{3.74}$$

Bei festgehaltenem Merkmalvektor $\vec{o}$ ist $p(\vec{o}|c)$ *kein* Wahrscheinlichkeitsmaß, da im Allgemeinen

$$\sum_c p(\vec{o}|c) \neq 1 \tag{3.75}$$

gilt und damit die notwendige stochastische Randbedingung nicht eingehalten wird. $p(\vec{o}|c)$ ist daher eine Likelihood-Funktion (siehe Abschnitt 2.3.5).

Man kann beweisen, dass der BAYES-Klassifikator die Fehlerwahrscheinlichkeit minimiert (siehe Anhang B.2). Daraus folgt unter anderem, dass der Maximum-Likelihood-Klassifikator (3.73) niemals mit geringerer Fehlerwahrscheinlichkeit arbeitet als der BAYES-Klassifikator.[3]

Aus rechentechnischen Gründen werden praktisch oft negativ-logarithmische Versionen der Unterscheidungsfunktionen (3.72) beziehungsweise (3.73) verwendet:

$$NLP(\vec{o}) = -\ln p(\vec{o}|c) - \ln P(c), \tag{3.76}$$

$$NLL(\vec{o}) = -\ln p(\vec{o}|c). \tag{3.77}$$

Diese Größen heißen negativ-logarithmische Wahrscheinlichkeit (engl. *neglog. probability*, NLP) und negativ-logarithmische Likelihood-Funktion (engl. *neglog. likelihood*, NLL). Wegen des negativen Vorzeichens muss bei deren Verwendung in Gleichung (3.71) die arg min-Entscheidung getroffen werden.

3.2.2 Bayes-Klassifikator mit Normalverteilungsdichtefunktionen

Definition

Wir wollen den BAYES-Klassifikator nun für den wichtigen Spezialfall normalverteilter Merkmalvektoren näher untersuchen. Mit (2.47) ergibt sich dann folgende Unterscheidungsfunktion:

$$d_c = \frac{P(c)}{\sqrt{(2\pi)^N |\mathbf{\Sigma}_c|}} \exp\left(-\frac{1}{2}(\vec{o} - \vec{\mu}_c)^\top \mathbf{\Sigma}_c^{-1} (\vec{o} - \vec{\mu}_c)\right), \tag{3.78}$$

wobei $\vec{\mu}_c$ und $\mathbf{\Sigma}_c$ für die klassenabhängigen Mittelwertvektoren und Kovarianzmatrizen stehen.

[3] Eine detaillierte Diskussion dieses Sachverhalts kann zum Beispiel in [120] nachgelesen werden.

Eigenschaften

Wir benutzen die streng monoton wachsende und daher erlaubte Vereinfachung $\ln\left[\cdot\,(2\pi)^{N/2}\right]$

$$d_c'(\vec{o}) = \ln P(c) - \frac{1}{2}\ln|\mathbf{\Sigma}_c| - \frac{1}{2}(\vec{o}-\vec{\mu}_c)^\top \mathbf{\Sigma}_c^{-1}(\vec{o}-\vec{\mu}_c) \tag{3.79}$$

und bringen das Vektor-Matrix-Vektor-Produkt in seine Elementschreibweise

$$\begin{aligned} d_c'(\vec{o}) = \ln P(c) - \tfrac{1}{2}\ln|\mathbf{\Sigma}_c| - \tfrac{1}{2}\sum_{n=1}^{N}\sum_{m=1}^{N} k_{cnm}\mu_{cn}\mu_{cm} \\ + \sum_{n=1}^{N} o_n \sum_{m=1}^{N} k_{cnm}\mu_{cm} \\ - \tfrac{1}{2}\sum_{n=1}^{N} k_{cnn}o_n^2 - \sum_{n=1}^{N-1}\sum_{m=n+1}^{N} k_{cnm}o_n o_m, \end{aligned} \tag{3.80}$$

wobei k_{cnm} für das (n,m)-te Element der inversen Kovarianzmatrix $\mathbf{\Sigma}_c^{-1}$ steht. Die erste Zeile von Gleichung (3.80) ist nicht, die zweite linear und die dritte quadratisch vom Merkmalvektor $\vec{o}$ abhängig. Die Trennfunktionen eines BAYES-Klassifikators mit Normalverteilungsdichten sind also höchstens quadratisch. Abbildung 3.9 zeigt zweidimensionales Beispiel.

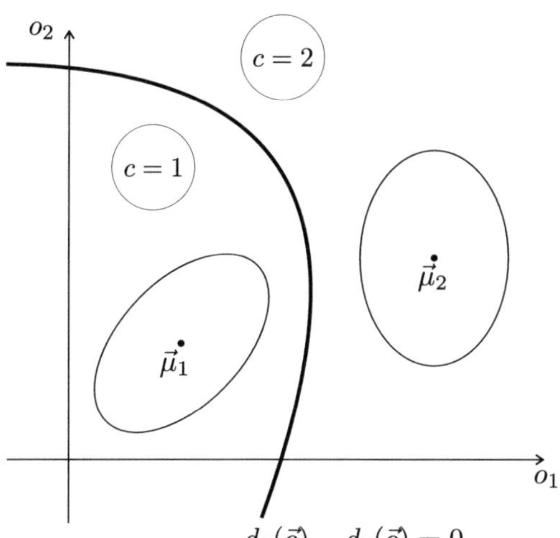

Abb. 3.9. Trennfunktion eines BAYES-Klassifikators mit Normalverteilungsdichten und zwei Klassen. Die Form der Verteilungsdichtefunktionen ist durch je eine Isodensite (Höhenlinie) $P(c)p(\vec{o}|c) = p_0$ angedeutet. (Aus [120]).

Falls alle Klassen die gleiche Kovarianzmatrix besitzen, können weitere, dann klassenunabhängige Terme aus der Unterscheidungsfunktion eliminiert werden:

$$
\begin{aligned}
d_c''(\vec{o}) = \ln P(c) - \cancel{\tfrac{1}{2}\ln|\mathbf{\Sigma}|} - \tfrac{1}{2}\sum_{n=1}^{N}\sum_{m=1}^{N} k_{nm}\mu_{cn}\mu_{cm} \\
+ \sum_{n=1}^{N} o_n \sum_{m=1}^{N} k_{nm}\mu_{cm} \\
\cancel{- \tfrac{1}{2}\sum_{n=1}^{N} k_{nn} o_n^2} - \cancel{\sum_{n=1}^{N-1}\sum_{m=n+1}^{N} k_{nm} o_n o_m}.
\end{aligned}
\tag{3.81}
$$

Die Trennfunktionen sind jetzt nur noch linear von den Merkmalvektoren $\vec{o}$ abhängig. Abbildung 3.10 zeigt ein Beispiel für diesen Fall.

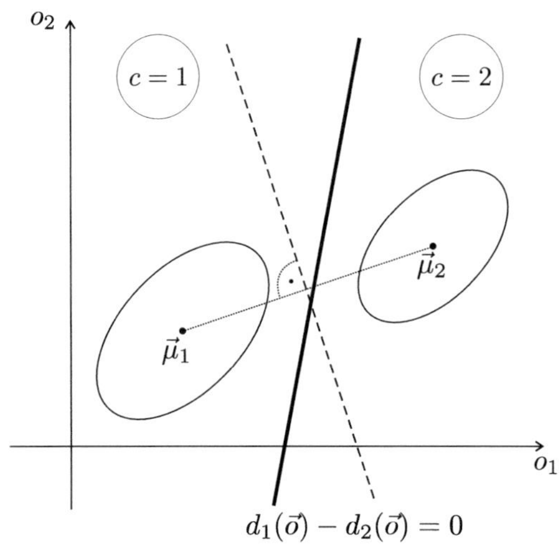

Abb. 3.10. Trennfunktion eines BAYES-Klassifikators mit Normalverteilungsdichten, welche die gleiche Kovarianzmatrix besitzen, und zwei Klassen. Die Form der Verteilungsdichtefunktionen ist durch je eine Isodensite $P(c)p(\vec{o}|c) = p_0$ angedeutet. Zum Vergleich ist die Trennfunktion des EUKLIDischen Abstandsklassifikators (siehe Abschnitt 2.2.4) mit den gleichen Klassenmittelwertvektoren gestrichelt eingezeichnet. (Aus [120]).

ML-Parameterschätzung

Die Parameter μ_c und $\mathbf{\Sigma}_c$ der Normalverteilungsdichtefunktionen können mit Hilfe der Maximum-Likelihood-Schätzformeln (2.43) und (2.44) aus je einer Stichprobe von Merkmalvektoren je Klasse ermittelt werden.

3.2.3 Statistischer Abstandsklassifikator

Der EUKLIDische Abstandsklassifikator kann als Spezialfall des BAYES-Klassifikators interpretiert werden. Dazu nehmen wir alle Klassen als gleichwahrscheinlich ($P(c) = \frac{1}{C}$) und alle Kovarianzmatrizen als Einheitsmatrix an ($\mathbf{\Sigma} = \mathbf{E}$) und vereinfachen (3.81) weiter:

$$d_c^{(3)}(\vec{o}) = \cancel{-\ln C} - \frac{1}{2} \underbrace{\sum_{n=1}^{N} \sum_{m=1}^{N} k_{nm} \mu_{cn} \mu_{cm}}_{=\sum\limits_{n=1}^{N} \mu_{cn} = \vec{\mu}_c^\top \vec{\mu}_c} + \underbrace{\sum_{n=1}^{N} o_n \underbrace{\sum_{m=1}^{N} k_{nm} \mu_{cm}}_{=\mu_{cn}}}_{=\vec{o}^\top \vec{\mu}_c = \vec{\mu}_c^\top \vec{o}}, \tag{3.82}$$

sowie nach der erlaubten, da streng monotonen, Vereinfachung $\cdot(-2)$

$$d_c^{(4)}(\vec{o}) = -2\vec{\mu}_c^\top \vec{o} + \vec{\mu}_c^\top \vec{\mu}_c. \tag{3.83}$$

Wir erhalten damit tatsächlich die Unterscheidungsfunktion des EUKLIDisches Abstandsklassifikators und, wenn wir beachten, dass die letzte Vereinfachung streng monoton *fallend* ist und sich somit die Entscheidungsregel nach Gleichung (2.90) von arg max nach arg min ändert, auch dessen Entscheidungsfunktion (2.97).

Wenn die a-priori-Wahrscheinlichkeiten sowie die *Determinanten* der Kovarianzmatrizen aller Klassen gleich sind, erhalten wir einen weiteren wichtigen Spezialfall des BAYES-Klassifikators. Die Betrachtung von Gleichung (3.79) zeigt, dass in diesem Fall ausschließlich die Exponenten der Normalverteilungsdichtefunktionen entscheidungsrelevant sind und sich die Unterscheidungsfunktion

$$d_c(\vec{o}) = (\vec{o} - \vec{\mu}_c)^\top \mathbf{\Sigma}_c^{-1} (\vec{o} - \vec{\mu}_c) \tag{3.84}$$

ergibt. Wir sprechen hier von einem statistischen oder MAHALANOBIS-Abstandsklassifikator, Gleichung (3.84) heißt MAHALANOBIS-Abstand.[4] Der statistische Abstandsklassifikator kann auch dann benutzt werden, wenn die Determinanten der Kovarianzmatrizen nicht für alle Klassen gleich sind. Er besitzt dann aber keine Verwandtschaft mit dem BAYES-Klassifikator.

Eine Verallgemeinerung von Gleichung (3.84) führt schließlich zu einem Abstandsklassifikator der Form

$$d_c(\vec{o}) = (\vec{o} - \vec{\mu}_c)^\top \mathbf{G}_c (\vec{o} - \vec{\mu}_c), \tag{3.85}$$

der als Spezialfälle den MAHALANOBIS-Abstandsklassifikator (mit $\mathbf{G}_c = \mathbf{\Sigma}_C^{-1}$) und den EUKLIDischen Abstandsklassifikator (mit $\mathbf{G}_c = \mathbf{E}$) hat.

3.3 GMM-Klassifikator

Wie schon in Abschnitt 2.1.5 ausgeführt, können viele Klassengebiete nicht mit einfachen Normalverteilungsdichtefunktionen adäquat beschrieben werden. In solchen Fällen können GAUSSsche Mischverteilungsdichten[5] (*Gaussian mixture models*, GMM) Abhilfe schaffen. Diese sind nach Gleichung (2.50)

[4] benannt nach dem indischen Mathematiker Prasanta Chandra Mahalanobis

[5] Der manchmal verwendete Begriff „multimodale Verteilungsdichte“ trifft nicht allgemein auf Mischverteilungen zu (siehe [252]).

nichts anderes als eine Überlagerung aus M einfachen Normalverteilungsdichten. Eine solche Mischverteilung kann jede Verteilungsdichte beliebig genau approximieren, allerdings sind gegebenenfalls unendlich viele Summanden erforderlich.

Ein statistischer Vektorklassifikator, der GAUSSsche Mischverteilungsdichten zur Beschreibung der Klassengebiete verwendet, heißt GMM-Klassifikator.

3.3.1 Bayes-Klassifikator mit Gaußschen Mischverteilungsdichten

Die Unterscheidungsfunktionen eines GMM-Klassifikators lauten mit (3.72) und (2.50):

$$\begin{aligned} d_c(\vec{o}) &= p(\vec{o}|\{\vec{\mu}_m, \mathbf{\Sigma}_m, \lambda_m\}_c)P(c) \\ &= \sum_{m=1}^{M_c} \lambda_{m,c}\, p(\vec{x}|\{\vec{\mu}_m, \mathbf{\Sigma}_m\}_c)P(c) \\ &= \frac{P(c)}{\sqrt{(2\pi)^N}} \sum_{m=1}^{M_c} \frac{\lambda_{m,c}}{\sqrt{|\mathbf{\Sigma}_{m,c}|}} \exp\left(-\frac{1}{2}(\vec{o}-\vec{\mu}_{m,c})^\top \mathbf{\Sigma}_{m,c}^{-1}(\vec{o}-\vec{\mu}_{m,c})\right). \end{aligned} \tag{3.86}$$

Abbildung 3.11 zeigt ein Beispiel für zwei Klassengebiete, welche durch Mischverteilungsdichten beschrieben werden.

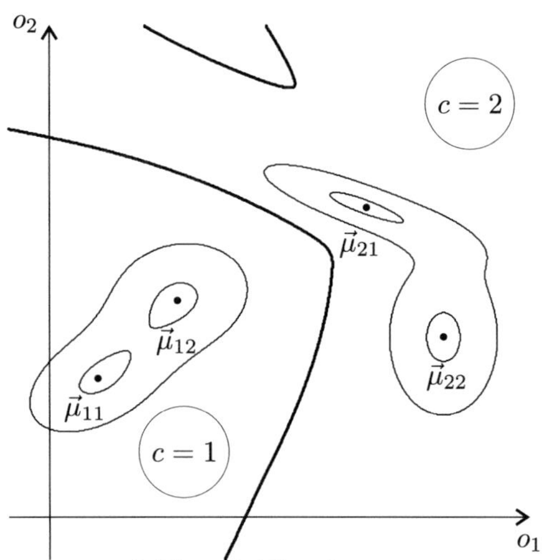

Abb. 3.11. Trennfunktion eines BAYES-Klassifikators mit Mischverteilungsdichten und zwei Klassen. Die Form der Verteilungsdichtefunktionen ist durch je zwei Isodensiten $P(c)p(\vec{o}|c) = p_0$ angedeutet.

Wie schon beim BAYES-Klassifikator mit einzelnen Normalverteilungsdichten versuchen wir, die Unterscheidungsfunktion zu vereinfachen. Wenden wir wieder die zulässige Modifikation $\ln\left[\cdot\,(2\pi)^{N/2}\right]$ an, so ergibt sich der Ausdruck

$$d'_c(\vec{o}) = \ln P(c) + \ln \sum_{m=1}^{M_c} \frac{\lambda_{m,c}}{\sqrt{|\mathbf{\Sigma}_{m,c}|}} \exp\left(-\frac{1}{2}(\vec{o}-\vec{\mu}_{m,c})^\top \mathbf{\Sigma}_{m,c}^{-1}(\vec{o}-\vec{\mu}_{m,c})\right) \quad (3.87)$$

$$= \ln P(c) + \ln \sum_{m=1}^{M_c} \exp\left(\ln \lambda_{m,c} - \frac{1}{2}\ln|\mathbf{\Sigma}_{m,c}| - \frac{1}{2}(\vec{o}-\vec{\mu}_{m,c})^\top \mathbf{\Sigma}_{m,c}^{-1}(\vec{o}-\vec{\mu}_{m,c})\right).$$

Die Summe verhindert in diesem Fall jedoch leider, dass die rechentechnisch unvorteilhafte Exponentialfunktion entfällt. Um dies zu erreichen, müssen wir zur so genannten VITERBI-Approximation

$$\ln(\mathrm{e}^x + \mathrm{e}^y) \approx \mathrm{Max}(x, y) \quad \text{bzw.} \quad (3.88)$$

$$\ln \sum_{m=1}^{M} \exp(x_m) \approx \mathop{\mathrm{Max}}_{m=1}^{M} x_m \quad (3.89)$$

greifen und erhalten

$$d''_C(\vec{o}) = \mathop{\mathrm{Max}}_{m=1}^{M_c} \left(\ln \lambda_{m,c} - \frac{1}{2}\ln|\mathbf{\Sigma}_{m,c}| - \frac{1}{2}(\vec{o}-\vec{\mu}_{m,c})^\top \mathbf{\Sigma}_{m,c}^{-1}(\vec{o}-\vec{\mu}_{m,c})\right). \quad (3.90)$$

Die VITERBI-Approximation kann die Klassifikationsentscheidung allerdings ändern und ist damit formal unzulässig. Die Unterscheidungsfunktion (3.90) ist trotzdem wegen des geringeren Rechenaufwands gebräuchlich. Zudem ist der Fehler durch die VITERBI-Approximation beschränkt, wie folgende kleine Rechnung zeigt: Wir nehmen ohne Beschränkung der Allgemeinheit an, dass

$$\forall x_m : x_1 \geq x_m \quad \text{und damit} \quad \mathop{\mathrm{Max}}_{m=1}^{M}(x_m) = x_1 \quad (3.91)$$

gilt. Die Approximation (3.89) lautet unter dieser Bedingung

$$x_1 \approx \ln \sum_{m=1}^{M} \exp(x_m). \quad (3.92)$$

Der absolute Approximationsfehler ist

$$\varepsilon = \left| \ln \sum_{m=1}^{M} \exp(x_m) - x_1 \right| \quad (3.93)$$

$$= \left| \ln \left[\exp(x_1) \left(1 + \sum_{m=2}^{M} \exp(x_m - x_1) \right) \right] - x_1 \right|. \quad (3.94)$$

Wegen (3.91) ist jedes Glied der Summe kleiner oder gleich Eins. Die Summe kann daher zu $M-1$ nach oben abgeschätzt werden. Damit ergibt sich für den Fehler

$$\varepsilon \leq |\ln[\exp(x_1) \cdot M] - x_1| = |\ln \exp(x_1) + \ln M - x_1| = \ln M. \tag{3.95}$$

Er ist also tatsächlich mit $\ln M$ beschränkt. Der Fehler ist groß, wenn ein oder mehrere x_m etwa gleich dem größten Einzelwert sind. In unserem Fall der Summe von Normalverteilungsdichten tritt dies an den (seltenen) Schnittpunkten von Isodensiten (Höhenlinien) auf.

3.3.2 EM-Parameterschätzung

Natürlich stellt sich auch beim GMM-Klassifikator die Frage nach einer geeigneten Wahl der Parameter. Die Menge aller Parameter ist

$$q = \{\vec{\mu}_1, \dots \vec{\mu}_M, \mathbf{\Sigma}_1, \dots \mathbf{\Sigma}_M, \lambda_1, \dots, \lambda_M\}\,. \tag{3.96}$$

Die Anzahl M der Verteilungsdichten ist streng genommen selbst ein Parameter des GMM. Wir wollen sie jedoch zunächst als gegeben annehmen. In Abschnitt 3.3.3 werden wir gesondert auf die Bestimmung von M eingehen.

Die Ermittlung plausibler Parameter erfordert auch beim GMM-Klassifikator eine klassifizierte Stichprobe von Merkmalvektoren als Trainingsdaten. Da die Modelle der Klassen unabhängig voneinander jeweils aus einer separaten Vektormenge geschätzt werden, betrachten wir nur die Lernstichprobe für eine einzige Klasse:

$$\vec{\mathbf{o}} = \{\vec{o}^1, \dots, \vec{o}^K\}. \tag{3.97}$$

Mit Hilfe der Lernstichprobe können wir nun wie gehabt für die Parameter q die Likelihood-Funktion nach Gleichung (2.147)

$$L(q|\vec{\mathbf{o}}) = \prod_{k=1}^{K} p(\vec{o}^k|q) \rightarrow \text{Max}(q)! \tag{3.98}$$

$$= \prod_{k=1}^{K} \sum_{m=1}^{M} \lambda_m p(\vec{o}^k|\vec{\mu}_m, \mathbf{\Sigma}_m) \rightarrow \text{Max}(q)! \tag{3.99}$$

beziehungsweise die entsprechende Log-Likelihood-Funktion

$$LL(q|\vec{\mathbf{o}}) = \sum_{k=1}^{K} \ln\left[\sum_{m=1}^{M} \lambda_m p(\vec{o}^k|\vec{\mu}_m, \mathbf{\Sigma}_m)\right] \rightarrow \text{Max}(q)! \tag{3.100}$$

aufstellen und maximieren.

Da die Optimierung nicht geschlossen lösbar ist, greifen wir auf den im Abschnitt 2.3.7 beschriebenen EM-Algorithmus zurück, welcher ausgehend von vorläufigen Parametern q schrittweise verbesserte Parameter q' ermittelt.[6]

[6] Die Darstellung des EM-Algorithmus für GMMs folgt im Wesentlichen [17].

E-Schritt

Wie schon oben für eine leicht vereinfachte Mischverteilung dargestellt, führen wir eine zufällige Hilfsgröße $\mathbf{z} = \{z^1, \ldots, z^K\}$ ein, welche jedes Element der Lernstichprobe zu genau einer der M Einzelverteilungen des GMMs zuordnet. Mit ihrer Hilfe stellen wir eine Verbund-Log-Likelihood-Funktion für $\mathbf{z}$ und $\vec{\mathbf{o}}$ auf und berechnen deren Erwartungswert (vgl. 2.176):

$$Q(q', q) = \mathsf{E}_q\big(LL_{q'}(\mathbf{z}, \vec{\mathbf{o}})\big|\vec{\mathbf{o}}\big) = \mathsf{E}\big(LL(q'|\mathbf{z}, \vec{\mathbf{x}})\big|\vec{\mathbf{o}}, q\big). \tag{3.101}$$

Analog zur Herleitung (2.178) bis (2.185) ermitteln wir für die Funktion Q im Falle des GMMs

$$Q(q', q) = \sum_{k=1}^{K} \sum_{m=1}^{M} \beta_m^k \ln \lambda'_m + \sum_{k=1}^{K} \sum_{m=1}^{M} \beta_m^k \ln p(\vec{o}^k|\vec{\mu}'_m, \mathbf{\Sigma}'_m), \tag{3.102}$$

wobei β_m^k die Wahrscheinlichkeit bezeichnet, mit welcher der Merkmalvektor $\vec{o}^k$ der Einzelverteilung m zugeordnet wird:

$$\beta_m^k = P_q(z^k{=}m|\vec{o}^k) = \frac{p\left(\vec{o}^k|\vec{\mu}_m, \mathbf{\Sigma}_m\right)\lambda_m}{\sum_{i=1}^{M} p\left(\vec{o}^k|\vec{\mu}_i, \mathbf{\Sigma}_i\right)\lambda_i}. \tag{3.103}$$

M-Schritt

Wir erhalten verbesserte Parameter q^*, indem wir den Ausdruck (3.102) bezüglich der Parameter q' maximieren. Wir können den linken Term bezüglich λ'_m und den rechten bezüglich $\vec{\mu}'_m$ und $\mathbf{\Sigma}'_m$ maximieren, da diese Größen unabhängig voneinander sind.

Für den linken Term ergibt sich analog zur Rechnung (2.187) bis (2.194)

$$\lambda_m^* = \underset{\lambda'_m}{\arg\max} \left[\sum_{k=1}^{K} \sum_{m=1}^{M} \beta_m^k \ln \lambda'_m\right] = \ldots = \frac{1}{K} \sum_{k=1}^{K} \beta_m^k.$$

Die Maximierungsaufgabe für den rechten Summanden von Gleichung (3.102) lautet mit der Normalverteilungsdichte aus Gleichung (2.50)

$$\{\vec{\mu}_m^*, \mathbf{\Sigma}_m^*\} = \underset{\vec{\mu}'_m, \mathbf{\Sigma}'_m}{\arg\max} \sum_{k=1}^{K} \sum_{m=1}^{M} \beta_m^k \Big[-\frac{N \ln(2\pi)}{2} - \frac{1}{2} \ln|\mathbf{\Sigma}'_m| - \frac{1}{2}(\vec{o}^k - \vec{\mu}'_m)^\top \mathbf{\Sigma}'^{-1}_m (\vec{o}^k - \vec{\mu}'_m)\Big]. \tag{3.104}$$

Partielles Ableiten dieses Ausdrucks nach allen Elementen des Vektors $\vec{\mu}'_m$ und Nullsetzen ergibt

$$\begin{aligned}\sum_{k=1}^{K} \beta_m^k \mathbf{\Sigma}_m'^{-1}(\vec{o}^k - \vec{\mu}_m') = 0 & \qquad \Big| \quad \mathbf{\Sigma}_m^{-1} \neq \mathbf{0} \\ \rightsquigarrow \sum_{k=1}^{K} \beta_m^k \vec{o}^k = \vec{\mu}_m' \sum_{k=1}^{K} \beta_m^k & \\ \rightsquigarrow \qquad \vec{\mu}_m^* = \frac{\sum_{k=1}^{K} \beta_m^k \vec{o}^k}{\sum_{k=1}^{K} \beta_m^k}. &\end{aligned} \tag{3.105}$$

Für die partiellen Ableitungen nach allen Elementen der *inversen* Kovarianzmatrix $\mathbf{\Sigma}_m'^{-1}$ formen wir Gleichung (3.104) durch Umsortieren, Ausklammern und mit Hilfe der Beziehung $|\mathbf{A}|^{-1} = |\mathbf{A}^{-1}|$ in den Ausdruck

$$\sum_{m=1}^{M} \left[-\frac{N}{2} \ln 2\pi \sum_{k=1}^{K} \beta_m^k + \frac{1}{2} \ln(|\mathbf{\Sigma}_m'^{-1}|) \sum_{k=1}^{K} \beta_m^k - \frac{1}{2} \sum_{k=1}^{K} \beta_m^k \operatorname{tr}\left(\mathbf{\Sigma}_m'^{-1} \mathbf{C}_m^k\right) \right] \tag{3.106}$$

um, wobei $\mathbf{C}_m^k = (\vec{o}^k - \vec{\mu}_m')(\vec{o}^k - \vec{\mu}_m')^\top$ ist. Der erste Summand in der Klammer ist konstant und entfällt bei der partiellen Ableitung.

Für die Ableitung der anderen beiden Terme sei daran erinnert, dass für symmetrische Matrizen $\mathbf{A}$ und $\mathbf{B}$

$$\frac{\partial \ln |\mathbf{A}|}{\partial \mathbf{A}} = 2\mathbf{A}^{-1} - \operatorname{diag}(\mathbf{A}^{-1}) \tag{3.107}$$

sowie

$$\frac{\partial \operatorname{tr}(\mathbf{AB})}{\partial \mathbf{A}} = 2\mathbf{B} - \operatorname{diag}(\mathbf{B}) \tag{3.108}$$

gilt.[7] Mit $\mathbf{A} = \mathbf{\Sigma}_m'^{-1}$ und $\mathbf{B} = \mathbf{C}_m^k$ ergibt damit partielles Ableiten nach den Elementen von $\mathbf{\Sigma}_m'^{-1}$ und Nullsetzen:

$$\begin{aligned}&\frac{1}{2} \sum_{k=1}^{K} \beta_m^k (2\mathbf{\Sigma}_m' - \operatorname{diag}(\mathbf{\Sigma}_m')) - \frac{1}{2} \sum_{k=1}^{K} \beta_m^k (2\mathbf{C}_m^k - \operatorname{diag}(\mathbf{C}_m^k)) \\ &= \frac{1}{2} \sum_{k=1}^{K} \beta_m^k (2\mathbf{D}_m^k - \operatorname{diag}(\mathbf{D}_m^k)) \\ &= 2\mathbf{S} - \operatorname{diag} \mathbf{S} \\ &= \mathbf{0}\end{aligned} \tag{3.109}$$

mit $\mathbf{D}_m^k = \mathbf{\Sigma}_m' - \mathbf{C}_m^k$ und $\mathbf{S} = \frac{1}{2} \sum_{k=1}^{K} \beta_m^k \mathbf{D}_m^k$.

$2\mathbf{S} - \operatorname{diag} \mathbf{S}$ kann nur $\mathbf{0}$ werden, wenn $\mathbf{S} = \mathbf{0}$ gilt. Damit erhalten wir

$$\mathbf{0} = \mathbf{S} = \frac{1}{2} \sum_{k=1}^{K} \beta_m^k \mathbf{D}_m^k = \frac{1}{2} \sum_{k=1}^{K} \beta_m^k (\mathbf{\Sigma}_m' - \mathbf{C}_m^k). \tag{3.110}$$

[7] Die Herleitung kann in [17] sowie in [280] nachgelesen werden.

Umstellen nach $\mathbf{\Sigma}'_m$ ergibt schließlich die verbesserte Kovarianzmatrix $\mathbf{\Sigma}^*$:

$$\mathbf{\Sigma}^*_m = \frac{\sum_{k=1}^{K} \beta^k_m \mathbf{C}^k_m}{\sum_{k=1}^{K} \beta^k_m} = \frac{\sum_{k=1}^{K} \beta^k_m (\vec{o}^{\,k} - \vec{\mu}^*_m)(\vec{o}^{\,k} - \vec{\mu}^*_m)^\top}{\sum_{k=1}^{K} \beta^k_m}. \tag{3.111}$$

Man beachte, dass $\vec{\mu}^*_m$ das Ergebnis von Gleichung (3.106) und somit die *neue* Schätzung des Mittelwertvektors ist.

Algorithmus

Algorithmus 3.1 fasst das EM-Verfahren für GAUSSsche Mischverteilungen zusammen.

Alg. 3.1
EM-Parameterschätzung für eine Gaußsche Mischverteilung nach Gleichung (2.50)

---

1. Finde geeignete (oder zufällige) Startparameter
$q^{(0)} = \left\{\vec{\mu}^{(0)}_1, \ldots, \vec{\mu}^{(0)}_M, \mathbf{\Sigma}^{(0)}_1, \ldots, \mathbf{\Sigma}^{(0)}_M, \lambda^{(0)}_1, \ldots, \lambda^{(0)}_M\right\}$

2. **EM-Schritt**: Berechne verbesserte Parameter

$$\lambda^{(p+1)}_m = \frac{1}{K}\sum_{k=1}^{K} \beta^k_m$$

$$\vec{\mu}^{(p+1)}_m = \frac{\sum_{k=1}^{K} \beta^k_m \vec{o}^{\,k}}{\sum_{k=1}^{K} \beta^k_m}$$

$$\mathbf{\Sigma}^{(p+1)}_m = \frac{\sum_{k=1}^{K} \beta^k_m (\vec{o}^{\,k} - \vec{\mu}^{(p+1)}_m)(\vec{o}^{\,k} - \vec{\mu}^{(p+1)}_m)^\top}{\sum_{k=1}^{K} \beta^k_m}$$

$$\text{mit } \beta^k_m = \frac{p\left(\vec{o}^{\,k}|\vec{\mu}^{(p)}_m, \mathbf{\Sigma}^{(p)}_m\right)\lambda^{(p)}_m}{\sum_{i=1}^{M} p\left(\vec{o}^{\,k}|\vec{\mu}^{(p)}_i, \mathbf{\Sigma}^{(p)}_i\right)\lambda^{(p)}_i}$$

3. Wenn $LL(q^{(p+1)}|\vec{\mathbf{x}}) - LL(q^{(p)}|\vec{\mathbf{x}}) > \varepsilon$, gehe zu 2.

3.3.3 Ermittlung der Einzelverteilungen

Es bleibt noch die Frage nach der Bestimmung der Anzahl von Einzelverteilungen M zu beantworten. Im einfachsten Fall wählt man diese vor Beginn des EM-Trainings. Es ist jedoch auch möglich, zunächst mit einer einzigen Normalverteilungsdichte pro Klasse zu beginnen und während des Trainings deren Anzahl schrittweise so lange zu steigern, bis ein geeignetes Abbruchkriterium (zum Beispiel ein vorgegebenes M oder eine minimale Likelihood der Lernstichprobe) erreicht ist. Dieses Verfahren entspricht einem unüberwachten Lernvorgang, der als top-down-Clusterverfahren bezeichnet wird.

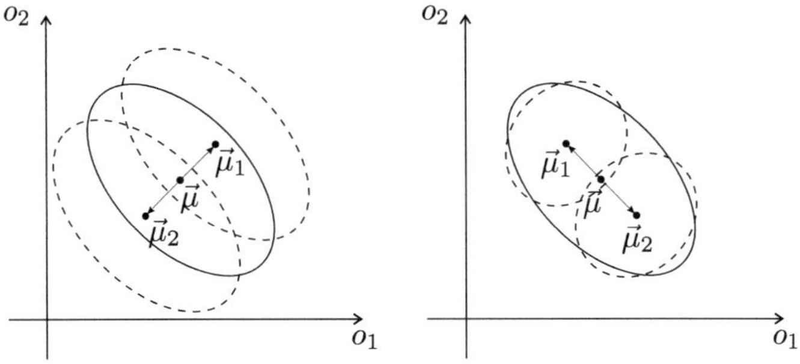

Abb. 3.12. Spaltung einer Normalverteilungsdichte. Links: einfaches Verfahren nach Gleichung (3.112). Rechts: Spaltung entlang der Hauptachse und mit Anpassung der Kovarianzmatrizen nach Gleichung (3.114).

M wird durch Spaltung aller oder ausgewählter Einzelverteilungen vergrößert. Die einfachste Möglichkeit besteht darin, zwei neue Verteilungen mit leicht verschobenen Mittelwertvektoren zu bilden

$$\begin{aligned} \lambda_{1,2} &= \frac{\lambda}{2} \\ \vec{\mu}_{1,2} &= \vec{\mu}(1 \pm \varepsilon) \\ \mathbf{\Sigma}_{1,2} &= \mathbf{\Sigma}, \end{aligned} \tag{3.112}$$

wobei für die Verschiebung ε etwa 0,01 gewählt wird [120]. Damit die stochastische Randbedingung eingehalten wird, müssen wir das Mischungsgewicht λ aufteilen. Da wir keine weiteren Informationen haben, tun wir das gleichmäßig.

Der Nachteil dieses Vorgehens besteht darin, dass die Mittelwerte in eine von den Parametern der Verteilungsdichte unabhängige Richtung verschoben werden. Besser wäre eine Verschiebung in Richtung der Achse der größten Streuung (Hauptachse der Isodensiten). Abbildung 3.12 veranschaulicht, dass gleichzeitig eine Verkleinerung der Streuung in dieser Richtung wünschenswert wäre. Um ein solches Verhalten zu erreichen, führen wir zunächst eine Eigenvektorzerlegung der Kovarianzmatrix durch:

$$\begin{aligned} &\mathbf{\Sigma} = \mathbf{VLV}^\top \\ &\quad \text{mit } \mathbf{V} = \quad (\vec{v}_1, \ldots, \vec{v}_1) \quad : \text{Eigenvektormatrix} \\ &\quad \text{und } \mathbf{L} = \operatorname{diag}(l_1, \ldots, l_N) : \text{Diagonalmatrix der Eigenwerte,} \end{aligned} \tag{3.113}$$

wobei die Eigenvektoren absteigend nach der Größe ihrer Eigenwerte sortiert sein sollen, also l_1 der größte Eigenwert ist. $\vec{v}_1$ gibt damit die Richtung der

Hauptachse der Isodensiten unserer Normalverteilung und $\sqrt{l_1}$ deren Länge, also die Streuung in Richtung der Hauptachse, an. Wir bilden jetzt zwei neue Verteilungsdichten wie folgt:

$$\begin{aligned}
\lambda_{1,2} &= \frac{\lambda}{2} \\
\vec{\mu}_{1,2} &= \vec{\mu} \pm \varepsilon_\mu \sqrt{l_1} \vec{v}_1 \\
\mathbf{\Sigma}_{1,2} &= \mathbf{V}\mathbf{L}'\mathbf{V}^\top = \mathbf{V}\,\mathrm{diag}\left(\frac{l_1}{\varepsilon_{\mathbf{\Sigma}}^2}, l_2, \ldots, l_N\right)\mathbf{V}^\top .
\end{aligned} \tag{3.114}$$

Wir haben so die Mittelwerte in Richtung der Hauptachse und in Abhängigkeit von deren Länge verschoben und gleichzeitig die Streuung in Richtung der Hauptachse verringert. Das Mischungsgewicht wurde wieder gleichmäßig aufgeteilt. Für die Verschiebungsfaktoren können erfahrungsgemäß die Werte $\varepsilon_\mu \approx 0{,}7$ und $\varepsilon_{\mathbf{\Sigma}} \approx 1{,}4$ gewählt werden.

3.3.4 Zusammenfassung

Die Unterscheidungsfunktion des GMM-Klassifikators lautet

$$\begin{aligned}
d_c(\vec{o}) &= \ln P(c) + \\
&\ln \sum_{m=1}^{M_c} \exp\left(\ln \lambda_{m,c} - \frac{1}{2}\ln|\mathbf{\Sigma}_{m,c}| - \frac{1}{2}(\vec{o}-\vec{\mu}_{m,c})^\top \mathbf{\Sigma}_{m,c}^{-1}(\vec{o}-\vec{\mu}_{m,c})\right)
\end{aligned} \tag{3.115}$$

oder mit der VITERBI-Approximation

$$\begin{aligned}
d_c(\vec{o}) &= \ln P(c) + \\
&\operatorname*{Max}_{m=1}^{M_c} \left(\ln \lambda_{m,c} - \frac{1}{2}\ln|\mathbf{\Sigma}_{m,c}| - \frac{1}{2}(\vec{o}-\vec{\mu}_{m,c})^\top \mathbf{\Sigma}_{m,c}^{-1}(\vec{o}-\vec{\mu}_{m,c})\right).
\end{aligned} \tag{3.116}$$

Die Parameter $q = \{\{\vec{\mu}_1, \ldots \vec{\mu}_M, \mathbf{\Sigma}_1, \ldots \mathbf{\Sigma}_M, \lambda_1, \ldots, \lambda_M, M\}_c\}$ können, wie in Abbildung 3.13 schematisch dargestellt, durch abwechselnde, iterative Anwendung des EM-Algorithmus und der Spaltung der Einzelverteilungen ermittelt werden.

Wir hatten beim Linearklassifikator festgestellt, dass dessen Parametervektor eine Linearkombination der Trainingsvektoren ist. Die Wichtungsfaktoren haben wir als Lernkonstanten bezeichnet. Eine Betrachtung der EM-Schätzgleichungen (3.106) und (3.111) zeigt, dass sich für das GMM eine ganz ähnliche Situation ergibt. Wir definieren

$$\alpha_m^k = \frac{\beta_m^k}{\sum_{i=1}^K \beta_m^i} = \frac{\dfrac{\lambda_m^{(p)} p(\vec{o}^k|\vec{\mu}_m^{(p)}, \mathbf{\Sigma}_m^{(p)})}{\sum_{i=1}^M \lambda_i^{(p)} p(\vec{o}^k|\vec{\mu}_i^{(p)}, \mathbf{\Sigma}_i^{(p)})}}{\displaystyle\sum_{i=1}^K \frac{\lambda_m^{(p)} p(\vec{o}^i|\vec{\mu}_m^{(p)}, \mathbf{\Sigma}_m^{(p)})}{\sum_{j=1}^M \lambda_j^{(p)} p(\vec{o}^i|\vec{\mu}_j^{(p)}, \mathbf{\Sigma}_j^{(p)})}} \tag{3.117}$$

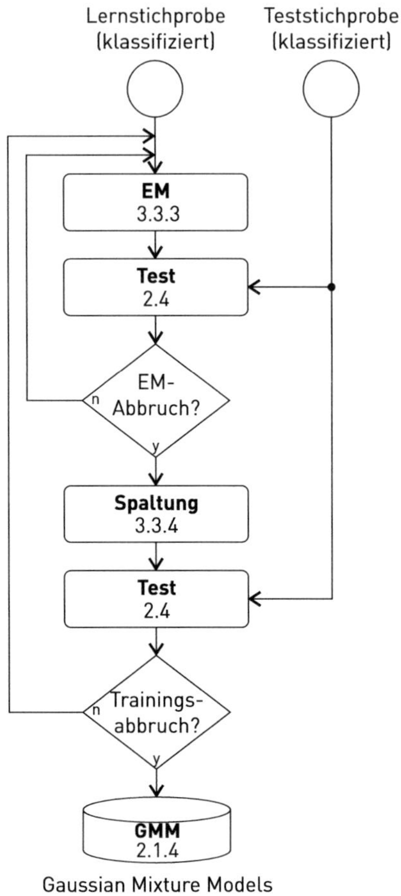

Abb. 3.13. Schematische Darstellung des überwachten Lernens von GMMs durch abwechselnde Anwendung des EM-Algorithmus sowie Spaltung der Einzelverteilungen.

als Lernkonstante und können damit die EM-Schätzgleichungen für das GMM wie folgt schreiben:

$$\lambda_m^{(p+1)} = \frac{1}{K}\sum_{k=1}^{K}\beta_m^k = \frac{1}{K}\sum_{k=1}^{K}\frac{\lambda_m^{(p)}p(\vec{o}^k|\vec{\mu}_m^{(p)},\mathbf{\Sigma}_m^{(p)})}{\sum_{i=1}^{M}\lambda_i^{(p)}p(\vec{o}^k|\vec{\mu}_i^{(p)},\mathbf{\Sigma}_i^{(p)})}, \tag{3.118}$$

$$\vec{\mu}_m^{(p+1)} = \sum_{k=1}^{K}\alpha_m^k\vec{o}^k, \tag{3.119}$$

$$\mathbf{\Sigma}_m^{(p+1)} = \sum_{k=1}^{K}\alpha_m^k(\vec{o}^k-\vec{\mu}_m^{(p+1)})(\vec{o}^k-\vec{\mu}_m^{(p+1)})^\top. \tag{3.120}$$

Wir sehen, dass der Mittelwertvektor tatsächlich eine Linearkombination der Trainingsvektoren ist. Die Kovarianzmatrix ist eine Linearkombination der Kovarianzmatrizen der Trainingsvektoren.

Abschließend sei nochmals darauf hingewiesen, dass die EM-Iteration zwar eine schrittweise Verbesserung des Erwartungswertes der Log-Likelihood, nicht aber das Finden des *globalen* Maximums garantiert.

3.4 Weitere Vektorklassifikatoren

3.4.1 Neuronale Netzwerke

Wir kommen nun ein letztes Mal auf das in Abschnitt 2.2.4 beschriebene Neuron zurück. Wie schon oben erwähnt, trägt es seinen Namen auf Grund seiner ursprünglichen Anwendung als Basiselement so genannter künstlicher neuronaler Netze (KNN), welche eine grobe technische Nachbildung von Nervennetzen darstellen.

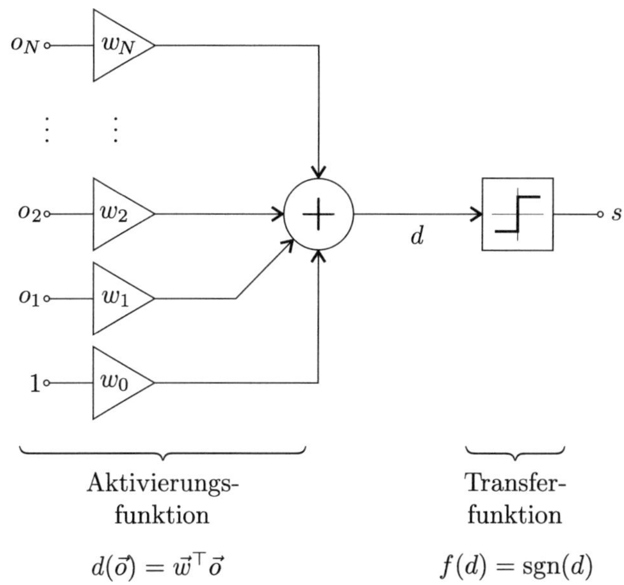

Abb. 3.14. Neuron als Schaltung.

Im Zusammenhang mit neuronalen Netzen wird das Neuron üblicherweise als Schaltung nach Abbildung 3.14 mit dem Ersatzschaltbild nach Abbildung 3.15 dargestellt. In Anlehnung an das natürliche Vorbild wird die Unterscheidungsfunktion als „Aktivierungsfunktion“ und die Entscheidungsfunktion als „Transferfunktion“ bezeichnet. Während als Aktivierungsfunktion meistens

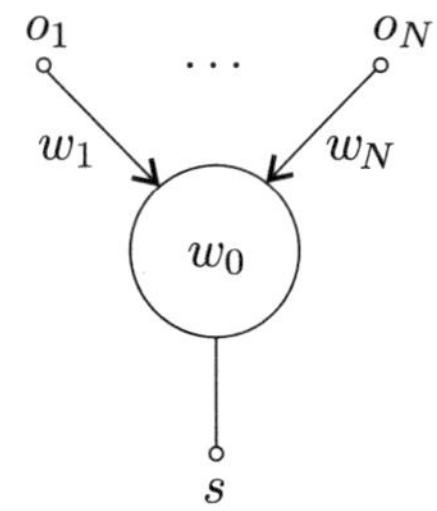

Abb. 3.15. Ersatzschaltbild des Neurons.

das Skalarprodukt beibehalten wird, kommen, da ein einzelnes Neuron im Netz keine harte Entscheidung treffen muss, verschiedenste Transferfunktionen zum Einsatz. Diese haben meistens eine kontrastverstärkende Wirkung, dämpfen also kleine Eingangswerte und verstärken große. Da für das Training neuronaler Netze unter anderem Gradientenverfahren nach Abschnitt 2.3.3 benutzt werden, verwendet man bevorzugt Transferfunktionen, deren Ableitung sich durch die Funktion selbst ausdrücken lässt. Das trifft beispielsweise für die Sigmoid- und die Tangens-Hyperbolicus-Funktionen zu.

Einzelne Neuronen können in Verbindung mit einer geeigneten Transferfunktion logische Verknüpfungen wie Konjuktion, Disjunktion und Negation ausführen, einfache Zusammenschaltungen von Neuronen können kompliziertere Operationen wie beispielsweise die Antivalenz realisieren. Von praktischer Bedeutung für die Mustererkennung sind jedoch hauptsächlich große Neuronenschaltungen. Je nach Topologie unterscheidet man verschiedene Netzwerktypen. Wichtige Beispiele sind unidirektionale, rekurrente und zellulare Netze.

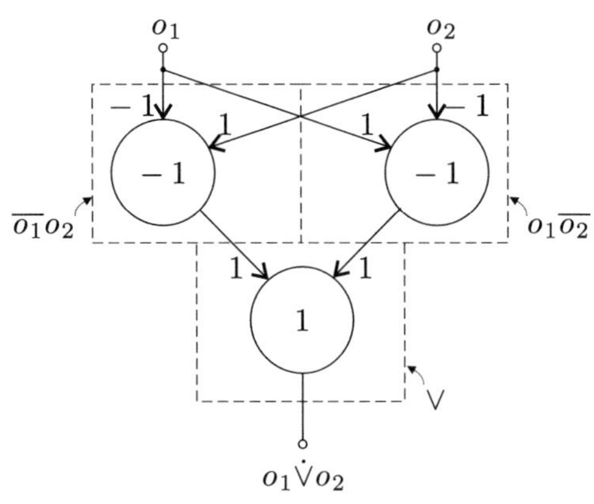

Abb. 3.16. Einfaches neuronales Netz zur Realisierung der logischen Antivalenzoperation.

Die Anwendungsmöglichkeiten neuronaler Netze reichen weit über die Mustererkennung hinaus. Sie werden beispielsweise auch zur Funktionsapproximation, Zeitreihenanalyse (beispielsweise von Aktienkursen), nichtlinearen Prädiktion, zur Parametergenerierung für die Sprachsynthese und in der Regelungstechnik verwendet.

Als Literatur zum großen Fachgebiet der neuronalen Netze können als Einführung [120] sowie vertiefend [225] und [242] empfohlen werden.

3.4.2 Unscharfe Klassifikatoren

Diese Klasse von Mustererkennern basiert auf der 1965 von ZADEH erstmals publizierten unscharfen Logik (*fuzzy logic*, [344]). Grundprinzip ist die Zuordnung von Objekten zu unscharfen Mengen (so genannten *fuzzy sets*) mit Hilfe von Zugehörigkeitsfunktionen (Abbildung 3.17 zeigt ein Beispiel). Diese haben zwar wie Wahrscheinlichkeiten einen Wertebereich zwischen 0 und 1, es gilt aber beispielsweise nicht die stochastische Randbedingung.

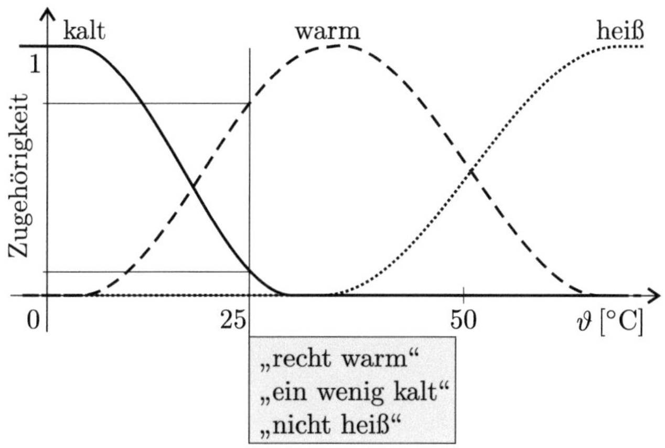

Abb. 3.17. Beispiel für Zugehörigkeitsfunktionen von Temperaturwerten zu verschiedenen Klassen. Man beachte, dass es sich hierbei *nicht* um Verteilungsdichtefunktionen handelt, da das Integral über den Definitionsbereich ungleich Eins ist.

Die unscharfe Logik erlaubt das Verknüpfen von Zugehörigkeiten durch Operationen wie Konjunktion, Disjunktion, Negation und Implikation. Als wesentlichen Unterschied zur herkömmlichen binären Logik bietet die unscharfe Logik mathematische Formulierungen für umgangssprachliche Begriffe wie „sehr“ (Konzentration) oder „wenig“ (Abschwächung). Die Beliebigkeit dieser Operationen sowie das weitgehende Fehlen harter Randbedingungen führte zu teilweise scharfer Kritik, welche erst nach weiterer mathematischer Grundlagenarbeit verstummte (siehe beispielsweise [246]).

Ungeachtet dessen fand und findet die unscharfe Logik besonders in der Regelungstechnik eine breite Anwendung. Auf ihrer Basis können auch Vektorklassifikatoren konstruiert werden. Diese bestehen im Wesentlichen aus drei Verarbeitungseinheiten:

- **Fuzzifizierung**
  Aus den Merkmalvektoren werden Zugehörigkeiten zu unscharfen Mengen (den so genannten „linguistischen Variablen“) berechnet.
- **Inferenz**
  Mit Hilfe von Implikationen (unscharfen Wenn-Dann-Regeln) und logischen Operationen wird die Zugehörigkeit des Merkmalvektors zu Klassen ermittelt.
- **Defuzzifizierung**
  Aus der unscharfen Klassenzugehörigkeit wird eine Entscheidung abgeleitet.

Eine ausführliche Darstellung der Theorie der unscharfen Mengen kann in [347], ihre Anwendung auf Klassifikationsprobleme in [181] nachgelesen werden.

4 Folgenklassifikatoren

Wir sind bisher davon ausgegangen, dass eine Realisierung im Merkmalraum durch genau einen reellwertigen, N-dimensionalen Vektor repräsentiert werden kann. Schon in Abschnitt 1.1.1 haben wir aber eine zweite Möglichkeit erwähnt: die Darstellung einer Realisierung als Vektorfolge

$$\vec{\mathbf{o}} = \big(\vec{o}(1), \vec{o}(2), \dots, \vec{o}(K)\big) \quad \text{mit } \vec{o} \in \mathcal{O} = \mathbb{R}^N \text{ und } \vec{\mathbf{o}} \in \mathcal{O}^*. \tag{4.1}$$

Die Länge der Folge wird mit $|\vec{\mathbf{o}}| = K$ bezeichnet. Das Zeichen * steht für eine beliebig lange Folge, inklusive der leeren Folge.

Eine solche Darstellung ist immer dann sinnvoll, wenn ein Objekt in eine Folge von Teilobjekten zerlegbar ist, zwischen denen eine eindimensionale (zum Beispiel zeitliche) Nachbarschaftsbeziehung besteht. Das ist unter anderem bei allen nicht trivialen akustischen Signalen gegeben. In Abschnitt 1.1.2 wurden bereits einige Beispiele vorgestellt. Typischerweise bildet eine Merkmalvektorfolge eine zusammenhänge Trajektorie.

Zur Abgrenzung muss erwähnt werden, dass es auch mehrdimensionale Zerlegungen in Teilobjekte gibt. Ein wichtiges Beispiel hierfür sind Bilder. Obwohl die Klassifikationsverfahren ähnlich sind, werden wir solche Probleme im Folgenden nicht betrachten.

Wir haben außerdem in Abschnitt 2.2.2 zwischen Folgenklassifikation und Klassenfolgenklassifikation unterschieden. Wir betrachten zunächst nur den ersten Fall, bei dem jeder Merkmalvektorfolge genau eine Klasse (und keine Folge von Klassen) zugeordnet wird. Abbildung 4.1 stellt das Prinzip der Folgenklassifikation schematisch dar.

4.1 Folgenmodelle

Die meisten bisher vorgestellten Mustererkenner benutzen Modelle zur Beschreibung der zu unterscheidenden Klassen. Für die Folgenklassifikation werden wir demnach ein Modell zur Beschreibung von Folgen benötigen. Eine

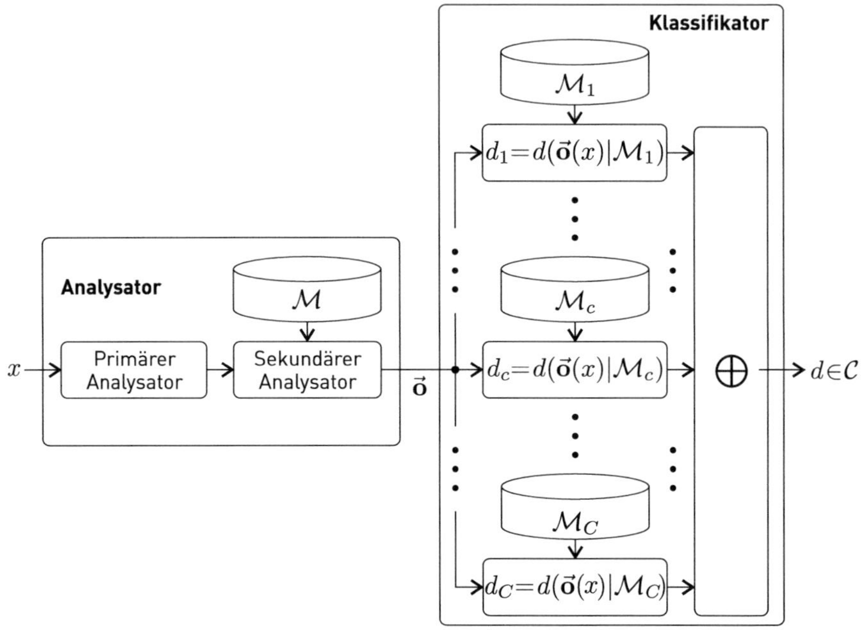

Abb. 4.1. Prinzip der Folgenklassifikation.

einfache und gleichzeitig sehr leistungsfähige Möglichkeit dazu bieten endliche Automaten. Im Folgenden werden die für die akustische Mustererkennung wesentlichen Aspekte endlicher Automaten vorgestellt. Zur vertiefenden Betrachtung sei aus der großen Vielfalt verfügbarer Literatur auf [180, 50] und [342] verwiesen sowie für die Graphentheorie auf [47].

4.1.1 Endliche sequenzielle Automaten

Ein sequenzieller Automat ist eine reale oder hypothetische Maschine, welche eine Folge von Eingabezeichen verarbeitet und dabei eine Folge von Ausgabezeichen ausgibt. Ein *endlicher* sequenzieller Automat befindet sich darüber hinaus zu jedem Zeitpunkt in genau einem von endlich vielen inneren „Zuständen“. Alle endlichen sequenziellen Automaten arbeiten wie in Algorithmus 4.1 angegeben. Voneinander unterscheiden sie sich nur durch eine so genannte Verhaltensfunktion w, welche den Zusammenhang zwischen Eingaben, Ausgaben und Zustandsübergängen beschreibt. Ein endlicher Automat wird somit über seine Verhaltensfunktion *eindeutig definiert.*

Endliche Automaten bilden eine wesentliche Grundlage der Systemtheorie. Sie werden hier als lineares Modell für analoge oder digitale Systeme benutzt. Ihre allgemeine schaltungstechnische Realisierung ist in Abbildung 4.2 dargestellt.

Alg. 4.1
Funktion des endlichen sequenziellen Automaten

1. Initialisierung

   Beginne zum Zeitpunkt $k = 0$ im Zustand $z(0)$

2. Rekursion

   2.1 Lies ein neues Eingabezeichen $x(k)$

   2.2 Ermittle mit Hilfe der Verhaltensfunktion w aus dem Eingabezeichen $x(k)$ und dem aktuellen Zustand $z(k)$
   - ein neues Ausgabezeichen $y(k)$ und
   - einen neuen inneren Zustand $z'(k)$:

   $$(y(k), z'(k)) = w(x(k), z(k)).$$

   2.3 Gib das neue Ausgabezeichen $y(k)$ am Anschluss y aus und den neuen inneren Zustand $z'(k)$ in den Zustandsspeicher S ein.

   2.4 Gehe zum nächsten Zeitpunkt $k \leftarrow k + 1,\ z(k) = z'(k - 1)$

3. Terminierung

   Halte an, wenn
   - kein neues Eingabezeichen $x(k)$ mehr gelesen werden kann *oder*
   - kein Ausgabezeichen $y(k)$ oder kein neuer Zustand $z'(k)$ aus dem aktuellen Eingabezeichen $x(k)$ und aktuellen Zustand $z(k)$ ermittelt werden kann.

4. Auswertung

   4.1 Prüfe, ob
   - alle Eingabezeichen verarbeitet wurden *und*
   - sich der Automat in einem erlaubten Schlusszustand befindet

   4.2 Wenn beide Bedingungen aus 4.1 erfüllt sind, war der Durchlauf erfolgreich und die Eingabefolge akzeptabel, ansonsten war der Durchlauf nicht erfolgreich und die Eingabefolge nicht akzeptabel.

Betrachten wir als klassisches Beispiel einen seriellen Addierer (Abbildung 4.3). Seine Funktion ist es, zwei Binärzahlen, deren einzelne Stellen beginnend mit der geringwertigsten an den Eingängen x_1 und x_2 eingegeben werden, zu addieren. Das Ergebnis der Addition wird, wiederum beginnend mit der niederwertigsten Stelle, am Anschluss y ausgegeben. Der Addierer besitzt einen 1-bit-Zustandsspeicher für den Übertrag. Er kann sich damit in zwei verschiedenen Zuständen befinden (0: Übertrag nicht gesetzt oder 1: Übertrag gesetzt). Die Verhaltensfunktion kann aus der Schaltung abgelesen werden und lautet

$$(y(k), z'(k)) = w(x_1(k), x_2(k), z(k)) \tag{4.2}$$

mit

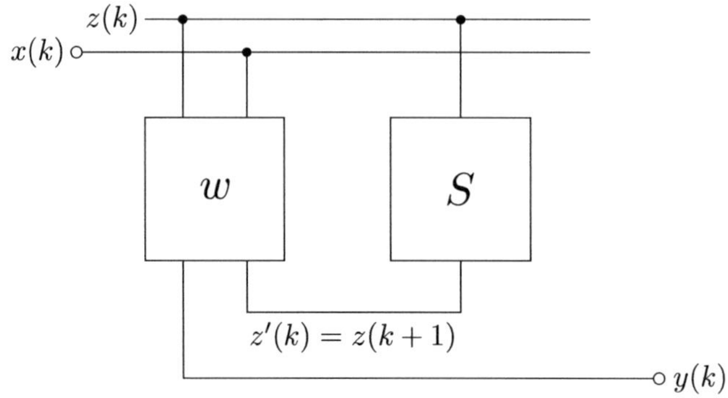

Abb. 4.2. Endlicher sequenzieller Automat (Schaltung) mit Eingangspol(en) x, Ausgangspol(en) y, Zustandsleitung z, Verhaltensfunktion w und Zustandsspeicher S.

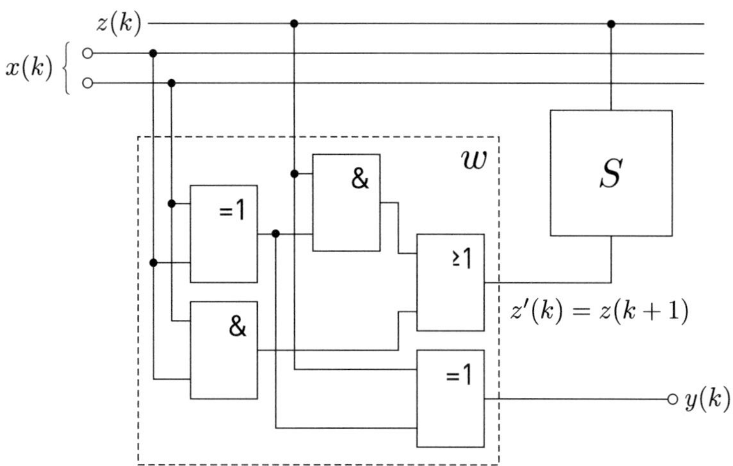

Abb. 4.3. Schaltung eines seriellen Addierers für Binärzahlen.

$$\begin{aligned} z'(k) &= [x_1(k) \dot{\vee} x_2(k)]\, z(k) \vee x_1(k) x_2(k) \\ y(k) &= x_1(k) \dot{\vee} x_2(k) \dot{\vee} z(k) \end{aligned} \tag{4.3}$$

Die Funktion eines Automaten kann auch durch eine Automatentabelle definiert werden, welche die Werte der Verhaltensfunktion für alle möglichen Argumente enthält. Für den seriellen Addierer lautet sie wie folgt:

$x_1(k)$	$x_2(k)$	$z(k)$	$y(k)$	$z'(k)$
0	0	0	0	0
0	0	1	1	0
0	1	0	1	0
0	1	1	0	1
1	0	0	1	0
1	0	1	0	1
1	1	0	0	1
1	1	1	1	1

(4.4)

Wir wollen nun $13 + 11 = 24$ (oder in Binärdarstellung $1101 + 1011 = 11000$) rechnen und entnehmen dazu schrittweise die passenden Zeilen aus der Automatentabelle (4.4):

k	$x_1(k)$	$x_2(k)$	$z(k)$	$y(k)$	$z'(k)$
0	1	1	0	0	1
1	0	1	1	0	1
2	1	0	1	0	1
3	1	1	1	1	1
4	0	0	1	1	0

(4.5)

Wir sehen, dass die Addition erst dann korrekt beendet ist, wenn ein eventuell zum Schluss noch gesetztes Übertragsbit ausgegeben wurde. Dazu wurde zu beiden Eingaben ein höchstwertiges Bit mit dem Wert 0 hinzugefügt.

Die Darstellungen der Verhaltensfunktion als Zustandsgleichungen (4.3) oder Automatentabelle (4.4) sind äquivalent. Eine dritte, in der Regel wesentlich anschaulichere Möglichkeit besteht in der Angabe eines Zustandsdiagramms. Es handelt sich hierbei um einen gerichteten Graphen, dessen Knoten die Zustände des Automaten repräsentieren und dessen Kanten jeweils einer Zeile der Automatentabelle entsprechen. Neben Start- und Zielzustand ist jedem Übergang ein Eingabe- und ein Ausgabezeichen zugeordnet. Das Zustandsdiagramm für den seriellen Addierer sieht wie folgt aus:

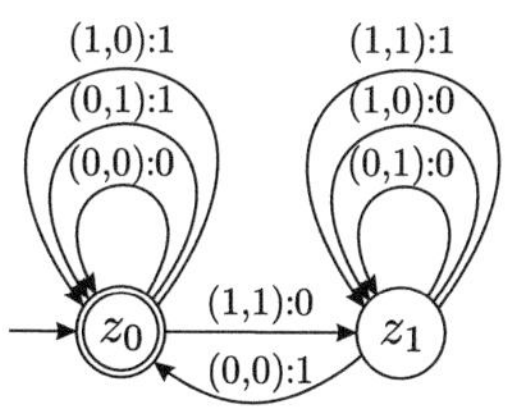

(4.6)

Die Beschriftung der Zustände lautet z_i, also $z(k) = i$, die der Übergänge ist $x{:}y$, also Eingabesymbol:Ausgabesymbol. Im Beispiel sind die Eingabesymbole geordnete Tupel $x = (x_1, x_2)$. Ein Übergang wird benutzt, wenn sich der Automat im Startzustand dieses Zustands befindet und das zum Übergang gehörende Eingabesymbol gelesen wird. Beim Beschreiten des Übergangs wird dessen Ausgabesymbol ausgegeben und zum Zielzustand des Übergangs gewechselt.

Natürlich definiert auch das Zustandsdiagramm einen endlichen Automaten eindeutig. Die Verhaltensfunktion kann damit also auch durch Auflistung der Übergänge angegeben werden. Es ist üblich, den Zustandsübergängen neben Ein- und Ausgabesymbolen zusätzlich Gewichte zuzuordnen. Man spricht dann von einem *gewichteten* endlichen Automaten. Die Gewichte können beispielsweise Abstände oder Wahrscheinlichkeiten sein. Wir wollen zunächst von letzterem ausgehen und ordnen einem existierenden Übergang das Gewicht (alias die Wahrscheinlichkeit) Eins zu. Er wird auf jeden Fall benutzt. Ein nicht existierender Übergang bekommt das Gewicht Null. Die Wahrscheinlichkeit, dass er benutzt wird, ist also Null, was die Beschreibung „er existiert nicht" anschaulich rechtfertigt.

Im Beispiel des seriellen Addierers lautet die als Übergangsliste dargestellte Verhaltensfunktion also

$$w = \begin{cases} 1: z = z_0, x = (0{,}0), y = 0, z' = z_0 \\ 1: z = z_0, x = (0{,}1), y = 1, z' = z_0 \\ 1: z = z_0, x = (1{,}0), y = 1, z' = z_0 \\ 1: z = z_0, x = (1{,}1), y = 0, z' = z_1 \\ 1: z = z_1, x = (0{,}0), y = 1, z' = z_0 \\ 1: z = z_1, x = (0{,}1), y = 0, z' = z_1 \\ 1: z = z_1, x = (1{,}0), y = 0, z' = z_1 \\ 1: z = z_1, x = (1{,}1), y = 1, z' = z_1 \\ 0: \qquad \text{sonst} \end{cases} . \tag{4.7}$$

Ein gewichteter endlicher Automat wird mathematisch als 7-Tupel definiert:

Gewichteter endlicher Automat

$$\mathcal{A} = (Z, I, F, X, Y, S, w) \tag{4.8}$$

mit	Zustandsalphabet	Z	$z(k), z'(k) \in Z = \{z_0, z_1, z_2, \ldots\}$
	Anfangszustände	I	$I \subseteq Z$
	Schlusszustände	F	$F \subseteq Z$
	Eingabealphabet	X	$x(k) \in X = \{\varepsilon, x_1, x_2, \ldots\}$
	Ausgabealphabet	Y	$y(k) \in Y = \{\varepsilon, y_1, y_2, \ldots\}$
	Gewichtshalbring	S	(siehe Anhang A.1 und Tab. 4.1)
	Verhaltensfunktion	w	$w : Z \times X \times Y \times Z \to S$

Wir wollen die Elemente des Automaten noch etwas näher betrachten.

- **Alphabet**
  Unter einem Alphabet wollen wir einfach eine endliche Menge atomarer Objekte verstehen. Die Ein- und Ausgabealphabete enthalten zusätzlich

das leere Symbol ε. Das Zustandsalphabet enthält den besonderen Zustand z_0. Wenn nicht ausdrücklich anders erwähnt, sind verschiedene Alphabete paarweise disjunkt.

- **Anfangs- und Schlusszustände** (I, F)
  Anfangs- und Schlusszustände sind jeweils Teilmengen des Zustandsalphabets. Durch sie wird definiert, in welchen Zuständen der Automat zum Zeitpunkt $k = 0$ sein kann und in welchen Zuständen die Verarbeitung enden darf. Beim seriellen Addierer muss beispielsweise im Zustand z_0 (kein Übertrag) begonnen und auch geendet werden, um ein korrektes Ergebnis zu erhalten. Die grafische Repräsentation von Anfangs- und Schlusszuständen ist

  und
  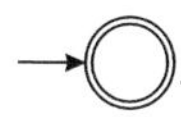
  . (4.9)

  Es ist oft zweckmäßig, dass ein Automat nur einen einzigen Anfangszustand hat. Dies ist dann per definitionem z_0 und wir verwenden die mittlere Darstellung.

- **Gewichtshalbring** (S)
  Die Übergangsgewichte sind Elemente bestimmter algebraischer Strukturen (nämlich von Halbringen, siehe Anhang A.1). Dies ermöglicht ein sinnvolles Rechnen mit ihnen. Wir werden im Abschnitt 4.1.2 darauf zurückkommen.

- **Verhaltensfunktion** (w)
  Die Verhaltensfunktion ordnet jedem 4-Tupel aus Startzustand z, Eingabesymbol x, Ausgabesymbol y und Zielzustand z' ein Gewicht $w(z, x, y, z')$ zu. Im einfachsten Fall ist das Gewicht Eins, wenn ein entsprechender Übergang existiert, und Null, wenn er nicht existiert.

- **Zustandsübergänge** (e)
  Manchmal ist die explizite Angabe von Zustandsübergängen praktisch. Die Menge der Zustandsübergänge eines Automaten ist

  $$E := \{(z, x, y, z', w) \in Z \times X \times Y \times Z \times S : w = w(z, x, y, z') \neq \overline{0}\}. \tag{4.10}$$

  Ein einzelner Übergang $e = (z, x, y, z', w) \in E$ ist also ein 5-Tupel aus Startzustand z, Eingabesymbol x, Ausgabesymbol y und Zielzustand z' und von Null verschiedenem Gewicht $w(z, x, y, z') \neq \overline{0}$. Seine grafische Darstellung ist

  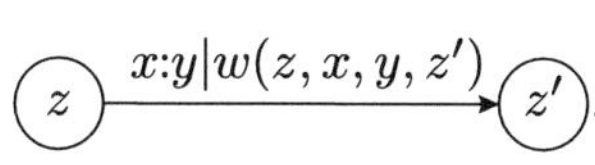

  . (4.11)

  Wir schreiben

  $$\begin{aligned} z(e) &: \text{für den Startzustand,} \\ x(e) &: \text{für das Eingabesymbol,} \\ y(e) &: \text{für das Ausgabesymbol und} \\ z'(e) &: \text{für den Zielzustand} \end{aligned} \tag{4.12}$$

des Übergangs e.

- **Start- und Zielzustände** (z, z')
  Mit diesen Begriffen bezeichnen wir den linken und rechten Zustand eines Übergangs. Sie müssen strikt von den Begriffen Anfangs- und Schlusszustand unterschieden werden.

Sofern unmissverständlich, werden wir die Kurzschreibweisen

$$z \in \mathcal{A} \quad \text{sowie} \quad e \in \mathcal{A} \tag{4.13}$$

für einen Zustand $z \in Z \in \mathcal{A}$ beziehungsweise einen Übergang $e \in E \in \mathcal{A}$ im Graphen eines Automaten $\mathcal{A}$ verwenden.

4.1.2 Generatoren, Akzeptoren und Transduktoren

Endliche Automaten übersetzen Eingabezeichenfolgen in Ausgabezeichenfolgen. Gewichtete endliche Automaten ordnen jeder Übersetzung zusätzlich ein Gewicht (zum Beispiel eine Wahrscheinlichkeit) zu. Im Rechenbeispiel zum seriellen Addierer wird die Zeichenkette $\mathbf{x} = \big((1{,}1),(0{,}1),(1{,}0),(1{,}1),(0{,}0)\big)$ in die Zeichenkette $\mathbf{y} = (0{,}0{,}0{,}1{,}1)$ „übersetzt“ (obwohl wir diesen Vorgang intuitiv natürlich eher als „Rechnung“ auffassen). Mathematisch besteht hier jedoch kein Unterschied.

Wegen der besseren Anschaulichkeit wollen wir aber dennoch ein „echtes“ Übersetzungsbeispiel verwenden und betrachten dazu folgenden Automaten:

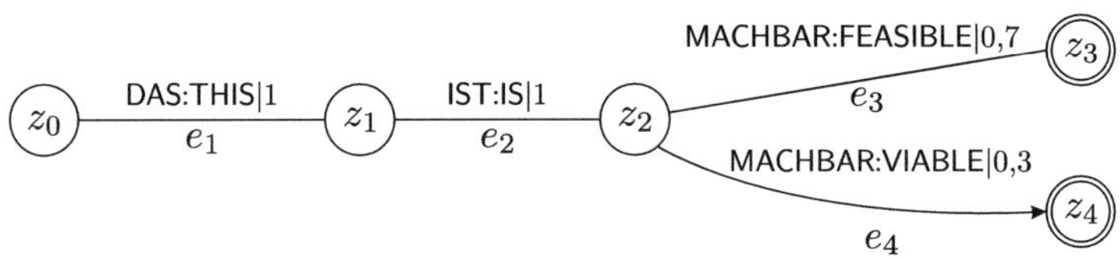

(4.14)

Seine mathematische Beschreibung lautet

$$\mathcal{A} = \{Z, I, F, X, Y, S, w\} \tag{4.15}$$

mit

$$\begin{aligned}
Z &= \{z_0, z_1, z_2, z_3, z_4\} \\
I &= \{z_0\} \\
F &= \{z_3, z_4\} \\
X &= \{\mathsf{DAS}, \mathsf{IST}, \mathsf{MACHBAR}\} \\
Y &= \{\mathsf{THIS}, \mathsf{IS}, \mathsf{FEASIBLE}, \mathsf{VIABLE}\} \\
S &= \{[0{,}1], +, \cdot, 0, 1\} \quad \text{(Wahrscheinlichkeitshalbring, s. Tab. 4.1)} \\
w &= \begin{cases}
1 & : z = z_0,\ x = \mathsf{DAS},\ y = \mathsf{THIS},\ z' = z_1 \quad \rightsquigarrow e_1 \\
1 & : z = z_1,\ x = \mathsf{IST},\ y = \mathsf{IS},\ z' = z_2 \quad \rightsquigarrow e_2 \\
0{,}7 & : z = z_2,\ x = \mathsf{MACHBAR},\ y = \mathsf{FEASIBLE},\ z' = z_3 \quad \rightsquigarrow e_3 \\
0{,}3 & : z = z_2,\ x = \mathsf{MACHBAR},\ y = \mathsf{VIABLE},\ z' = z_4 \quad \rightsquigarrow e_4 \\
0 & : \text{sonst}
\end{cases}
\end{aligned}$$

Offenbar ist die Funktion des Automaten, die Folge DAS IST MACHBAR in THIS IS FEASIBLE oder THIS IS VIABLE zu übersetzen und das mit unterschiedlichen Wahrscheinlichkeiten.

Endliche Automaten mit dieser Funktion bezeichnet man als gewichtete Transduktoren (Englisch: *finite state transducer*, FST). Spezialformen haben jeweils eine eigene Bezeichnung:

- **Akzeptor**
  Automat ohne Ausgaben ($Y = \varnothing$). Akzeptoren prüfen, ob eine eingegebene Zeichenkette „gültig" ist, das heißt, ob zu den Eingabezeichen ein passender Weg durch den Automatengraphen gefunden wird, der an einem Anfangszustand beginnt und an einem Schlusszustand endet. Ist die Zeichenkette gültig, wird ihr ein Gesamtgewicht zugeordnet.
- **Generator**
  Automat ohne Eingaben (autonomer Automat, $X = \varnothing$). Generatoren geben Zeichenketten aus, indem sie selbständig einen Weg von einem beliebigen Anfangs- zu einem beliebigen Schlusszustand durchlaufen und die entsprechenden Ausgabezeichen emittieren. Generatoren können als Erzeugungsmodelle für Zeichenketten interpretiert werden. Jeder generierten Zeichenkette wird ein Gesamtgewicht zugeordnet.
- **Transduktor**
  Uneingeschränkter Automat nach Gleichung (4.8). Ein Transduktor prüft die Eingabezeichenkette wie ein Akzeptor, emittiert aber zusätzlich eine Ausgabezeichenkette als „Übersetzung". Jeder Übersetzung wird ein Gewicht zugeordnet.
- **Gewichtete und ungewichtete Automaten**
  Alle drei Automatentypen können gewichtet oder ungewichtet sein. Da ungewichtete Automaten jedoch als Spezialfall der gewichteten Automaten (nämlich mit dem BOOLEschen Gewichtshalbring, siehe Tabelle 4.1) aufgefasst werden können, betrachten wir sie nicht gesondert.

Algebraische Automatendefinition

Die vorangegangene Darstellung benutzt wiederholt den Begriff „Halbring" und deutet an, dass mit Zustandsübergängen gerechnet werden kann. Dieser Sachverhalt soll nun mathematisch gefasst werden.

Dazu betrachten wir noch einmal die beiden durch den Automaten (4.14) realisierten Übersetzungen. Uns interessiert die Gesamtwahrscheinlichkeit der ersten Übersetzung, welche durch eine bestimmte Folge von Zustandsübergängen beschrieben ist. Aus Sicht der Wahrscheinlichkeitsrechnung stellt deren sequenzielles Abschreiten eine Folge unabhängiger Ereignisse dar, da endliche Automaten MARKOV-Ketten erster Ordnung beschreiben. Das bedeutet, dass sie außer dem Zustandsspeicher kein Gedächtnis besitzen und sich nicht „erinnern" können, welche Zustandsübergänge sie früher benutzt haben. Aufeinander folgende Zustandsübergänge sind damit statistisch unabhängig.

Also ist die gesuchte Gesamtwahrscheinlichkeit einfach:

$$w_1 = \bigotimes_{e \in (e_1, e_2, e_3)} w(e) = 1 \cdot 1 \cdot 0{,}7 = 0{,}7. \tag{4.16}$$

Wir benutzen das allgemeine Rechenzeichen $\bigotimes$, da nach dem gleichen Prinzip die Ein- und Ausgabezeichenketten „berechnet“ werden können:

$$\begin{aligned} \mathbf{x}_1 &= \bigotimes_{e \in (e_1, e_2, e_3)} x(e) = \mathsf{DAS} \cdot \mathsf{IST} \cdot \mathsf{MACHBAR} = \mathsf{DAS\ IST\ MACHBAR}, \\ \mathbf{y}_1 &= \bigotimes_{e \in (e_1, e_2, e_3)} y(e) = \mathsf{THIS} \cdot \mathsf{IS} \cdot \mathsf{FEASIBLE} \quad = \mathsf{THIS\ IS\ FEASIBLE}, \end{aligned} \tag{4.17}$$

wobei $\bigotimes$ hier aber natürlich für eine andere Operation als die Multiplikation steht. Die Wahrscheinlichkeit und die Zeichenketten der zweiten Übersetzung ergeben sich analog.

Wir können nun noch die Wahrscheinlichkeit berechnen, mit welcher der Automat die Eingabefolge in *irgendetwas* übersetzt:

$$w = \bigoplus_i w_i = 0{,}7 + 0{,}3 = 1, \tag{4.18}$$

wobei hier eine zweite Operation $\bigoplus$ benutzt werden muss. Wir sehen, dass Zeichen und Gewichte in gleicher Weise zu Zeichenketten und Gesamtgewichten verknüpft werden. Mathematisch sind diese Verknüpfungen durch Halbringe

$$S = \left\{\mathbb{K}, \oplus, \otimes, \overline{0}, \overline{1}\right\} \tag{4.19}$$

(siehe Anhang A.1) definiert. Die in endlichen Automaten üblicherweise verwendeten Halbringe sind in Tabelle 4.1 zusammengestellt.
Der Max/Mal- und der tropische Halbring können jeweils als Viterbi-Approximation (siehe Gleichung 3.89 in Abschnitt 3.3.1) des Wahrscheinlichkeits- und des logarithmischen Halbrings interpretiert werden. Wir bezeichnen sie daher gemeinsam mit den arktischen Halbring zusammenfassend als Viterbi-Halbringe. Die Wahrscheinlichkeits- und Max/Max-Halbringe sind über die Beziehung

$$w = -\ln P \tag{4.20}$$

isomorph mit den logarithmischen und tropischen Halbringen, wobei P eine Wahrscheinlichkeit und w ein negativ-logarithmisches Gewicht bezeichnen. Rechnungen mit Wahrscheinlichkeiten können also wahlweise logarithmisch ausgeführt werden, was das rechentechnische Problem der Multiplikation vieler kleiner Zahlen löst.

Wege durch Automaten

Wir bezeichnen eine zusammenhängende Folge

Halbring	$\mathbb{K}$	$\oplus$	$\otimes$	$\overline{0}$	$\overline{1}$	$\circledless$	$\circledgtr$	ext[A]
Boolscher ˜	{0,1}	$\vee$	$\wedge$	0	1			
Reeller ˜	$\mathbb{R}$	$+$	$\cdot$	0	1	$<$	$>$	max
Wahrscheinlichkeits-˜	$\mathbb{R}_+$	$+$	$\cdot$	0	1	$<$	$>$	max
Max/Mal-˜	$\mathbb{R}_+$	max	$\cdot$	0	1	$<$	$>$	max
logarithmischer ˜	$\mathbb{R} \cup \{\infty\}$	$\bigoplus_{\ln}$[B]	$+$	∞	0	$>$	$<$	min
tropischer ˜	$\mathbb{R} \cup \{\infty\}$	min	$+$	∞	0	$>$	$<$	min
arktischer ˜	$\mathbb{R} \cup \{-\infty, \infty\}$	max	$+$	$-\infty$	0	$<$	$>$	max
Zeichenketten-˜	$X^* \cup \{\infty, \varepsilon\}$	$\wedge$[C]	$\cdot$[D]	∞[E]	ε			

[A] ext : Optimaloperator (zum Beispiel maximale Wahrscheinlichkeit)
[B] $\bigoplus_{\ln}$: $x \oplus_{\log} y = -\ln\left(e^{-x} + e^{-y}\right)$
[C] $\wedge$: längstes gemeinsames Präfix: $abc \wedge abd = ab$ (mit Rest: $abc - ab = c$)
[D] $\cdot$: Verkettung: $ab \cdot c = abc$
[E] ∞ : unendliche Zeichenkette: $x \wedge \infty = x, x \in \Sigma^*$

Tabelle 4.1. Wichtige Halbringe.

$$U = (e^1, e^2, \ldots, e^K) \tag{4.21}$$

von Zustandsübergängen als Weg[1] mit der Länge $|U| = K$. Zur Unterscheidung von den schon früher verwendeten Indizes der Übergänge führen wir einen hochgestellten *zeitlichen* Index ein. Er kann gemeinsam mit dem bekannten *räumlichen* Index, also der Elementnummer in der Übergangsmenge, vorkommen und muss daher gesondert notiert werden. Wir schreiben also

$$e_i(k) = e_i^k \begin{array}{l} \leftarrow \text{zeitlicher Index} \\ \leftarrow \text{räumlicher Index} \end{array} \tag{4.22}$$

und meinen damit den Übergang e_i zum Zeitpunkt k. Die grafische Darstellung eines Weges $U = (e^1, e^2, \ldots, e^K)$ ist

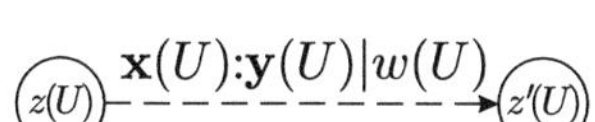

(4.23)

mit

$$\begin{aligned} z(U) &= z(e^1) && \text{Startzustand,} \\ z'(U) &= z'(e^K) && \text{Zielzustand,} \\ \mathbf{x}(U) &= \textstyle\bigotimes_{k=1}^{K} x(e^k) && \text{Eingabezeichenkette,} \\ \mathbf{y}(U) &= \textstyle\bigotimes_{k=1}^{K} y(e^k) && \text{Ausgabezeichenkette und} \\ w(U) &= \textstyle\bigotimes_{k=1}^{K} w(e^k) && \text{Gesamtgewicht.} \end{aligned}$$

Wir bezeichnen Mengen von Wegen mit folgenden Symbolen:

[1] Der Begriff „Pfad“ ist ebenfalls gebräuchlich. Er bezeichnet jedoch einen Weg, in dem *kein* Zustand mehrmals enthalten ist, was wir hier nicht fordern wollen.

$$\begin{aligned}
\mathcal{U}(Z_1, Z_2) &: \text{alle Wege von } Z_1 \subset Z \text{ nach } Z_2 \subset Z, && (4.24)\\
\mathcal{U}^K(Z_1, Z_2) &: \text{alle Wege } U \in \mathcal{U}(Z_1, Z_2) \text{ der Länge } |U| = K, && (4.25)\\
\mathcal{U}(Z_1, \mathbf{x}, Z_2) &: \text{alle Wege } U \in \mathcal{U}(Z_1, Z_2) \text{ mit } \mathbf{x}(U) = \mathbf{x}, && (4.26)\\
\mathcal{U}(Z_1, \mathbf{x}, \mathbf{y}, Z_2) &: \text{alle Wege } U \in \mathcal{U}(Z_1, \mathbf{x}, Z_2) \text{ mit } \mathbf{y}(U) = \mathbf{y}, && (4.27)\\
\mathcal{U}(Z_1, \infty, \mathbf{y}, Z_2) &: \text{alle Wege } U \in \mathcal{U}(Z_1, Z_2) \text{ mit } \mathbf{y}(U) = \mathbf{y}. && (4.28)
\end{aligned}$$

Wege, welche von einem Anfangs- zu einem Schlusszustand laufen, heißen *durchgehend*. Wir notieren sie wie folgt:

$$\begin{aligned}
\mathcal{U}(I, F) &: \text{Menge der durchgehenden Wege}, && (4.29)\\
\mathcal{U}^K(I, F) &: \text{alle Wege } U \in \mathcal{U}^K(I, F) \text{ der Länge } |U| = K. && (4.30)
\end{aligned}$$

4.1.3 Weitere Spezialfälle endlicher Automaten

Topologische Spezialfälle

Automaten werden nach besonderen Eigenschaften ihres Graphen unterschieden und bezeichnet.

- **Durchgehender Automat**
  Ein Automat, bei dem alle Übergänge (und damit implizit auch alle Zustände) Teil mindestens eines durchgehenden Weges sind, heißt selbst durchgehend.
  $$\forall\, e \in \mathcal{A} : e \in \mathcal{U}(I, F) \tag{4.31}$$
- **Kreisfreier Automat**
  Ein Automat, in dem kein Weg zu seinem eigenen Startzustand zurückkehrt, heiß kreisfrei.
  $$\forall\, z \in \mathcal{A} : \mathcal{U}(z, z) = \varnothing \tag{4.32}$$
  Aus dieser Eigenschaft folgt bei kreisfreien endlichen Automaten unter anderem, dass alle Wege eine endliche Länge haben:
  $$\forall\, z_i, z_j \in \mathcal{A},\ U \in \mathcal{U}(z_i, z_j) : |U| < \infty \tag{4.33}$$
- **Baum**
  Ein Automat mit genau einem Anfangszustand heißt Baum, wenn zu jedem anderen Zustand genau ein Weg existiert.
  $$|I| = 1 \wedge \forall\, z \in \mathcal{A}, z \notin I : |\mathcal{U}(I, z)| = 1 \tag{4.34}$$

Stochastische Automaten

Ein stochastischer Automat ist ein endlicher Automat, dessen Gewichte Wahrscheinlichkeiten sind. Als Gewichtshalbringe können dabei der Wahrscheinlichkeits- und der Max/Mal-Halbring verwendet werden. Zusätzlich zu den durch den Halbring gestellten Bedingungen an die Gewichte müssen stochastische Randbedingungen eingehalten werden. Dazu werden die Gewichte als bedingte Wahrscheinlichkeiten interpretiert:

$$\begin{aligned} &\text{Typ 1: } w(z,x,y,z') = P(z',y|z,x) \quad \text{mit } \sum_{z'}\sum_{y} P(z',y|z,x) = 1,\\ &\text{Typ 2: } w(z,x,y,z') = P'(z',y,x|z) \quad \text{mit } \sum_{z'}\sum_{y}\sum_{x} P'(z',y,x|z) = 1. \end{aligned} \tag{4.35}$$

Es gilt

$$P(z',y|z,x) = \frac{P'(z',y,x|z)}{\sum\limits_{z'}\sum\limits_{y} P'(z',y,x|z)}. \tag{4.36}$$

Abbildung 4.4 zeigt ein Zahlenbeispiel für beide Typen von stochastischen Automaten.

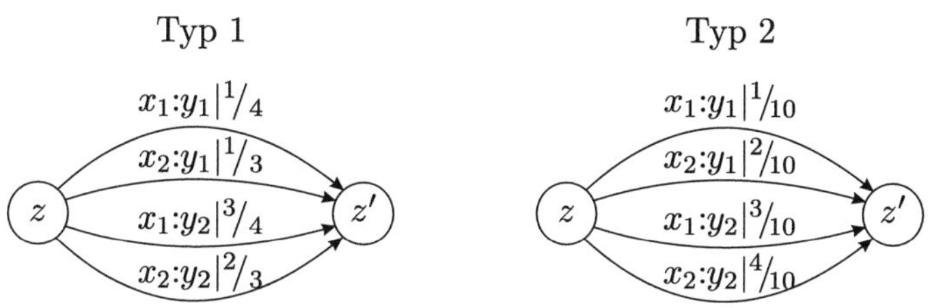

Abb. 4.4. Zahlenbeispiele für stochastische Automaten nach Gleichung (4.35).

Für die Menge der durchgehenden Wege in stochastischen Automaten gilt

$$\sum_{U \in \mathcal{U}(I,F)} P(U) = 1. \tag{4.37}$$

Das ist mit der oben angegebenen Automatendefinition aber nur dann möglich, wenn genau ein Anfangszustand existiert und von keinem Schlusszustand Übergänge ausgehen. Andernfalls würden Anfangs- und Schlusswahrscheinlichkeiten zur Sicherstellung der stochastischen Randbedingung für Wege benötigt.

Das Beispiel aus dem letzten Abschnitt verdeutlicht, dass sich die Konzepte der stochastischen Automaten und der Transduktoren nicht gegenseitig ausschließen. Im Gegenteil: stochastische Generatoren und Transduktoren sind wichtige mathematische Hilfsmittel in der akustischen Mustererkennung. Wir werden im Folgenden allerdings ausschließlich den Typ 1 verwenden.

Mealy-, Moore- und Medvedev-Automaten

Abschließend sollen noch einige klassische Formen der endlichen Automaten genannt werden. Sie basieren auf der Annahme, dass die Zustandsübergänge und Ausgaben unabhängig voneinander sind. In diesem Fall kann die Verhaltensfunktion wie folgt faktorisiert werden:

$$w(z, x, y, z') = f(z, x, z') \otimes g(z, x, y) \tag{4.38}$$

mit

$$\begin{array}{ll} f : Z \times X \times Z \to S & \text{Überführungsfunktion und} \\ g : Z \times X \times Y \to S & \text{Ausgabefunktion.} \end{array}$$

Für stochastische Automaten vom Typ 1 lautet die Faktorisierung entsprechend

$$P(z', y|z, x) = P_f(z'|z, x) \cdot P_g(y|z, x) \tag{4.39}$$

mit

$$\begin{array}{ll} f : P_f(z'|z, x) = \sum_y P(z', y|z, x) & \text{Überführungsfunktion und} \\ g : P_g(y|z, x) = \sum_{z'} P(z', y|z, x) & \text{Ausgabefunktion.} \end{array}$$

Bezüglich der Ausgabefunktion werden traditionell drei Automatentypen unterschieden (siehe z. B. [342]).

Automat	Bedingung	Beschreibung
MEALY-	$y = g(z, x)$	Ausgabe hängt von Zustand und Eingabe ab
MOORE-	$y = g(z)$	Ausgabe hängt nur vom Zustand ab
MEDVEDEV-	$y = z$	Ausgabe ist der Zustand

In der akustischen Mustererkennung ist der MOORE-Automat von besonderer Bedeutung, da er der traditionellen mathematischen Formulierung des Hidden-MARKOV-Modells zugrunde liegt.

4.1.4 Weitere Folgenmodelle

Eine weitere Möglichkeit zur Folgenmodellierung sind generative Grammatiken. Diese werden in Abschnitt 5.1.1 etwas näher vorgestellt. Außerdem sind probabilistische Folgenmodelle, wie zum Beispiel n-Gramm-Modelle, üblich. Darauf wird in Abschnitt 5.1.3 eingegangen.

4.2 Abstandsklassifikation für Folgen

Abstandsklassifikatoren für Folgen sind nach dem in Abbildung 4.1 dargestellten Prinzip aufgebaut. Ihre Modellinformation $\mathcal{M}_c$ besteht aus einer „typischen“ Vektorfolge $\vec{\mathbf{y}}_c$ pro Klasse. Die Entscheidung fällt für die Klasse mit der Referenzfolge, die den kleinsten globalen Abstand von der Testfolge aufweist:

$$s = \arg\min_c d(\vec{\mathbf{o}}, \vec{\mathbf{y}}_c). \tag{4.40}$$

Im Folgenden werden verschiedene Abstandsmaße D vorgestellt und deren effiziente Berechnung erläutert.

4.2.1 Darstellung von Folgen durch Automaten

Zur Definition eines Abstands zwischen zwei Folgen fassen wir diese als Ausgaben von Generatoren (siehe Abschnitt 4.1.2) auf. Das ist zweckmäßig, weil, wie wir schon in Abschnitt 2.4.4 gesehen haben, für eine sinnvolle Abstandsermittlung gewisse Anpassungen der Folgen vorgenommen werden müssen. Diese lassen sich mit Hilfe von Automaten besonders leicht realisieren. Wir verwenden die Automatendarstellung unabhängig davon, ob wir Vektorfolgen $\vec{\mathbf{o}} = (\vec{o}^1, \ldots, \vec{o}^K)$ oder Symbolfolgen $\mathbf{o} = (o^1, \ldots, o^K)$ betrachten. Der Einfachheit halber beginnen wir mit Symbolfolgen.

Eine Folge kann offensichtlich immer durch einen trivialen, linearen Automatengraphen beschrieben werden, der für jedes Element der Folge genau eine Kante besitzt, deren Ausgabesymbol das entsprechende Zeichen ist. Der Automat soll die Zeichenfolge nur ausgeben und benötigt daher keine Eingaben.

Wir betrachten als Beispiel die Symbolfolge MACHBAR. Der Automatengraph des entsprechenden Generators sieht wie folgt aus:

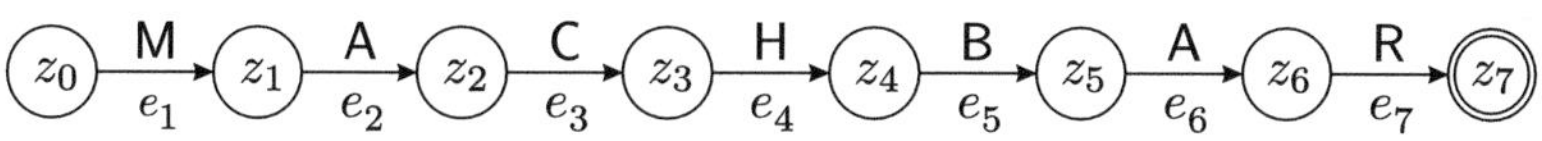

(4.41)

Die Funktion des Generators ist, beginnend am Zustand z_0 den einzig möglichen Weg durch den Automatengraphen abzuschreiten, bei jedem Zustandsübergang ein Symbol auszugeben und im Endzustand z_7 anzuhalten.

Nach Abschnitt 4.1.1 lautet die mathematische Beschreibung dieses speziellen Generators:

$$\mathsf{A} = \{Z, I, F, Y, S, w\} \tag{4.42}$$

mit

$$\begin{aligned}
Z &= \{z_0, z_1, z_2, z_3, z_4, z_5, z_6, z_7\} && \text{Zustände,}\\
I &= \{z_0\} && \text{Anfangszustand,}\\
F &= \{z_7\} && \text{Endzustand,}\\
Y &= \{\mathsf{A}, \mathsf{B}, \mathsf{C}, \mathsf{H}, \mathsf{M}, \mathsf{R}\} && \text{Ausgabealphabet,}\\
S &= \{\mathbb{R} \cup \infty, \min, +, \infty, 0\} && \text{tropischer Halbring und}\\
w &: Z \times Y \times Z \to S && \text{Verhaltensfunktion.}
\end{aligned}$$

Wir erinnern uns, dass die Verhaltensfunktion w jedem 3-Tupel aus Startzustand z, Ausgabesymbol y und Zielzustand z' ein Gewicht $w(z, y, z')$ zuordnet. Der Generator (4.41) hat also die Verhaltensfunktion

$$w = \begin{cases}
0 & : z = z_0, y = \mathsf{M}, z' = z_1\\
0 & : z = z_1, y = \mathsf{A}, z' = z_2\\
0 & : z = z_2, y = \mathsf{C}, z' = z_3\\
0 & : z = z_3, y = \mathsf{H}, z' = z_4\\
0 & : z = z_4, y = \mathsf{B}, z' = z_5\\
0 & : z = z_5, y = \mathsf{A}, z' = z_6\\
0 & : z = z_6, y = \mathsf{R}, z' = z_7\\
\infty & : \quad \text{sonst}
\end{cases} . \tag{4.43}$$

Jeder Wert beschreibt einen Zustandsübergang $e = (z, y, w(z, y, z'), z')$ des Automatengraphen.[2] Da wir für die Gewichte den tropischen Halbring gewählt haben, können die Funktionswerte der Verhaltensfunktion als Abstände zwischen den Zuständen interpretiert werden. Sind zwei Zustände unendlich weit voneinander entfernt, existiert einfach kein Übergang. Die Wahl des „Abstands“ Null für die existierenden Übergänge ist zunächst willkürlich. Dieser Wert wird sich später als sinnvoll erweisen.

Wir wollen nun mathematisch zeigen, dass der Generator nach Gleichungen (4.42) und (4.43) genau die Zeichenkette MACHBAR erzeugt. Wir betrachten dazu die Menge $\mathcal{U}(I, F)$ der durchgehenden Wege. Im Beispiel hat diese Menge nur ein Element:

$$\mathcal{U}(I, F) = \{U(I, F)\} = \{(e_1, e_2, e_3, e_4, e_5, e_6, e_7)\}. \tag{4.44}$$

Die Ausgabe entlang des einzigen durchgehenden Weges ergibt sich durch Verkettung der Ausgabesymbole zu

$$\mathbf{y}(U) = y(e_1) \cdot y(e_2) \cdot y(e_3) \cdot y(e_4) \cdot y(e_5) \cdot y(e_6) \cdot y(e_7) = \mathsf{MACHBAR}. \tag{4.45}$$

Wir halten allgemein fest: Autonome Automaten sind Erzeugungsmodelle für Folgen. Wir werden sie im Weiteren kurz als *Folgenmodelle* bezeichnen.

4.2.2 Levenshtein-Distanz

Wir berechnen den Abstand zwischen zwei Zeichenfolgen $\mathbf{y}$ und $\mathbf{o}$ mit Hilfe des Algorithmus 4.2. Seine Kernidee ist die Zurückführung der Frage „Wie ähnlich sind die Folgen?“ auf die leichter zu beantwortende Frage „Wie ähnlich sind die Zeichen?“. Dieses Vorgehen ist *das* wesentliche Prinzip der Folgenklassifikation. Aus diesem Kontext stammen die Bezeichnungen „Referenzfolge“ und „Testfolge“ für $\mathbf{y}$ und $\mathbf{o}$, welche wir im Folgenden verwenden wollen.[3]

Wir greifen das Beispiel aus Abschnitt 4.2.1 wieder auf. Wir hatten die Referenzfolge $\mathbf{y} = \mathsf{MACHBAR}$ als einzige Ausgabe eines Generators $\mathcal{A}$ ausgedrückt. Nun wollen wir diese mit der Testfolge $\mathbf{o} = \mathsf{ACHTBAR}$ vergleichen. Als lokalen Abstand zwischen einem Zeichen der Testfolge und dem Ausgabezeichen eines Zustandsübergangs verwenden wir

$$d(o, y(e)) = \begin{cases} 0 : o = y(e) \\ 1 : \text{sonst} \end{cases}. \tag{4.46}$$

Im Beispiel lauten die lokalen Abstände damit:

[2] Bei Softwarerealisierungen wird die Verhaltensfunktion üblicherweise als Liste der *existierenden* Zustandsübergänge dargestellt.

[3] Ein Folgenklassifikator ermittelt, wie gut eine Testfolge zum Modell einer Referenzfolge passt.

Alg. 4.2
Abstand zwischen Folgen

1. Bilde ein Folgenmodell $\mathcal{A}_\mathbf{y}$ aus der Folge $\mathbf{y}$ (Referenzfolge).
2. Ordne die Zeichen der Folge $\mathbf{o}$ (Testfolge) den Zustandsübergängen eines gleichlangen, durchgängigen Weges $U \in \mathcal{U}^K(I,F)$ mit $K = |\mathbf{o}|$ des Folgenmodells zu. (Bezeichnung siehe Abschnitt 4.1.1)
3. Berechne *lokale Abstände* d zwischen den Zeichen o^k und den Ausgabezeichen $y(e^k)$ der zugeordneten Übergänge und benutze diese als Übergangsgewicht:
   $$w(e) = d(o,e) := d(o, y(e)).$$
4. Verknüpfe die Übergangsgewichte entlang des Weges zum *globalen Abstand* $w(U)$:
   $$w(U) = \bigotimes_{e \in U} w(e).$$

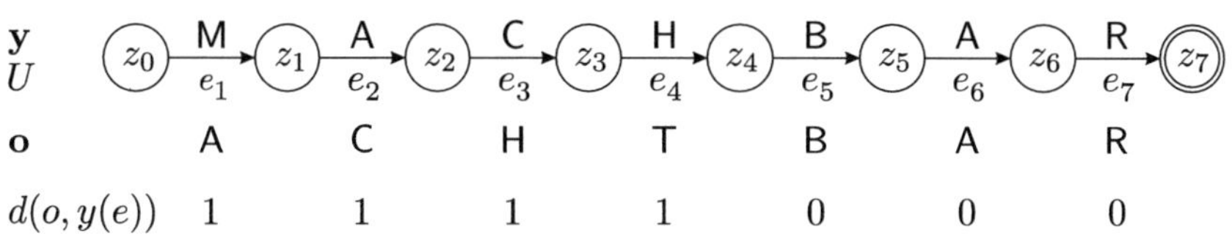

(4.47)

Die Verknüpfung der lokalen Abstände entlang des einzigen Weges U lautet

$$w(U) = \bigotimes_{k=1}^{7} d(o^k, y(e_k)) = 1+1+1+1+0+0+0 = 4, \tag{4.48}$$

wobei im tropischen Halbring $\bigotimes = \sum$ gilt (siehe Tabelle 4.1). Wir erhalten also einen globalen Abstand von 4 zwischen den Folgen MACHBAR und ACHTBAR.

Diese Lösung weist zwei Probleme auf: Zum einen funktioniert sie nicht für Folgen unterschiedlicher Länge und zum anderen unterschätzt sie die Ähnlichkeit. Das wird im Beispiel deutlich: der Abstand zwischen den Teilfolgen BAR ist zwar richtigerweise Null, es wird jedoch nicht erkannt, dass auch die Teilfolge ACH in beiden Zeichenketten enthalten ist.

Abhilfe kann durch ein nichttriviales Folgenmodell für MACHBAR geschaffen werden, welches das Auslassen des Zeichens M sowie das Einfügen eines Zeichens zwischen H und B erlaubt:

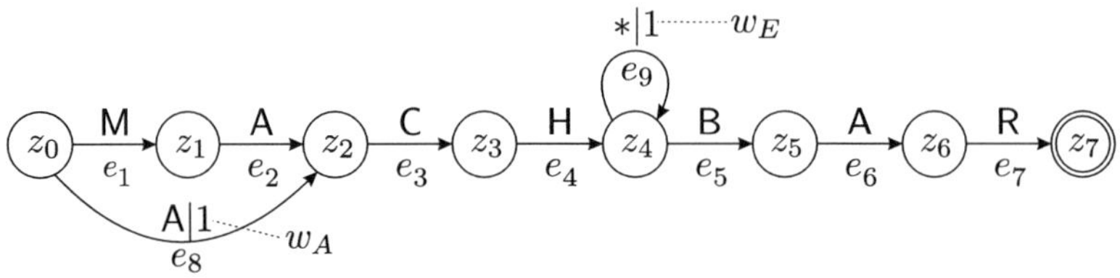

(4.49)

Natürlich müssen sich Einfügungen und Auslassungen auf die lokalen Abstände auswirken. Daher wurden entsprechende Strafgewichte $w_E = w_A = 1$ eingeführt. Die Änderung des Automaten führt dazu, dass ein und derselbe Zustandsübergang nun zu verschiedenen Zeitpunkten überschritten werden kann:

1. Abhängig von der Benutzung der Auslassung e_8 wird der Übergang e_3 entweder nach zwei oder nach drei Schritten erreicht. Für die folgenden Übergänge gilt das entsprechende.
2. Die Einfügung e_9 kann gar nicht, einmal oder beliebig oft durchlaufen werden. Die Zeitpunkte der folgenden Übergänge verschieben sich entsprechend.

Wir verwenden daher die in Abschnitt 4.1.1 eingeführte doppelte Indizierung

$$e_{i \,\leftarrow\, \text{räumlicher Index}}^{k \,\leftarrow\, \text{zeitlicher Index}}$$

zur Kennzeichnung der Übergänge und deren Zeitpunkte.

Der Automat (4.49) hat unendlich viele durchgehende Wege unterschiedlicher Längen. Zur Berechnung des Abstands zur Zeichenkette ACHTBAR müssen alle Wege der Länge $K = |\mathbf{o}| = 7$ betrachtet werden. Abbildung 4.5 zeigt einige Wege und deren Vergleich mit der Folge $\mathbf{o}$. Bei der Ermittlung der Gewichte wurden neben den lokalen Abständen auch die Strafen für Einfügungen und Auslassungen berücksichtigt.

Wir sehen, dass genau zwei durchgehende Wege mit der richtigen Länge existieren. Der globale Abstand für jeden Weg wird wie oben durch Addition der Einzelgewichte berechnet:

$$\begin{aligned} U_1 &= (e_8, e_3, e_4, e_9, e_5, e_6, e_7)\colon w(U_1) = \bigotimes_{k=1}^{7} w\left(U_1(k)\right) = 2 \\ U_2 &= (e_1, e_2, e_3, e_4, e_5, e_6, e_7)\colon w(U_2) = \bigotimes_{k=1}^{7} w\left(U_2(k)\right) = 4, \end{aligned} \tag{4.50}$$

wobei $U_i(k)$ für den k-ten Zustandsübergang des i-ten Weges steht. Als Abstand zwischen den Folgen MACHBAR und ACHTBAR verwenden wir den globalen Abstand des *kürzesten* Weges, da dieser die optimale Zuordnung der Folgen $\mathbf{o}$ und $\mathbf{y}$ zueinander darstellt (siehe Abbildung 4.5):

$$[\![\mathcal{A}_{\mathbf{y}}]\!](\mathbf{o}) = \bigoplus_{U \in \mathcal{U}^K(I,F)} w(U) = \min(2{,}4) = 2 \quad \text{mit } K = |\mathbf{o}|, \tag{4.51}$$

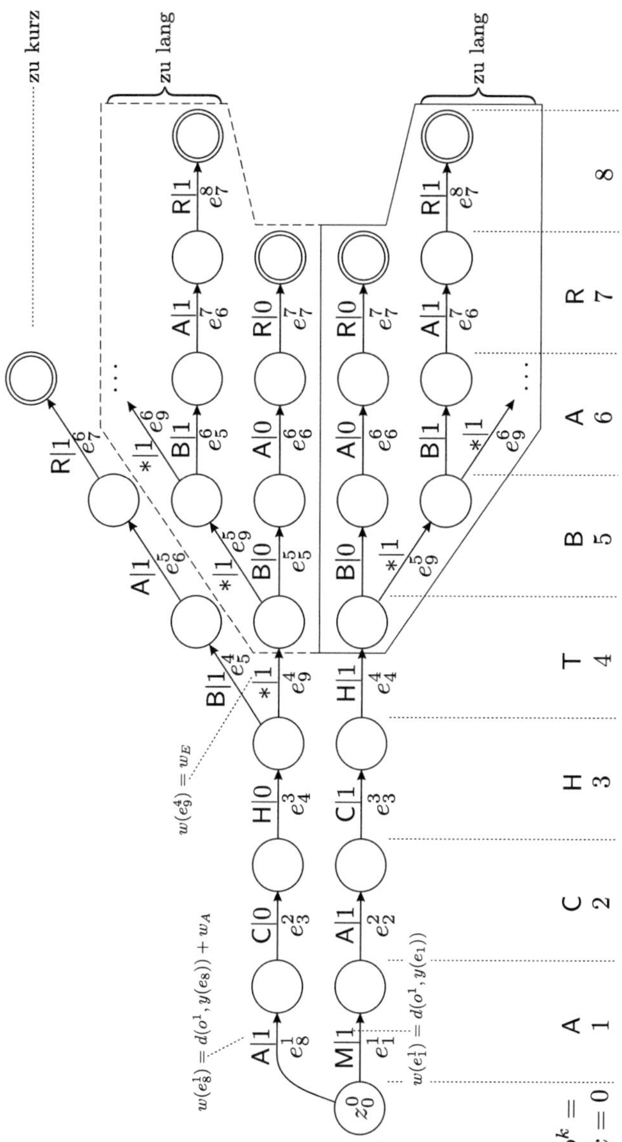

Abb. 4.5. Durchgehende Wege im Automaten (4.49). Die lokalen Abstände $d(o^k, e_i)$ sind als Gewichte der Zustandsübergänge eingetragen. Es gibt einen zu kurzen durchgehenden Weg, zwei der richtigen Länge und unendlich viele zu lange. Der gestrichelt umrahmte Bereich ist redundant (identisch mit dem durchgezogen umrahmten Bereich). Dies ist der Ansatzpunkt für eine spätere Optimierung.

wobei im tropischen Halbring $\bigoplus = \text{Min}$ gilt. Das Symbol $[\![\mathcal{A}_{\mathbf{y}}]\!](\mathbf{o})$ bedeutet: „Das Gewicht, welches der Automat $\mathcal{A}_{\mathbf{y}}$ der Folge $\mathbf{o}$ zuordnet“. Bei Vergleich von Zeichenketten ist dieses Gewicht der kürzeste globale Abstand aller passenden Wege. Der Vergleich von (4.48) und (4.51) verdeutlicht, dass der globale Abstand wesentlich vom Typ des verwendeten Folgenmodells $\mathcal{A}_{\mathbf{y}}$ abhängt. Das allgemeinste mögliche Modell erlaubt überall beliebig viele Einfügungen und Auslassungen sowie ein beliebiges „vorzeitiges“ Ende. Für die Referenzfolge MACHBAR würde es wie folgt aussehen:[4]

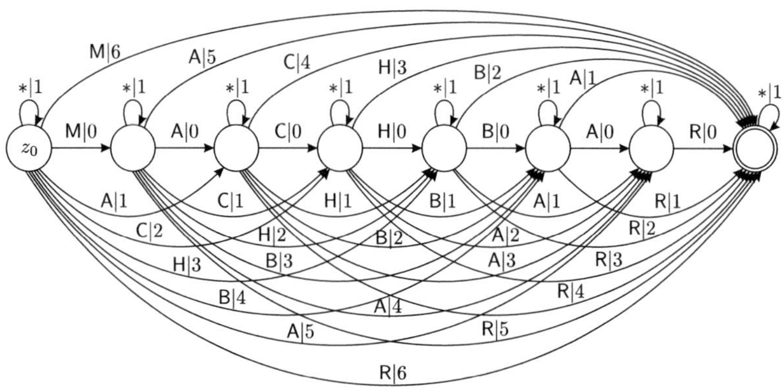

(4.52)

Der Abstand zwischen der Folge $\mathbf{y} =$ MACHBAR und einer *beliebigen*, nicht leeren Folge $\mathbf{o}$ mit der Länge $K = |\mathbf{o}|$ kann nun allgemein mit Hilfe der Beziehung

$$[\![\mathcal{A}_{\mathbf{y}}]\!](\mathbf{o}) = \bigoplus_{U \in \mathcal{U}^K(I,F)} \left[\bigotimes_{e^k \in U} w_e^k \right] = \operatorname*{Min}_{U \in \mathcal{U}^K(I,F)} \left[\sum_{e^k \in U} w_e^k \right] \tag{4.53}$$

angegeben werden, wobei

$$\begin{aligned} w_e^k &= d(o^k, y(e^k)) \qquad + w(e^k) \\ &= \begin{cases} 0 : y(e^k) = * \\ 0 : y(e^k) = o^k \\ 1 : \text{sonst} \end{cases} + \begin{cases} 1 : \text{Einfügung } \textit{eines} \text{ Zeichens} \\ n : \text{Auslassung von } n \text{ Zeichen} \\ 0 : \text{sonst („normaler“ Übergang)} \end{cases} \end{aligned} \tag{4.54}$$

gilt. Für andere Referenzfolgen $\mathbf{y}$ muss der Automat (4.52) entsprechend angepasst werden.

Gleichung (4.53) wird in Verbindung mit Automaten in der Gestalt von (4.52) als Levenshtein- oder Editier-Distanz bezeichnet [186, 187]. Der zweite Name rührt aus der Vorstellung her, dass der Abstand zwischen zwei Zeichenketten durch die geringstmögliche Anzahl von Tastenanschlägen beim

[4] Die Verwendung von so genannten „leeren“ Übergängen (siehe Gl. 5.37) oder Endgewichten erlaubt eine kompaktere Darstellung als (4.52), die aber mathematisch und algorithmisch schwieriger handhabbar ist [215].

Editieren der einen Zeichenkette in die andere definiert werden kann; genau diese Zahl wird auch tatsächlich ermittelt[5].

4.2.3 Abstand zwischen Folgen

Wir wollen nun die LEVENSHTEIN-Distanz zur Berechnung des Abstandes zwischen beliebigen Folgen, inklusive Vektorfolgen, erweitern.

Eine nähere Betrachtung von Gleichung (4.54) zeigt, dass wir zwei Sorten von Übergangsgewichten verwendet haben. Sie unterscheiden sich durch ihre Zeitabhängigkeit.

- **Zeitinvariante Gewichte**
  Diese Gewichte sind unabhängig vom Zeitpunkt des Überschreitens des Zustandsübergangs. Beispiele dafür sind die Strafen für Einfügungen und Auslassungen. Im Automaten (4.52) sind die zeitinvariante Gewichte eingetragen („normale" Übergänge haben das Gewicht Null erhalten).
- **Zeitvariante Gewichte**
  Zeitabhängige Gewichte ergeben sich beim Vergleich der Ausgabesymbole $y(e)$ mit den Zeichen der Folge $\mathbf{o}$. Abbildung 4.5 zeigt, dass viele Zustandsübergänge zu mehr als einem Zeitpunkt überschritten werden können, damit jeweils einem anderen Symbol aus $\mathbf{o}$ zugeordnet werden und deshalb einen „zeitabhängigen" lokalen Abstand von dieser Folge besitzen.

Zeitvariante und zeitinvariante Gewichte werden mit der Multiplikationsoperation des Gewichtshalbrings verknüpft (zur Erinnerung: für die Abstandsberechnung verwenden wir den tropischen Halbring und damit die *Addition*).

Für die Abstandsberechnung nach dem eben beschriebenen Prinzip macht es keinen prinzipiellen Unterschied, ob Symbolfolgen oder Vektorfolgen vorliegen. Wir gehen zunächst davon aus, das ein Generator ohne Weiteres auch Vektoren als „Ausgabesymbole" erzeugen kann. Die allgemeine Berechnungsvorschrift für den Abstand zwischen zwei (Vektor-) Folgen lautet also in Anlehnung an Gleichung (4.53)

$$[\![\mathcal{A}_{\vec{\mathbf{y}}}]\!](\vec{\mathbf{o}}) = \bigoplus_{U \in \mathcal{U}^K(I,F)} \left\{ \bigotimes_{e^k \in U} \left[w\left(\vec{o}^{\,k}, e^k\right) \otimes w(e^k) \right] \right\}, \tag{4.55}$$

wobei K wieder für die Länge der Testfolge $\vec{\mathbf{o}}$ steht. Der Ausdruck ist vielseitig „parametrierbar". Die folgenden Elemente können jeweils problemabhängig gewählt werden:

1. Folgenmodell $\mathcal{A}_{\vec{\mathbf{y}}}$ (Referenzfolge $\vec{\mathbf{y}}$, Einfügungen, Auslassungen),
2. zeitvariante Gewichte (z. B. Strafen für Einfügungen und Auslassungen),
3. zeitinvariante Gewichte (z. B. lokale Abstände),

[5] Cursortasten werden dabei nicht mitgezählt.

4. Verknüpfungsoperation längs von Wegen $\bigotimes$ sowie
5. Verknüpfungsoperation zur Zusammenfassung von Wegen $\bigoplus$.

Die letzten beiden Parameter werden normalerweise gemeinsam durch die Wahl eines Gewichtshalbrings festgelegt. Diese Wahl hat ebenfalls Einfluss auf die Vergabe der Gewichte, da auch die neutralen Elemente bezüglich der Addition und Multiplikation durch den Gewichtshalbring bestimmt werden.

Die Parametrierung von Gleichung (4.55) zur Berechnung der in Abschnitt 4.2.2 behandelten LEVENSHTEIN-Distanz würde beispielsweise wie folgt aussehen:

Folgenmodell $\mathcal{A}_{\mathbf{y}}$	(entsprechend 4.52)
- Referenzfolge	$\mathbf{y}$
- Einfügungen	beliebig viele, modelliert in $\mathbf{y}$
- Auslassungen	beliebig viele, modelliert in $\mathbf{y}$
Gewichte	
$w(o^k, e) =$	$\begin{cases} 0 : y(e) = * \\ 0 : y(e) = o^k \\ 1 : \text{sonst} \end{cases}$
$w(e) =$	$\begin{cases} 1 : \text{Einfügung } \textit{eines} \text{ Zeichens} \\ n : \text{Auslassung von } n \text{ Zeichen} \\ 0 : \text{sonst („normaler“ Übergang)} \end{cases}$
Operatoren	(tropischer Halbring)
$\bigotimes =$	$+$
$\bigoplus =$	min

4.2.4 Zeitvariante dynamische Programmierung

Das Abstandsmaß (4.55) für Folgen ist mathematisch zufriedenstellend. Seine praktische Berechnung erfordert jedoch eine mit der Länge der Testfolge exponentiell wachsende Anzahl von Rechenoperationen. Grund dafür ist die enthaltene Aufzählung *aller* durchgehenden Wege der Länge $K = |\vec{\mathbf{o}}|$.

Bellmansches Optimalitätsprinzip

Die Berechnung kann wesentlich vereinfacht werden, indem der gleiche Übergang zum gleichen Zeitpunkt nicht mehrfach, sondern nur ein einziges Mal berücksichtigt wird. Zur Verdeutlichung betrachten wir in Abbildung 4.5 die zwei eingerahmten, identischen Bereiche. Würden wir beliebige Weggewichte beginnend an den Zuständen $z'(e_9^4)$ und $z'(e_4^4)$ (Zielzustände der Übergänge) berechnen, erhielten wir in beiden Teilautomaten immer gleiche Ergebnisse, da diese ja identisch sind. Natürlich ist auch der optimale Weg durch beide Teilautomaten identisch. Der optimale Weg durch den gesamten Automaten hängt damit also *nicht* davon ab, welchen der identischen Teilautomaten wir wählen. Mit anderen Worten: wir können den Automatengraphen an den genannten Zuständen zusammenführen und somit einen der redundanten Teilautomaten eliminieren. Der aus dieser Optimierung resultierende Automatengraph wird als Trellisdiagramm bezeichnet. Abbildung 4.6 zeigt das Trellisdiagramm für unser Beispiel.

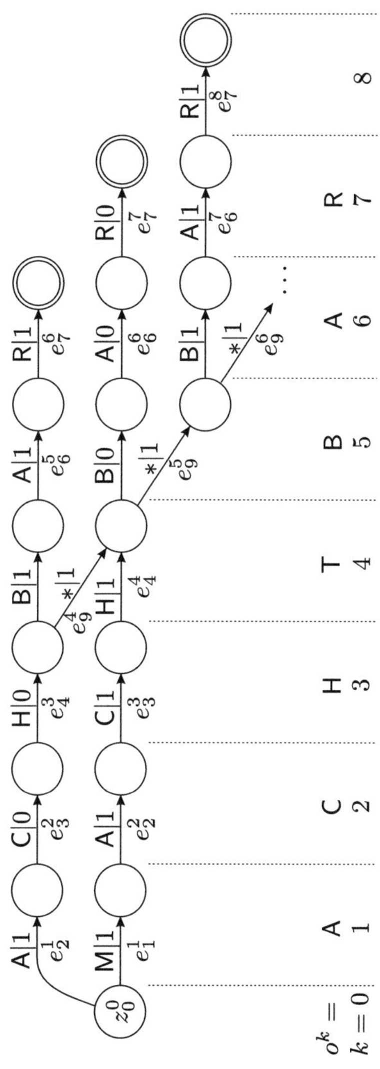

Abb. 4.6. Trellisdiagramm des Automaten aus Abbildung 4.5.

Das Zusammenführen von Zuständen erfordert eine Verknüpfungsoperation für die Weggewichte. Es geschieht hier aber eigentlich nichts anderes als zuvor, wo wir durch „Zusammenführen“ der Schlusszustände die Entscheidung für den optimalen Weg getroffen hatten. Wir fällen nun lediglich eine Teilentscheidung zu einem früheren Zeitpunkt und verwenden dazu ebenfalls die Halbring-Addition (im Beispiel: die Minimum-Operation). Der auf diese Weise im Automaten aus Abbildung 4.6 gefundene optimale Weg ist identisch mit dem aus Abbildung 4.5. Auch der globale Abstand bleibt gleich. Die Berechnung von Gleichung (4.55) mit der eben erläuterten Vereinfachung wird als zeitvariante dynamische Programmierung bezeichnet. Die Vereinfachung selbst wurde zuerst von Bellman veröffentlicht [14] und wird nach ihm als Bellmansches Optimalitätsprinzip bezeichnet:

Satz 4.2.1. *Ein „kürzester“ Weg $U(A, B)$ zwischen den Zuständen A und B, der über die Zustände X und Y führt, muss auch zwischen diesen beiden Zuständen einen kürzesten Weg benutzen.*

Beweis. Würde der kürzeste Weg zwischen A und B *nicht* auch zwischen X und Y einen kürzesten Weg benutzen, so könnte $U(A, B)$ verkürzt werden, indem zwischen X und Y ein kürzerer Teilweg verwendet würde. Dann wäre $U(A, B)$ aber kein kürzester Weg zwischen A und B, was einen Widerspruch zur Voraussetzung darstellt!

□

Der Effizienzgewinn bei der Verwendung des Optimalitätsprinzips gegenüber der direkten Auswertung von (4.55) liegt auf der Hand. Der Rechenaufwand wächst jetzt nur noch linear mit der Länge der Testfolge.[6]

Algorithmus

Wir wollen nun einen Algorithmus unter Verwendung des Bellmanschen Optimalitätsprinzips angeben. Wir betrachten dazu die beiden durchgehenden Wege mit der Länge $K = 7$ im Automaten (4.49)

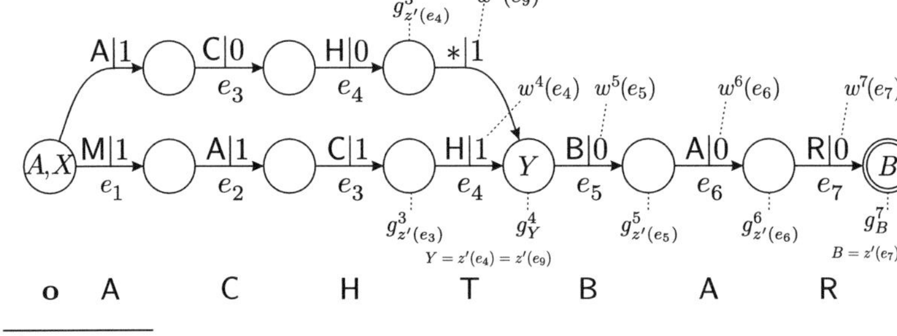

(4.56)

[6] Er wächst aber mehr als linear mit der Größe des Folgenmodells!

und stellen die Frage: „Stehend am Zustand B, welches ist der kürzeste Abstand vom Zustand A?“ Wir bezeichnen diesen globalen Abstand eines Zustands z vom Anfangszustand mit dem Symbol g_z^k. Bezogen auf die Frage suchen wir also die Größe g_B^7. Der Zeitindex k ist notwendig, da ein und derselbe Zustand im Allgemeinen zu verschiedenen Zeitpunkten erreicht werden kann.

Offensichtlich kann die Frage auf die kürzesten Abstände zu den Vorgängerzuständen (im Beispiel: e_6 mit globalem Abstand $g^6_{z'(e_6)}$) *plus* die lokale Abständen (im Beispiel: $w^7_{e_7}$) zurückgeführt werden. Damit ergibt sich

$$g_B^7 = g^6_{z'(e_6)} + w^7_{e_7}. \tag{4.57}$$

Dieses Vorgehen können wir iterativ fortsetzen, bis wir einen Anfangszustand (im Beispiel: A) erreichen. Dessen globaler Abstand von sich selbst ist natürlich Null und wir erreichen ihn nach null Zeitschritten. Es gilt also

$$g_A^0 = 0. \tag{4.58}$$

Wenn zu einem bestimmten Zeitpunkt k mehrere Wege zum selben Zustand existieren (im Beispiel: Y zum Zeitpunkt $k = 4$), wenden wir das BELLMANsche Optimalitätsprinzip an und entscheiden uns für den kürzeren Weg:

$$g_Y^4 = \mathrm{Min}\left(g^3_{z'(e_4)} + w^4_{e_9},\, g^3_{z'(e_3)} + w^4_{e_4}\right). \tag{4.59}$$

Allgemein können wir also unter Verwendung eines beliebigen Halbrings den „kürzesten“ Weg zum Zustand z_i zum Zeitpunkt k wie folgt schreiben:

$$g^k_{z_i} = \bigoplus_{e:z'(e)=z_i} \left[g^{k-1}_{z(e)} \otimes w^k_e\right]. \tag{4.60}$$

Wir sehen, dass zur Berechnung des Ausdrucks die Kenntnis aller globalen Abstände g^{k-1} sowie der Gewichte w^k ausreicht. Nach Gleichung (4.58) sind diese Werte für den nullten Zeitschritt bekannt. Damit können die globalen Abstände für den ersten Zeitschritt berechnet werden und so weiter bis zu allen Schlusszuständen. Algorithmus 4.3 stellt die zeitvariante dynamische Programmierung geschlossen dar. Sie wird – nach ihrem Erfinder – auch als VITERBI-Algorithmus bezeichnet [296, 94].

Bestimmung des besten Weges

Für manche Anwendungen interessiert nicht nur der kürzeste Abstand, sondern auch der zugehörige Weg. Natürlich ist dessen Bestimmung nur bei Verwendung des tropischen oder des Max/Mal-Halbrings sinnvoll, da nur dort die Zusammenführungsoperation für Wege $\bigoplus$ für einen bestimmten Weg entscheidet ($\bigoplus$ = Min beziehungsweise $\bigoplus$ = Max). In den anderen Halbringen werden alle Wege gemeinsam betrachtet. Die Ermittlung des besten Weges geschieht durch die so genannte Rückverfolgung (engl. *backtracking*) nach Algorithmus 4.4.

Alg. 4.3
Zeitvariante dynamische Programmierung
(auch VITERBI-Algorithmus)

1. Initialisierung[A]

$$g^0_{z_i} = \begin{cases} \bar{1} : z_i \in I & \text{(Anfangszustand)} \\ \bar{0} : z_i \notin I & \text{(kein Anfangszustand)} \end{cases}$$

2. Rekursion
   für $1 < k \leq K$:

$$g^k_{z_i} = \bigoplus_{e:z'(e)=z_i} \left[g^{k-1}_{z(e)} \otimes w(\vec{o}^k, e) \otimes w(e) \right]$$

3. Terminierung

$$[\![\mathcal{A}_{\vec{\mathbf{y}}}]\!](\vec{\mathbf{o}}) = \bigoplus_{z_i} g^K_{z_i} \qquad \text{mit } z_i \in F \quad \text{(Schlusszustände)}$$

[A] Bei der Verwendung von Wahrscheinlichkeiten als Gewichte beachte man die Bemerkung zur Initialisierung von Algorithmus 4.6!

Alg. 4.4
Rückverfolgungsalgorithmus

1. während der DP-Rekursion:
   für jeden Zustand und jeden Zeitpunkt den Übergang $\Psi^k_{z_i}$ vom optimalen Vorgänger merken

$$\Psi^k_{z_i} = \operatorname*{arg\,ext}_{e:z'(e)=z_i} \left[g^{k-1}_{z(e)} \otimes w(\vec{o}^k, e) \otimes w(e) \right]$$

2. am Ende der DP-Rekursion ($k = K$):
   den optimalen Schlusszustand bestimmen

$$z_i = \operatorname*{arg\,ext}_{z} g^K_z$$

3. Rekursion
   Rückwärts für alle Zeitpunkte $K \geq k > 0$:

   3.1 Übergang vom optimalen Vorgänger ermitteln

   $$e = \Psi^k_{z_i}$$

   3.2 Startzustand ermitteln

   $$z_i \leftarrow z(e)$$

Diskussion

Die dynamische Programmierung ist, wie wir gesehen haben, effizienter als die Aufzählung aller Wege nach Gleichung (4.55). Die Berechnung erfordert aber schlimmstenfalls die Kenntnis *aller* g^{k-1}. Die Komplexität ist damit $K \times |Z|$. Es gibt effizientere Verfahren.

Wir haben von „zeitvarianter“ dynamischer Programmierung gesprochen. Dieser Begriff ist allerdings in der Literatur nicht üblich; das Verfahren wird meist lediglich „dynamische Programmierung“ genannt. Die hier gewählte Bezeichnung trägt dem Umstand Rechnung, dass die Gewichte der Zustandsübergänge $w_e^k = w(\vec{o}^k, e_i) \otimes w(e)$ abhängig vom Zeitpunkt deren Benutzung sind. Dies ist nicht immer so. Wenn keine Testfolge $\vec{\mathbf{o}}$ vorhanden ist (zum Beispiel bei Routenplanungsproblemen), fällt der zeitabhängige Term weg, und die Übergangsgewichte sind zeitunabhängig. Die globalen Abstände g müssen dann nur *einmal* pro Zustand (und nicht pro Zustand und Zeitpunkt) gespeichert werden. Wir sprechen hier, da es sich ansonsten um ein und dasselbe Verfahren handelt, von einer zeitinvarianten dynamischen Programmierung (siehe Algorithmus 4.5). In der Literatur wird diese jedoch üblicherweise als BELLMAN-FORD-Algorithmus bezeichnet [93, 15].

In der Literatur impliziert der Begriff „dynamische Programmierung“ in aller Regel die Verwendung des tropischen, arktischen oder – seltener – des Max/Mal-Halbrings. In unserer anschaulichen Betrachtung von kürzesten Wegen und lokalen Entscheidungen sind wir dieser Auffassung gefolgt. Mathematisch gibt es jedoch keinen Grund dafür. Algorithmus 4.3 kann ebenso gut im Wahrscheinlichkeits- oder logarithmischen Halbring ausgeführt werden. Dort ist er unter der Bezeichnung Vorwärtsalgorithmus bekannt. Wir werden in Abschnitt 4.3.4 darauf zurückkommen.

Algorithmen, die auf dynamischer Programmierung beruhen, finden vielfältige Anwendungen. Als Beispiele seien genannt: Routenplanung (BELLMAN-FORD-Algorithmus), Fehlerkorrektur und Kanalentzerrung im Mobilfunk (VITERBI-Algorithmus), Kryptografie (zum Beispiel das Knapsack-Problem), *data mining* (Suchverfahren, Zeichenkettenvergleich), Spracherkennung und Computerlinguistik (Forward- und VITERBI-Algorithmus).

4.2.5 Dynamische Zeitanpassung

Die dynamische Zeitanpassung (*dynamic time warping*, DTW) ist eines der ältesten Vergleichsverfahren für Vektorfolgen. Obwohl traditionell anders beschrieben[7], benutzt es Gleichung (4.55) mit der Parametrierung

[7] In Anhang A.4 ist der traditionelle Algorithmus zum Vergleich angegeben.

Automat $\mathcal{A}_{\vec{\mathbf{y}}\times\vec{\mathbf{o}}}$	(entsprechend Abbildung 4.7)
- Folgenmodell	$\vec{\mathbf{y}} \times \vec{\mathbf{o}}$ (Referenz- *und* Testfolge)
- Einfügungen	beliebig viele, modelliert in $\vec{\mathbf{y}}$
- Auslassungen	beliebig viele, modelliert in $\vec{\mathbf{o}}$
Gewichte	
$w(\vec{o}^k, e)$	$= 0$
$w(e)$	$= w(\vec{y}(e), \vec{o}(e)) = \Vert\vec{y}(e) - \vec{o}(e)\Vert$ (s. Erläuterungen)
Operatoren	(tropischer Halbring)
$\bigotimes$	$= +$
$\bigoplus$	$= \min$

zur Abstandsberechnung. Der Name „dynamische Zeitanpassung“ ist etwas irreführend: Das Folgenmodell besitzt ausschließlich *zeitinvariante* Gewichte. Im Unterschied zur LEVENSHTEIN-Distanz besteht es nicht nur in der durch Einfügungen und Auslassungen modifizierten Referenzfolge $\vec{\mathbf{y}}$, sondern im kartesischen Produkt[8] aus Referenz- und Testfolge. Die Zustandsübergänge

$$e = (e_{\vec{y}}, e_{\vec{o}}) \tag{4.61}$$

im kartesischen Produkt behalten ihre Ausgabesymbole aus beiden Faktoren. Somit ist jedem Übergang ein Referenzvektor $\vec{y}(e)$ *und* ein Testvektor $\vec{o}(e)$ zugeordnet, wodurch die Zeitabhängigkeit der Gewichte entfällt. Als lokales Abstandsmaß (zeitinvariantes Gewicht) wird eine beliebige Norm

$$w(e) = w(e_{\vec{y}}, e_{\vec{o}}) = \Vert\vec{y}(e) - \vec{o}(e)\Vert \tag{4.62}$$

des jeweiligen Differenzvektors verwendet. Die zur Längenanpassung notwendige Modifikation erfolgt durch Einfügungen in *beiden* Folgen.

Betrachten wir als konkretes Beispiel die Vektorfolgen

$$\vec{\mathbf{y}} = \left(\begin{pmatrix}0\\1\\1\end{pmatrix}, \begin{pmatrix}0\\1\\4\end{pmatrix}, \begin{pmatrix}0\\3\\4\end{pmatrix}, \begin{pmatrix}1\\7\\3\end{pmatrix}, \begin{pmatrix}2\\7\\2\end{pmatrix}, \begin{pmatrix}3\\6\\5\end{pmatrix} \right) \quad \text{und} \tag{4.63}$$
$$\vec{\mathbf{o}} = \left(\begin{pmatrix}0\\1\\0\end{pmatrix}, \begin{pmatrix}0\\1\\4\end{pmatrix}, \begin{pmatrix}2\\5\\4\end{pmatrix}, \begin{pmatrix}3\\6\\6\end{pmatrix}, \begin{pmatrix}5\\3\\4\end{pmatrix}, \begin{pmatrix}3\\6\\3\end{pmatrix}, \begin{pmatrix}5\\7\\5\end{pmatrix} \right)$$

(nach [120]) wobei wie bisher $\vec{\mathbf{y}}$ die Referenz- und $\vec{\mathbf{o}}$ die Testfolge bezeichnet. Abbildung 4.7 zeigt den Automaten $\mathcal{A}_{\vec{\mathbf{y}}\times\vec{\mathbf{o}}}$ zur Berechnung der dynamischen Zeitanpassung dieser Folgen.

---

[8] Die Zustandsmenge des kartesischen Produkts ist durch alle möglichen Paare von Zuständen der Faktoren gegeben. Es existiert genau dann ein Übergang zwischen zwei Produktzuständen, wenn Übergänge zwischen den entsprechenden Faktorzuständen existieren. Die mathematische Formulierung folgt in Abschnitt 5.2.5.

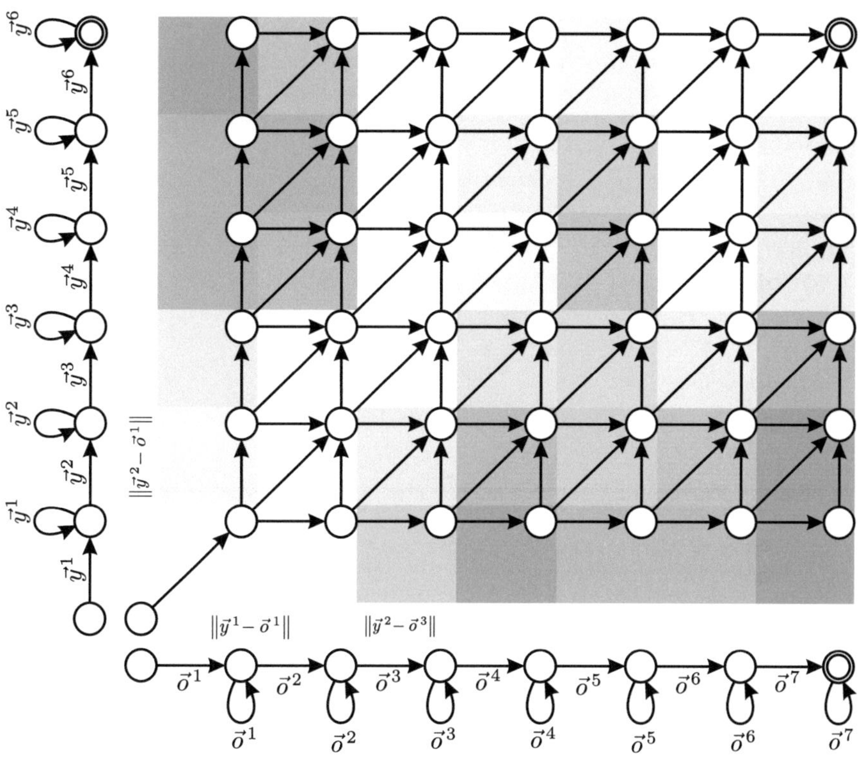

Abb. 4.7. Dynamische Zeitanpassung (Beispiel): Automat zur Berechnung von (4.7). Der Automatengraph ist das kartesische Produkt aus den jeweils um Einfügungen erweiterten Referenz- und Testfolgen $\vec{\mathbf{y}}$ und $\vec{\mathbf{o}}$. Die lokalen (EUKLIDischen) Abstände zwischen Referenz- und Testvektoren sind als graue Hinterlegungen eingezeichnet.

Obwohl keine zeitvarianten Gewichte existieren, kann die effiziente Berechnung des Folgenabstands mit Hilfe der zeitvarianten dynamischen Programmierung (Alg. 4.3) erfolgen. Dafür muss die Zeitdauer K – also die Anzahl der Suchschritte – jedoch auf die Anzahl der Zustände im Automaten $\mathcal{A}_{\vec{\mathbf{y}}\times\vec{\mathbf{o}}}$ gesetzt werden.[9] Für den zeitinvarianten Fall lässt sich die dynamische Programmierung aber auch vereinfacht notieren (Algorithmus 4.5). Diese Variante kann allgemein zur Ermittlung des „kürzesten" Weges durch Graphen *ohne* zeitabhängige Gewichte verwendet werden. Im Gegensatz zur zeitvarianten dynamischen Programmierung ist Algorithmus 4.5 *nur* in den VITERBI-Halbringen zulässig. Falls die optimale Abbildung der beiden Folgen

[9] Man beachte, dass im Falle der dynamischen Zeitanpassung der Suchschrittindex k in Algorithmus 4.3 *nicht* identisch mit dem Zeitindex des aktuellen Merkmalvektors ist!

Alg. 4.5
Zeitinvariante dynamische Programmierung
(auch BELLMAN-FORD-Algorithmus)

1. Initialisierung[A]

$$g_{z_i} = \begin{cases} \overline{1} : z_i \in I & \text{(Anfangszustand)} \\ \overline{0} : z_i \notin I & \text{(kein Anfangszustand)} \end{cases}$$

2. Rekursion
Wiederhole $|Z|$-mal ($|Z|$: Anzahl der Zustände)

$$g_{z_i} = \bigoplus_{e:z'(e)=z_i} \left[g_{z(e)} \otimes w_e \right]$$

3. Terminierung

$$[\![\mathcal{A}_{\vec{\mathbf{y}}}]\!](\vec{\mathbf{o}}) = \bigoplus_{z_i} g_{z_i} \qquad \text{mit } z_i \in F \quad \text{(Schlusszustände)}$$

[A] Bei der Verwendung von Wahrscheinlichkeiten als Gewichte beachte man die Bemerkung zur Initialisierung von Algorithmus 4.6!

aufeinander gesucht ist, kann der Rückverfolgungsalgorithmus 4.4 verwendet werden. Abbildung 4.8 zeigt dessen Ergebnis für unser Beispiel.

4.3 Statistische Klassifikation für Folgen

Bisher haben wir Folgen durch deterministische Generatoren modelliert, wobei „deterministisch" bedeutet, dass die Zustandsübergänge entweder vorhanden sind oder nicht. Für die Übergangsgewichte solcher Automaten haben wir den tropischen Halbring verwendet.

Im folgenden Abschnitt werden wir stochastische Generatoren betrachten. Die einzige Änderung liegt in der Verwendung des Wahrscheinlichkeitshalbrings für die Gewichte. In der Interpretation ändert sich die Frage „Wie groß ist der Abstand zwischen dem Folgenmodell und einer Testfolge?" in die Frage „Wie groß ist die Wahrscheinlichkeit, dass der Generator die Testfolge erzeugt?". Selbstverständlich sind die Antworten auf beide Fragen für die Folgenklassifikation nützlich. In ersten Fall wird die Testfolge eher zu einem Modell, zu dem sie einen geringen Abstand hat, zugeordnet. Im zweiten Fall werden wir sie zu einem Modell zuordnen, dass sie mit großer Wahrscheinlichkeit erzeugt. Wie bei der Vektorklassifikation (siehe Abschnitt 3.2) entscheidet der statistische Folgenklassifikator nach der größten a-posteriori-Wahrscheinlichkeit

$$s = \arg\max_c d_c(\vec{\mathbf{o}}) \tag{4.64}$$

mit

$$d_c(\vec{\mathbf{o}}) = \begin{cases} p(\vec{\mathbf{o}}|c)P(c) & : \text{BAYES-Klassifikator oder} \\ p(\vec{\mathbf{o}}|c) & : \textit{Maximum-Likelihood}\text{-Klassifikator.} \end{cases} \tag{4.65}$$

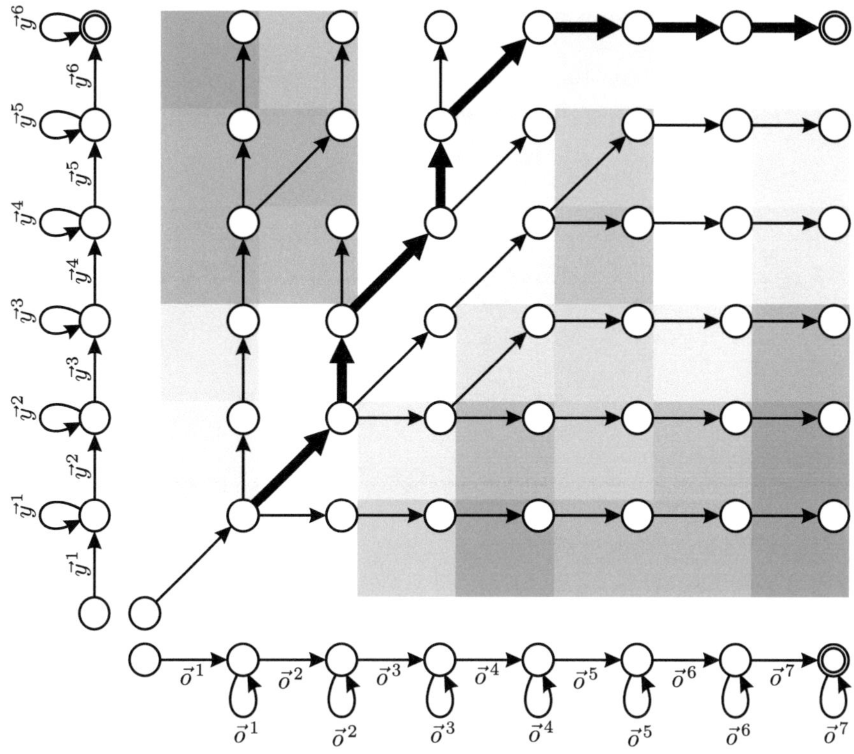

Abb. 4.8. Dynamische Zeitanpassung (Beispiel): mit Hilfe des Rückverfolgungsalgorithmus ermittelte optimale Abbildung der Folgen $\vec{\mathbf{y}}$ und $\vec{\mathbf{o}}$ aufeinander.

Wie beim statistischen Vektorklassifikator (siehe Abschnitt 3.2.1) ist auch für Folgen die Verwendung der negativ-logarithmischen Form üblich:

$$s = \arg\min_c d'_c(\vec{\mathbf{o}}) \tag{4.66}$$

mit

$$d'_c(\vec{\mathbf{o}}) = \begin{cases} -\ln p(\vec{\mathbf{o}}|c) - \ln P(c) & : \text{NLP-Klassifikator oder} \\ -\ln p(\vec{\mathbf{o}}|c) & : \text{NLL-Klassifikator.} \end{cases} \tag{4.67}$$

Hierbei steht NLP für die negativ-logarithmische Wahrscheinlichkeit (engl. *neglog. probability*) und NLL für die negativ-logarithmische Likelihood-Funktion (engl. *neglog. likelihood*).

Im Folgenden befasst sich dieser Abschnitt mit der Definition der Wahrscheinlichkeitsdichte $p(\vec{\mathbf{o}}|c)$, mit deren effizienter Berechnung sowie mit der Schätzung ihrer Parameter aus einer Lernstichprobe. Die a-priori-Wahrscheinlichkeit $P(c)$ wird genau so wie beim Vektorklassifikator verwendet und muss hier nicht erneut behandelt werden.

4.3.1 Stochastischer Generator

Wir kommen auf den Beispielautomaten (4.49) zurück und ändern seine Verhaltensfunktion dahingehend, dass wir den Zustandsübergängen Wahrscheinlichkeiten zuordnen:

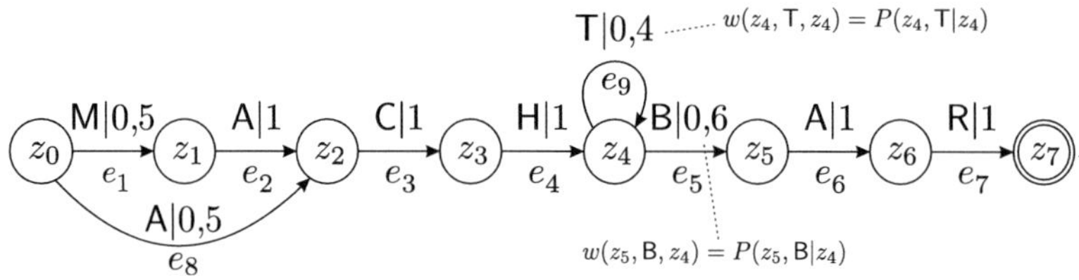

(4.68)

Die mathematische Beschreibung des stochastischen Generators (4.68) lautet:

$$\mathcal{A} = \{Z, I, F, Y, S, w\} \tag{4.69}$$

mit

$$\begin{aligned}
Z &= \{z_0, z_1, z_2, z_3, z_4, z_5, z_6, z_7\} && \text{Zustände,}\\
I &= \{z_0\} && \text{Anfangszustand,}\\
F &= \{z_7\} && \text{Schlusszustand,}\\
Y &= \{\mathsf{A}, \mathsf{B}, \mathsf{C}, \mathsf{H}, \mathsf{M}, \mathsf{R}, \mathsf{T}\} && \text{Ausgabealphabet,}\\
S &= \{\mathbb{R}_+, +, \cdot, 0, 1\} && \text{Wahrscheinlichkeitshalbring und}\\
w &: Z \times Y \times Z \to S && \text{Verhaltensfunktion.}
\end{aligned}$$

Die Verhaltensfunktion w ordnet jedem Tripel aus Startzustand z, Ausgabesymbol y und Zielzustand z' nun eine *Wahrscheinlichkeit* $P(e) = w(z, y, z')$ zu

$$w = \begin{cases}
0{,}5 : z = z_0, y = \mathsf{M}, z' = z_1 & \rightsquigarrow e_1\\
0{,}5 : z = z_0, y = \mathsf{A}, z' = z_2 & \rightsquigarrow e_8\\
1 \ : z = z_1, y = \mathsf{A}, z' = z_2 & \rightsquigarrow e_2\\
1 \ : z = z_2, y = \mathsf{C}, z' = z_3 & \rightsquigarrow e_3\\
1 \ : z = z_3, y = \mathsf{H}, z' = z_4 & \rightsquigarrow e_4\\
0{,}4 : z = z_4, y = \mathsf{T}, z' = z_4 & \rightsquigarrow e_9\\
0{,}6 : z = z_4, y = \mathsf{B}, z' = z_5 & \rightsquigarrow e_5\\
1 \ : z = z_5, y = \mathsf{A}, z' = z_6 & \rightsquigarrow e_6\\
1 \ : z = z_6, y = \mathsf{R}, z' = z_7 & \rightsquigarrow e_7\\
0 \ : \quad \text{sonst} &
\end{cases}. \tag{4.70}$$

Bei der Verwendung von Wahrscheinlichkeiten als Übergangsgewichte muss die in Abschnitt 4.1.3 beschriebene stochastische Randbedingung

$$\sum_{z'} \sum_{y} w(z, y, z') = 1 \tag{4.71}$$

eingehalten werden. In Worten: Die Gesamtwahrscheinlichkeit aller von einem Zustand abgehenden Kanten ist eins.

Wir wollen nun die Wahrscheinlichkeit bestimmen, mit welcher der Generator (4.68) die Testfolge $\mathbf{o}$ = ACHTBAR erzeugt. Da wir im Gegensatz zu oben noch kein lokales Abstandsmaß definiert haben, müssen wir alle durchgehenden Wege (vgl. Abbildung 4.5) finden, deren Ausgabesymbole genau die Testfolge ergeben. Es existiert nur ein einziger passender Weg:

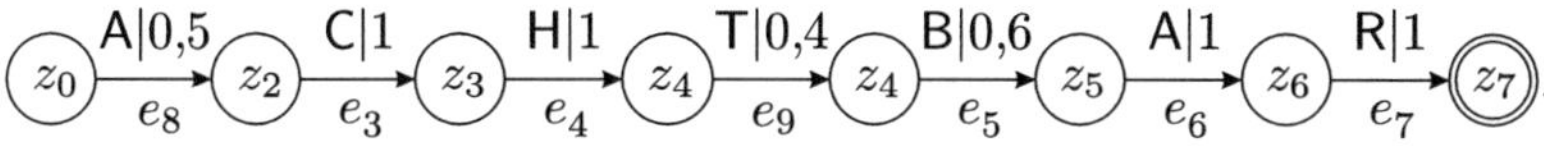

(4.72)

Die Wahrscheinlichkeit, dass der Generator die gewünschte Folge erzeugt, ist genau die Wahrscheinlichkeit

$$P_{\mathcal{A}}(\mathsf{ACHTBAR}) = P(e_8)P(e_3)P(e_4)P(e_9)P(e_5)P(e_6)P(e_7) = 0{,}12 \qquad (4.73)$$

des entsprechenden Weges.

4.3.2 Hidden-Markov-Modell

Der lokale Abstand erlaubte uns den Vergleich des Ausgabezeichens eines Zustandsübergangs mit einem beliebigen Zeichen der Testfolge. Das stochastische Pendant dazu ist, das Ausgabezeichen jedes Übergangs als Zufallsgröße Y zu betrachten und dem Übergang selbst anstelle eines bestimmten Ausgabezeichens eine Wahrscheinlichkeitsfunktion q der Form

$$q : P(Y = y) \qquad (4.74)$$

zuzuordnen. Damit kann die Wahrscheinlichkeit $P(o|q(e))$ angegeben werden, mit welcher ein Übergang ein bestimmtes Zeichen o ausgibt. Das Ausgabe-“Alphabet“ ist nun also eine Menge von Ausgabeverteilungen, was mathematisch ohne Weiteres zulässig ist.

Zur Fortsetzung des Beispiels verwenden wir die Ausgabefunktionen

$$q_y : P(o|q_y) = \begin{cases} 0{,}5 & : o = y \\ 0{,}02 & : \text{sonst} \end{cases} \qquad \text{mit } y, o \in \{\mathsf{A}, \mathsf{B}, \ldots, \mathsf{Z}\}, \qquad (4.75)$$

wobei die Zeichen der Testfolge nun alle 26 Großbuchstaben sein können. Natürlich müssen auch die Ausgabefunktionen die stochastische Randbedingung

$$\sum_{o \in \{\mathsf{A}, \mathsf{B}, \ldots, \mathsf{Z}\}} P(o|q) = 1 \qquad (4.76)$$

einhalten. Wir erhalten damit den folgenden stochastischen Generator:

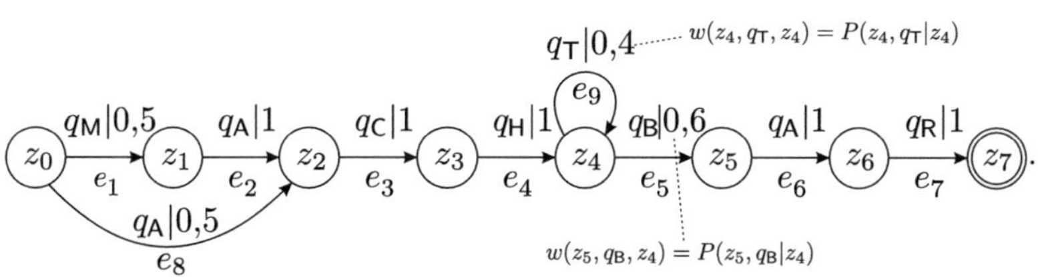

(4.77)

Seine mathematische Beschreibung lautet:

$$\mathcal{A} = \{Z, I, F, Q, S, w\} \tag{4.78}$$

mit

$$\begin{array}{ll} Z = \{z_0, z_1, z_2, z_3, z_4, z_5, z_6, z_7\} & \text{Zustände,} \\ I = \{z_0\} & \text{Anfangszustand,} \\ F = \{z_7\} & \text{Schlusszustand,} \\ Q = \{q_{\mathsf{A}}, q_{\mathsf{B}}, q_{\mathsf{C}}, q_{\mathsf{H}}, q_{\mathsf{M}}, q_{\mathsf{R}}, q_{\mathsf{T}}\} & \text{Ausgabefunktionen,} \\ S = \{\mathbb{R}_+, +, \cdot, 0, 1\} & \text{Wahrscheinlichkeitshalbring und} \\ w \,:\, Z \times Q \times Z \to S & \text{Verhaltensfunktion} \end{array}$$

sowie

$$w = \begin{cases} 0{,}5 : z = z_0, y = q_{\mathsf{M}}, z' = z_1 & \rightsquigarrow e_1 \\ 0{,}5 : z = z_0, y = q_{\mathsf{A}}, z' = z_2 & \rightsquigarrow e_8 \\ \;\;1 \;\; : z = z_1, y = q_{\mathsf{A}}, z' = z_2 & \rightsquigarrow e_2 \\ \;\;1 \;\; : z = z_2, y = q_{\mathsf{C}}, z' = z_3 & \rightsquigarrow e_3 \\ \;\;1 \;\; : z = z_3, y = q_{\mathsf{H}}, z' = z_4 & \rightsquigarrow e_4 \\ 0{,}4 : z = z_4, y = q_{\mathsf{T}}, z' = z_4 & \rightsquigarrow e_9 \\ 0{,}6 : z = z_4, y = q_{\mathsf{B}}, z' = z_5 & \rightsquigarrow e_5 \\ \;\;1 \;\; : z = z_5, y = q_{\mathsf{A}}, z' = z_6 & \rightsquigarrow e_6 \\ \;\;1 \;\; : z = z_6, y = q_{\mathsf{R}}, z' = z_7 & \rightsquigarrow e_7 \\ \;\;0 \;\; : \quad \text{sonst} & \end{cases} . \tag{4.79}$$

Durch die Verwendung der Ausgabefunktionen können nun potenziell alle durchgehenden Wege der passenden Länge eine bestimmte Testfolge erzeugen, allerdings mit unterschiedlichen Wahrscheinlichkeiten. Im Beispiel existieren zwei Wege, welche die Testfolge $\mathbf{o} = \mathsf{ACHTBAR}$ erzeugen können (vgl. Abbildung 4.5):

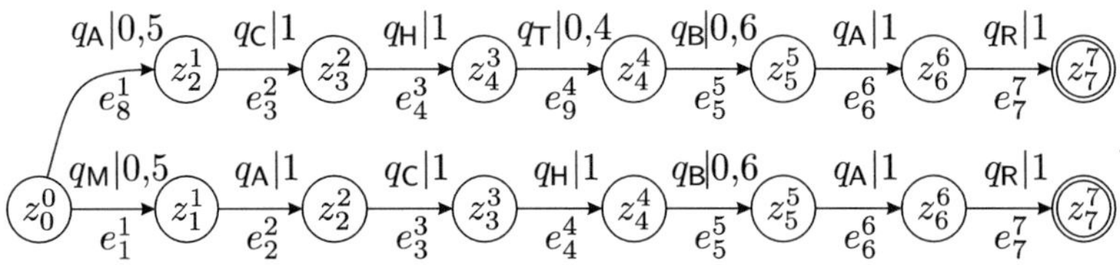

. (4.80)

Entsprechend der Argumentation in Abschnitt 4.1.2 ergibt sich die Erzeugungswahrscheinlichkeit der Testfolge durch einen *bestimmten* Weg als Multiplikation der Übergangs- und Ausgabewahrscheinlichkeiten. Wir gehen dabei davon aus, dass die Verhaltensfunktion und die Ausgabefunktionen unabhängig voneinander sind. Das kann ohne Probleme angenommen werden. Die Wahrscheinlichkeit, dass der Generator die Testfolge ausgibt, erhält man durch Addition der Wegwahrscheinlichkeiten. Sie lautet also

$$\begin{aligned}
&P_{\mathcal{A}_{\mathsf{MACHBAR}}}(\mathsf{ACHTBAR}) \\
&= P(\mathsf{A}|e_8)P(e_8)\cdot P(\mathsf{C}|e_3)P(e_3)\cdot P(\mathsf{H}|e_4)P(e_4)\cdot P(\mathsf{T}|e_9)P(e_9)\cdot \\
&\quad P(\mathsf{B}|e_5)P(e_5)\cdot P(\mathsf{A}|e_6)P(e_6)\cdot P(\mathsf{R}|e_7)P(e_7) \\
&+ P(\mathsf{A}|e_1)P(e_1)\cdot P(\mathsf{C}|e_2)P(e_2)\cdot P(\mathsf{H}|e_3)P(e_3)\cdot P(\mathsf{T}|e_4)P(e_4)\cdot \\
&\quad P(\mathsf{B}|e_5)P(e_5)\cdot P(\mathsf{A}|e_6)P(e_6)\cdot P(\mathsf{R}|e_7)P(e_7) \\
&= \frac{3}{3200} + \frac{3}{500\,000\,000} \qquad (4.81)
\end{aligned}$$

oder allgemein

$$P_{\mathcal{A}_\mathbf{y}}(\mathbf{o}) = \sum_{U \in \mathcal{U}^K(I,F)} \left[\prod_{e^k \in U} P\left(o^k | q(e^k)\right) P(e^k) \right] . \qquad (4.82)$$

Endliche Automaten mit stochastischen Ausgabefunktionen werden als Hidden-Markov-Modelle (HMM) bezeichnet. Der Ausdruck „versteckt“ (*hidden*) bezieht sich auf die Tatsache, dass die Zustandsübergänge nicht ein bestimmtes Symbol, sondern mit einer gewissen Wahrscheinlichkeit jedes mögliche Symbol ausgeben. Aus einer Ausgabefolge kann also nicht mehr wie bisher auf mögliche zugehörige Wege durch den Automatengraphen geschlossen werden.

Die Generierungswahrscheinlichkeit nach Gleichung (4.82) ist ein Spezialfall der allgemeinen Abstandsdefinition für Folgen (4.55) mit der Parametrierung

Diskretes Hidden-Markov-Modell	
Automat $\mathcal{A}_\mathbf{y}$	$= \{Z, I, F, Q, S, w\}$
- Folgenmodell	$\mathbf{y}$ („versteckte“ Referenzfolge)
- Einfügungen	modelliert in $\mathbf{y}$
- Auslassungen	modelliert in $\mathbf{y}$
Gewichte	
$w(o^k, e)$	$= P(o^k \vert q(e))$
$w(e)$	$= P(e)$
Operatoren	(Wahrscheinlichkeitshalbring)
$\otimes$	$= \cdot$
$\oplus$	$= +$

Es ist zu beachten, dass $P_{\mathcal{A}_\mathbf{y}}(\mathbf{o})$ natürlich kein Abstands-, sondern ein Wahrscheinlichkeitsmaß ist. In Abhängigkeit von den verwendeten Gewichten können mit Hilfe von Gleichung (4.55) also auch Wahrscheinlichkeiten beziehungsweise Likelihood-Funktionen berechnet werden.

Hidden-Markov-Modelle können problemlos reellwertige Vektorfolgen erzeugen. Als Ausgabefunktionen müssen dann einfach Wahrscheinlichkeitsdichten

$$q : p(\vec{Y} = \vec{y}) \qquad \text{mit} \int_{\vec{y}} p(\vec{y}|q) = 1 \tag{4.83}$$

verwendet werden. Man spricht in diesem Fall von kontinuierlichen Hidden-MARKOV-Modellen.

Kontinuierliches Hidden-MARKOV-Modell	
Automat $\mathcal{A}_{\vec{\mathbf{y}}}$	$= \{Z, I, F, Q, S, w\}$
- Folgenmodell	$\vec{\mathbf{y}}$ („versteckte“ Referenzfolge)
- Einfügungen	modelliert in $\vec{\mathbf{y}}$
- Auslassungen	modelliert in $\vec{\mathbf{y}}$
Gewichte	
$w(\vec{o}^k, e)$	$= p(\vec{o}^k \vert q(e))$
$w(e)$	$= P(e)$
Operatoren	(Wahrscheinlichkeitshalbring)
$\bigotimes$	$= \cdot$
$\bigoplus$	$= +$

Gleichung (4.82) lautet dann

$$p_{\mathcal{A}_{\vec{\mathbf{y}}}}(\vec{\mathbf{o}}) = \sum_{U \in \mathcal{U}^K(I,F)} \left[\prod_{e^k \in U} p\left(\vec{o}^k|q(e^k)\right) P(e^k) \right] . \tag{4.84}$$

4.3.3 Formen von Hidden-Markov-Modellen

Es ist typisch, dass ein einziger Weg wesentlich wahrscheinlicher ist als alle anderen (siehe auch Beispielrechnung oben). Aus diesem Grund wird für Gleichung (4.84) oft die VITERBI-Approximation (siehe Abschnitt 3.3.1)

$$p_{\mathcal{A}_{\vec{\mathbf{y}}}}(\vec{\mathbf{o}}) \approx \operatorname*{Max}_{U \in \mathcal{U}^K(I,F)} \left[\prod_{e^k \in U} p\left(\vec{o}^k|q(e^k)\right) P(e^k) \right] \tag{4.85}$$

verwendet, welche die Summe der Wegwahrscheinlichkeiten durch den größten Summanden annähert. Mathematisch gesprochen, benutzen wir den Max/Mal-Halbring anstelle des Wahrscheinlichkeitshalbrings.

Besonders bei kontinuierlichen HMMs treten in den Gleichungen (4.84) und (4.85) Produkte aus unter Umständen sehr vielen, sehr kleinen Faktoren auf (siehe auch Beispielrechnung oben). Daher bevorzugt man bei rechentechnischen Umsetzungen die negativ-logarithmische Form nach Gleichung (4.67)

$$-\ln p_{\mathcal{A}_{\vec{\mathbf{y}}}}(\vec{\mathbf{o}}) = \bigoplus_{U \in \mathcal{U}^K(I,F)}\!\!{}_{\ln} \left[\sum_{e^k \in U} -\ln p\left(\vec{o}^k|q(e^k)\right) - \ln P(e^k) \right] \tag{4.86}$$

beziehungsweise mit der VITERBI-Approximation

$$-\ln p_{\mathcal{A}_{\vec{\mathbf{y}}}}(\vec{\mathbf{o}}) \approx \underset{U \in \mathcal{U}^K(I,F)}{\text{Min}} \left[\sum_{e^k \in U} -\ln p\left(\vec{o}^k | q(e^k)\right) - \ln P(e^k) \right]. \tag{4.87}$$

In Gleichung (4.87) muss wegen des Vorzeichenwechsels der Minimum-Operator eingesetzt werden.

Bringt man die Gleichungen (4.84), (4.85), (4.86) und (4.87) unter Verwendung allgemeiner Rechenzeichen in eine einheitliche Form, so erhält man

$$[\![\mathcal{A}_{\vec{\mathbf{y}}}]\!](\vec{\mathbf{o}}) = \bigoplus_{U \in \mathcal{U}^K(I,F)} \left\{ \bigotimes_{e^k \in U} \left[w\left(\vec{o}^k, e^k\right) \otimes w(e^k) \right] \right\}, \tag{4.88}$$

also genau Gleichung (4.55)! Die Wahrscheinlichkeiten oder negativ-logarithmischen Wahrscheinlichkeiten auf den linken Seiten können allgemein ohne Weiteres als „Gewicht, welches der Automat $\mathcal{A}_{\vec{\mathbf{y}}}$ der Folge $\vec{\mathbf{o}}$ zuordnet" aufgefasst werden (vgl. Gleichung 4.51). Damit lässt sich das kontinuierliche Hidden-MARKOV-Modell in allen Formen wie folgt durch Parametrierung von Gleichung (4.55) ausdrücken:

Hidden-MARKOV-Modell (allgemein)	
Automat $\mathcal{A}_{\vec{\mathbf{y}}}$	$= \{Z, I, F, Q, S, w\}$
- Folgenmodell	$\vec{\mathbf{y}}$ („versteckte" Referenzfolge)
- Einfügungen	modelliert in $\vec{\mathbf{y}}$
- Auslassungen	modelliert in $\vec{\mathbf{y}}$
Gewichte	
$w(\vec{o}^k, e)$	siehe Tabelle 4.2
$w(e)$	
Operatoren	
$\otimes$	siehe Tabelle 4.2
$\oplus$	

Die vier Formen des HMM unterscheiden sich lediglich durch ihren Gewichtshalbring und, damit verbunden, durch die Art der Gewichte selbst.
Natürlich existieren die vorgestellten Formen auch bei diskreten HMMs. Die mathematische Formulierung ist analog.

4.3.4 Vorwärts-Rückwärts- und Viterbi-Algorithmus

Wir haben in Abschnitt 4.2.4 die zeitvariante dynamische Programmierung als effizientes Berechnungsverfahren für Gleichung (4.55) vorgestellt. Da sich die

logarithmisch	VITERBI-Approx.	Gewichtshalbring	$\otimes$	$\oplus$	$w(\vec{o}^k, e)$	$w(e)$
nein	nein	Wkts.-	$\cdot$	$+$	$p(\vec{o}^k \| q(e))$	$P(e)$
	ja	Max/Mal-	$\cdot$	max		
ja	nein	logarithmischer	$+$	$\oplus_{\ln}$	$-\ln p(\vec{o}^k \| q(e))$	$-\ln P(e)$
	ja	tropischer	$+$	min		

Tabelle 4.2. Formen von Hidden-MARKOV-Modellen mit Gewichtshalbringen.

Ausdrücke für die Generierungswahrscheinlichkeiten aller Formen des Hidden-MARKOV-Modells auf diese Gleichung zurückführen lassen, können diese ebenfalls mit Hilfe der zeitvarianten dynamischen Programmierung effizient berechnet werden. Deren Anwendung auf Hidden-MARKOV-Modelle wird als VITERBI-Algorithmus bezeichnet, wenn die VITERBI-Approximation verwendet wird, andernfalls spricht man vom Vorwärtsalgorithmus. Da sich beide Fälle nur im Gewichtshalbring unterscheiden, werden sie als Algorithmus 4.6 a) gemeinsam dargestellt.

Alg. 4.6
Vorwärts-Rückwärts- und VITERBI-Algorithmus

1. Initialisierung

a) $g^0_{z_i} = \begin{cases} \overline{1} : z_i \in I & \text{(Anfangszustand)} \\ \overline{0} : z_i \notin I & \text{(kein Anfangszustand)} \end{cases}$

b) $h^K_{z_i} = \begin{cases} \overline{1} : z_i \in F & \text{(Schlusszustand)} \\ \overline{0} : z_i \notin F & \text{(kein Schlusszustand)} \end{cases}$

2. Rekursion

a) $g^k_{z_i} = \bigoplus_{e:z'(e)=z_i} \left[g^{k-1}_{z(e)} \otimes w(\vec{o}^k, e) \otimes w(e) \right]$ für $1 < k \leq K$

b) $h^{k-1}_{z_i} = \bigoplus_{e:z(e)=z_i} \left[h^k_{z'(e)} \otimes w(\vec{o}^k, e) \otimes w(e) \right]$ für $K \geq k > 1$

3. Terminierung

a) $g(\mathbf{\vec{o}}, \mathcal{A}) = \bigoplus_{z_i} g^K_{z_i}$ mit $z_i \in F$ (Schlusszustände)

b) $h(\mathbf{\vec{o}}, \mathcal{A}) = \bigoplus_{z_i} h^0_{z_i}$ mit $z_i \in I$ (Anfangszustände)

Algorithmus 4.6 b) ist genau die zeitliche Umkehrung des Vorwärtsalgorithmus und wird daher als Rückwärtsalgorithmus bezeichnet. Er wird später bei der Parameterschätzung für HMMs benötigt.

Die Variablen g_z^k und h_z^k heißen Vorwärts- und Rückwärtsvariable. Bei Verwendung der Wahrscheinlichkeitsform des HMM können sie anschaulich wie folgt interpretiert werden.

- **Vorwärtsvariable**
  Gesamtwahrscheinlichkeit, dass der Zustand z zum Zeitpunkt k erreicht wird, wenn man zum Zeitpunkt 0 an einem Anfangszustand begonnen und bisher die ersten k Element der Testfolge $\vec{\mathbf{o}}$ erzeugt hat, und
- **Rückwärtsvariable**
  Gesamtwahrscheinlichkeit, dass vom Zustand z zum Zeitpunkt k ausgehend zum Zeitpunkt K ein Schlusszustand erreicht wird und bis dahin die letzten $K - k$ Elemente der Testfolge erzeugt werden.

Bei Verwendung der VITERBI-Approximation geht in diese Werte einzig und allein der *wahrscheinlichste* Weg vom Anfang beziehungsweise zum Schluss ein. Andernfalls tragen alle Wege, welche den Zustand z zum Zeitpunkt k passieren, zu den Wahrscheinlichkeiten bei.

Es sei angemerkt, dass Algorithmus 4.6 zur besseren Lesbarkeit die stochastische Randbedingung

$$\bigoplus_{U \in \mathcal{U}(I,F)} \left[\bigotimes_{e \in U} w(e) \right] = \bar{1} \tag{4.89}$$

hinsichtlich der zeitinvarianten Weggewichte nicht explizit sicherstellt. Dazu darf entweder nur genau ein Anfangszustand existieren oder die Vorwärtsvariablen müssen mit geeigneten Anfangswahrscheinlichkeiten

$$\bigoplus_{z_i \in I} g_{z_i}^0 = \bar{1} \tag{4.90}$$

initialisiert werden.[10]

Interessant sind die Summe der Vorwärtsvariablen zum Zeitpunkt $K = |\vec{\mathbf{o}}|$ und die Summe der Rückwärtsvariablen zum Zeitpunkt 0 (Schritt 3 in Algorithmus 4.6). Diese drücken beide die Wahrscheinlichkeit aus, mit der das HMM die Testfolge $\vec{\mathbf{o}}$ erzeugt

$$g(\vec{\mathbf{o}}, \mathcal{A}) = h(\vec{\mathbf{o}}, \mathcal{A}) = p_{\mathcal{A}_{\vec{\mathbf{y}}}}(\vec{\mathbf{o}}), \tag{4.91}$$

und ermitteln damit die Lösung von Gleichung (4.55) für HMMs.

Betrachten wir zur Veranschaulichung noch einmal das Rechenbeispiel (Gleichung 4.80). Das Zusammenführen redundanter Teilwege bei der dynamischen Programmierung äußert sich beim Vorwärtsalgorithmus im Ausklammern der gleichen Faktoren

[10] Das gilt *nicht* für die Schlusszustände und die initialen Rückwärtsvariablen $h_{z_i}^0$! Siehe auch Abschnitt „Stochastische Automaten“ (Seite 138).

$$
\begin{aligned}
&P_{\mathcal{A}_{\mathsf{MACHBAR}}}(\mathsf{ACHTBAR})\\
&\quad = \Big[P(\mathsf{A}|e_8)P(e_8)\cdot P(\mathsf{C}|e_3)P(e_3)\cdot P(\mathsf{H}|e_4)P(e_4)\cdot P(\mathsf{T}|e_9)P(e_9)+\\
&\qquad P(\mathsf{A}|e_1)P(e_1)\cdot P(\mathsf{C}|e_2)P(e_2)\cdot P(\mathsf{H}|e_3)P(e_3)\cdot P(\mathsf{T}|e_4)P(e_4)\Big]\\
&\quad\cdot\ P(\mathsf{B}|e_5)P(e_5)\cdot P(\mathsf{A}|e_6)P(e_6)\cdot P(\mathsf{R}|e_7)P(e_7),
\end{aligned}
\tag{4.92}
$$

was natürlich zum gleichen Ergebnis führt. Beim VITERBI-Algorithmus wird, genau wie bei der dynamischen Programmierung, die Entscheidung für den optimalen Weg *vor* der unvermeidlichen (weil identischen) Teilkette BAR getroffen

$$
\begin{aligned}
&P_{\mathcal{A}_{\mathsf{MACHBAR}}}(\mathsf{ACHTBAR})\\
&\quad = \operatorname{Max}\Big[P(\mathsf{A}|e_8)P(e_8)\cdot P(\mathsf{C}|e_3)P(e_3)\cdot P(\mathsf{H}|e_4)P(e_4)\cdot P(\mathsf{T}|e_9)P(e_9),\\
&\qquad P(\mathsf{A}|e_1)P(e_1)\cdot P(\mathsf{C}|e_2)P(e_2)\cdot P(\mathsf{H}|e_3)P(e_3)\cdot P(\mathsf{T}|e_4)P(e_4)\Big]\\
&\quad\cdot\ P(\mathsf{B}|e_5)P(e_5)\cdot P(\mathsf{A}|e_6)P(e_6)\cdot P(\mathsf{R}|e_7)P(e_7).
\end{aligned}
\tag{4.93}
$$

Die Topologie der Trellisdiagramme (siehe Abschnitt 4.2.4) für den Vorwärts- und VITERBI-Algorithmus ist gleich. Die Diagramme unterscheiden sich lediglich in den Werten der Vorwärts- und Rückwärtsvariablen.

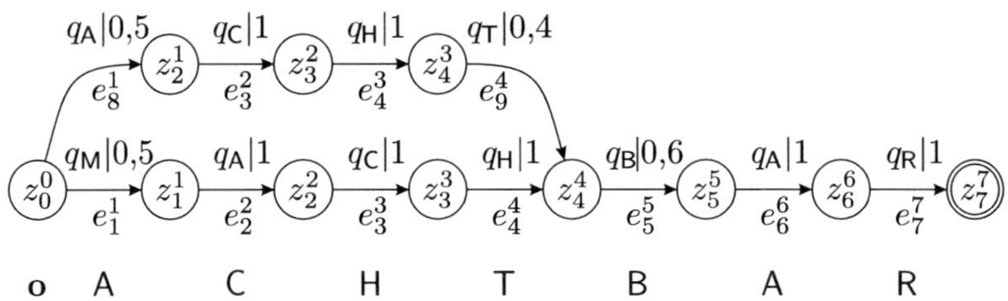

(4.94)

4.4 HMM-Klassifikatoren mit Normalverteilungsdichten

Wir betrachten im Folgenden Klassifikatoren, welche Hidden-MARKOV-Modelle in einer der vier in Abschnitt 4.3.3 vorgestellten Formen benutzen. Jede Klasse wird dabei durch genau ein HMM repräsentiert. Wir benutzen von nun an wieder das allgemeine Symbol $\mathcal{M}_c$ für die Klassenmodelle. Die Unterscheidungsfunktionen eines solchen Klassifikators lauten mit den Gleichungen (4.88) und (4.64) bis (4.67) in allgemeiner Form

$$
\begin{aligned}
s &= \arg\operatorname*{ext}_c [\![\mathcal{M}_c]\!](\vec{\mathbf{o}}) \\
&= \arg\operatorname*{ext}_c \bigoplus_{U\in\mathcal{U}^K(I,F)} \left\{ \bigotimes_{e^k\in U} \left[w\left(\vec{o}^{\,k}, e^k\right) \otimes w(e^k)\right]\right\},
\end{aligned}
\tag{4.95}
$$

wobei die Operatoren und Gewichte nach Tabelle 4.2 und der Automatengraph $\mathcal{A}$ wie in Abschnitt 4.3.3 beschrieben gewählt werden. Die praktische

Berechnung der Unterscheidungsfunktion geschieht mit Hilfe des Vorwärts- oder VITERBI-Algorithmus (Alg. 4.6). Für die arg ext-Operation gilt

$$\arg\text{ext} = \begin{cases} \arg\max : \text{Wahrscheinlichkeits- oder Max/Mal-Halbring} \\ \arg\min \;: \text{logarithmischer oder tropischer Halbring} \end{cases} . \tag{4.96}$$

Als Ausgabefunktionen für die HMMs können beliebige Wahrscheinlichkeits- oder Dichtefunktionen auf der Menge der Ausgabesymbole oder -vektoren verwendet werden. In aller Regel sind die Verteilungen jedoch nicht ohne Weiteres bekannt, und man greift auf parametrische Funktionen und geeignete Schätzverfahren zurück.

Die für die akustische Mustererkennung bei Weitem wichtigste Ausgabefunktion ist die GAUSSsche Mischverteilungsdichte nach Gleichung (2.50). Abbildung 4.9 zeigt ein typisches Beispiel für die Anwendung eines HMMs zur statistischen Signalmodellierung. Das Beispielsignal (oberes Diagramm) besteht aus vier deutlich unterscheidbaren Phasen, welche als akustische Elementarereignisse (siehe Abschnitt 1.1.2) aufgefasst werden können. Die daraus abgeleiteten spektralen Merkmale (zweites Diagramm von oben) werden mit Hilfe von vier GAUSSschen Mischverteilungsdichtefunktionen (drittes Diagramm von oben) statistisch beschrieben. Jedes Signalereignis wird also durch je ein GMM repräsentiert. Die zeitliche Dauer und Abfolge der Ereignisse schließlich wird durch den Automatengraphen (unteres Bild) ausgedrückt. Unterschiedliche Signalklassen besitzen unterschiedliche Automatengraphen, Übergangswahrscheinlichkeiten und Ausgabefunktionen.

4.4.1 Automatentopologien

Obwohl Hidden-MARKOV-Modelle nach Abbildung 4.9 allgemein üblich sind, besteht aus mathematischer Sicht kein Grund, GMMs als Ausgabefunktionen zu verwenden. Ein Zustandsübergang mit einer M-elementigen Mischverteilungsdichte kann immer durch M parallele Übergänge mit je einem Element dieser Mischverteilungsdichte ausgedrückt werden:

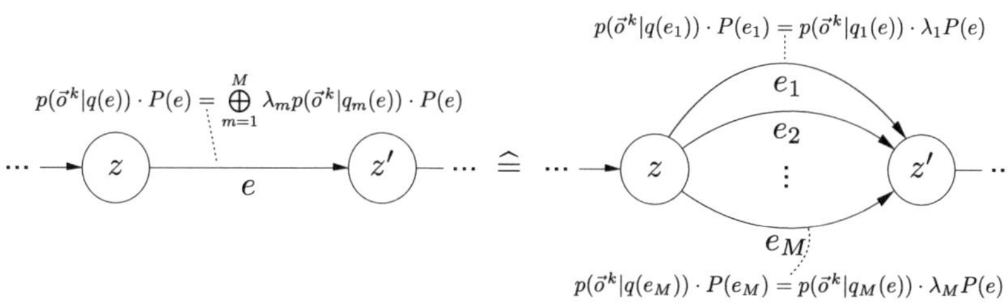

Die beiden Darstellungen sind gleich, wenn die zeitinvarianten Gewichte auf der rechten Seite als $\lambda_m P(e)$ gewählt werden. Das rechnet man mit Hilfe der Vorwärtsvariablen leicht nach:[11]

[11] Es wird davon ausgegangen, dass die VITERBI-Approximation auch die Elemente des GMM umfasst, was mathematisch zulässig und auch sinnvoll ist, da die

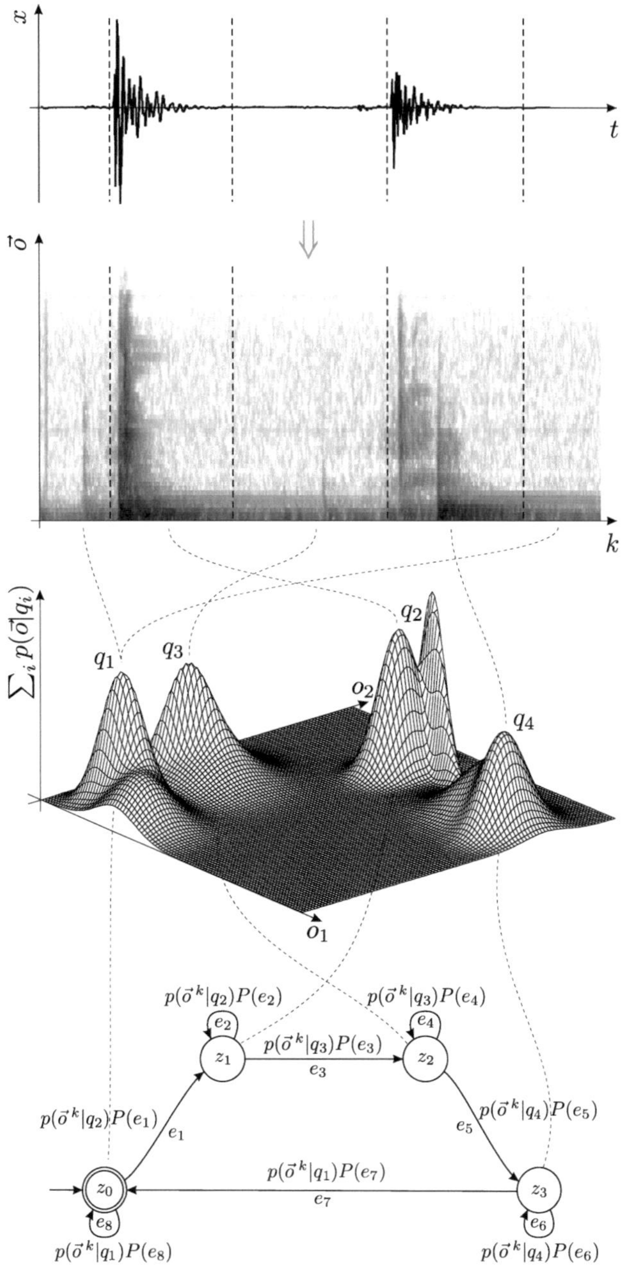

Abb. 4.9. Beispiel für ein kontinuierliches Hidden-MARKOV-Modell mit GAUSSschen Mischverteilungsdichten als Ausgabefunktionen (unten) sowie für die Zuordnung von Merkmalvektoren (Mitte) eines Beispielsignals (oben) zu den Ausgabefunktionen.

$$
\begin{aligned}
\text{links:} \quad g_{z'}^{k+1} &= p(\vec{o}^k|q(e)) \cdot g_{z'}^{k+1} \\
&= \left[\bigoplus_{m=1}^{M} \lambda_m p(\vec{o}^k|q_m(e)) \right] \cdot P(e) \cdot g_{z'}^{k+1} \\
\text{rechts:} \quad g_{z'}^{k+1} &= \left[\bigoplus_{m=1}^{M} p(\vec{o}^k|q_m(e)) \cdot P(e_m) \right] \cdot g_{z'}^{k+1} \\
&= \left[\bigoplus_{m=1}^{M} p(\vec{o}^k|q_m(e)) \cdot \lambda_m \right] \cdot P(e) \cdot g_{z'}^{k+1}.
\end{aligned} \tag{4.97}
$$

Die Rechnung kann im logarithmischen Bereich ebenso ausgeführt werden.

Die hier beschriebene Form des Hidden-MARKOV-Modells, welche den Zustandsübergängen Ausgabefunktionen zuordnet, ist aus der Literatur als *arc emission* HMM bekannt [196]. In ihrer traditionellen Form werden HMMs jedoch als MOORE-Automaten (siehe Abschnitt 4.1.3) dargestellt [237], welche die Ausgaben mit den Zuständen verknüpfen. Dadurch beschreibt jeder Zustand genau ein akustisches Ereignis. Diese in der Praxis zweckmäßige Eigenschaft kann auch dadurch erreicht werden, dass allen Übergängen, die zu ein und demselben Zustand führen, dieselbe Ausgabefunktion zugeordnet wird (vgl. Abbildung 4.9).

Abbildung 4.10(a) zeigt die Repräsentation eines akustischen Ereignisses nach diesem Prinzip. Nach der ober stehenden Betrachtung können die Elemente der Mischverteilung separaten Zustandsübergängen zugeordnet werden (Abbildung 4.10(b)), wobei die Mischungsgewichte in die Übergangswahrscheinlichkeiten einbezogen werden (siehe Gleichung 4.97). Die Kombination beider Prinzipien führt zu der in Abbildung 4.10(c) dargestellten Topologie. Hier ist jedem Übergang genau eine Normalverteilungsdichte so zugeordnet, dass alle an einem Zustand endenden Übergänge *identische* Ausgabefunktionen besitzen. Der Vorteil dieser Topologie liegt darin, dass sie Übergangswahrscheinlichkeiten zwischen den Elementen der Mischverteilungsdichten bereitstellt, was eine bessere Modellierung von Merkmaltrajektorien erlaubt [325]. Die Überführung der drei in Abbildung 4.10(a)-(c) dargestellten HMM-Topologien ineinander wird in [55] beschreiben.

4.4.2 EM-Parameterschätzung

Aufgrund der Überlegungen im vorigen Abschnitt betrachten wir im Folgenden ohne (wesentliche) Beschränkung der Allgemeinheit nur Hidden-MARKOV-Modelle mit genau einer Normalverteilungsdichte pro Zustandsübergang als Ausgabefunktionen.

Wir wollen eine Berechnungsvorschrift für die Parameter solcher HMMs angeben. Die Parametermenge ist

$$q = \Big\{ \{\vec{\mu}_e\}, \{\mathbf{\Sigma}_e\}, \{P(e)\} \Big\}, \tag{4.98}$$

Mischverteilungsdichte fast überall von einer der Einzelverteilungen dominiert wird.

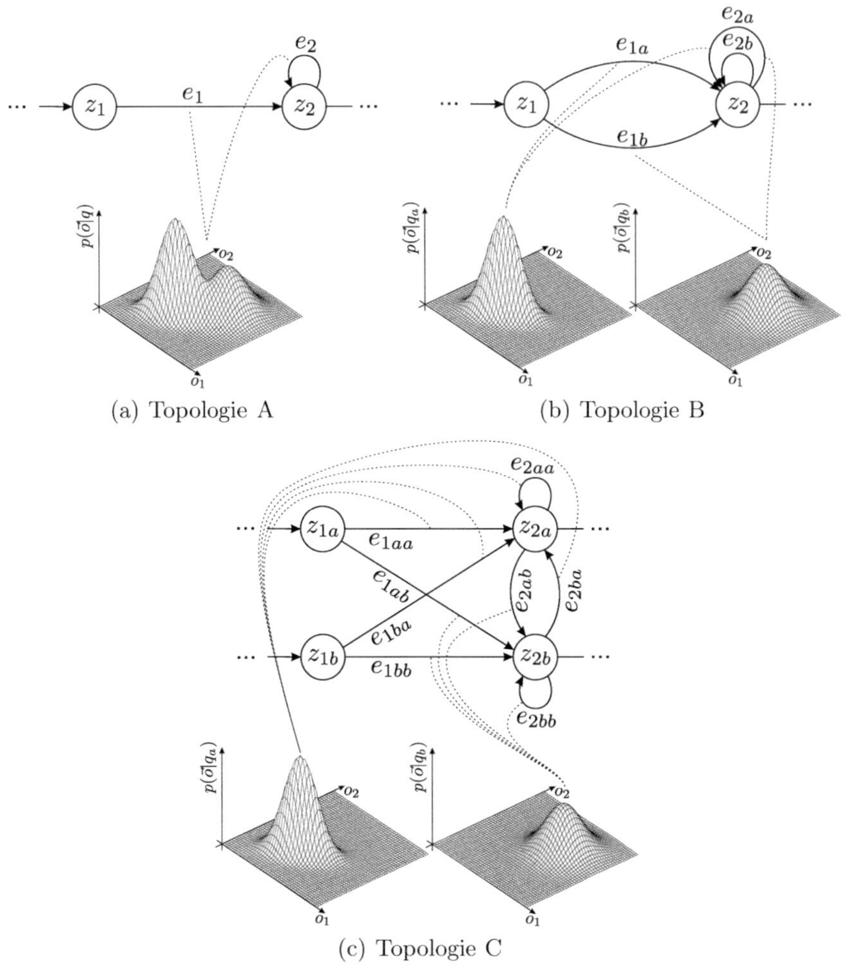

Abb. 4.10. HMM-Topologien für GAUSSsche Mischverteilungsdichten mit zwei Elementen.

wobei $\{\vec{\mu}_e\}$ die Menge der Mittelwertvektoren der Ausgabefunktionen, $\{\mathbf{\Sigma}_e\}$ die Menge der Kovarianzmatrizen und $\{P(e)\}$ die Menge der Übergangswahrscheinlichkeiten bezeichnet. Ein weiterer „Parameter" des HMMs ist die Topologie des Automatengraphen. Wir wollen diese aber zunächst als gegeben annehmen (was in der Praxis auch tatsächlich oft getan wird).

Die Ermittlung plausibler Parameter erfordert eine klassifizierte Stichprobe von Merkmalvektorfolgen als Trainingsdaten. Da die Modelle der Klassen unabhängig voneinander jeweils aus einer separaten Vektorfolgenmenge geschätzt werden, betrachten wir nur die Lernstichprobe für eine einzige Klasse:

$$\vec{\mathbf{o}} = \{\vec{\mathbf{o}}^1, \ldots, \vec{\mathbf{o}}^L\}. \tag{4.99}$$

Zur Vereinfachung verketten wir die Lernstichprobe zu einer einzigen langen Folge. Bei der praktischen Implementierung muss über die folgende Erklärung hinaus dafür Sorge getragen werden, dass Anfangs- und Schlusszustände des HMMs korrekt mit Anfang und Ende der Lernbeispiele belegt sind.

Mit Hilfe der Lernstichprobe können wir nun unter Verwendung von Gleichung (4.84) und analog zur Vorgehensweise beim statistischen Vektorklassifikator für die Parameter q die Likelihood-Funktion nach Gleichung (2.144)

$$L(q|\vec{\mathbf{o}}) = p(\vec{\mathbf{o}}|q) \to \mathrm{Max}(q)! \tag{4.100}$$

$$= \sum_{U \in \mathcal{U}^K(I,F)} \left[\prod_{e^k \in U} p\left(\vec{o}^k | q(e^k)\right) P(e^k) \right] \to \mathrm{Max}(q)! \tag{4.101}$$

beziehungsweise die entsprechende Log-Likelihood-Funktion

$$LL(q|\vec{\mathbf{o}}) = \ln \left[\sum_{U \in \mathcal{U}^K(I,F)} \left(\prod_{e^k \in U} p\left(\vec{o}^k | q(e^k)\right) P(e^k) \right) \right] \to \mathrm{Max}(q)! \tag{4.102}$$

aufstellen und maximieren.

Wie im Falle der GAUSSschen Mischverteilungsmodelle ist diese Optimierung nicht geschlossen lösbar. Wir greifen also wieder auf den in Abschnitt 2.3.7 beschriebenen EM-Algorithmus zurück, welcher ausgehend von vorläufigen Parametern q schrittweise verbesserte Parameter q' ermittelt.

Die latenten Variablen $\mathbf{z}$ ordnen diesmal jedem Vektor der Lernstichprobe einen Zustandsübergang im HMM eindeutig zu. Dieses Vorgehen entspricht der VITERBI-Approximation, und ein mögliches Parameterschätzverfahren – das so genannte VITERBI-Training[12] [154, 185] – verwendet ausschließlich diese eindeutige Zuordnung. Der EM-Algorithmus benutzt jedoch, wie aus den Abschnitten 2.3.7 und 3.3.2 bekannt, Zuordnungs*wahrscheinlichkeiten* für die latenten Variablen. Diese Variante wird in der Anwendung auf Hidden-MARKOV-Modelle als BAUM-WELCH-Training [11] bezeichnet.

Die Literatur stellt VITERBI- und BAUM-WELCH-Training als zwar verwandt, aber dennoch verschiedenartig dar. TSCHÖPE weist jedoch in [280] nach, dass die Verfahren bis auf den Gewichtshalbring identisch und *beide* Instanzen des EM-Algorithmus sind (siehe auch [286]). Im Ergebnis dieser Betrachtung können und müssen beide als *ein* Algorithmus (Alg. 4.7) formuliert werden. Im Wahrscheinlichkeits- und logarithmischen Gewichtshalbring ist dieser das BAUM-WELCH-Training, im Max/Mal- und tropischen Halbring das VITERBI-Training.

Algorithmus 4.7 benutzt die Vorwärts- und Rückwärtsvariablen g_z^k und h_z^k aus Algorithmus 4.6. Sie werden mit Hilfe der HMM-Parameter der p-ten Iteration bestimmt. Selbstverständlich müssen sie im selben Halbring berechnet

[12] auch „segmentales K-Means-Training"

Alg. 4.7
VITERBI- und BAUM-WELCH-Training

1. Finde geeignete (oder zufällige) Startparameter
$q^{(0)} = \left\{\{\vec{\mu}_e^{(0)}\}, \{\mathbf{\Sigma}_e^{(0)}\}, \{P(e)^{(0)}\}\right\}$

2. **EM-Schritt**: Berechne verbesserte Parameter

$$P(e)^{(p+1)} = \frac{\sum_k \beta_e^k}{\sum_k \gamma_{z(e)}^k}$$

$$\vec{\mu}_e^{(p+1)} = \frac{\sum_k \beta_e^k \vec{o}^k}{\sum_k \beta_e^k}$$

$$\mathbf{\Sigma}_e^{(p+1)} = \frac{\sum_k \beta_e^k (\vec{o}^k - \vec{\mu}_e^{(p+1)})(\vec{o}^k - \vec{\mu}_e^{(p+1)})^\top}{\sum_k \beta_e^k}$$

$$\text{mit} \quad \beta_e^k = \left\| \frac{g_{z(e)}^{k-1} \cdot P(e) \cdot p(\vec{o}^k|e) \cdot h_{z'(e)}^k}{\bigoplus_e \left(g_{z(e)}^{k-1} \cdot P(e) \cdot p(\vec{o}^k|e) \cdot h_{z'(e)}^k \right)} \right\|, \quad \gamma_z^k = \left\| \frac{g_z^k \cdot h_z^k}{\bigoplus_z (g_z^k \cdot h_z^k)} \right\|$$

$$\text{und} \quad \begin{array}{ll} \bigoplus = \sum \wedge \|x\| = x & : \text{BAUM-WELCH-Training} \\ \bigoplus = \max \wedge \|x\| = \lfloor x \rfloor & : \text{VITERBI-Training} \end{array}$$

$$\text{sowie} \quad \left. \begin{array}{l} g_z^k : \text{Vorwärtsvariable} \\ h_z^k : \text{Rückwärtsvariable} \end{array} \right\} \text{aus Algorithmus 4.6}$$

3. Wenn $LL(q^{(p+1)}|\vec{\mathbf{o}}) - LL(q^{(p)}|\vec{\mathbf{o}}) > \varepsilon$, gehe zu 2.

---

werden wie das Training selbst. Die Hilfsvariablen im EM-Schritt lassen sich wie folgt anschaulich interpretieren:

- β_e^k: Gesamtwahrscheinlichkeit, dass ein möglicher Weg den Übergang e zum Zeitpunkt k benutzt.
- γ_z^k: Gesamtwahrscheinlichkeit, dass ein möglicher Weg den Zustand z zum Zeitpunkt k benutzt und

Beim VITERBI-Training wird für jeden Zeitpunkt k genau ein β und ein γ eins, alle anderen sind Null. Somit kann, ähnlich wie beim Rückverfolgungsalgorithmus 4.4, nach Berechnung dieser Größen leicht der optimale Weg durch das HMM ermittelt werden.

Wie bei der Parameterschätzung des GMM-Klassifikators (siehe Abschnitt 3.3.2) sind auch beim HMM die Mittelwertvektoren und Kovarianzmatrizen Linearkombinationen der Merkmalvektoren der Lernstichprobe. Jeder Vektor besitzt dabei eine eigene Lernkonstante

$$\alpha_e^k = \frac{\beta_e^k}{\sum_{i=1}^K \beta_e^i}. \tag{4.103}$$

Mit dieser können die Schätzformeln wie folgt geschrieben werden

$$\vec{\mu}_e^{(p+1)} = \sum_{k=1}^{K} \alpha_e^k \vec{o}^k, \tag{4.104}$$

$$\mathbf{\Sigma}_e^{(p+1)} = \sum_{k=1}^{K} \alpha_e^k (\vec{o}^k - \vec{\mu}_e^{(p+1)})(\vec{o}^k - \vec{\mu}_e^{(p+1)})^\top . \tag{4.105}$$

4.4.3 Ermittlung des Automatengraphen

Der Automatengraph von Hidden-MARKOV-Modellen wird meist vor dem Training festgelegt und später nicht verändert. Üblich sind einfache Links-Rechts-Strukturen nach Abbildung 4.11 oder problemabhängig gewählte Topologien wie in Abbildung 4.9.

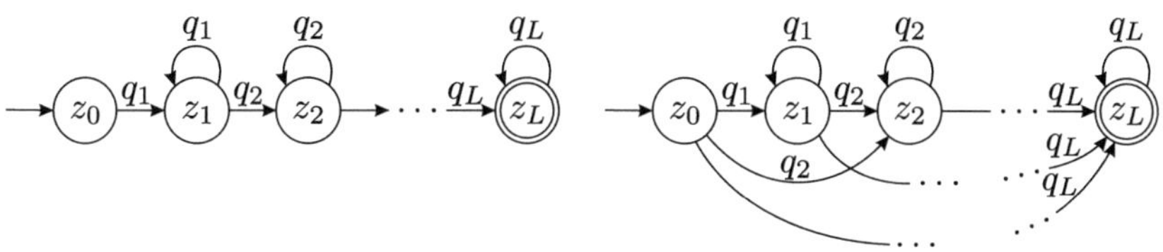

(a) Einfache Links-Rechts-Struktur (b) Links-Rechts-Struktur mit Auslassungen

Abb. 4.11. Typische Automatengraphen von Hidden-MARKOV-Modellen mit L Zuständen.

Im einfachsten Fall wird während des EM-Trainings die Anzahl der Normalverteilungen der Ausgabefunktionen nach dem Verfahren aus Abschnitt 3.3.3 schrittweise erhöht. Wenn, wie oben beschrieben, jedes Element der Mischverteilungsdichte einem separaten Zustandsübergang zugeordnet ist, müssen bei der Spaltung der Einzelverteilungen entsprechende neue Übergänge (vgl. Abbildung 4.10(b)) und gegebenenfalls neue Zustände (vgl. Abbildung 4.10(c)) eingefügt und das Übergangsgewicht unter Einhaltung der stochastischen Randbedingung aufgeteilt werden (Abbildung 4.12).

Zusätzlich können vor der Spaltung unwahrscheinliche Ausgabefunktionen und die dazugehörigen Zustandsübergänge entfernt werden. Dieser Vorgang wird als Versäuberung (engl. *pruning*) bezeichnet (Algorithmus 4.8). Die Versäuberung bringt eine Reihe von Problemen mit sich. So muss beispielsweise dafür Sorge getragen werden, dass der Automatengraph durch das Entfernen von Übergängen nicht so zerstört wird, dass er keine durchgehenden Wege mehr enthält. Diese Probleme werden hier nicht weiter diskutiert. Details können beispielsweise in [52] nachgelesen werden. Abbildung 4.13 zeigt schematisch den Ablauf des HMM-Trainings durch abwechselnde Ausführung

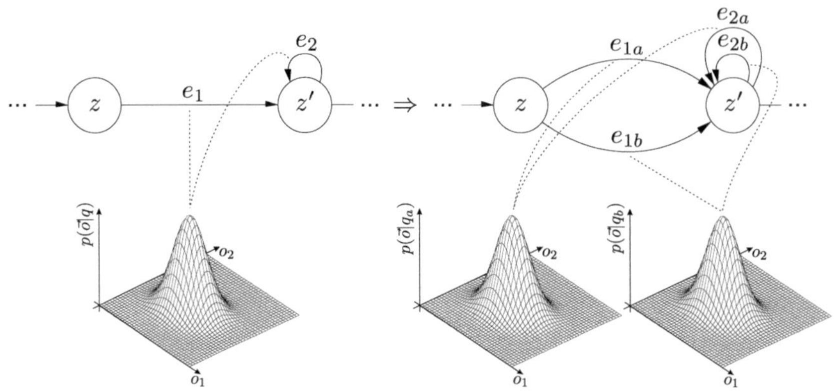

Abb. 4.12. Simultane Spaltung von Ausgabefunktion und Zustandsübergang.

Alg. 4.8
Versäuberung

Für alle unwahrscheinlichen Zustandsübergänge:
$\forall e \in \mathcal{A} : P(e) < P_0$

entferne den Übergang und die Ausgabefunktion
$\mathcal{A} \leftarrow \mathcal{A} \setminus (e \cup q(e))$

mit P_0: Schwellwert

---

von EM-Algorithmus sowie Spaltung und Versäuberung. Ein Beispiel für eine auf diese Art und Weise ermittelte Automatentopologie ist in Abbildung 4.14 dargestellt.

Über diesen einfachen Ansatz hinaus existieren eine Reihe von Lernverfahren für deterministische Folgenmodelle und Automatengraphen, auf die hier nicht eingegangen werden soll. Weiterführende Informationen zu diesem Thema können unter anderem in [191, 269, 294, 194, 96, 88, 328] und [52] gefunden werden.

4.4.4 Zusammenhang zwischen HMM und GMM

Die im Abschnitt 3.3 vorgestellten Vektorklassifikatoren mit Gaussschen Mischverteilungsdichten können als Spezialfall des Hidden-Markov-Modell-Klassifikators für Vektorfolgen der Länge eins angesehen werden. Abbildung 4.15 zeigt einen entsprechenden Automaten.

Diese Überlegung ist vor allem von praktischer Bedeutung: Klassifikations- und Lernalgorithmen müssen nicht gesondert für GMMs implementiert werden. Vielmehr können die entsprechenden Algorithmen für HMMs in Verbindung mit einem Automatengraphen nach Abbildung 4.15 benutzt werden.

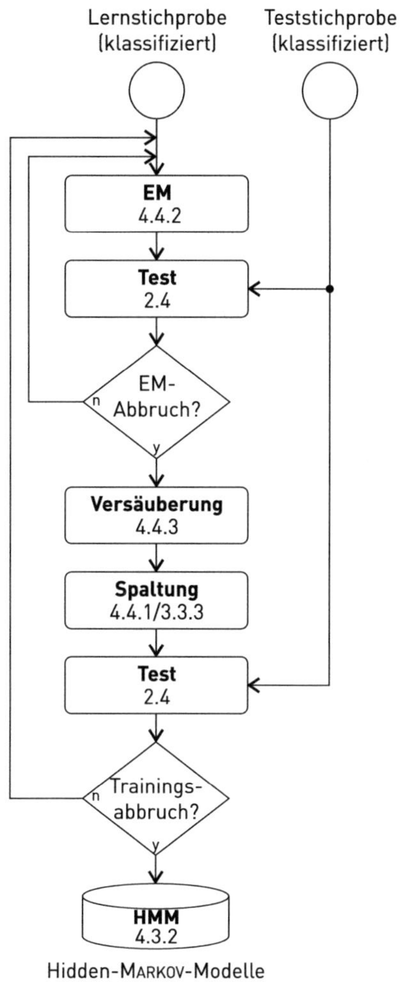

Abb. 4.13. Schematische Darstellung des überwachten Lernens von Hidden-Markov-Modellen durch abwechselnde Anwendung des EM-Algorithmus sowie Versäuberung und Spaltung der Zustandsübergänge.

4.4.5 Zusammenfassung

Das Hidden-Markov-Modell mit Normalverteilungsdichten ist eines der wichtigsten Hilfsmittel der akustischen Mustererkennung. Die theoretischen Grundlagen wurden von Baum und Kollegen in den 1960er Jahren veröffentlicht (beispielsweise [11]). Für die Spracherkennung wurden sie zuerst in den 1970er Jahren von Jelinek und Kollegen verwendet (beispielsweise [150]). Spätestens seit dem 1989 von Rabiner veröffentlichten Tutorium [237] gehören HMMs fest zum Inventar der Spracherkennungsalgorithmen. Sie sind inzwi-

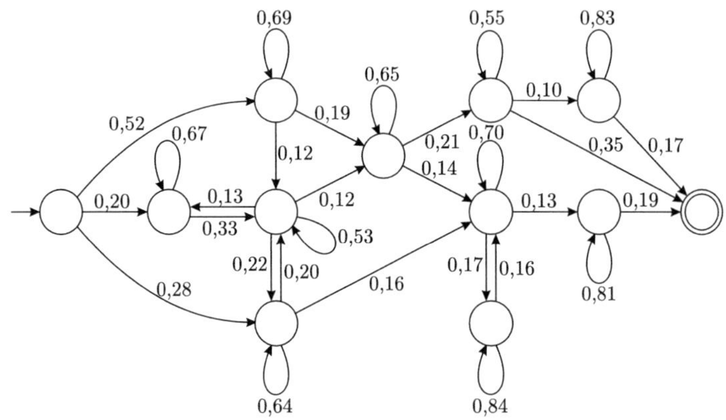

Abb. 4.14. Beispiel für eine automatisch ermittelte HMM-Topologie (Modell für den Laut `/i:/`). Ausgangspunkt war eine Links-Rechts-Struktur mit drei Zuständen nach Abbildung 4.11. Es wurden Übergänge und Zustände gespaltet (Topologie C, Abbildung 4.10(c)) und der Versäuberungsalgorithmus verwendet.

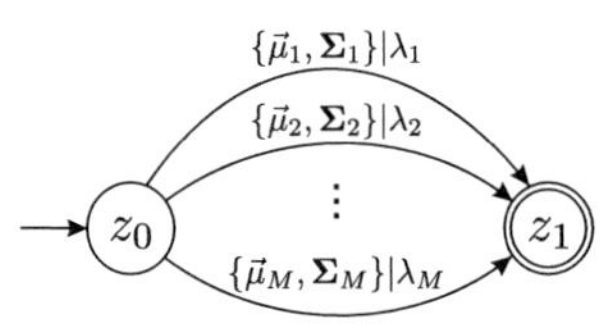

Abb. 4.15. Darstellung einer GAUSSschen Mischverteilungsdichtefunktion (GMM) als Hidden-MARKOV-Modell (HMM).

schen Bestandteil aller Lehrbüchern in der technischen Sprachkommunikation (beispielsweise [260, 120, 302]).

Hidden-MARKOV-Modelle werden auch für viele andere Klassifikationsaufgaben verwendet. Im Kontext der akustischen Mustererkennung sei besonders auf Verfahren zur Erkennung technischer Signale zur Maschinendiagnose und zur zerstörungsfreien Prüfung sowie zur Bio- und Musiksignalerkennung hingewiesen. Entsprechende Literaturverweise sind in der Einleitung zu Kapitel 6 enthalten.

Unabhängig von den Hidden-MARKOV-Modellen wurde in der Informatik ausgehend von der Theorie der formalen Sprachen [34, 35] eine mathematische Formulierung für endliche Automaten entwickelt. MOHRI und Kollegen führten diese Mitte der 1990er Jahre in die automatische Spracherkennung und Computerlinguistik ein (beispielsweise [215, 212]) und bewirkten eine breite Anwendung der Automatentheorie in diesen Gebieten.

Die in diesem Kapitel verwendete konsequente Formulierung der Hidden-MARKOV-Modelle mit den Mitteln der Automatentheorie wurde in Zusammenarbeit mit C. TSCHÖPE entwickelt und bereits in [286] und [280] veröffentlicht. Sie ist geboten, da HMMs lediglich unwesentlich – nämlich um stochastische Ausgabefunktionen – erweiterte endliche Automaten darstellen und im Übrigen exakt wie diese behandelt werden können. Das gilt insbesondere für die Anwendung der Automatenalgebra, Automatenoptimierung und von Suchverfahren, welche ohne Weiteres auch für HMMs möglich sind. Eine weitere Konsequenz ist die einheitliche Formulierung von HMM-Algorithmen mit und ohne VITERBI-Approximation, welche sich, wie oben ausgeführt, in der Sprache der Automatentheorie lediglich in der Benutzung unterschiedlicher algebraischer Strukturen für die Übergangsgewichte auswirkt. Abgesehen davon sind Vorwärts- und VITERBI-Algorithmus sowie BAUM-WELCH- und VITERBI-Training *identisch*! Die Darstellung von HMMs und endlichen Automaten in zwei verschiedenen mathematischen Formelsprachen ist also unpraktisch und nicht mehr zeitgemäß. Nicht zuletzt bringt eine einheitliche Theorie selbstverständlich auch Vorteile bei der rechentechnischen Implementierung.

5

Klassenfolgenklassifikatoren

Wir betrachten nun Klassifikatoren, welche pro Eingabe nicht für genau eine aus C Klassen, sondern für eine *Klassenfolge* entscheiden. Die allgemeine Entscheidungsfunktion wurde schon durch Gleichung (2.79) in Abschnitt 2.2.2 angegeben

$$s = \underset{\mathbf{c} \in \mathcal{C}^*}{\arg\operatorname{ext}}\ d_{\mathbf{c}}(\vec{\mathbf{o}}(x)). \tag{5.1}$$

Klassenfolgenklassifikatoren werden für zeitlich stark strukturierte Objekte verwendet. Sie sind als einzige leistungsfähig genug, Signale unter dem in Abschnitt 1.1.1 aufgestellten Paradigma als räumliche und/oder zeitliche Zusammensetzung akustischer Elementarereignisse zu betrachten. Jedes dieser Ereignisse wird durch eine der in den Kapiteln 3 und 4 betrachteten Klassen c beschreiben. Außer in trivialen Fällen berücksichtigen Klassenfolgenklassifikatoren syntaktische Restriktionen für die Partitur von Signalen. Das bedeutet, dass normalerweise nicht *alle* möglichen Folgen von akustischen Ereignissen akzeptable Klassifikationsergebnisse sind.

Abbildung 5.1 zeigt das allgemeine Blockschaltbild eines Klassenfolgenerkenners. Da dieser ja komplexe Signale verarbeiten soll, wird in jedem Fall ein Analysator verwendet, welcher Merkmalvektor*folgen* ermittelt. Der Klassifikator unterscheidet sich prinzipiell von den früher betrachteten (siehe Abbildungen 2.11 und 4.1): Er verwendet nun nicht mehr nur Modelle $\mathcal{M}_c$ für die zu unterscheidenden Klassen (akustische Ereignisse), sondern zusätzlich ein Partiturmodell $\mathcal{L}$. Dieses formalisiert die erwähnten syntaktischen Restriktionen an die Partitur. Klassen- und Partiturmodelle werden zur Klassifikation miteinander zu einem so genannten Erkennungsnetzwerk $\mathcal{R}$ verschmolzen. Mathematisch spricht man bei diesem Vorgang von einer Komposition. Der eigentliche Klassenfolgenklassifikator wird als Dekoder bezeichnet. Dem liegt die Vorstellung zugrunde, dass das Signal eine kodierte Darstellung seiner Partitur ist und dass der Erkenner diese Partitur wiederherstellt oder eben dekodiert.

Für die Klassenfolgenklassifikation kann auf die in Kapitel 4 beschriebenen Folgenklassifikatoren zurückgegriffen werden. Diese werden zur Erkennung der

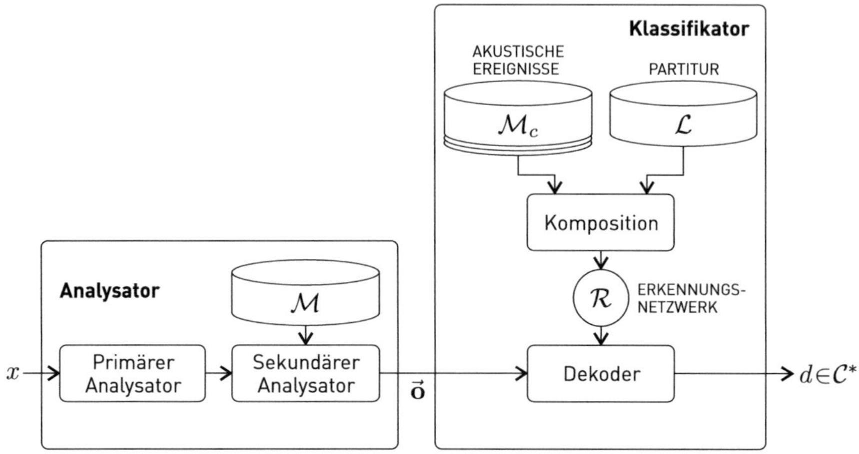

Abb. 5.1. Prinzip der Klassenfolgenklassifikation.

einzelnen akustischen Elementarereignisse verwendet. Wir brauchen uns also im Folgenden nur noch mit Partitur- oder Klassen*folgen*modellen und mit deren Anwendung in der Klassifikation zu beschäftigen.

5.1 Klassenfolgenmodelle

5.1.1 Formale Sprachen und Grammatiken

Alphabet

Wie schon in Abschnitt 4.1.1 eingeführt, bezeichnen wir mit dem Begriff „Alphabet" eine endliche, nicht leere Menge von Objekten x_i (Zeichen, Symbolen). Es kann ein leeres Symbol ε (Epsilon-Symbol) enthalten:

$$X := \{x_i\} \cup \varepsilon. \tag{5.2}$$

Es sei darauf hingewiesen, dass wir über *formale* Alphabete sprechen und die umgangssprachliche Bedeutung nur teilweise zutrifft. Zwar bilden natürlich auch die Buchstaben der Schriftsprache ein Alphabet, die formale Definition ist aber viel umfassender. Tabelle 5.1 stellt einige Beispiele zusammen.

Wort

Ein Wort $\mathbf{x}$ (auch Zeichenkette, Text) ist eine endliche Folge von Zeichen

$$\mathbf{x} = (x^1, \ldots, x^K) \qquad \text{mit } x^k \in X. \tag{5.3}$$

Wir behalten die in Abschnitt 4.1.2 eingeführte Schreibweise x^k für das k-te Element einer Folge bei. Das leere Wort (ε) heißt selbst ε. Die Länge eines Wortes in Zeichen wird $|\mathbf{x}|$ notiert. Es gilt also beispielsweise $|\mathsf{hallo}| = 5$. Das leere Wort hat die Länge $|\varepsilon| = 0$.

Wörter können verkettet werden (Konkatenation):

$$\mathbf{x} = \mathbf{u} \cdot \mathbf{v} \quad \text{beziehungsweise} \quad \mathbf{x} = \mathbf{u}\mathbf{v}. \tag{5.4}$$

Für die Verkettung mit dem leeren Wort gilt

$$\mathbf{x}\varepsilon = \varepsilon\mathbf{x} = \mathbf{x}. \tag{5.5}$$

Da Wörter auch aus einem einzelnen Zeichen bestehen dürfen, können wir selbstverständlich auch schreiben

$$\mathbf{x} = x^1 x^2 \ldots x^K. \tag{5.6}$$

einfache Zeichen Alphabet	Wörter
Buchstaben (Grapheme)	Wörter (Lexe)
Phonemzeichen (Phoneme)	Wörter (Lexe) in Lautschrift
Noten	Akkorde, Takte

Superzeichen Alphabet	Wörter
Wörter (Lexe)	Phrasen, Sätze (Syntagmen)
Phrasen, Sätze (Syntagmen)	Texte
Akkorde	Takte
Takte	Teile, Sätze
Teile, Sätze	Stücke

Objekte Alphabet	Wörter
Merkmalvektoren (endliche Menge)	Merkmalvektorfolgen

Tabelle 5.1. Beispiele für Alphabete und aus ihren Zeichen gebildete Wörter.

Kleenesche Hülle

Die Menge aller über einem Alphabet X möglichen Wörter heißt KLEENEsche Hülle

$$X^* = \bigcup_{n=0}^{\infty} X^n, \tag{5.7}$$

wobei X^n für eine beliebige Zeichenkette der Länge n steht. Die Operation * heißt endlicher oder KLEENEscher Abschluss (KLEENE *closure*), der Operator selbsr heißt KLEENE-Stern (KLEENE *star*).

Sprache

Eine (formale) Sprache L ist eine Menge von Wörtern über einem Alphabet X:

$$L \subseteq X^*. \tag{5.8}$$

In der Regel gilt $|L| \ll |X^*|$: Eine Sprache hat normalerweise viel weniger Wörter als aus dem Alphabet gebildet werden können.

Allerdings sind formale Sprachen üblicherweise auch zu groß, als dass sie durch eine bloße Auflistung der zu ihnen gehörenden Wörter definiert werden könnten. Daher wird eine formale Sprache entweder durch

- eine formale Grammatik, welche die Sprache *generiert* (siehe unten), oder durch
- einen Automaten, welcher die Sprache *akzeptiert* (siehe Abschnitt 5.1.2),

definiert. Beide Möglichkeiten sind gleichwertig.

Grammatik

Das – in der Sprachwissenschaft nicht unumstrittene [290] – *formale* Verständnis von Grammatik wurde in den 1950er Jahren von N. CHOMSKY geprägt. Er baute W. v. HUMBOLDTS Gedanken, Sprache müsse „unendlichen Gebrauch von endlichen Mitteln machen“ [297, 3], zum mathematisch tragfähigen Konzept der generativen transformationellen Grammatiken aus. Die so genannte CHOMSKY-Hierarchie definiert vier Klassen formaler Grammatiken mit absteigender Komplexität: unbeschränkte, kontextsensitive, kontextfreie und reguläre. Wir wollen hier nicht weiter auf diese eingehen (als weiterführende Literatur können beispielsweise [20] und [135] empfohlen werden).

Von entscheidender Bedeutung für die akustische Mustererkennung ist lediglich folgender Sachverhalt: Es kann bewiesen werden, dass jedem der vier Grammatiktypen nach CHOMSKY genau ein Automatentyp äquivalent ist. Das bedeutet, dass zu jeder generativen Grammatik ein entsprechender Automat angegeben werden kann, der dieselbe Sprache definiert [135].[1] Den endlichen Grammatiken entsprechen endliche sequenzielle Automaten nach Abschnitt

[1] In der Regel existieren sogar mehrere generative Grammatiken und mehrere Automaten, welche alle dieselbe Sprache definieren.

4.1.1 Weiterhin existiert zu jeder kontextfreien Grammatik ein entsprechender nichtdeterministischer Kellerautomat, zu jeder kontextsensitiven Grammatik eine entsprechende nichtdeterministische, linear beschränkte TURING-Maschine sowie zu jeder unbeschränkten Grammatik eine entsprechende (unbeschränkte) TURING-Maschine.

5.1.2 Reguläres Folgenmodell

Für die meisten Probleme in der akustischen Mustererkennung sind reguläre Grammatiken eine ausreichende Formalisierung. Eine wichtige Ausnahme bildet die Modellierung natürlicher Sprache, für die mindestens kontextfreie Grammatiken benötigt werden [20].

Wie oben dargelegt, können reguläre Grammatiken durch endliche Akzeptoren $\mathcal{A}$ definiert werden. Diese ordnen der Eingabezeichenkette $\mathbf{x}(U)$ jedes durchgehenden Weges ein Gewicht $w(U)$ zu. Sollten mehrere Wege die gleiche Eingabefolge besitzen, addieren wir deren Gewichte und erhalten das Gesamtgewicht

$$[\![\mathcal{A}]\!](\mathbf{x}) = \bigoplus_{U \in \mathcal{U}(I,\mathbf{x},F)} w(U). \tag{5.9}$$

Da die Verhaltensfunktion nicht existierenden Übergängen das Gewicht $\overline{0}$ zuordnet, erhalten nicht akzeptable Eingabewörter formal ebenfalls das Gewicht $\overline{0}$.

Da Eingabezeichenketten $\mathbf{x}$ nach Gleichung (5.3) nichts anderes als formale Wörter sind, können wir sagen, dass ein Akzeptor eine Menge solcher Wörter definiert. Diese Menge ist seine Eingabesprache

$$L_X(\mathcal{A}) = \{(\mathbf{x}, [\![\mathcal{A}]\!](\mathbf{x}))\}\,, \tag{5.10}$$

wobei jedem Wort $\mathbf{x}$ ein Gewicht $[\![\mathcal{A}]\!](\mathbf{x})$ zugeordnet wird. Bestandteil der Sprache sind nur akzeptable Wörter, also solche, denen *nicht* das Gewicht $\overline{0}$ zugeordnet wird:

$$[\![\mathcal{A}]\!](\mathbf{x}) \neq \overline{0} \Leftrightarrow |\mathcal{U}(I,\mathbf{x},F)| > 0. \tag{5.11}$$

Ein endlicher Akzeptor definiert also eine Sprache dadurch, dass er deren Wörter auf die eben beschriebene Weise *akzeptiert*, alle anderen Elemente der KLEENEschen Hülle über dem Eingabealphabet X jedoch zurückweist.

Nach dem gleichen Prinzip besitzt ein Generator eine Ausgabesprache

$$L_Y(\mathcal{A}) = \{(\mathbf{y}, [\![\mathcal{A}]\!](\infty,\mathbf{y}))\} \tag{5.12}$$

mit

$$[\![\mathcal{A}]\!](\infty,\mathbf{y}) \neq \overline{0} \Leftrightarrow |\mathcal{U}(I,\infty,\mathbf{y},F)| > 0 \tag{5.13}$$

und ein Transduktor ein Sprachpaar (oder eine Übersetzung)

$$[\![\mathcal{A}]\!](\mathbf{x},\mathbf{y}) = \bigoplus_{U \in \mathcal{U}(I,\mathbf{x},\mathbf{y},F)} w(U) \tag{5.14}$$

mit

$$[\![\mathcal{A}]\!](\mathbf{x},\mathbf{y}) \neq \overline{0} \Leftrightarrow |\mathcal{U}(I,\mathbf{x},\mathbf{y},F)| > 0. \tag{5.15}$$

Das Symol ∞ in (5.12) und (5.13) steht für die unendliche Zeichenkette, welche in Tabelle 4.1 definiert wurde. Die Notation dient der eindeutigen Unterscheidung von Akzeptor und Generator.

Ebenso wie eine Sprache oder Übersetzung durch einen Automaten definiert werden kann, so kann auch umgekehrt ein Automat über seine Sprache oder Übersetzung definiert werden. Im Gegensatz zu den oben vorgestellten Definitionen durch Verhaltensfunktion, Automatentabelle oder Automatengraph ist die Angabe der Sprache jedoch nicht eindeutig. Das heißt, dass es im Allgemeinen mehrere Automaten mit unterschiedlichen Verhaltensfunktionen gibt, welche die gleiche Sprache oder Übersetzung besitzen.

5.1.3 Stochastisches Folgenmodell

Ein zweites wichtiges Folgenmodell geht von einem statistischen Standpunkt aus. Die Idee ist schlicht, die Verbundwahrscheinlichkeit einer Folge $\mathbf{x} = x^1 \dots x^K$ mit Hilfe des Satzes von Bayes durch ein Produkt von bedingten Wahrscheinlichkeiten auszudrücken

$$\begin{aligned} P(\mathbf{x}) &= P(x^K|x^1 \dots x^{K-1}) \cdot \ldots \cdot P(x^3|x^1x^2) \cdot P(x^2|x^1) \cdot P(x^1) \\ &= \prod_{k=1}^{K} P(x^k|x^1 \dots x^{k-1}) \end{aligned} \tag{5.16}$$

und dieses dann wie folgt zu approximieren

$$\begin{aligned} P(\mathbf{x}) &\approx P(x^K|x^1 \dots x^{K-n}) \cdot \ldots \cdot P(x^3|x^1x^2) \cdot P(x^2|x^1) \cdot P(x^1) \\ &= \prod_{k=1}^{K} P(x^k|x^{k-n} \dots x^{k-1}). \end{aligned} \tag{5.17}$$

Die Bedingung der Wahrscheinlichkeiten wird also auf höchstens n vorhergehende Zeichen gekürzt. Dem liegt die Annahme zugrunde, dass eine statistische Abhängigkeit der Zeichen nur innerhalb eines gewissen zeitlichen Kontextes vorliegt. Die einzelnen Terme von Gleichung (5.17) werden als n-Gramme bezeichnet.

Je nach Kontextlänge n unterscheidet man nach

$$\text{Zerogramm-} \quad P(\mathbf{x}) \approx \prod_{k=1}^{K} \frac{1}{|X|}, \quad \big(\,|X| : \text{Größe des Alphabets}\big) \tag{5.18}$$

$$\text{Unigramm-} \quad P(\mathbf{x}) \approx \prod_{k=1}^{K} P(x^k), \tag{5.19}$$

$$\text{Bigramm-} \quad P(\mathbf{x}) \approx P(x^1) \cdot \prod_{k=2}^{K} P(x^k|x^{k-1}), \tag{5.20}$$

$$\text{Trigramm-} \quad P(\mathbf{x}) \approx P(x^1) \cdot P(x^2|x^1) \cdot \prod_{k=3}^{K} P(x^k|x^{k-2}x^{k-1}) \tag{5.21}$$

Modellen und so weiter. Eine Verallgemeinerung, das so genannte interpolierte n-Multigramm [18], verwendet n-Gramme verschiedener Ordnung *gemeinsam* zur Schätzung der einzelnen bedingten Wahrscheinlichkeiten

$$\begin{aligned} P(x^k|x^{k-n}\ldots x^{k-1}) \approx \lambda_0 \frac{1}{|X|} + \lambda_1 P(x^k) + \lambda_2 P(x^k|x^{k-1}) + \ldots \\ + \lambda_n P(x^k|x^{k-n}\ldots x^{k-1}). \end{aligned} \tag{5.22}$$

Dabei bezeichnen λ_n die n-Gramm-Interpolationskoeffizienten. Für diese muss die stochastische Randbedingung

$$\sum\nolimits_n \lambda_n = 1$$

eingehalten werden.

n-Gramm-Modelle werden in der Spracherkennung verbreitet als stochastische Grammatik verwendet. Das wesentliche Problem besteht in der Schätzung der bedingten Wahrscheinlichkeiten aus einer Lernstichprobe. Dies ist besonders deshalb schwierig, weil unabhängig von der Größe der Lernstichprobe die meisten Symbolkombinationen selten oder nie beobachtet werden und somit keine statistisch ausreichende Basis zur Schätzung von Wahrscheinlichkeiten vorliegt. Wir wollen diese Aspekte hier nicht weiter vertiefen. Als weiterführende Literatur zum Thema kann [155] empfohlen werden.

In Abschnitt 5.4 wird gezeigt, dass stochastische Folgenmodelle genau wie reguläre als endliche Automaten dargestellt werden können. Wir brauchen uns daher nur mit dem regulären Ansatz vertieft zu beschäftigen.

5.2 Automatenalgebra

Die Erstellung von automatenbasierten, komplexen Klassenfolgenmodellen erfordert eine Algebra, welche das „Rechnen“ mit Automaten erlaubt. Wir werden im Folgenden verschiedene Typen von Automatenoperationen betrachten:

- **Topologische Operationen**
  beziehen sich auf Automatengraphen,
- **Rationale Operationen**
  beziehen sich auf die Sprache oder Übersetzung von Automaten,
- **Topologieoptimierungen**
  ändern den Graphen, aber nicht die Sprache oder Übersetzung eines Automaten,
- **Kombinationsoperationen**
  setzen einfache Automaten zu komplexen zusammen oder ermitteln die Gemeinsamkeiten zwischen Automaten.

Die folgende Darstellung versteht sich als Einführung und Übersicht. Eine detailliertere Darstellung mit Beweisen und theoretischen Hintergründen kann in [210] nachgelesen werden. Die Formelsprache wurde bis auf einige notwendige Anpassungen von dort übernommen. Weitere empfehlenswerte Literaturstellen sind [215] und [209]. Spezielle Aspekte der Spracherkennung werden in [212] behandelt.

5.2.1 Topologische Operationen

Wir haben in Abschnitt 4.1.1 festgehalten, dass endliche Automaten durch ihren Automatengraphen eindeutig definiert sind. Auf diesen beziehen sich die topologischen Operationen. Da der Automatengraph, mathematisch gesehen, eine Menge von Mengen ist, führen alle topologischen Operationen letztendlich auf Mengenoperationen zurück.

Zur grafischen Veranschaulichung betrachten wir als Beispiele die Automaten

$\mathcal{A}_1 =$ 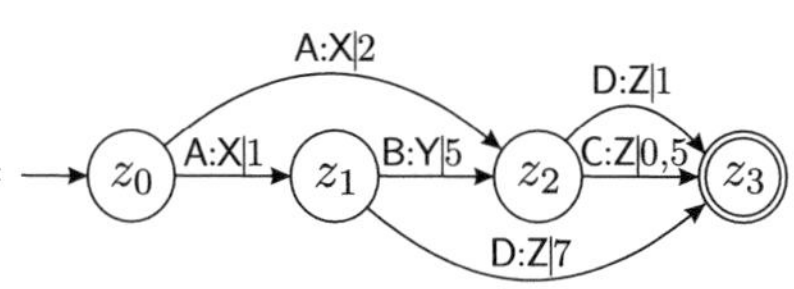 (5.23)

und

$\mathcal{A}_2 =$ 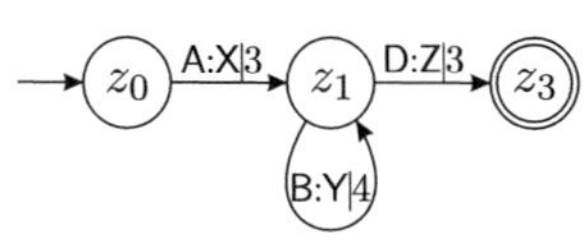 . (5.24)

Beide Automaten sollen über dem gleichen Gewichtshalbring S arbeiten.

Vereinigung

Automaten können durch Vereinigung der Zustands- und Übergangsmenge sowie der Alphabete topologisch vereinigt werden

$$\mathcal{A}_1 \cup \mathcal{A}_2 = (Z_1 \cup Z_2, I_1 \cup I_2, F_1 \cup F_2, X_1 \cup X_2, Y_1 \cup Y_2, S, w_1 \oplus w_2). \tag{5.25}$$

Für die Gewichte gilt

$$(w_1 \oplus w_2)(z, x, y, z') = w_1(z, x, y, z') \oplus w_2(z, x, y, z'). \tag{5.26}$$

Anschaulich besitzt der vereinigte Automat alle Zustände und Übergänge der beiden Operanden. Falls ein Übergang in beiden Operanden vorkommt, werden die Gewichte addiert.

Für die Beispielautomaten sieht das Ergebnis wie folgt aus:

$\mathcal{A}_1 \cup \mathcal{A}_2 =$ 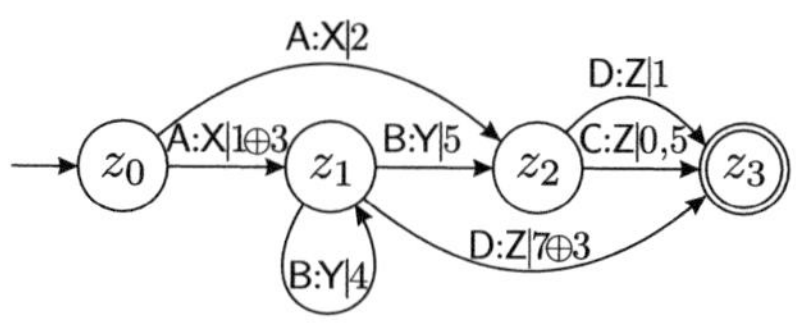 . (5.27)

Zwei der Übergänge sind in beiden Operanden enthalten. Da wir den Gewichtshalbring nicht festgelegt haben, steht bei ihnen eine Berechnungsvorschrift für das Gewicht. Die Vereinigung ist verwandt mit der Summe (siehe rationale Operationen, Abschnitt 5.2.2). Beide Operationen haben aber nur in Ausnahmefällen tatsächlich dasselbe Ergebnis.

Topologischer Durchschnitt

Auch der topologische Durchschnitt ist durch die entsprechende Mengenoperation

$$\mathcal{A}_1 \cap \mathcal{A}_2 = (Z_1 \cap Z_2, I_1 \cap I_2, F_1 \cap F_2, X_1 \cap X_2, Y_1 \cap Y_2, S, w_1 \otimes w_2) \tag{5.28}$$

definiert, wobei für die Gewichte

$$(w_1 \otimes w_2)(z, x, y, z') = w_1(z, x, y, z') \otimes w_2(z, x, y, z') \tag{5.29}$$

gilt.

Anschaulich besteht der topologische Durchschnitt aus allen Zuständen und Übergängen, die in *beiden* Operanden vorhanden sind. Das Ergebnis sieht für die Beispielautomaten wie folgt aus:

$\mathcal{A}_1 \cap \mathcal{A}_2 =$ 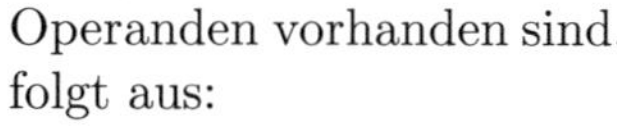 . (5.30)

Auch hier wurden die Ausdrücke zur Berechnung der Übergangsgewichte angegeben.

Der topologische Durchschnitt darf nicht mit dem weiter unten beschriebenen rationalen Durchschnitt verwechselt werden. Beide Operationen sind zwar verwandt, liefern aber im Allgemeinen verschiedene Ergebnisse.

Topologische Differenz

Die topologische Differenz zweier Automaten ergibt sich aus der Differenz der Übergangsmengen

$$\mathcal{A}_1 \setminus \mathcal{A}_2 = (Z_1, I_1, F_1, X_1, Y_1, R, E_1 \setminus E_2)\,, \tag{5.31}$$

wobei wir die Verhaltensfunktion als Menge der Zustandsübergänge angegeben haben (siehe Abschnitt 4.1.1).

Die topologische Differenz kann nur für ungewichtete Automaten berechnet werden, da für die Gewichte eine Negation

$$w = w_1 \oplus (-w_2) \tag{5.32}$$

erforderlich wäre, welche für Halbringe nicht erklärt ist (siehe Tabelle 4.1 und Anhang A.1).

Anschaulich beinhaltet die topologische Differenz zweier Automaten diejenigen Zustandsübergänge des linken Operanden, welche *nicht* auch im rechten Operanden enthalten sind. Das Ergebnis für die Beispielautomaten sieht wie folgt aus:

$\mathcal{A}_1 \setminus \mathcal{A}_2 =$ 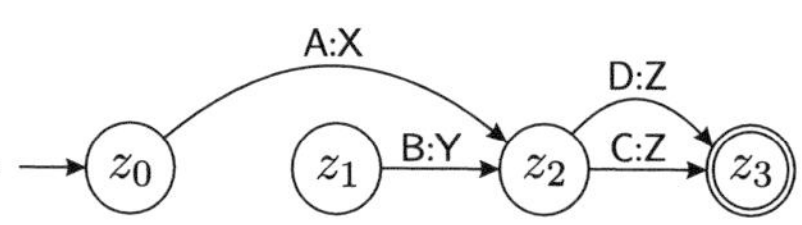 . (5.33)

Die topologische Differenz ist verwandt mit der weiter unten beschriebenen rationalen Differenz, ohne jedoch im Allgemeinen dasselbe Ergebnis zu liefern.

5.2.2 Rationale Operationen

Wie in Abschnitt 5.1.2 beschrieben, definieren Automaten reguläre Sprachen. Die Klasse der rationalen Operationen betrifft die Sprache oder die Übersetzung von Automaten. Im Gegensatz zu den oben vorgestellten topologischen haben rationale Operationen hinsichtlich des Automatengraphen *kein* eindeutiges Ergebnis. Der Grund dafür liegt darin, dass im Allgemeinen mehrere Automaten dieselbe Sprache oder Übersetzung definieren.

Im Folgenden wird für jede rationale Operation eine topologische Realisierung angegeben, welche eine *mögliche* Lösung darstellt. Zur besseren Veranschaulichung verwenden wir wieder die Automaten (5.23) und (5.24) als Beispiele.

Summe

Die Summe zweier Automaten umfasst alle Wörter, die in mindestens einem der beiden Operanden enthalten sind. Die Gewichte ergeben sich durch Addition der Wortgewichte in den Summanden[2]

[2] Man beachte, dass einem nicht akzeptablen Wort das Gewicht $\overline{0}$ zugeordnet wird, welches gerade das neutrale Element der Addition ist.

$$[\![\mathcal{A}_1 \oplus \mathcal{A}_2]\!](\mathbf{x},\mathbf{y}) = [\![\mathcal{A}_1]\!](\mathbf{x},\mathbf{y}) \oplus [\![\mathcal{A}_2]\!](\mathbf{x},\mathbf{y}). \tag{5.34}$$

Eine topologische Operation, welche die Summe realisiert, ist

$$\mathcal{A}_1 \oplus \mathcal{A}_2 = \Big(\tilde{z}_0 \cup Z_1 \cup Z_2, \tilde{z}_0, F_1 \cup F_2, X_1 \cup X_2, Y_1 \cup Y_2, S, E_1 \oplus E_2\Big) \tag{5.35}$$

mit

$$E_1 \oplus E_2 = E_1 \cup E_2 \cup \bigcup_{z' \in I_1 \cup I_2} (\tilde{z}_0, \varepsilon, \varepsilon, z', \bar{1}). \tag{5.36}$$

Dabei werden die Zustandsmengen der Operanden als disjunkt definiert $Z_1 \cap Z_2 := \varnothing$. Die Operation vereinigt außer den Zustandsmengen die Ein- und Ausgabealphabete, fügt einen neuen Anfangszustand hinzu und verbindet diesen über einen leeren Übergang mit den früheren Anfangszuständen der Summanden. Ein leerer Übergang

$$e_\varepsilon = (z, \varepsilon, \varepsilon, \bar{1}, z') \tag{5.37}$$

ist ein topologisches Konstrukt. Er kann zur Schaffung neuer Wege in den Automatengraphen eingefügt werden, ohne dass sich dadurch Zeichenketten oder Gewichte ändern.

Die so ermittelte Summe der Beispielautomaten (5.23) und (5.24) lautet:

$\mathcal{A}_1 \oplus \mathcal{A}_2 =$ 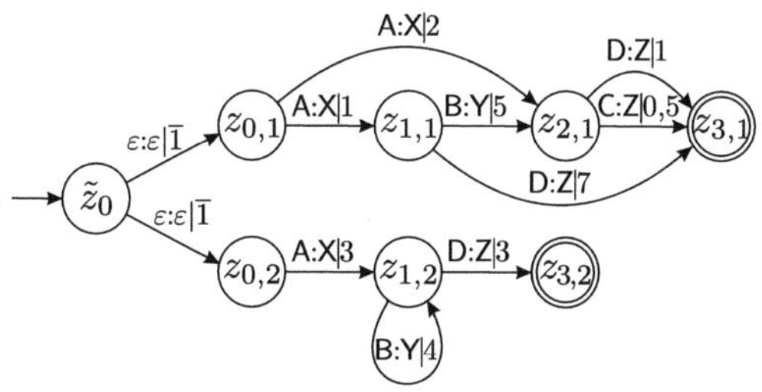 . (5.38)

Produkt

Das Produkt zweier Automaten ist durch die Verkettung aller Wörter des linken Operanden mit allen Wörtern des rechten Operanden definiert. Die Gewichte ergeben sich durch Multiplikation

$$[\![\mathcal{A}_1 \otimes \mathcal{A}_2]\!](\mathbf{x},\mathbf{y}) = \bigoplus_{\mathbf{x}=\mathbf{x}_1\mathbf{x}_2, \mathbf{y}=\mathbf{y}_1\mathbf{y}_2} [\![\mathcal{A}_1]\!](\mathbf{x}_1,\mathbf{y}_1) \otimes [\![\mathcal{A}_2]\!](\mathbf{x}_2,\mathbf{y}_2). \tag{5.39}$$

Man beachte, dass diese Operation *nicht* kommutativ ist!

Eine mögliche topologische Definition des Produkts lautet

$$\mathcal{A}_1 \otimes \mathcal{A}_2 = \Big(Z_1 \cup Z_2, I_1, F_2, X_1 \cup X_2, Y_1 \cup Y_2, S, E_1 \otimes E_2\Big) \tag{5.40}$$

mit

$$E_1 \otimes E_2 = E_1 \cup E_2 \cup \bigcup_{z \in F_1} \bigcup_{z' \in I_2} (z, \varepsilon, \varepsilon, z', \bar{1}), \tag{5.41}$$

wobei die Zustandmengen wieder als disjunkt angenommen werden ($Z_1 \cap Z_2 := \varnothing$). Die Anfangszustände des Produkts sind die Anfangszustände des linken Operanden, die Schlusszustände die des rechten Operanden. Alle Schlusszustände des linken werden über leere Übergänge mit allen Anfangszuständen des rechten Operanden verbunden.

Für die Beispielautomaten (5.23) und (5.24) sieht das so ermittelte Produkt wie folgt aus:

$\mathcal{A}_1 \otimes \mathcal{A}_2 =$ 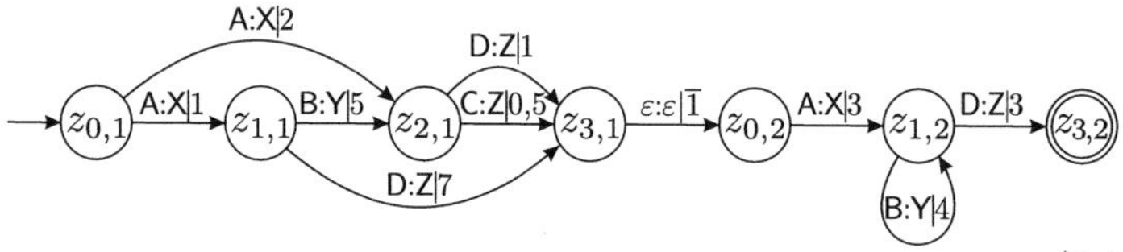

. (5.42)

Kleenescher Abschluss

Der KLEENEscher Abschluss ist eine einstellige Operation, welche die beliebige Wiederholung aller Wörter eines Automaten beschreibt. Die Wortgewichte werden dabei multipliziert

$$[\![\mathcal{A}^*]\!](\mathbf{x}, \mathbf{y}) = \bigoplus_{n=0}^{\infty} [\![\mathcal{A}]\!]^n(\mathbf{x}, \mathbf{y}). \tag{5.43}$$

Eine mögliche topologische Realisierung ist das Verbinden aller Schlusszustände mit allen Anfangszuständen durch leere Übergänge

$$\mathcal{A}^* = \Big(Z, I, I, X, Y, R, E^*\Big) \tag{5.44}$$

mit

$$E^* = E \cup \bigcup_{z \in F} \bigcup_{z' \in I} (z, \varepsilon, \varepsilon, \bar{1}, z'). \tag{5.45}$$

Da der KLEENEsche Abschluss laut der Definition (5.43) auch das leere Wort umfasst, müssen alle Anfangszustände gleichzeitig Schlusszustände sein. Die ursprünglichen Schlusszustände können deshalb in normale Zustände umgewandelt werden.

Für den Beispielautomaten (5.23) lautet der so realisierte KLEENEsche Abschluss

$\mathcal{A}_1^* =$ 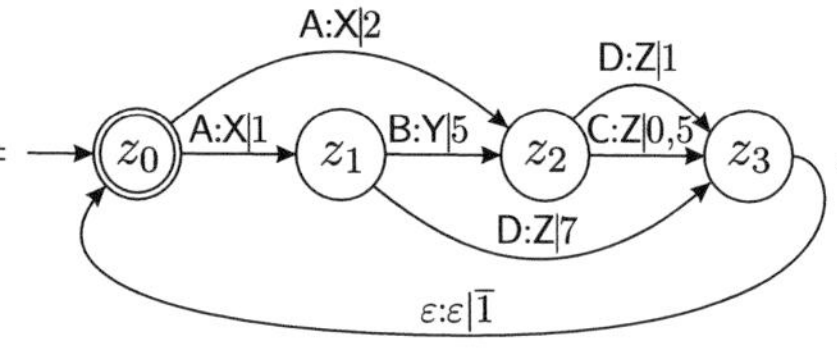

. (5.46)

Die Definition nach Gleichung (5.43) erfordert Automaten einen *vollständigen* Gewichtshalbring (ohne Beweise, siehe [210]). Alle in Tabelle 4.1 angegebenen Gewichtshalbringe sind vollständig.

Rationale Differenz

Die rationale Differenz (nicht zu verwechseln mit der oben beschriebenen *topologischen* Differenz) zweier Automaten enthält alle Wörter, die im linken Operanden, aber nicht im rechten enthalten sind. Die Berechnung von Gewichten würde eine Negation der Additionsoperation erfordern, welche in den verwendeten Gewichtshalbringen (siehe Tabelle 4.1 und Anhang A.1) nicht erklärt ist. Daher wird die rationale Differenz nur für *ungewichtete* Automaten wie folgt definiert:

$$[\![\mathcal{A}_1 \ominus \mathcal{A}_2]\!](\mathbf{x},\mathbf{y}) = [\![\mathcal{A}_1 \underline{\sqcap}\, \overline{\mathcal{A}_2}]\!](\mathbf{x},\mathbf{y}). \tag{5.47}$$

Dabei stehen $\underline{\sqcap}$ für den rationalen Durchschnitt (siehe Abschnitt 5.2.5 unten) und $\overline{\mathcal{A}_2}$ für den komplementären Automaten

$$[\![\overline{\mathcal{A}}]\!](\mathbf{x},\mathbf{y}) = \begin{cases} \overline{1} : [\![\mathcal{A}]\!](\mathbf{x},\mathbf{y}) = \overline{0} \\ \overline{0} : \text{sonst} \end{cases}. \tag{5.48}$$

Die Differenz der Beispielautomaten (5.23) und (5.24) (ohne Gewichte) lautet

$\mathcal{A}_1 \ominus \mathcal{A}_2 =$ 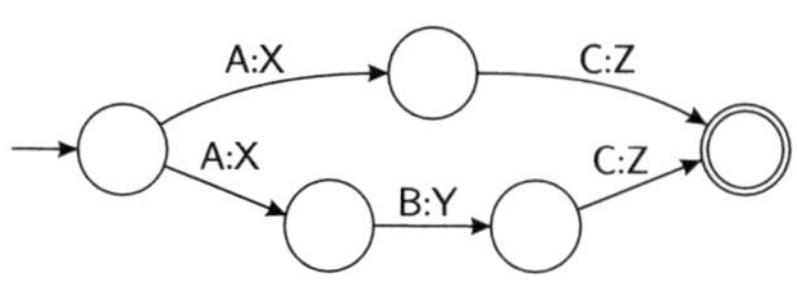

. (5.49)

5.2.3 Weitere Operationen

Im Folgenden werden einige häufig verwendete, triviale Automatenmanipulationen vorgestellt. Sie alle modifizieren die Sprache oder Übersetzung.

Umkehrung

Die Umkehrung eines Automaten enthält genau die rückwärts gelesenen Ein- und Ausgabewörter, wobei die zugeordneten Gewichte beibehalten werden.

$$[\![\mathcal{A}^{\leftarrow}]\!](\mathbf{x}^{\leftarrow},\mathbf{y}^{\leftarrow}) = [\![\mathcal{A}]\!](\mathbf{x},\mathbf{y}). \tag{5.50}$$

Die Umkehrung einer Zeichenkette ist wie folgt definiert:

$$(x^1, x^2, \ldots, x^K)^{\leftarrow} = (x^K, \ldots, x^2, x^1). \tag{5.51}$$

Die offensichtliche topologische Realisierung der Umkehrung besteht im Vertauschen der Anfangs- und Schlusszustandsmengen sowie der Start- und Zielzustände aller Übergänge

$$\mathcal{A}^{\leftarrow} = \Big(Z, F, I, X, Y, S, \big\{(z', x, y, w, z)\big\}\Big). \tag{5.52}$$

Die Umkehrung des Automaten (5.23) ist:

$\mathcal{A}_1^{\leftarrow} =$

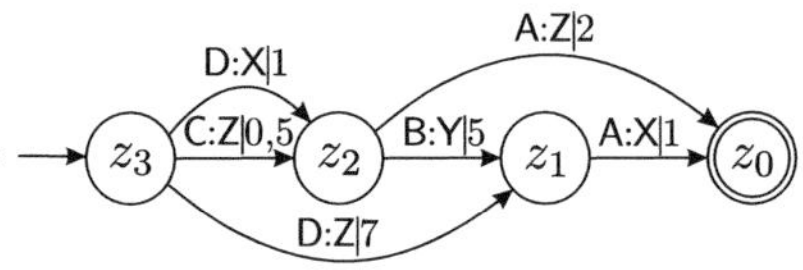

. (5.53)

Inversion

Die Inversion eines Automaten vertauscht die Ein- und Ausgabesprachen:

$$[\![\mathcal{A}^{-1}]\!](\mathbf{x}, \mathbf{y}) = [\![\mathcal{A}]\!](\mathbf{y}, \mathbf{x}). \tag{5.54}$$

Entsprechend vertauscht der Inversionsalgorithmus die Ein- und Ausgabealphabete sowie die Ein- und Ausgabezeichen der Übergänge. Die Gewichte bleiben unberührt:

$$\mathcal{A}^{-1} = \Big(Z, I, F, Y, X, S, \big\{(z, y, x, w, z')\big\}\Big). \tag{5.55}$$

Für das Beispiel (5.23) sieht die Inversion wie folgt aus:

$\mathcal{A}_1^{-1} =$

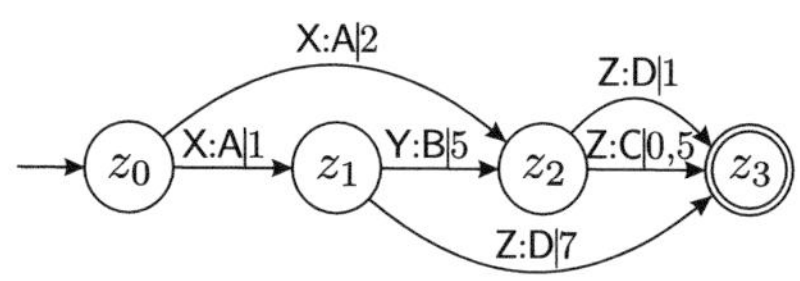

. (5.56)

Die Inversion eines Transduktors realisiert die umgekehrte Übersetzung. Die Inversion eines Akzeptors ist ein Generator und umgekehrt.

Projektion

Die Projektion eines Automaten entfernt die Ausgabezeichen. Die Gewichte aller Wege mit gleicher Eingabezeichenkette müssen danach zusammengefasst werden:

$$[\![\downarrow\!\mathcal{A}]\!](\mathbf{x}) = \bigoplus_{\mathbf{y}} [\![\mathcal{A}]\!](\mathbf{x}, \mathbf{y}). \tag{5.57}$$

Die einfachste algorithmische Realisierung entfernt einfach das Ausgabealphabet sowie die Ausgabezeichen der Übergänge:

$$\downarrow\!\mathcal{A} = \Big(Z, I, F, X, \varnothing, S, \{(z', x, w, z)\}\Big). \tag{5.58}$$

Die Zusammenfassung gleicher Wege kann beispielsweise mit Hilfe der Determinierung (siehe Abschnitt 5.2.4 unten) geschehen. Die Projektion des Beispielautomaten (5.23) lautet:

$\downarrow\mathcal{A} =$ 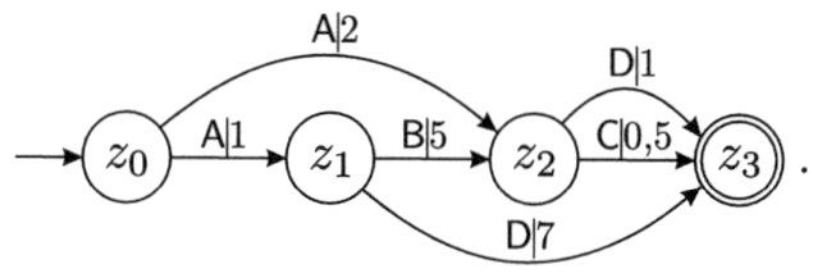

. (5.59)

Die Projektion ist nur für Transduktoren definiert.

5.2.4 Topologieoptimierung

Wir haben schon verschiedentlich erwähnt, dass ein Automat durch seine Topologie, nicht aber durch seine Sprache oder Übersetzung eindeutig definiert ist. Diese Eigenschaft bietet den Ansatzpunkt für Operationen zur topologischen Optimierung von Automaten. Dabei wird der Automatengraph nach bestimmten Kriterien verbessert, ohne dabei die Sprache oder Übersetzung zu ändern.

Automaten, welche die gleiche Sprache oder Übersetzung besitzen, heißen *äquivalent*. Die formale Bedingung für Äquivalenz lautet

$$\mathcal{A}_1 \equiv \mathcal{A}_2 \quad \Leftrightarrow \quad \forall\, \mathbf{x}, \mathbf{y} : [\![\mathcal{A}_1]\!](\mathbf{x}, \mathbf{y}) = [\![\mathcal{A}_2]\!](\mathbf{x}, \mathbf{y}). \tag{5.60}$$

Äquivalente Automaten ordnen also demselben Zeichenkettenpaar dasselbe Gewicht zu. Die Gestalt des Automatengraphen ist dabei unerheblich.

Topologisch gleiche Automaten heißen *isomorph*. Zwei Automaten $\mathcal{A}_1$ und $\mathcal{A}_2$ sind genau dann isomorph, wenn eine eineindeutige Abbildung

$$\varphi : Z_1 \leftrightarrow Z_2 \tag{5.61}$$

zwischen ihren Zustandsmengen existiert und wenn

$$z \in I_1 \Leftrightarrow \varphi(z) \in I_2, \tag{5.62}$$

$$z \in F_1 \Leftrightarrow \varphi(z) \in F_2 \text{ sowie} \tag{5.63}$$

$$\big(z, x, y, z', w\big) \in \mathcal{A}_1 \Leftrightarrow \big(\varphi(z), x, y, \varphi(z'), w\big) \in \mathcal{A}_2 \tag{5.64}$$

gilt.

Auch die verschiedenen Verfahren zur topologischen Optimierung sollen anhand eines Beispiels veranschaulicht werden. Wir betrachten dazu den Automaten

$\mathcal{A}_3 =$ 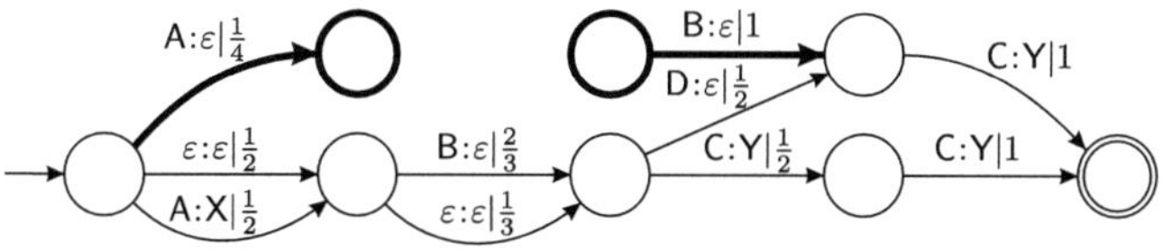

(5.65)

mit Wahrscheinlichkeiten als Übergangsgewichte und optimieren ihn schrittweise. Dabei werden die jeweils als nächstes zu bearbeitenden Elemente fett gezeichnet. Im Automaten (5.65) sind das zwei nicht verbundene Zustände sowie die angrenzenden Übergänge.

Zuschneiden

Nach Gleichung (5.15) tragen nur durchgehende Wege im Automatengraphen zur Definition seiner Sprache oder Übersetzung bei. Also können nicht durchgehende Wege aus dem Automatengraphen entfernt werden, ohne dass sich dadurch etwas an der Sprache oder Übersetzung ändert.

Mit Hilfe der in Abschnitt 4.1.2 eingeführten Notation für Wege und Mengen von Wegen definieren wir eine Zuschneide-Operation wie folgt:

$$\langle \mathcal{A} \rangle := \bigcup_{U \in \mathcal{U}(I,F)} U. \tag{5.66}$$

Die einfachste algorithmische Realisierung durchläuft den Automatengraphen einmal vorwärts, beginnend an den Anfangszuständen, und einmal rückwärts, beginnend an den Schlusszuständen, und markiert jeweils alle benutzten Zustände und Übergänge. Anschließend werden alle Elemente, die nicht beim Vorwärts- *und* Rückwärtslauf markiert wurden, entfernt.

Der zugeschnittene Automat (5.65) sieht wie folgt aus:

$\langle \mathcal{A}_3 \rangle =$ 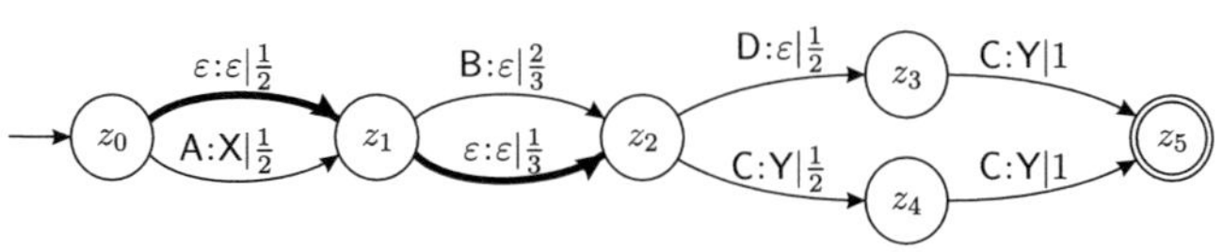

. (5.67)

Epsilon-Elimination

Ansatzpunkt für die Epsilon-Elimination ist die Tatsache, dass leere Übergänge (siehe Gleichung 5.37) die Sprache oder Übersetzung eines Automaten nicht ändern und damit entfernt werden können. Natürlich muss beim Entfernen dafür Sorge getragen werden, dass die Wege durch den Automaten erhalten bleiben. Außerdem können leere Übergänge im Allgemeinen ein von $\overline{1}$ verschiedenes Gewicht besitzen, was ebenfalls erhalten werden muss. Im Automaten (5.67) ist die Situation beispielhaft dargestellt. Es existieren zwei leere Übergänge (fett gezeichnet). Beide haben ein von $\overline{1}$ (im Wahrscheinlichkeitshalbring: $\overline{1} = 1$) verschiedenes Gewicht.

Algorithmus 5.1 gibt eine mögliche Realisierung der Epsilon-Elimination an. Der Algorithmus eliminiert keine Übergänge, welche ein leeres Eingabe-, aber ein nicht leeres Ausgabesymbol besitzen. Solche Fälle werden aber vom Determinierungsalgorithmus (Alg. 5.2) gelöst. Leere Übergänge zu Schlusszuständen können im Allgemeinen nicht beseitigt werden.

Das Ergebnis der Epsilon-Elimination im Automaten (5.67) ist:

Alg. 5.1
Epsilon-Elimination

1. Ermittle alle leeren Wege $U_\varepsilon \in \mathcal{U}(Z, \varepsilon, \varepsilon, Z)$ und bestimme deren Gewicht:

$$\mathcal{A}_\varepsilon = \bigcup_{z_1, z_2} \left(\bigoplus_{U \in \mathcal{U}(z_1, \varepsilon, \varepsilon, z_2)} w(U) \right)$$

Das Ergebnis $\mathcal{A}_\varepsilon$ sieht für den Beispielautomaten (5.67) wie folgt aus:

$\mathcal{A}_\varepsilon =$ 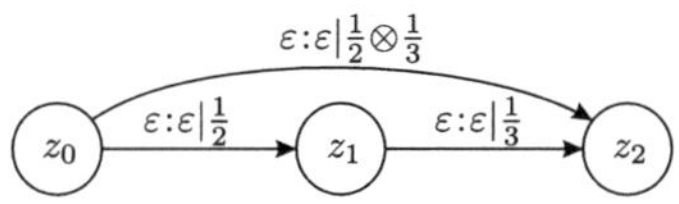

2. Für alle leeren Übergänge $\forall\, e \in \mathcal{A} : x(e) = \varepsilon \wedge y(e) = \varepsilon$:
   (i) Lösche den Übergang: $\mathcal{A} \leftarrow \mathcal{A} \setminus e$
3. Für alle leeren Wege $\forall\, e_\varepsilon \in \mathcal{A}_\varepsilon$:
   (i) Für alle Nachfolgerübergänge, die am Zielzustand des leeren Weges beginnen $\forall\, e \in \mathcal{A} : z(e) = z'(e_\varepsilon)$:
   - Füge einen Übergang vom Startzustand des leeren Weges zum Zielzustand des Nachfolgerübergangs ein:
   $$\mathcal{A} \leftarrow \mathcal{A} \cup \Big(z(e_\varepsilon), x(e), y(e), z'(e), w(e_\varepsilon) \otimes w(e)\Big)$$
   (Das Gewicht ergibt sich durch Multiplikation der Gewichte des leeren Weges und des Nachfolgerübergangs.)

   (ii) Wenn der Zielzustand des leeren Weges ein Schlusszustand ist $z'(e_\varepsilon) \in F$:
   - Füge einen leeren Übergang ein
   $$\mathcal{A} \leftarrow \mathcal{A} \cup \Big(z(e_\varepsilon), \varepsilon, \varepsilon, z'(e_\varepsilon), w(e_\varepsilon)\Big)$$

$\not{\varepsilon}\langle \mathcal{A}_3 \rangle =$ 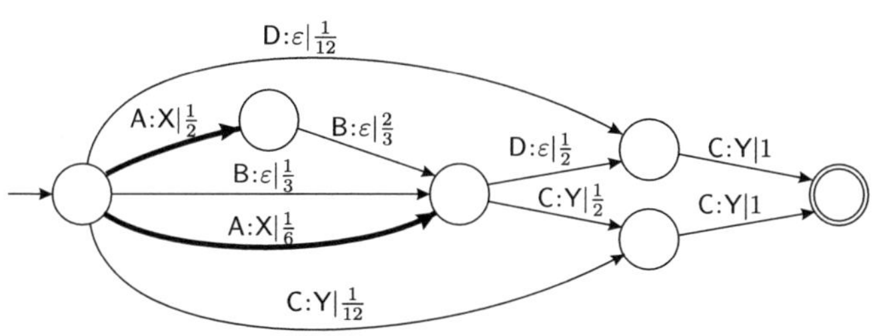 . (5.68)

Man sieht, dass der Algorithmus zwar die Wegwahrscheinlichkeiten beibehält, aber nicht die Einhaltung der stochastischen Randbedingung an den Zuständen sicherstellt. Wenn erforderlich, muss diese durch eine zusätzliche Gewichtsverschiebung (siehe unten) wiederhergestellt werden.

Für die praktische Anwendung ist außerdem zu beachten, dass die Epsilon-Elimination die Anzahl der Übergänge beträchtlich erhöhen kann. Weiterhin kann die durch eine Epsilon-Elimination erzeugte Automatentopologie ungünstig für Suchverfahren, die auf dem BELLMANschen Optimalitätsprinzip beruhen, sein.

Determinierung

In einem determinierten Automaten ist in jedem Zustand bei Eingabe eines Zeichens x der Folgezustand *eindeutig* bestimmt. Es ist allerdings zulässig, dass für mache Eingabezeichen *gar kein* Folgezustand exisiert. Mathematisch lässt sich Determiniertheit durch die Bedingung

$$\forall\, z, x, z' : |\mathcal{U}^1(z, x, z')| \leq 1 \wedge \forall\, e \in \mathcal{A} : x(e) \neq \varepsilon \tag{5.69}$$

ausdrücken. In Worten: Erstens existiert von jedem Zustand z höchstens ein Übergang (also ein Weg der Länge eins zu irgendeinem Zustand z') mit einem bestimmten Eingabezeichen x. Zweitens dürfen keine Übergänge mit leerem Eingabezeichen existieren, da der Automat sich dann nach dem Einlesen eines Zeichens gleichzeitig in mehr als einem Zustand befinden müsste (nämlich vor *und* nach dem leeren Übergang).

Determinierte Automaten haben die Eigenschaft, dass zu jeder Eingabezeichenkette höchstens ein Weg existiert und dass dieser Weg beim Eingeben der Zeichenkette eindeutig und ohne zu suchen abgelaufen werden kann. Wenn für ein bestimmtes Eingabezeichen der Weg nicht eindeutig fortgesetzt werden kann, dann akzeptiert der Automat die gesamte Eingabezeichenkette nicht. Diese Eigenschaften sind offensichtlich günstig für die effiziente Prüfung von Zeichenketten.

Wir bezeichnen im Folgenden den determinierten Automaten mit

$$\tilde{A} = \det(\mathcal{A}), \tag{5.70}$$

wobei $\det(\cdot)$ für die Determinierungsoperation steht. Elemente des determinierten Automaten werden zur Unterscheidung ebenfalls mit einer Tilde gekennzeichnet.

Die Zustände $\tilde{z} \in \tilde{Z}$ des determinierten Automaten sind jeweils durch eine Menge so genannter *Reste* $\tilde{R}$ definiert:

$$\tilde{z} = \{\tilde{R}\}. \tag{5.71}$$

Ein Rest ist ein Tripel aus einem Zustand des nicht determinierten Automaten $z(\tilde{R}) \in Z$, einer restlichen Ausgabezeichenkette $\mathbf{y}(\tilde{R}) \in Y^*$ und einem restlichen Gewicht $w(\tilde{R}) \in \mathbb{K}$:

$$\tilde{R} \in (Z \times Y^* \times \mathbb{K}). \tag{5.72}$$

Wir sprechen von einem „Rest bezüglich des Zustandes $z(\tilde{R})$“.

Algorithmus 5.2 stellt das Prinzip der Determinierung dar. Zugunsten der Übersichtlichkeit wurde auf einige Feinheiten verzichtet. Insbesondere geht der Algorithmus davon aus, dass ein Übergang eine Ausgabezeichen*kette* (und nicht nur *ein* Ausgabezeichen) tragen kann. Die Rückführung von Zeichenketten auf Zeichen geschieht trivial durch Expansion des Übergangs in einen entsprechenden Weg. Weiterhin wurde die Behandlung von Resten an

Alg. 5.2
Determinierung (Prinzip)

1. Initialisierung
   1.1 Erzeuge einen Anfangszustand:
   $$\tilde{z}_0 = \left\{ \tilde{R}_0 = (z_0, \varepsilon, \overline{1}) \right\}$$
   1.2 Erzeuge eine Liste offener Zustände:
   $$O = \{\tilde{z}_0\}$$
   1.3 Erzeuge eine Liste geschlossener Zustände:
   $$C = \varnothing$$
2. Rekursion
   Für den nächsten offenen Zustand $\forall\, \tilde{z}_i \in O$:
   2.1 Verschiebe den Zustand in die Liste der geschlossenen Zustände
   $$O \leftarrow O \setminus \tilde{z}_i,\; C \leftarrow C \cup \tilde{z}_i$$
   2.2 Für alle Eingabezeichen $\forall\, x \in X$:
   (i) Bilde eine Menge D zueinander passender Übergänge $e \in \mathcal{A}$ und Reste $\tilde{R} \in \tilde{z}$:
   $$D = \left\{ (e, \tilde{R}) \;\middle|\; e \in \mathcal{A} \wedge \underbrace{\tilde{R} \in \tilde{z}_i}_{1)} \wedge \underbrace{x(e) = x}_{2)} \wedge \underbrace{z(\tilde{R}) = z(e)}_{3)} \right\}$$
   [1] Rest am momentan expandierten Zustand $\tilde{z}_i$
   [2] Übergang trägt das Eingabezeichen x
   [3] Übergang beginnt an dem Zustand, auf den sich Rest bezieht
   (ii) Füge einen Übergang ein
   $$\tilde{E} \leftarrow \tilde{E} \cup (\tilde{z}_i, x, \tilde{\mathbf{y}}, \tilde{z}_j, \tilde{w})$$
   $$\text{mit } \tilde{\mathbf{y}} = \bigwedge_{(e,\tilde{R}) \in D} \left(\mathbf{y}(\tilde{R}) \cdot y(e) \right)$$
   $$\tilde{w} = \bigoplus_{(e,\tilde{R}) \in D} \left(w(\tilde{R}) \otimes w(e) \right)$$
   $$\tilde{z}_j = \bigcup_{(e,\tilde{R}) \in D} \left(z'(e),\; \left(\mathbf{y}(\tilde{R}) \cdot y(e)\right) \oslash \tilde{\mathbf{y}},\; \left(w(\tilde{R}) \otimes w(e)\right) \oslash \tilde{w} \right)$$
   (iii) Füge den Zielzustand ein $\tilde{Z} \leftarrow \tilde{Z} \cup \tilde{z}_j$
   (iv) Falls der Zielzustand noch nicht geschlossen ist, füge ihn zur Liste der offenen Zustände hinzu
   $$\tilde{z}_j \notin C : \; O \leftarrow O \cup \tilde{z}_j$$
3. Terminierung
   wenn Liste der offenen Zustände leer ($O = \varnothing$)

Schlusszuständen nicht ausgeführt. Diese müssen in Form von zusätzlichen Zuständen und Übergängen vor dem endgültigen Schluss eingefügt werden. Details können in [210] nachgelesen werden.

Die Determinierung benötigt eine Restoperation $\oslash$ bezüglich der Multiplikation für die Zeichenketten- und die Gewichtshalbringe. Diese ist nicht zu verwechseln mit der Division, welche nach wie vor nicht erklärt sein muss. Der Rest ist dadurch definiert, dass seine Multiplikation mit dem rechten Operanden den linken Operanden ergibt, beispielsweise:

$$\begin{array}{lll} \text{Zeichenketten:} & \mathsf{ABC} \oslash \mathsf{A} = \mathsf{BC} & \text{, da } \mathsf{A} \otimes \mathsf{BC} = \mathsf{ABC} \\ \text{Wahrscheinlichkeiten:} & 0{,}2 \oslash 0{,}5 = 0{,}4 & \text{, da } 0{,}5 \otimes 0{,}4 = 0{,}2. \end{array} \tag{5.73}$$

Bei Zeichenketten ergibt sich der Rest durch Abtrennen der rechten Zeichenkette vom Anfang der linken. Bei Gewichten kann die Division verwendet werden, falls sie definiert ist. Ansonsten wird der Rest anhand der oben genannten Definition ermittelt.

Das Ergebnis der Determinierung für den Beispielautomaten (5.68) lautet:

$$\det\left(\not\varepsilon\langle\mathcal{A}_3\rangle\right) =$$

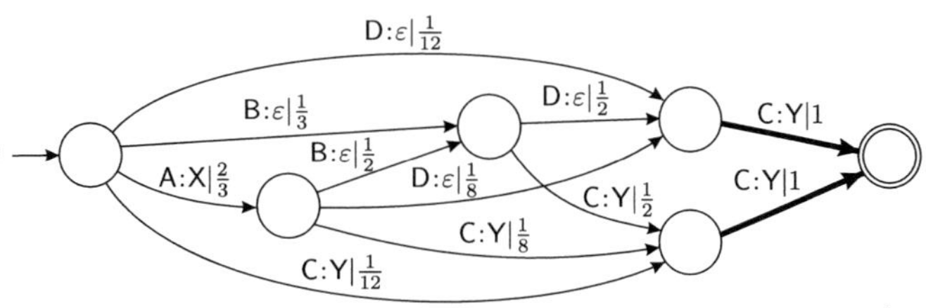

. (5.74)

Anhang A.5 enthält eine ausführliche Beispielrechnung zum Algorithmus 5.2.

Nicht alle Automaten sind determinierbar. Es gelten die folgenden Aussagen (ohne Beweis, siehe [215, 209]):

- Alle nicht gewichteten Akzeptoren sind determinierbar.
- Alle kreisfreien Akzeptoren sind determinierbar.
- Alle Transduktoren, welche die so genannte Zwillingseigenschaft (engl. *twins property*, [209]) besitzen, sind determinierbar.

Minimierung

Eine weitere Optimierungsaufgabe besteht darin, den äquivalenten Automaten mit der geringstmöglichen Anzahl von Zuständen und Übergängen zu finden. Meist wird für diesen „minimalen" Automaten außerdem Determiniertheit (siehe oben) gefordert.

Eine einfache Möglichkeit der Minimierung ist der Brzozowski-Algorithmus [27] (auch [28]):

$$\min(\mathcal{A}) = \det\left(\det(\mathcal{A}^{\leftarrow})^{\leftarrow}\right), \tag{5.75}$$

also Umkehrung – Determinierung – Umkehrung – erneute Determinierung. Dieser Algorithmus ist zwar allgemeingültig, aber weder sehr effizient noch sehr effektiv. In der Literatur kann eine ganze Reihe besserer, aber dafür meist auch problemspezifischer Minimierungsalgorithmen gefunden werden [241, 300, 208, 195, 119].

Der mit dem BRZOZOWSKI-Algorithmus minimierte Beispielautomat (5.68) lautet:

$$\min\left(\natural\langle\mathcal{A}_3\rangle\right) =$$

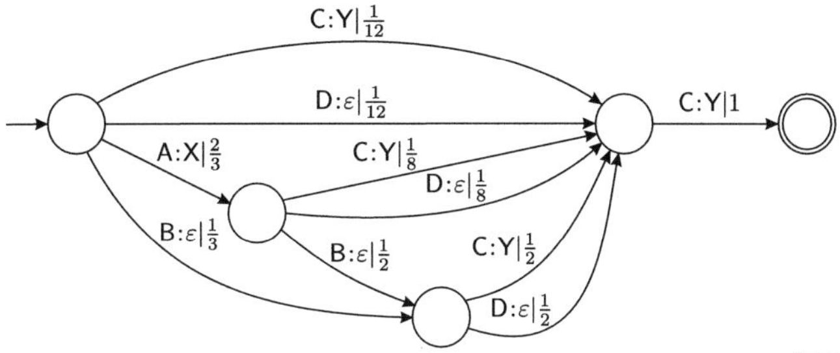

(5.76)

Für die Verwendung des BRZOZOWSKI-Algorithmus gelten dieselben Randbedingungen wie für die Determinierung (siehe oben).

Verschiebung

Unter „Verschiebung" versteht man eine Gruppe von Optimierungen, welche die Topologie nicht ändert, aber Zeichen und/oder Gewichte nach bestimmten Kriterien auf andere Übergänge verschiebt. Natürlich wird dabei die Sprache oder Übersetzung nicht verändert.

Verschiebungsoperationen werden normalerweise eingesetzt, um einen Automaten für die weitere Verarbeitung vorzubereiten. Typische Fälle sind:

1. eine Verschiebung großer Gewichte oder kleiner Wahrscheinlichkeiten so weit wie möglich in Richtung der Anfangs- oder Schlusszustände steigert die Effizienz von Suchverfahren [213],
2. eine Verschiebung der Ein- beziehungsweise Ausgabesymbole möglichst weit in Richtung der Anfangszustände steigert die Effizienz mancher Kompositionsalgorithmen (siehe Abschnitt 5.2.5 unten),
3. nur für stochastische Automaten: Manche topologischen Optimierungen stellen nicht die Einhaltung der stochastischen Randbedingung für die Zustände sicher. Diese kann durch eine geeignete Gewichtsverschiebung wiederhergestellt werden.

5.2.5 Kombination

Zur Konstruktion hierarchischer Folgenmodelle für Klassen wird eine Kombination von Automaten benötigt. Die grundlegende Operation hierfür ist das kartesische Produkt. Aus diesem können weitere Kombinationsverfahren abgeleitet werden.

Kartesisches Produkt

Das kartesische Produkt zweier Automatengraphen ist durch die Kombination aller Zustände und Übergänge beider Operanden definiert. Dabei werden kombinierte Ein- und Ausgabesymbole gebildet und die Gewichte multipliziert. Die mathematische Formulierung lautet

$$\mathcal{A}_1 \times \mathcal{A}_2 = (Z_1 \times Z_2, I_1 \times I_2, F_1 \times F_2, X_1 \times X_2, Y_1 \times Y_2, S, E_1 \times E_2)\,, \tag{5.77}$$

wobei wir die Verhaltensfunktion als Übergangsmenge angegeben haben. Sie ergibt sich zu

$$E_1 \times E_2 = \bigcup_{e_1} \bigcup_{e_2} \Big((z_1, z_2), (x_1, x_2), (y_1, y_2), (z_1', z_2'), w_1 \otimes w_2 \Big) \tag{5.78}$$

mit den Abkürzungen $z_i = z(e_i)$, $x_i = x(e_i)$, $y_i = y(e_i)$, $z_i' = z'(e_i)$ und $w_i = w(e_i)$.

Das kartesische Produkt der Beispielautomaten (5.23) und (5.24) lautet

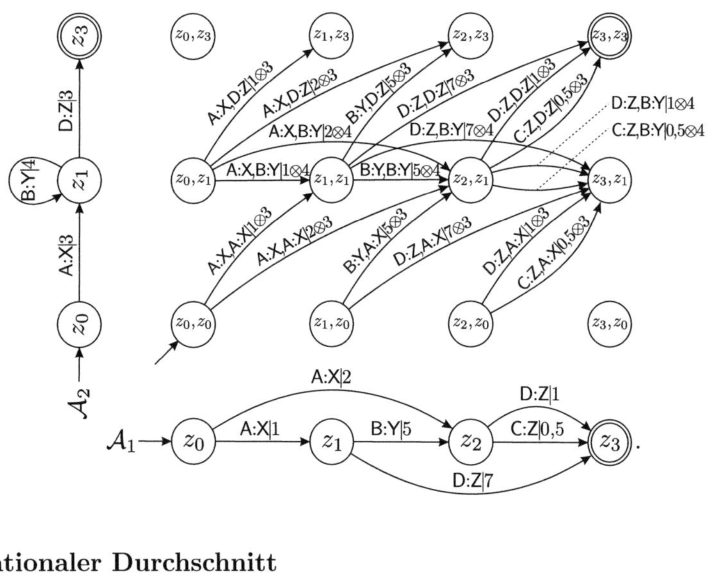

(5.79)

Rationaler Durchschnitt

Der rationale Durchschnitt (nicht zu verwechseln mit dem *topologischen* Durchschnitt aus Abschnitt 5.2.1) bestimmt die Sprache oder Übersetzung, die zwei Automaten *gemeinsam* haben. Sie ordnet jedem Zeichenkettenpaar $\mathbf{x}, \mathbf{y}$ das Produkt ihrer Gewichte in den Faktoren zu

$$[\![\mathcal{A}_1 \cap \mathcal{A}_2]\!](\mathbf{x}, \mathbf{y}) = [\![\mathcal{A}_1]\!](\mathbf{x}, \mathbf{y}) \otimes [\![\mathcal{A}_2]\!](\mathbf{x}, \mathbf{y}). \tag{5.80}$$

Ein möglicher Algorithmus zur Bestimmung des rationalen Durchschnitts bestimmt zunächst das kartesische Produkt und entfernt danach alle Übergänge, deren Ein- oder Ausgabesymbole verschieden sind. Zum Schluss wird das Ergebnis zugeschnitten, um nicht durchgehende Wege zu entfernen:

$$\mathcal{A}_1 \sqcap \mathcal{A}_2 = \Big\langle\Big(Z_1{\times}Z_2,\ I_1{\times}I_2,\ F_1{\times}F_2,\ X_1{\cap}X_2,\ Y_1{\cap}Y_2,\ S,\ E_1{\sqcap}E_2\Big)\Big\rangle \tag{5.81}$$

mit

$$E_1 \sqcap E_2 = \bigcup_{e_1} \bigcup_{e_2 : x_1 = x_2 \wedge y_1 = y_2} \Big((z_1, z_2), x_1, y_1, (z_1', z_2'), w_1 \otimes w_2\Big). \tag{5.82}$$

Als Beispiel betrachten wir noch einmal das kartesische Produkt (5.79)

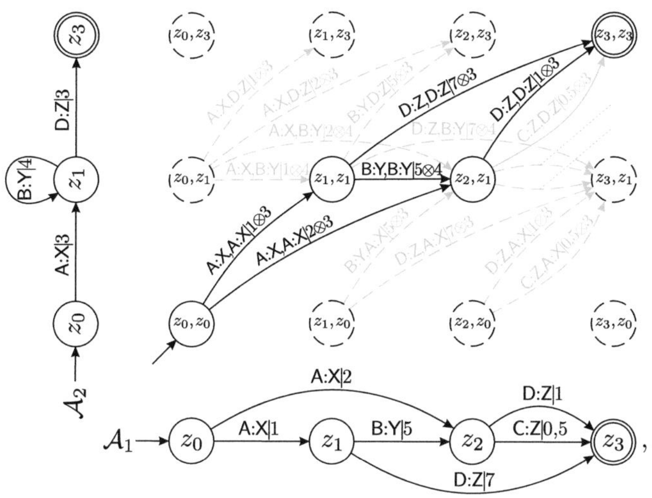

(5.83)

wobei alle kombinierten Übergänge mit ungleichen Zeichen grau dargestellt sind. Sie gehören nicht zum Durchschnitt. Zustände und Übergänge, die nicht auf einem durchgehenden Weg liegen, werden von der Zuschneideoperation entfernt. Sie sind gestrichelt dargestellt. Die verbleibenden Elemente bilden den rationalen Durchschnitt:

$\mathcal{A}_1 \sqcap \mathcal{A}_2 =$ 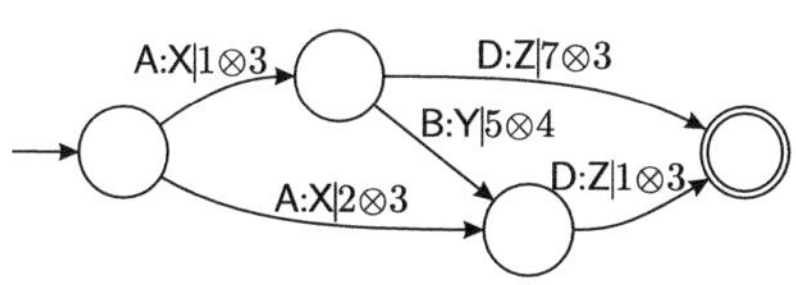

(5.84)

Eine effiziente Realisierungen des rationalen Durchschnitts verwendet nicht die aufwändige Berechnung des kartesischen Produkts. Die rationale Definition (5.80) erfordert, dass der Gewichtshalbring von $\mathcal{A}_1$ und $\mathcal{A}_2$ kommutativ bezüglich der Multiplikation ist (ohne Beweis, siehe Anhang A.5).

Komposition

Die Komposition stellt die Nacheinanderausführung zweier Automaten dar. Übersetzt also der linke Operand die Sprache L_A in die Sprache L_B und der rechte Operand die Sprache L_B in die Sprache L_C, so übersetzt die Komposition der beiden direkt L_A in L_C. Es ist dabei nicht unbedingt erforderlich, dass die Ausgabesprache des linken Operanden *identisch* mit der Eingabesprache des rechten Operanden ist. Lediglich sollte der Durchschnitt beider nicht leer sein.

Aus der verbalen Definition der Komposition folgt, dass der linke Operand mindestens ein Generator und der rechte mindestens ein Akzeptor sein muss. Ist einer der beiden Operatoren *kein* Transduktor, ist eine sinnvolle Komposition nur möglich, wenn der andere ein Transduktor ist.

Die Übersetzung der Komposition aus zwei Automaten ist wie folgt definiert:

$$[\![\mathcal{A}_1 \circ \mathcal{A}_2]\!](\mathbf{x},\mathbf{y}) = \bigoplus_{\mathbf{z}} [\![\mathcal{A}_1]\!](\mathbf{x},\mathbf{z}) \otimes [\![\mathcal{A}_2]\!](\mathbf{z},\mathbf{y}). \tag{5.85}$$

Wie der rationale Durchschnitt kann die Komposition mit Hilfe des kartesischen Produkts berechnet werden:[3]

$$\mathcal{A}_1 \circ \mathcal{A}_2 = \Big\langle \big(Z_1 \times Z_2,\ I_1 \times I_2,\ F_1 \times F_2,\ X_1,\ Y_2,\ S,\ E_1 \circ E_2 \big) \Big\rangle \tag{5.86}$$

mit

$$E_1 \circ E_2 = \bigcup_{e_1} \bigcup_{e_2 : y_1 = x_2} \Big((z_1, z_2), x_1, y_2, (z_1', z_2'), w_1 \otimes w_2 \Big). \tag{5.87}$$

Zur grafischen Veranschaulichung betrachten wir unsere Beispielautomaten (5.23) und (5.24) in leicht modifizierter Form

$\mathcal{A}_1 =$ 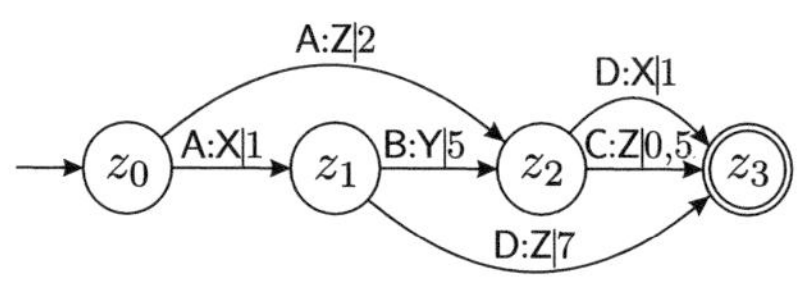 (5.88)

und

$\mathcal{A}_2 =$ 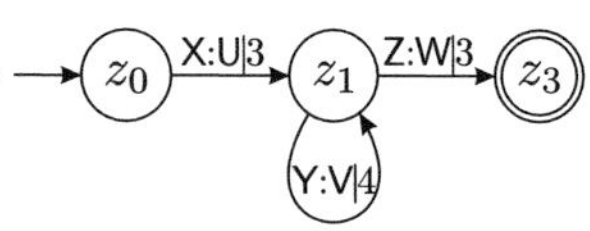 . (5.89)

Das kartesische Produkt aus (5.88) und (5.89) lautet:

---

[3] Bei manchen Automaten müssen zuvor leere Schleifen $(z, \varepsilon, \varepsilon, z, \overline{1})$ in einen oder beide Operanden eingefügt werden (Details siehe [211]).

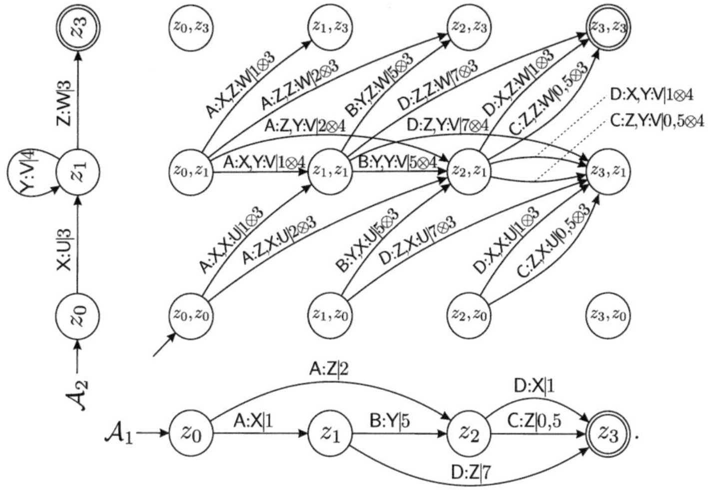

(5.90)

Wir verwenden nur kombinierte Übergänge, bei denen das linke Ausgabesymbol mit dem rechten Eingabesymbol übereinstimmt:

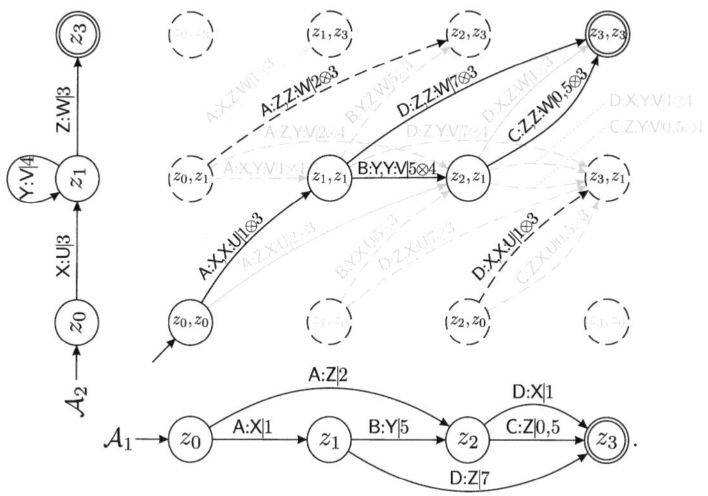

(5.91)

Alle anderen Übergänge sind grau eingezeichnet. Weiterhin liegen nicht alle Zustände und Übergänge auf durchgehenden Wegen. Elemente, die von der Zuschneideoperation entfernt werden, sind gestrichelt dargestellt. Die verbleibenden Elemente bilden die Komposition der Automaten:

$\mathcal{A}_1 \circ \mathcal{A}_2 =$ 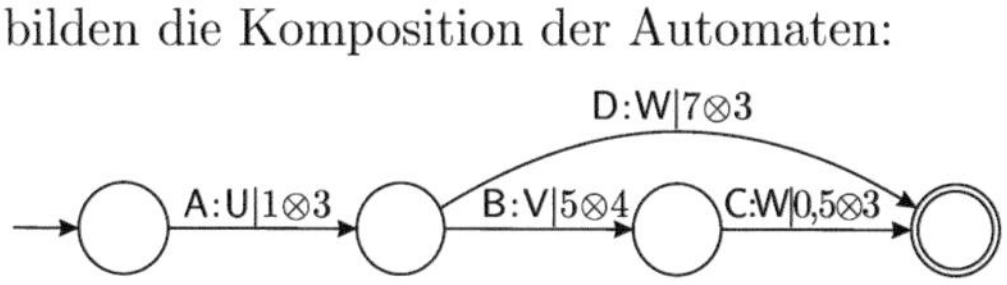 . (5.92)

Effiziente Kompositionsalgorithmen verwenden nicht die aufwändige Berechnung des kartesischen Produkts (siehe beispielsweise [211]). Die rationale Definition (5.85) erfordert, dass der Gewichtshalbring von $\mathcal{A}_1$ und $\mathcal{A}_2$ kommutativ bezüglich der Multiplikation ist (ohne Beweis, siehe Anhang A.5). Die Komposition eines Automaten, der leere Ausgabesymbole besitzt, mit einem Automaten, der leere Eingabesymbole besitzt, führt zur Erzeugung redundanter leerer Wege und bei manchen Gewichtshalbringen zu falschen Weggewichten. Der Kompositionsalgorithmus muss in solchen Fällen eine Filterung von leeren Übergängen vornehmen (Details siehe [210]).

5.2.6 Zusammenfassung

Tabelle 5.2 stellt alle Automatenoperationen in einer Übersicht zusammen.

Symbol	Name	andere Namen	Seite	Bem.
$\mathcal{A}_1 \cup \mathcal{A}_2$	Vereinigung		186	
$\mathcal{A}_1 \cap \mathcal{A}_2$	topologischer Durchschnitt		187	
$\mathcal{A}_1 \setminus \mathcal{A}_2$	topologische Differenz		188	A
$\mathcal{A}_1 \oplus \mathcal{A}_2$	Summe	*sum*	188	
$\mathcal{A}_1 \otimes \mathcal{A}_2$	Produkt	Verkettung, *product*	189	
$\mathcal{A}^*$	KLEENEscher Abschluss	KLEENE *closure*	190	B
$\mathcal{A}_1 \ominus \mathcal{A}_2$	rationale Differenz	*difference*	191	A
$\mathcal{A}^{\leftarrow}$	Umkehrung	*reversal*	191	
$\mathcal{A}^{-1}$	Inversion	*inversion*	192	C
$\downarrow\mathcal{A}$	Projektion	*projection*	192	C
$\langle\mathcal{A}\rangle$	Zuschneiden	*connection, trim*	194	
$\not\epsilon(\mathcal{A})$	Epsilon-Elimination	*epsilon removal*	194	
$\det(\mathcal{A})$	Determinierung	*determinization*	196	D
$\min(\mathcal{A})$	Minimierung	*minimization*	198	D
$\mathrm{push}(\mathcal{A})$	Verschiebung	*pushing*	199	
$\mathcal{A}_1 \times \mathcal{A}_2$	kartesisches Produkt		200	
$\mathcal{A}_1 \circ \mathcal{A}_2$	Komposition	*composition*	201	E F
$\mathcal{A}_1 \underline{\cap} \mathcal{A}_2$	rationaler Durchschnitt	*intersection*	200	E

[A] $\mathcal{A}_1$ und $\mathcal{A}_2$ ungewichtet
[B] Gewichtshalbring vollständig (s. [210])
[C] $\mathcal{A}$ Transduktor
[D] $\mathcal{A}$ nicht gewichteter oder kreisfreier Akzeptor oder Transduktor mit Zwillingseigenschaft (s. 5.2.4)
[E] Gewichtshalbring kommutativ bzgl. der Multiplikation
[F] $L_Y(\mathcal{A}_1) \cap L_X(\mathcal{A}_2) \neq \varnothing$

Tabelle 5.2. Automatenoperationen.

5.3 Reguläre Klassifikation für Klassenfolgen

Wir wenden uns nun Klassifikatoren zu, welche als Partiturmodell $\mathcal{L}$ (siehe Abbildung 5.1) endliche Automaten und damit das formale Mittel einer regulären Sprache verwenden. Eine weitere Möglichkeit, nämlich der Einsatz stochastischer Partiturmodelle, wird später in Abschnitt 5.4 erörtert. Da diese sich aber relativ einfach auf ein reguläres Modell zurückführen lässt, bildet dieser Abschnitt den Schwerpunkt der Beschreibung von Klassenfolgenerkennern.

Der in Abbildung 5.1 gezeigte Klassifikator benutzt ein aus den Modellen $\mathcal{M}_c$ der akustischen Elementarereignisse (oder Klassen) und der Partitur $\mathcal{L}$ zusammengesetztes Erkennungsnetzwerk $\mathcal{R}$. Mit Hilfe dieses Netzwerks wird bei der Erkennung die wahrscheinlichste Übersetzung einer Merkmalvektorfolge in eine Klassenfolge gesucht. Dieser Vorgang wird auch als Dekodierung bezeichnet.

Mathematisch ausgedrückt, löst der Dekoder das Problem

$$s = \operatorname*{arg\,ext}_{\mathbf{c} \in \mathcal{C}^*} d_{\mathcal{R}}(\vec{\mathbf{o}}(x)), \tag{5.93}$$

wobei $d_{\mathcal{R}}$ für die durch das Erkennungsnetzwerk $\mathcal{R}$ bestimmte Unterscheidungsfunktion für Klassenfolgen $\mathbf{c}$ steht (vgl. Gleichung 5.1).

Wir werden uns zunächst mit der Konstruktion und Optimierung des Erkennungsnetzwerks und danach mit der praktischen Lösung des Dekodierungsproblems (5.93) beschäftigen.

5.3.1 Erkennungsnetzwerke

Konstruktion

Wir gehen im Folgenden davon aus, dass jedes akustische Ereignis durch ein Hidden-MARKOV-Modell beschrieben ist. Das ist die *übliche*, aber natürlich nicht die einzige Möglichkeit. Die Wahl ist in zweierlei Hinsicht willkürlich: Erstens können die akustischen Ereignisse durch jeden beliebigen Folgen- oder gar Vektorklassifikator modelliert werden und zweitens kann auch bei Verwendung statistischer Modelle ein akustisches Ereignis durch eine einzelne Ausgabefunktionen anstelle eines kompletten HMMs beschrieben werden. Letzteres ist allerdings, wie schon in Abschnitt 4.4.4 dargelegt, ein Spezialfall des HMMs.

Zur Veranschaulichung verwenden wir je ein HMM mit typischer Links-Rechts-Struktur (siehe Abbildung 4.11) für zwei zu unterscheidende akustische Ereignisse A und B:

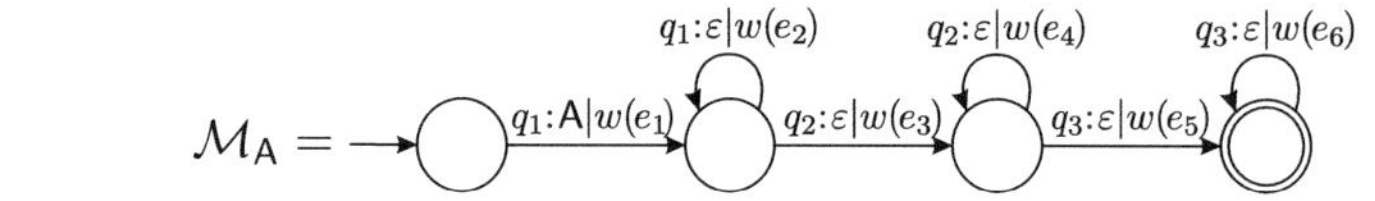

(5.94)

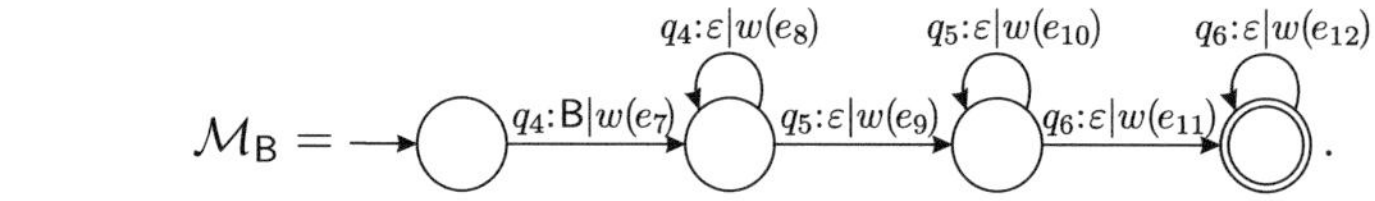

. (5.95)

Da der Dekoder eine Übersetzung der eingegebenen Merkmalvektorfolge in eine Klassenfolge vernehmen soll, verwenden wir die Ausgabefunktionen q_i als Eingabesymbole. Die für die Übersetzung benötigten Ausgabesymbole sind natürlich die akustischen Ereignisse. Da jedes HMM für genau ein akustisches Ereignis steht, wird das Ausgabesymbol genau einmal beim Durchlaufen des Automaten erzeugt. Wir bezeichnen HMMs dieser Form als HMM-Transduktoren.

Das einfachste mögliche Erkennungsnetzwerk benutzt nur die Klassenmodelle und erlaubt die Erkennung einer beliebigen Klassenfolge. Dazu wird der KLEENEsche Abschluss über die Summe der Modelle gebildet

$$\mathcal{R} = \Big(\bigoplus_{c\in\mathcal{C}} \mathcal{M}_c\Big)^{*}. \tag{5.96}$$

Mit den Beispiel-HMMs sieht das Netzwerk wie folgt aus:

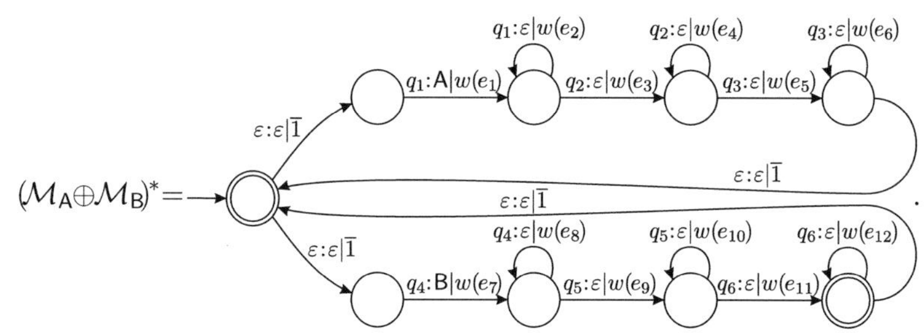

. (5.97)

Wie schon oben erwähnt, sind bei praktischen Erkennungsaufgaben in der Regel nur bestimmte Folgen von akustischen Ereignissen akzeptabel. Diese zulässigen Folgen werden durch ein Partiturmodell $\mathcal{L}$ definiert. Natürlich kann das Partiturmodell Gewichte enthalten und so beispielsweise ausdrücken, dass manche zulässigen Folgen wahrscheinlicher als andere sind.

Man erhält aus dem Partiturmodell ein Erkennungsnetzwerk, indem man die Klassenmodelle „einsetzt“. Dazu wird wieder der KLEENEsche Abschluss über die Summe der Modelle gebildet und das Ergebnis anschließend mit dem Partiturmodell komponiert

$$\mathcal{R} = \Big(\bigoplus_{c\in\mathcal{C}} \mathcal{M}_c\Big)^{*} \circ \mathcal{L}. \tag{5.98}$$

Man kann diese Operation wie folgt interpretieren: Der linke Operand der Komposition übersetzt wie oben eine Merkmalvektorfolge in eine *beliebige*

Klassenfolge. Der rechte Operand akzeptiert hingegen nur *bestimmte* Klassenfolgen. Die Komposition (oder „Nacheinanderausführung") dieser Automaten übersetzt also Merkmalvektorfolgen in die nach $\mathcal{L}$ *zulässigen* Klassenfolgen und schließt alle anderen aus. Unterschiedliche Weggewichte in $\mathcal{L}$ werden in das Erkennungsnetzwerk übernommen.

Betrachten wir als Beispiel ein Partiturmodell, welches beliebig lange Klassenfolgen erlaubt, die mit A beginnen, mit B enden und dazwischen nur genau eines der Ereignisse enthalten. Die beiden Folgentypen sollen unterschiedliche Gewichte (beispielsweise Wahrscheinlichkeiten) w_{AAB} und w_{ABB} besitzen:

$\mathcal{L} =$ 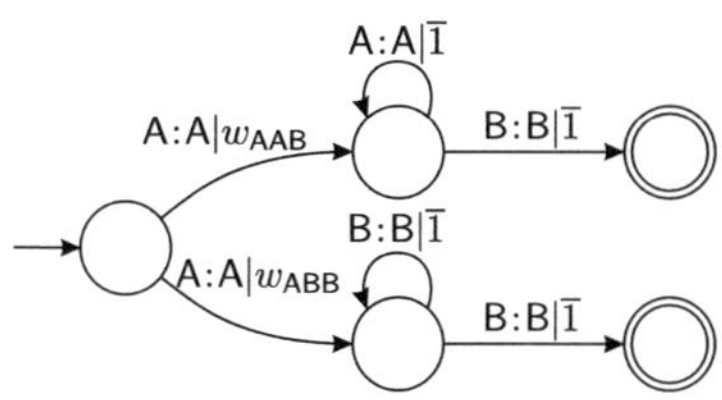

. (5.99)

Das Partiturmodell ist ein spezieller Transduktor, dessen Ein- und Ausgabesprachen identisch sind. Solche Transduktoren verhalten sich wie Akzeptoren, stellen aber sicher, dass nach einer Komposition die Ausgabesymbole erhalten bleiben. Das Erkennungsnetzwerk nach Gleichung (5.98) mit den Beispiel-HMMs und dem Beispiel-Partiturmodell ist in Abbildung 5.2 dargestellt.

Nach diesem Prinzip lassen sich beliebig komplexe Erkennungsnetzwerke konstruieren. Übergeordnete Partiturmodelle werden jeweils durch Komposition mit einbezogen, beispielsweise bei der Spracherkennung

$$\text{Laute} \circ \text{Wörter} \circ \text{Sätze}$$

oder bei der musikalischen Partiturerkennung

$$\text{Noten/Akkorde} \circ \text{Takte} \circ \text{Sätze}$$

und so weiter.

Optimierung

Schon das eben angegebene, simple Beispiel macht deutlich, dass Erkennungsnetzwerke schnell eine beträchtliche Größe annehmen können. Daher sind in der praktischen Anwendung in der Regel Vereinfachungen notwendig. Wir betrachten zunächst zulässige Vereinfachungen, also solche, die ein äquivalentes Erkennungsnetzwerk erzeugen

$$\mathcal{R}_{\text{opt}} \equiv \mathcal{R}. \tag{5.100}$$

Naheliegend sind zunächst topologische Optimierungen, wie in Abschnitt 5.2.4 vorgestellt. Abbildung 5.3 zeigt als Beispiel das minimierte Erkennungsnetzwerk aus Abbildung 5.2. Die entsprechende Berechnungsvorschrift lautet

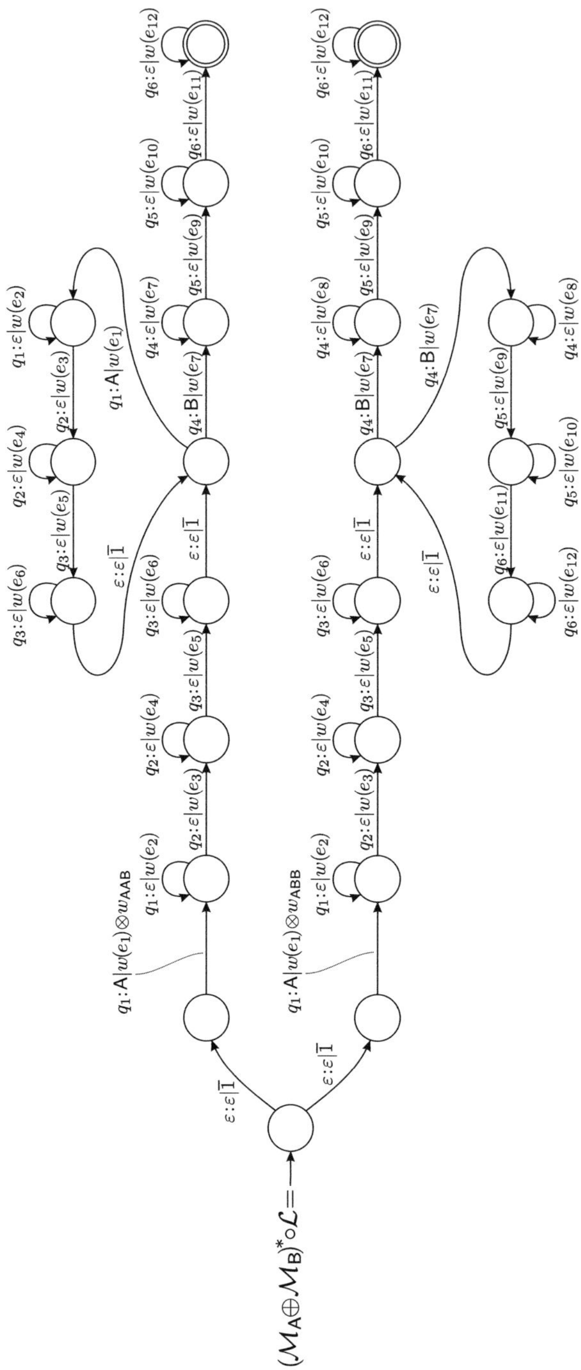

Abb. 5.2. Beispiel für ein Erkennungsnetzwerk nach Gleichung (5.98).

$$\mathcal{R}_{\text{opt}} = \min(\mathcal{R}) \stackrel{(5.98)}{=} \min\left[\left(\bigoplus_{c\in\mathcal{C}} \mathcal{M}_c\right)^* \circ \mathcal{L}\right]. \tag{5.101}$$

Meistens gleichwertig, aber wesentlich einfacher berechenbar ist die Minimierung nur des Partiturmodells vor der Komposition

$$\mathcal{R}_{\text{opt}} = \left(\bigoplus_{c\in\mathcal{C}} \mathcal{M}_c\right)^* \circ \min(\mathcal{L}). \tag{5.102}$$

Eine etwas exotischere Möglichkeit der Optimierung besteht im *Einfügen* von zusätzlichen Zuständen und leeren Übergängen. Eine solche Erweiterung des Erkennungsnetzwerks an geeigneten Stellen kann sehr vorteilhaft sein, wie der Blick auf ein Beispiel zeigt. Wir betrachten die Verkettungsstelle zweier Hidden-MARKOV-Modelle mit einer Topologie nach Abbildung 4.10(c), wie sie typisch in komponierten Erkennungsnetzwerken ist (vgl. Abbildungen 5.2 und 5.3):

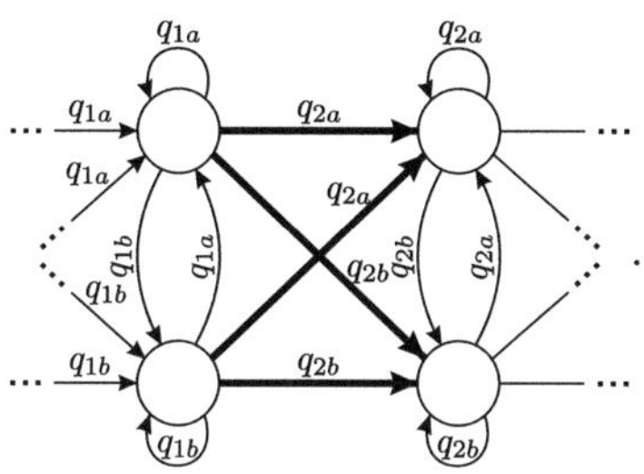

(5.103)

Durch Einfügen eines Zwischenzustands und entsprechender leerer Übergänge kann das Erkennungsnetzwerk wie folgt vereinfacht werden

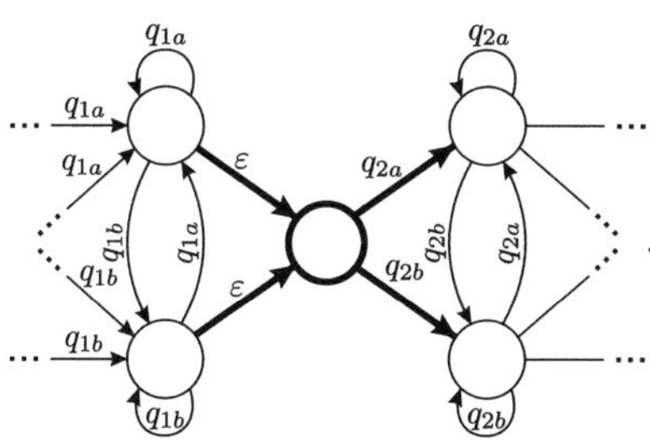

(5.104)

Diese äquivalente Änderung beschleunigt den Dekoder wesentlich. Der Grund dafür ist, dass dieser nach dem BELLMANschen Optimalitätsprinzip arbeitet (das wird in Abschnitt 5.3.2 unten detaillierter ausgeführt). Das bedeutet, dass an einem Zustand gleichzeitig ankommende Wege miteinander rekombiniert werden. Automat (5.103) zeigt, dass beim Übergang zwischen zwei verketteten HMMs (fett) zwar einige Wege rekombiniert wurden, aber dennoch 2^N übrig bleiben (N steht dabei für die Anzahl der Zustandsspaltungen beim HMM-Training nach Abschnitt 4.4.3, im Beispiel ist $N = 1$). Das Einfügen eines

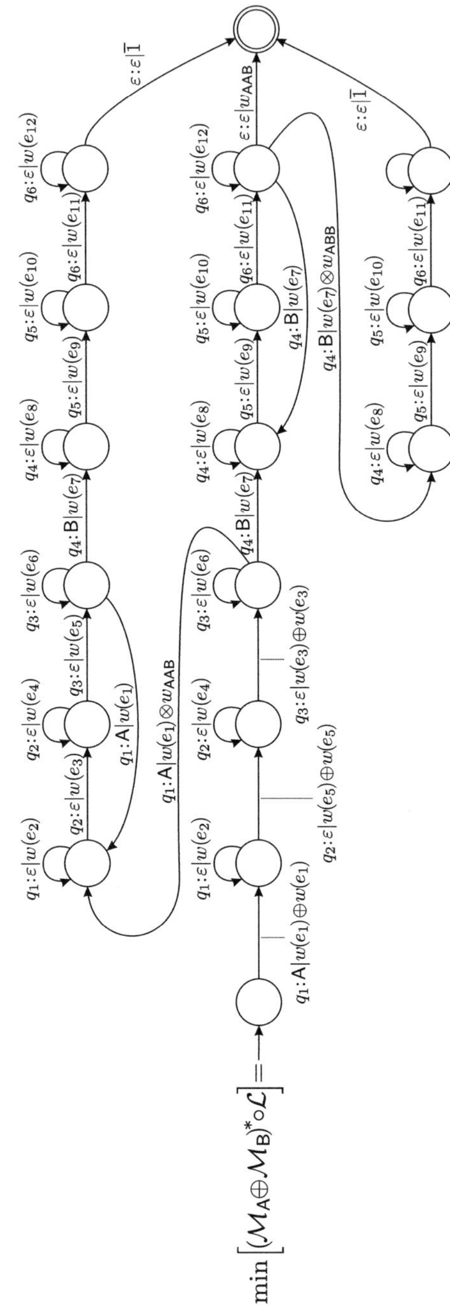

Abb. 5.3. Beispiel für ein optimiertes Erkennungsnetzwerk (Minimierung des Automaten aus Abbildung 5.2).

zusätzlichen Zustandes zwischen den HMMs erzwingt die Rekombination *aller* Wege an dieser Stelle und damit eine frühere Entscheidung über den besten Weg.

Approximation

Wenn äquivalente Optimierungen kein ausreichend kleines Erkennungsnetzwerk ergeben, kann zu einer Approximation gegriffen werden. Unter Approximation versteht man das Nähern eines Automaten durch einen kleineren

$$\mathcal{R}_{\text{opt}} \approx \mathcal{R}. \tag{5.105}$$

Approximierte Automaten sind *nicht* äquivalent mit dem Original.

Eine Möglichkeit der Automatenapproximation haben wir schon beim Training von Hidden-MARKOV-Modellen in Abschnitt 4.4.3 betrachtet: das Entfernen von unwahrscheinlichen Übergängen. Wir hatten festgehalten, dass dieses Verfahren problematisch ist, da es in ungünstigen Fällen dazu führen kann, dass der Automat keine durchgehenden Wege mehr besitzt.

Eine Variante, welche dieses Problem vermeidet, beschränkt nicht das Gewicht von Übergängen, sondern das Gewicht durchgehender Wege

$$[\![\tilde{\mathcal{A}}]\!](\mathbf{x},\mathbf{y}) = \bigoplus_{U \in \mathcal{U}(I,F): w(U) \oslash w_0} w(U). \tag{5.106}$$

Auch sie wird als Versäuberung (engl. *pruning*) bezeichnet. w_0 steht für die so genannte Pruningschwelle, also die kleinste Wahrscheinlichkeit oder das höchste Gewicht eines akzeptablen Weges.

Für manche Anwendungen ist statt einer Gewichtsbegrenzung eine Begrenzung der *Anzahl* durchgehender Wege wünschenswert

$$[\![\tilde{\mathcal{A}}]\!](\mathbf{x},\mathbf{y}) = \bigoplus_{n=1}^{N} \operatorname*{arg\,rank_n}_{U \in \mathcal{U}(I,F)} w(U), \tag{5.107}$$

wobei das Symbol $\operatorname{arg\,rank_n}$ für das n-te Element der Rangfolge steht.

Algorithmisch werden beide Approximationen über Suchverfahren realisiert. Als einfachste Möglichkeit kann eine zeitinvariante dynamische Programmierung (Algorithmus 4.5) benutzt werden.[4] Eine bessere Lösung ist die so genannte A*-Suche, welche im Folgenden beschrieben wird.

A*-Suche

Die dynamische Programmierung ist nicht sehr effizient, da sie *jeden* möglichen Weg unabhängig davon verfolgt, ob er überhaupt ein aussichtsreicher

[4] Für die Bestimmung der N besten Wege muss diese so erweitert werden, dass an jedem Zustand die N besten Teilbewertungen gespeichert werden.

Kandidat für die beste Lösung ist. Um dies einschätzen zu können, benötigt man zusätzliche Informationen, nämlich eine Schätzung für das restliche Gewicht von jedem Zustand bis zum Schluss. Man stellt sich den Sachverhalt am einfachsten anhand eines Routenplanungsproblems vor: Ein Zwischenziel, das vom Startort auf kurzem Wege erreicht werden kann, *und* das – abgeschätzt nach der Luftlinie – nahe am Zielort liegt, hat gute Chancen auf der optimalen Route zu liegen. Restgewichtsschätzungen wie die Luftlinie werden auch als Heuristiken bezeichnet. Suchverfahren wie die A*-Suche, welche solche Schätzungen verwenden, heißen „heuristisch informiert“.

Algorithmus

Schon bei der dynamischen Programmierung (Algorithmus 4.3) und beim Vorwärts-Rückwärts-Algorithmus (Algorithmus 4.6) haben wir die Vorwärts- und Rückwärtsvariablen g_z und h_z verwendet. Diese stehen für den „Abstand“ eines Zustands vom Anfang beziehungsweise vom Schluss. Gilt für zwei Zustände z_i und z_j

$$g_{z_i} \otimes h_{z_i} \ogreaterthan g_{z_j} \otimes h_{z_j}, \tag{5.108}$$

so kann nach dem BELLMANschen Optimalitätsprinzip z_j nicht auf dem optimalen Weg vom Anfang zum Schluss liegen.

Eine effiziente Suche kann aus Aufwandsgründen jedoch höchstens Schätzungen $\hat{g}_z$ und $\hat{h}_z$ verwenden. Wenn dann

$$\hat{g}_{z_i} \otimes \hat{h}_{z_i} \ogreaterthan \hat{g}_{z_j} \otimes \hat{h}_{z_j} \tag{5.109}$$

gilt, dann liegt z_i *wahrscheinlicher* auf dem optimalen Weg als z_j. Man sagt auch, dass z_i „aussichtsreicher“ als z_j ist. Es ist offensichtlich günstig, aussichtsreich erscheinende Wege *zuerst* zu betrachten. Praktisch verwenden wir für $\hat{g}_z$ das beste, bisher während der Suche bekannt gewordene Gewicht und für $\hat{h}_z$ die oben beschriebene Heuristik, also einen festen Schätzwert für das restliche Weggewicht.

Algorithmus 5.3 gibt die Grundform der A*-Suche an. Neben den schon genannten Variablen werden zwei Listen verwendet. In die erste Liste O wird ein Zustand eingetragen, wenn er während der Suche auf irgendeinem Weg erreicht wird. Unter diesen „aktiven“ Zuständen wird in jedem Suchschritt der aussichtsreichste gewählt und expandiert. Unter „Expansion eines Zustands“ versteht man das Untersuchen aller dort beginnenden Übergänge und das Berechnen neuer Abstände zu deren Zielzuständen. Vor der Expansion wird der aussichtsreichste Zustand durch Eintragen in die zweite Liste C „geschlossen“. Der Algorithmus betrachtet einmal geschlossene Zustände nicht erneut. Man kann zeigen, dass wenn ein Zustand einmal der aussichtsreichste war, im späteren Verlauf der Suche kein „kürzerer“ (respektive „wahrscheinlicherer“) Weg dorthin gefunden werden *kann* (ohne Beweis). Der Algorithmus endet, wenn der aussichtsreichste Zustand z_i ein Schlusszustand ist. Dessen bis dahin ermittelte Vorwärtsvariable

Alg. 5.3
A*-Suche

1. Initialisierung
   1.1 Erzeuge Schätzungen der Vorwärtsvariablen:
   $$\hat{g}_{z_i} = \begin{cases} \overline{1} : z_i \in I \\ \overline{0} : \text{sonst} \end{cases}$$
   1.2 Erzeuge eine Liste aktiver Zustände und füge die Anfangszustände hinzu:
   $$O \;= I$$
   1.3 Erzeuge eine leere Liste geschlossener Zustände:
   $$C \;= \varnothing$$
2. Rekursion
   Für den bestbewerteten aktiven Zustand $z_i = \arg\operatorname*{ext}_{z \in O} \left(\hat{g}_z \otimes \hat{h}_z\right)$:
   2.1 Deaktiviere und schließe den bestbewerteten Zustand
   $$O \leftarrow O \setminus z_i, \quad C \leftarrow C \cup z_i$$
   2.2 Wenn Schlusszustand $z \in F$:
   (i) Gehe zu 3.
   2.3 Für alle Übergänge vom bestbewerteten Zustand, die nicht zu einem geschlossenen Zustand führen $\forall\, e : z(e) = z_i \wedge z'(e) \notin C$:
   (i) Ermittle den Zielzustand
   $$z_j = z'(e)$$
   (ii) Aktualisiere die Schätzung der Vorwärtsvariable
   $$\hat{g}_{z_j} \leftarrow \hat{g}_{z_j} \oplus \left[\hat{g}_z \otimes w(e)\right]$$
   (iii) Aktiviere den Zielzustand
   $$O \leftarrow O \cup \{z_j\}$$
   (iv) Wenn $\hat{g}_{z_j}$ verbessert wurde:
   Speichere den besten Übergang zum Zielzustand
   $$\Psi_{z_j} = e$$
3. Terminierung
   Mit dem zuletzt geschlossenen Zustand z_i
   3.1 Bestes Weggewicht $w(U_{\text{opt}})$:
   $$w(U_{\text{opt}}) = \hat{g}_{z_i}$$
   3.2 Bester Weg U_{opt}:
   Rückverfolgung (Alg. 4.4) ab Zustand z_i

$$g_{z_i} = \hat{g}_{z_i} \tag{5.110}$$

ist das Gesamtgewicht des besten Weges durch den Automaten. Soll der beste Weg selbst ermittelt werden, muss wie bei der dynamischen Programmierung der Rückverfolgungsalgorithmus (Algorithmus 4.4) ausgeführt werden. Dazu wird während der Suche jeweils der beste Übergang zu jedem Zustand Ψ_z gespeichert.

Diskussion

Algorithmus 5.3 ist nur unter folgenden Bedingungen gültig:

- Die Übergangsgewichte des Automaten müssen zeitinvariant und nicht negativ sein:
$$\forall\, e : w(e) \circledcirc \overline{0}.$$
- Die Restgewichtsschätzung $\hat{h}$ muss monoton und optimistisch sein. Monoton bedeutet, dass die geschätzte Entfernung zum Schlusszustand im Verlaufe eines Weges nie größer beziehungsweise die geschätzte verbleibende Wegwahrscheinlickeit nie kleiner werden darf. Optimistisch bedeutet, dass die verbleibende Entfernung nie zu groß beziehungsweise die verbleibende Wahrscheinlichkeit nie zu klein eingeschätzt werden darf.[5]

Man nennt die zulässige Heuristik

$$\forall\, z : \hat{h}_z = \overline{0} \tag{5.111}$$

uninformiert. Die „informierteste" Heuristik sind die Rückwärtsvariablen

$$\forall\, z : \hat{h}_z = h_z. \tag{5.112}$$

Dieser Fall ist wegen der aufwändigen Berechnung aber praktisch nicht von Bedeutung. Eine Heuristik $\hat{h}_1$ heißt *informierter* als $\hat{h}_2$, wenn gilt

$$\forall\, z : \hat{h}_{1,z} \circledcirc \hat{h}_{2,z}. \tag{5.113}$$

Man kann zeigen, dass die A*-Suche umso weniger Zustande expandiert, je informierter die Heuristik ist. Eine gute Heuristik ist also ein wesentlicher Faktor für die Effizienz der Suche. Es lässt sich weiterhin zeigen, dass die A*-Suche optimal effizient ist. Das bedeutet, dass kein Algorithmus existiert, der mit der gleichen Heuristik weniger Zustände expandiert.

Erweiterung für N beste Wege

Für die oben vorgestellten Automatenapproximationen benötigen wir nicht nur den besten, sondern die N besten Wege durch einen Automaten. Man erhält mehrere Wege mit absteigender Güte, wenn man in Algorithmus 5.3 auf die Schließung von Zuständen verzichtet und erst nach dem N-ten Erreichen

Alg. 5.4
A*-Suche zur Bestimmung der N besten Wege

1. Initialisierung
   1.1 Erzeuge Schätzungen der Vorwärtsvariablen:
   $$\hat{G}_{z_i} = \begin{cases} \{\hat{g}_{z_{i,0}} = \overline{1}\} & : z_i \in I \\ \varnothing & : z_i \notin I \end{cases}$$
   1.2 Erzeuge eine Liste aktiver Zustände und füge die nullte Kopie der Anfangszustände hinzu:
   $$O \quad = \{z_{i,0}\} \text{ mit } z_i \in I$$
2. Rekursion
   Für den bestbewerteten aktiven Zustand $z_{i,n} = \arg\operatorname*{ext}_{z \in O} \left(\hat{g}_z \otimes \hat{h}_z\right)$:
   2.1 Deaktiviere den bestbewerteten Zustand
   $$O \leftarrow O \setminus z_{i,n}$$
   2.2 Wenn Schlusszustand $z_i \in F$:
   (i) Gib einen Weg U mit dem Gesamtgewicht $w(U) = \hat{g}_{z_{i,n}}$ durch Rückverfolgung (Alg. 5.5) ab Zustand $z_{i,n}$ aus
   2.3 Für alle Übergänge vom bestbewerteten Zustand $\forall\, e : z(e) = z_i$:
   (i) Ermittle den Zielzustand
   $$z_j = z'(e)$$
   (ii) Füge neue Schätzung der Vorwärtsvariable ein
   $$\hat{G}_{z_j} \leftarrow \hat{G}_{z_j} \cup \left\{\hat{g}_{z_{i,n}} \otimes w(e)\right\}$$
   (iii) Aktiviere den Zielzustand
   $$O \leftarrow O \cup \{z_{j,m}\} \quad \text{mit } m = \left|\hat{G}_{z_j}\right| \text{ (aktuelle Länge der Liste)}$$
   (iv) Speichere den benutzten Übergang und die Kopienummer des Startzustands
   $$\Psi_{z_{j,m}} = (e, n)$$

eines Schlusszustands terminiert. Allerdings ist mit diesem Verfahren nicht garantiert, dass tatsächlich die N *besten* Wege ermittelt werden.

Eine zulässige Erweiterung der A*-Suche zur Ausgabe der N besten Wege ist in Algorithmus 5.4 dargestellt. Der wesentliche Unterschied zu Algorithmus 5.3 besteht in Speicherung der N besten Wege zu *jedem* Zustand. Dazu wird jedes Mal, wenn ein Zustand z_i bei der Suche erreicht wird, eine Kopie $z_{i,n}$ angelegt. Für diese Kopien werden Listen $\hat{G}_{z_i}$ von geschätzten Vorwärtsvariablen $\hat{g}_{z_{i,n}}$ geführt. Deren Länge ist im Algorithmus zur besseren Lesbarkeit unbegrenzt, was zulässig, aber ineffizient ist. Bei der praktischen Implementierung braucht jede dieser Listen nur N Plätze zu haben, kann also auf die

[5] Die oben erwähnte „Luftlinie“ zum Zielort ist ein typisches Beispiel für eine optimistische Schätzung.

Anzahl der auszugebenden Wege begrenzt werden. Der Vereinigungsoperator in Schritt 2.3 (ii) muss dann aber zusätzliche Aufgaben übernehmen: Er prüft *nach* dem Einfügen eines neuen Elements, ob die Liste nun mehr als N Einträge enthält. Wenn dies der Fall ist, wird das schlechteste Element (geringste Wahrscheinlichkeit oder größte Entfernung) gelöscht und der dazugehörige Zustand deaktiviert. Die Aktivierung in Schritt 2.3 (iii) wird nur ausgeführt, wenn in Schritt 2.3 (ii) tatsächlich eine neue Schätzung eingefügt wurde. Die Ausgabe der N besten Wege erfordert weiterhin eine angepasste Rückverfolgung (Algorithmus 5.5), welche die Zustandskopien $z_{i,n}$ handhaben kann.

Alg. 5.5
Rückverfolgung zur Bestimmung der N besten Wege

1. Initialisierung
   1.1 Lege einen leeren Weg an
   $U = \varnothing$
   1.2 Beginne am Zustand $z_{i,n} \in F$
2. Rekursion
   Solange der Anfangszustand nicht erreicht ist $z_i \notin I$:
   2.1 Füge den besten Übergang nach $z_{i,n}$ zum Weg hinzu
   $U \leftarrow U \cup e$ mit $e = e(\Psi_{z_{i,n}})$
   2.2 Bestimme Startzustand und Kopienummer des besten Übergangs
   $z_{i,n} \leftarrow z_{j,m}$ mit $z_j = z(e)$ und $m = n(\Psi_{z_{i,n}})$
3. Terminierung
   Zurückverfolgter Weg: U

Algorithmus 5.4 kommt ohne die Liste C von geschlossenen Zuständen aus. Diese Funktion wird implizit von den Listen $\hat{G}$ der geschätzten Vorwärtsvariablen mit übernommen. Da in diese bei Erreichen eines Zustands immer eine neue *Kopie* des Zustands eingetragen wird, kann keine dieser Kopien nach ihrer Deaktivierung wieder aktiv werden. Für die Gültigkeit von Algorithmus 5.4 müssen im Übrigen die bei der herkömmlichen A*-Suche angegebenen Bedingungen an den Automaten und die Heuristik eingehalten werden.

Die Automatenapproximation nach Gleichung (5.107) ist nur eine wichtige Anwendung der A*-Suche. Von noch größerer Bedeutung ist eine zeitvariante Version, welche effizient das Dekodierungsproblem löst.

5.3.2 Dekodierung

Wir wenden uns nun der Übersetzung einer Merkmalvektorfolge in eine Klassenfolge nach Gleichung (5.93) zu. Dazu wird die am besten zu einer Test-

Merkmalvektorfolge $\vec{\mathbf{o}}$ passende (minimaler Abstand oder maximale Wahrscheinlichkeit) Folge von Klassen anhand des Erkennungsnetzwerks $\mathcal{R}$ ermittelt.

Zeitvariante Dekodierung

Wie in Abschnitt 5.3.1 ausgeführt, entsteht das Erkennungsnetzwerk üblicherweise durch Komposition von Hidden-MARKOV-Modellen mit einem Partiturmodel. Damit ist $\mathcal{R}$ im Grunde genommen nichts anderes als ein besonders komplexes HMM. Es bestehen drei nennenswerte Unterschiede: Erstens sind bei Erkennungsnetzwerken die stochastischen Ausgabefunktionen q_i (vgl. Gleichung 4.74) die *Eingabesymbole*. Sie sind also nicht wie HMMs Generatoren, sondern Akzeptoren für Merkmalvektorfolgen. Zweitens besitzt ein Erkennungsnetzwerk trotzdem Ausgabesymbole, nämlich Klassen $c \in \mathcal{C}$ (siehe beispielsweise Abbildungen 5.2 und 5.3). Drittens schließlich haben wir bei der Klassenfolgenerkennung nur *ein* Modell für *alle* Klassenfolgen zusammen und nicht je ein Modell pro Klasse wie beim statistischen Vektorfolgenklassifikator.

Der Dekoder sucht also nicht das am besten zur Merkmalvektorfolge passende Modell, sondern den am besten zur Merkmalvektorfolge passenden *Weg* durch das Erkennungsnetzwerk. Das erste Problem haben wir bereits in Abschnitt 4.3 gelöst. Die Vorgehensweise bei der Klassenfolgenerkennung ist fast identisch: Wir benutzen bei der Suche einfach *immer* die VITERBI-Approximation und bestimmen damit *immer* den besten Weg im durchsuchten Automaten (in diesem Fall: im Erkennungsnetzwerk):

$$U_{\text{opt}} = \underset{U \in \mathcal{U}^K(I,F) \subset \mathcal{R}}{\arg\text{ext}} \left\{ \bigotimes_{e^k \in U} \left[w(\vec{o}^k, e^k) \otimes w(e^k) \right] \right\} \tag{5.114}$$

mit $K = |\vec{\mathbf{o}}|$ (vgl. Gleichung 4.55). Da das Ergebnis U_{opt} stochastische Ausgabefunktionen q_i als Eingabesymbole und Klassen als Ausgabesymbole hat, muss die gesuchte Klassenfolge daraus extrahiert werden. Das geschieht durch Inversion, Projektion und Epsilon-Elimination wie folgt:

$$s = \mathbf{c}_{\text{opt}} = \not\varepsilon(\downarrow U_{\text{opt}}^{-1}). \tag{5.115}$$

Die einfachste praktische Realisierung des Dekoders besteht in der Anwendung der zeitvarianten dynamischen Programmierung (Alg. 4.3) sowie des Rückverfolgungsalgorithmus 4.4 zur Berechnung von Gleichung (5.114). Auch in dieser Anwendung ist die dynamische Programmierung allerdings nicht sehr effizient. Wie schon bei der Optimierung des Erkennungsnetzwerks, kann Abhilfe durch eine heuristisch informierte Suche geschaffen werden.

Zeitvariante A*-Suche

Wir benötigen für den Dekoder natürlich eine zeit*variante* Suche, da die Gewichte im Erkennungsnetzwerk (genau wie im HMM) zeitabhängig sind. Ein mögliches effizientes Verfahren ist die in Algorithmus 5.6 dargestellte zeitvariante A*-Suche. Bis auf die explizite Berücksichtigung der Zeit und damit der Unterstützung von zeitvarianten Gewichten im Automaten unterscheidet sie sich nicht von der zeitinvarianten A*-Suche (Alg. 5.3). Es gelten auch dieselben Randbedingungen für die Zulässigkeit.

Als einfache, aber leistungsfähige zeitvariante Heuristik kann

$$\hat{h}_z^k = \bigotimes_{l=k+1}^{K} \operatorname*{ext}_{e \in \mathcal{R}} \left[w(\vec{o}^{\,l}|e) \otimes w(e) \right] \tag{5.116}$$

verwendet werden. Als Schätzung für das verbleibende Weggewicht wird hierbei das Produkt der bestbewerteten Zuständsübergänge für die verbleibenden Zeitpunkte verwendet. In der Regel handelt es sich hierbei natürlich nicht um eine tatsächlich mögliche Folge von Übergängen. Es kann jedoch auf keinen Fall eine bessere als diese hypothetische Folge existieren. Außerdem kann sich der Wert im Verlaufe der Suche nicht verschlechtern. Die Heuristik ist also sowohl optimistisch als auch monoton und damit zulässig.

Auch die zeitvariante A*-Suche kann zur Ausgabe der N besten Wege anstelle nur des besten erweitert werden. Eine Möglichkeit dazu ist in Anhang A.6 angegeben. Solche Suchverfahren werden bei der Lösung spezieller Probleme (wie beispielsweise Rückweisungsentscheidungen) angewendet. Eine weitere Verallgemeinerung ist der A*-Algorithmus für allgemeine Gewichtshalbringe (siehe Anhang A.7), der Kompromisslösungen zwischen dem VITERBI- und dem Vorwärtsalgorithmus (Alg. 4.6) berechnen kann.

Näherungsweise Dekodierung

Auch effiziente Suchverfahren wie die A*-Suche können bei großen Erkennungsnetzwerken unter Umständen zu langsam sein. Eine beinahe beliebige Beschleunigung kann dadurch erreicht werden, dass in Schritt 2.3 (iii) von Algorithmus 5.6 die Länge der Warteschlage O durch Streichen von Zuständen z_i^k mit schlechter Erfolgsaussicht $\hat{g}_{z_i}^k \otimes \hat{h}_{z_i}^k$ (hohes Gewicht beziehungsweise geringe Wahrscheinlichkeit) begrenzt wird. Dieses Verfahren wird als *pruning* bezeichnet. Es kann mit allen Varianten der A*-Suche (Algorithmen 5.3, 5.4, A.2 und A.3) verwendet werden.

Pruning ist allerdings formal unzulässig. Das bedeutet, es ist nicht mehr *garantiert*, dass tatsächlich der beste oder die N besten Wege gefunden werden. In Extremfällen kommt der Algorithmus mit *pruning* sogar zu überhaupt keiner Lösung. Praktisch liefert er jedoch bei vernünftiger Begrenzung der Warteschlangenlänge in vielen Fällen mit relativ geringem Rechenaufwand eine gute Näherungslösung.

Zeitinvariante Dekodierung

Das Dekodierungsproblem nach Gleichung (5.93) kann auch mit Hilfe zeit*in*varianter Suchverfahren gelöst werden. Dies ist zwar aus Effizienzgründen für

Alg. 5.6
Zeitvariante A*-Suche

1. Initialisierung
   1.1 Erzeuge Schätzungen der Vorwärtsvariablen:
   $$\hat{g}^k_{z_i} = \begin{cases} \overline{1} : z_i \in I \wedge k = 0 \\ \overline{0} : \text{sonst} \end{cases}$$
   1.2 Erzeuge eine Liste aktiver Zustände und füge die Anfangszustände zum Zeitpunkt $k = 0$ hinzu:
   $$O \;= \{z^0_i \mid z_i \in I\}$$
   1.3 Erzeuge eine leere Liste geschlossener Zustände:
   $$C \;= \varnothing$$
2. Rekursion
   Für den bestbewerteten aktiven Zustand $z^k_i = \underset{z^k \in O}{\arg\text{ext}} \left(\hat{g}^k_z \otimes \hat{h}^k_z\right)$:
   2.1 Deaktiviere und schließe den bestbewerteten Zustand
   $$O \leftarrow O \setminus z^k_i, \quad C \leftarrow C \cup z^k_i$$
   2.2 Wenn letzter Zeitpunkt und Schlusszustand $k = K \wedge z_i \in F$:
   (i) Gehe zu 3.
   2.3 Für alle Übergänge vom bestbewerteten Zustand, die nicht zu einem geschlossenen Zustand führen $\forall\, e : z(e) = z_i \wedge z'(e) \notin C$:
   (i) Ermittle den Zielzustand
   $$z_j = z'(e)$$
   (ii) Aktualisiere die Schätzung der Vorwärtsvariable
   $$\hat{g}^{k+1}_{z_j} \leftarrow \hat{g}^{k+1}_{z_j} \oplus \left(\hat{g}^k_{z_i} \otimes w^k_e\right) \quad \text{mit } w^k_e = w(\vec{o}^k, e) \otimes w(e)$$
   (iii) Aktiviere den Zielzustand
   $$O \leftarrow O \cup \left\{z^{k+1}_j\right\}$$
   (iv) Wenn $\hat{g}^{k+1}_{z_j}$ verbessert wurde:
   Speichere den besten Übergang zum Zielzustand
   $$\Psi^{k+1}_{z_j} = e$$
3. Terminierung
   Mit dem zuletzt geschlossenen Zustand z^K_i
   3.1 Bestes Weggewicht:
   $$[\![\mathcal{A}]\!](\vec{\mathbf{o}}) = \hat{g}^K_{z_i}$$
   3.2 Bester Weg:
   Rückverfolgung (Alg. 4.4) ab Zustand z^K_i

die meisten praktischen Probleme nicht ratsam, eine theoretische Betrachtung lohnt jedoch trotzdem. Sie führt nämlich zu einer mathematisch sauberen Begründung für die im vorigen Kapitel bei der Einführung der zeitvarianten dynamischen Programmierung verwendeten Trellisdiagramme.

Wir betrachten noch einmal das Beispiel-HMM (5.94) und verwenden dieses als triviales Erkennungsnetzwerk

$$\mathcal{R} = \mathcal{M}_{\mathsf{A}}. \tag{5.117}$$

Wir wollen den besten Weg bezüglich einer Testfolge

$$\vec{\mathbf{o}} = \left(\vec{o}^{\,1}, \vec{o}^{\,2}, \vec{o}^{\,3}, \vec{o}^{\,4}, \vec{o}^{\,5}\right)$$

finden. Nach Abschnitt 4.1 können wir diese Folge einfach als Automaten schreiben:

$\vec{\mathbf{o}} =$ 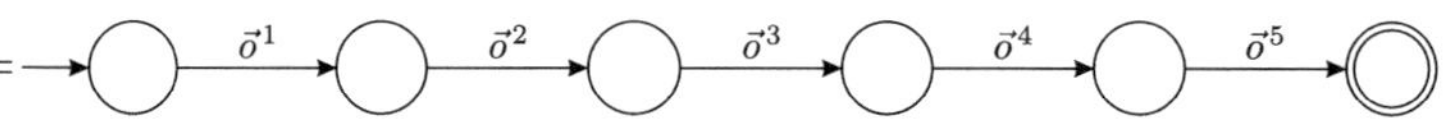

(5.118)

Man erhält das Trellisdiagramm für die Dekodierung der Folge $\vec{\mathbf{o}}$ mit dem Erkennungsnetzwerk $\mathcal{R}$ durch das kartesische Produkt und anschließendes Zuschneiden

$$\mathcal{R}_{\text{Trellis}} = \left\langle \mathcal{R} \times \vec{\mathbf{o}} \right\rangle, \tag{5.119}$$

wobei die Gewichte wie folgt gesetzt werden

$$w_e^k = w\left(\vec{o}^{\,k} | q(e)\right) \otimes w(e). \tag{5.120}$$

Das Ergebnis ist in Abbildung 5.4 dargestellt. Dieser Automat ist zeitinvariant und kann mit entsprechenden Suchverfahren dekodiert werden.

Man kann die Funktion zeitvarianter Suchverfahren dahingehend interpretieren, dass diese implizit ein Trellisdiagramm berechnen und darin eine zeit*invariante* Suche durchführen. Diese Sichtweise liegt der Konstruktion der zeitvarianten dynamischen Programmierung (Alg. 4.3) und A*-Suche (Alg. 5.6) auch tatsächlich zugrunde. Die dort jeweils verwendeten zeitvarianten Zustände z_i^k sind genau die Zustände des Trellisdiagramms.

5.3.3 Lernen von endlichen Automaten

Wir sind bisher stillschweigend davon ausgegangen, dass das Partiturmodell $\mathcal{L}$ (siehe Abbildung 5.1) für eine Erkennungsaufgabe gegeben ist, leicht „von Hand“ erstellt werden kann oder sich durch Komposition aus einfachen Einzelteilen zusammensetzen lässt. Dies ist bei vielen Problemen auch tatsächlich der Fall. Bei besonders komplexen Signalen, wie Sprache oder Musik, sind so konstruierte Partiturmodelle jedoch unter Umständen unzureichend. Wir skizzieren im Folgenden ein heuristisches Lernverfahren für Partiturmodelle oder genauer gesagt: für endliche Automaten.

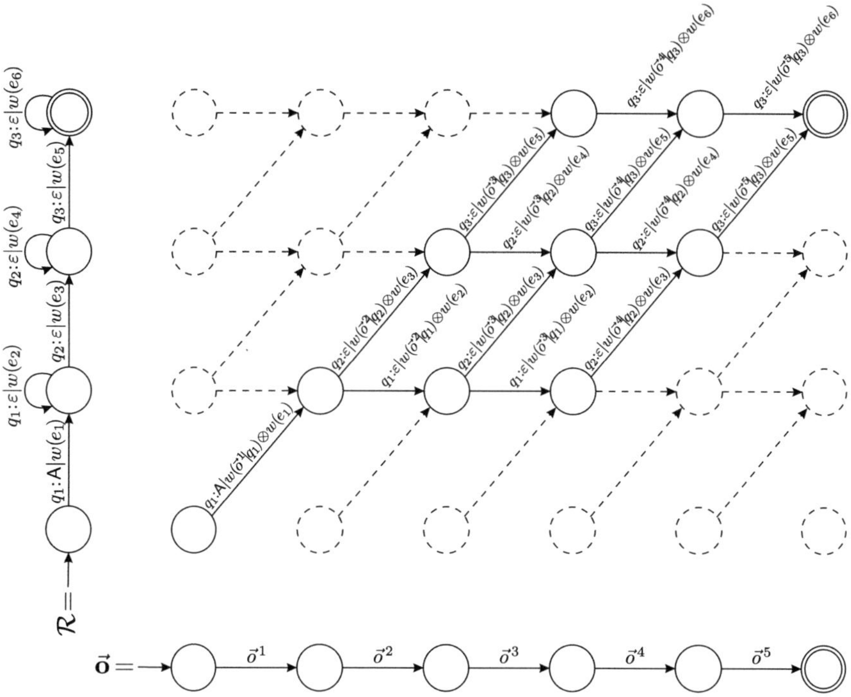

Abb. 5.4. Trellisdiagramm aus einem HMM (Gleichung 5.94) und einer Merkmalvektorfolge (Automat 5.118), berechnet nach Gleichungen (5.119) und (5.120). Die gestrichelt gezeichneten Elemente werden von der Zuschneide-Operation entfernt.

Zum Lernen benötigen wir eine Stichprobe

$$\left\{\mathcal{T}^{(1)}, \mathcal{T}^{(2)}, \ldots, \mathcal{T}^{(P)}\right\}$$

von Signalpartituren. Wir gehen davon aus, dass die Lernbeispiele in Form von Akzeptoren vorliegen, beispielsweise

$\mathcal{T}^{(1)} =$ 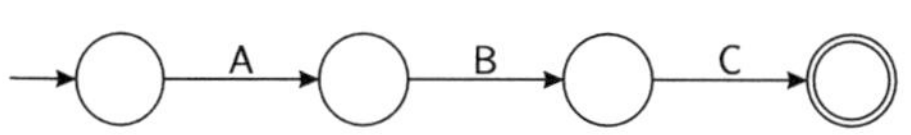 , (5.121)

$\mathcal{T}^{(2)} =$ 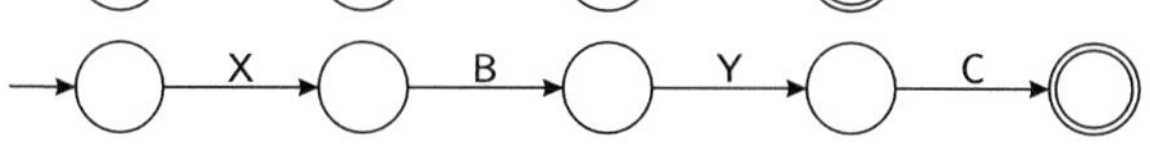 , (5.122)

$\mathcal{T}^{(3)} =$ 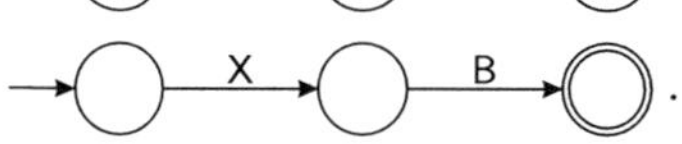 . (5.123)

Unter diesen Umständen liegt ein offensichtliches „Lernverfahren“ für das Partiturmodell auf der Hand: Wir addieren einfach alle Lernbeispiele und optimieren das Ergebnis anschließend gegebenenfalls, also beispielsweise:

$$\mathcal{L} = \min\left(\bigoplus_{p=1}^{P} \mathcal{T}^{(p)}\right) \tag{5.124}$$

$=$ 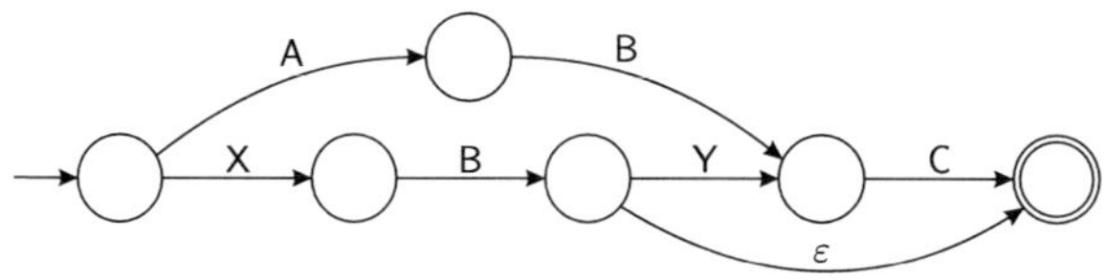

.

Das ist natürlich möglich, allerdings handelt es sich bei diesem Verfahren um bloßes „Auswendiglernen“.

Alg. 5.7
Heuristisches Lernverfahren für endlichen Automaten

---

1. Initialisierung
   1.1 Erzeuge ein initiales Modell $\mathcal{L}$ aus dem ersten Lernbeispiel:
   $\mathcal{L}^{(1)} = \mathcal{T}^{(1)}$
   1.2 Erzeuge Übergangszähler:
   $\forall\, e \in \mathcal{L} : c_e^{(1)} = 1$
   1.3 Erstelle einen Editier-Transduktor $\mathcal{E}$ (siehe Erläuterungen, Beispiel: Automat 5.127)
2. Rekursion
   Für alle übrigen Lernbeispiele $\mathcal{T}^{(p)}$ mit $2 \leq p \leq P$:
   2.1 Bestimme die minimale Abweichung des Lernbeispiels vom Modell:
   $\mathcal{D} = \downarrow\!\left(\mathcal{E} \circ \mathcal{L}^{(p-1)}\right) \underline{\cap}\; \mathcal{T}^{(p)}$
   2.2 Füge die minimale Abweichung in das Modell ein:
   $\mathcal{L}^{(p)} = \mathcal{L}^{(p-1)} \cup \mathcal{D}$
   2.3 Aktualisiere die Übergangszähler:
   $$c_e^{(p)} = \begin{cases} c_e^{(p-1)} + 1 & : e \in \mathcal{L}^{(p)} \\ 1 & : e \notin \mathcal{L}^{(p)} \end{cases}$$
3. Terminierung
   3.1 Für alle Zustände $\forall\, z_i \in \mathcal{L}^{(P)}$:
   (i) Für alle abgehenden Übergänge $\forall\, \big(e_j | z(e_j) = z_i\big)$:
   Schätze die Übergangswahrscheinlichkeit:
   $$P(e_j) = \frac{c_{e_j}^{(P)}}{\sum_{e:z(e)=z_i} c_e^{(P)}}$$

Besonders in Fällen, in denen nur wenig Trainingsdaten verfügbar sind, ist ein Lernverfahren wünschenswert, das Wissen extrapolieren kann. Eine entsprechende Möglichkeit ist in Algorithmus 5.7 dargestellt. Hierbei wird davon ausgegangen, dass Abweichungen des Lernprobenelements $\mathcal{T}^{(p)}$ vom Modell $\mathcal{L}$ unabhängig voneinander sind und man erwarten kann, dass sie auch einzeln oder in anderen Kombinationen auftreten werden.

Betrachten wir zur Veranschaulichung die Lernbeispiele $\mathcal{T}^{(1)}$ und $\mathcal{T}^{(2)}$ (Automaten 5.121 und 5.122). Am Anfang wird das Modell mit dem ersten Lernbeispiel initialisiert. Der Vergleich zwischen dem initialen Modell und dem Lernbeispiel $\mathcal{T}^{(2)}$ ergibt, dass zum einen A gegen X ersetzt und zum anderen zwischen B und C ein Y eingefügt wird:

$\mathcal{L}^{(1)} =$ 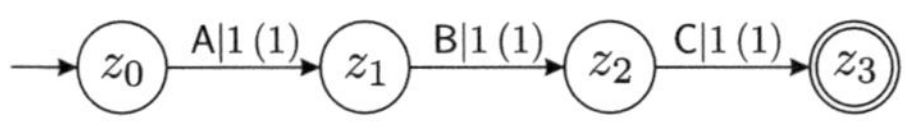 , (5.125)

$\mathcal{T}^{(2)} = \mathcal{T}^{(2)} =$ 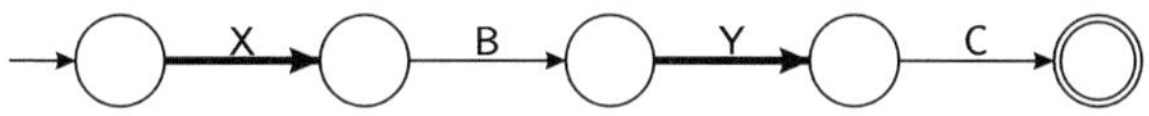 . (5.126)

Beide Abweichungen sollen unabhängig voneinander modelliert werden. $\mathcal{L}$ muss also so erweitert werden, dass auch *nur* die Ersetzung oder *nur* die Einfügung möglich ist. Wir ermitteln dazu die topologischen Gemeinsamkeiten und Unterschiede zwischen den Automaten (5.125) und (5.126). Da ein direkter Vergleich nicht möglich ist, erweitern wir das Modell durch Komposition mit einem so genannten Editier-Transduktor (engl. *edit transducer*) [1], um alle möglichen Einfügungen, Auslassungen, Ersetzungen zu erlauben:

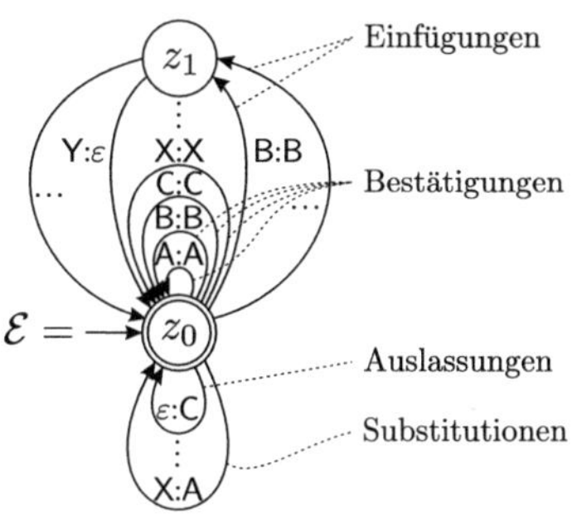

(5.127)

Zur besseren Lesbarkeit wurden im Automaten (5.127) nur die für die Beispiele benötigten Übergänge eingezeichnet. Das erweiterte Modell lautet

$\mathcal{E} \circ \mathcal{T}^{(2)} =$ 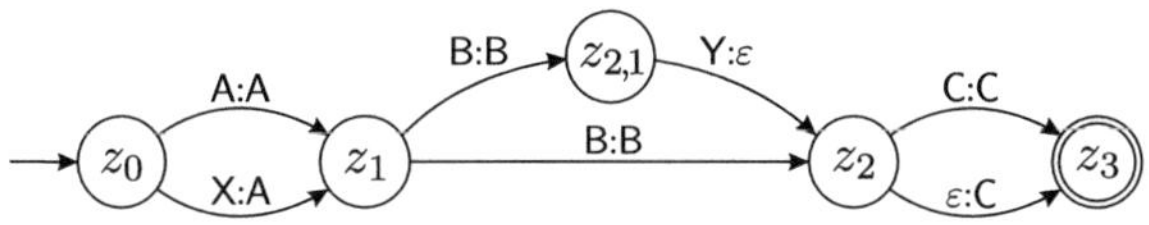 , (5.128)

wobei auch hier nur die benötigten Übergänge eingezeichnet sind. Der topologische Vergleich kann nun durch Bildung des rationalen Durchschnitts erfolgen:

$$\mathcal{D} = \downarrow\left(\mathcal{E} \circ \mathcal{L}^{(1)}\right) \sqcap \mathcal{T}^{(2)} \tag{5.129}$$

$=$  .

Wir bezeichnen den Akzeptor $\mathcal{D}$ als „minimale Abweichung“ zwischen dem Modell und dem Lernbeispiel. Er enthält zwei Arten von Elementen:

$\mathcal{D} \setminus \mathcal{L} =$ 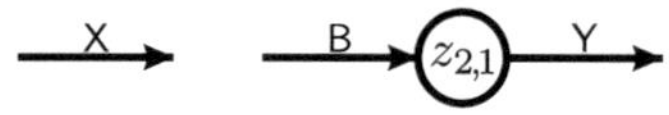 und (5.130)

$\mathcal{D} \cap \mathcal{L} =$  , (5.131)

wobei (5.130) neues Wissen und (5.131) die Bestätigung bereits bekannten Wissens darstellt. In den Schritten 2.2 und 2.3 von Algorithmus 5.7 werden diese Informationen durch topologische Vereinigung und durch Anpassung von Übergangszählern zum Modell $\mathcal{L}$ hinzugefügt. Am Ende des Lernvorgangs können, wie in Schritt 3.1 angegeben, durch Normierung der Zähler Übergangswahrscheinlichkeiten geschätzt werden.

Die Anwendung des Lernverfahrens auf die Beispiele (5.121) bis (5.123) ergibt das Modell

$\mathcal{L}^{(3)} =$ 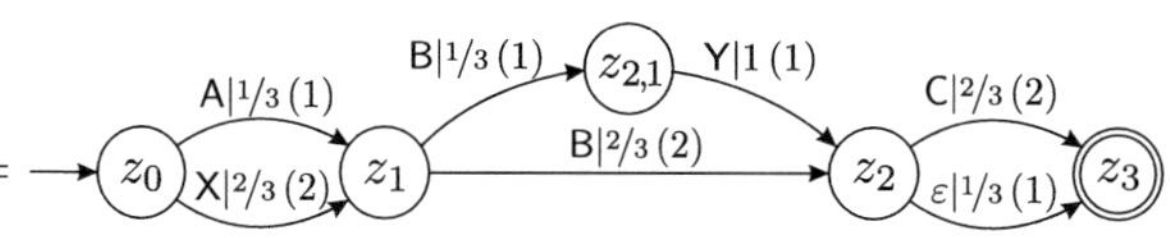 . (5.132)

Im Gegensatz zu (5.124) enthält es alle Kombinationen von lokalen Abweichungen zwischen den Lernbeispielen. Die Sprache des Modells lautet

$$L_X\big(\mathcal{L}^{(3)}\big) = \Big\{(\mathsf{XBC}, 8/27), \boxed{(\mathsf{ABC}, 4/27)}, \boxed{(\mathsf{XBYC}, 4/27)}, \boxed{(\mathsf{XB}, 4/27)}, (\mathsf{ABYC}, 2/27), (\mathsf{AB}, 2/27), (\mathsf{XBY}, 2/27), (\mathsf{ABY}, 1/27)\Big\}, \quad (5.133)$$

wobei die Lernbeispiele eingerahmt sind. Algorithmus 5.7 hat eine ähnliche Wirkungsweise wie Glättungsverfahren für stochastische Folgenmodelle (siehe Abschnitt 5.4.3): Er verteilt Wahrscheinlichkeitsmasse im Training „gesehener“ Lernbeispiele zugunsten von „ungesehenen“ um. Allerdings erfolgt diese Umverteilung hier nicht wahllos, sondern nur auf Zeichenketten, welche sich durch Kombination von Lernbeispielen ergeben. Besonders plausibel scheinenden ungesehenen Kombinationen wie XBC kann sogar eine höhere Wahrscheinlichkeit zugeordnet werden als gesehenen.

Als zusätzlicher Schritt nach dem Lernen (oder auch während der Rekursion) kann das Modell versäubert werden. Dazu bieten sich beispielsweise Approximationen wie im Abschnitt 5.3.1 (Seite 211) an. Beispielsweise würde die Ermittlung der 4 besten Wege und eine anschließende Neuschätzung der Übergangswahrscheinlichkeiten das approximierte Modell

$\tilde{\mathcal{L}}^{(3)} =$ 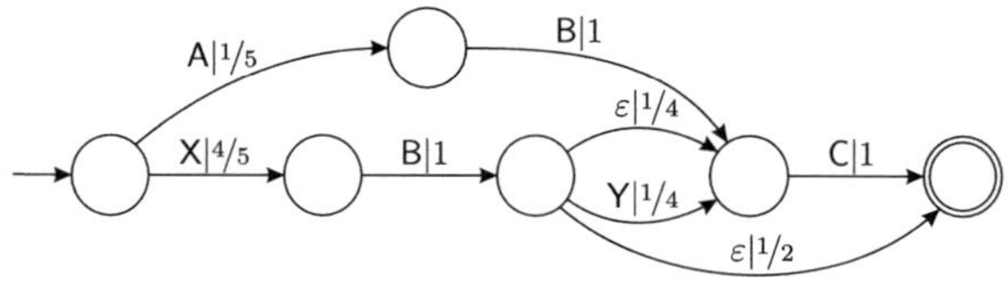 (5.134)

ergeben.

Das hier dargestellte heuristische Lernverfahren für endliche Automaten ist eine vereinfachte Variante der in [328] vorgeschlagenen Methode. Diese ist zusätzlich in der Lage, einen Kontext für lokale Abweichungen zu berücksichtigen und damit einen beliebigen Kompromiss zwischen den Lernergebnissen (5.124) und (5.132) zu erzeugen. Einzelheiten können in [328] nachgelesen werden.

5.4 Stochastische Klassifikation für Klassenfolgen

5.4.1 Bayes-Klassifikator für Klassenfolgen

Der traditionelle Klassenfolgenerkenner arbeitet nach dem BAYES-Paradigma und benutzt die Unterscheidungsfunktion

$$s = \operatorname*{arg\,max}_{\mathbf{c}\in\mathcal{C}^*} p(\vec{\mathbf{o}}(x)|\mathbf{c})P(\mathbf{c}). \tag{5.135}$$

Wie der BAYESsche Vektorklassifikator (siehe Abschnitt 3.2) berücksichtigt er eine a-priori-Wahrscheinlichkeit $P(\mathbf{c})$, hier allerdings der Klassen*folge*. Diese wird mit Hilfe von stochastischen Folgenmodellen nach Abschnitt 5.1.3 ermittelt.

Die Bestimmung der Wahrscheinlichkeitsdichte $p(\vec{\mathbf{o}}|\mathbf{c})$, dass die Merkmalvektorfolge $\vec{\mathbf{o}}$ beobachtet wird, wenn die Klassenfolge $\mathbf{c} = \left(c^1, c^2, \ldots\right)$ vorliegt, hängt von der Art der Klassenmodelle ab. Falls Hidden-MARKOV-Modelle verwendet werden, ist sie mit Gleichung (4.55)

$$p(\vec{\mathbf{o}}|\mathbf{c}) = \bigoplus_{U\in\mathcal{U}^K(I,F)\subset\mathcal{A}} \left\{ \prod_{e^k\in U} \left[p(\vec{o}^k|e^k)\cdot P(e^k) \right] \right\} \tag{5.136}$$

mit $K = |\vec{\mathbf{o}}|$. Die Wege U sind dabei Teile des Automaten

$$\mathcal{A} = \bigotimes_{c^i\in\mathbf{c}} \mathcal{M}_{c^i} = \mathcal{M}_{c^1} \otimes \mathcal{M}_{c^2} \otimes \ldots, \tag{5.137}$$

also der Verkettung der HMMs $\mathcal{M}_{c^i}$ entsprechend der Klassenfolge $\mathbf{c}$.

5.4.2 Maximum-Likelihood-Klassifikator für Klassenfolgen

Wird nur $p(\vec{\mathbf{o}}|\mathbf{c})$ berücksichtigt und die a-priori-Wahrscheinlichkeiten ignoriert, erhält man den Maximum-Likelihood-Klassifikator für Klassenfolgen

$$s = \operatorname*{arg\,max}_{\mathbf{c}\in\mathcal{C}^*} p(\vec{\mathbf{o}}(x)|\mathbf{c}). \tag{5.138}$$

Dieser entspricht genau dem regulären Klassifikator mit dem Erkennungsnetzwerk (5.96), wie man sich leicht überlegt: Zunächst schreiben wir Gleichung (5.137) in anderer Form

$$\mathcal{A} = \Big(\bigoplus_{c\in\mathcal{C}} \mathcal{M}_c\Big)^* \circ \mathbf{c}, \tag{5.139}$$

also als Komposition des KLEENEschen Abschlusses der Summe aller HMMs mit der Klassenfolge $\mathbf{c}$. Der Ausdruck ist äquivalent zu (5.137). Er beschreibt ebenfalls die Verkettung der HMMs entsprechend der Klassenfolge. Der Vergleich mit Gleichung (5.98) zeigt, dass es sich hier um ein spezielles Erkennungsnetzwerk handelt, dessen Partiturmodell $\mathcal{L}$ die Klassenfolge $\mathbf{c}$ ist.

Der Maximum-Likelihood-Klassifikator betrachtet *jede* mögliche Klassenfolge und entscheidet für die wahrscheinlichste. Praktisch ist dies nichts weiter als die Dekodierung der Merkmalvektorfolge $\vec{\mathbf{o}}$ mit dem Erkennungsnetzwerk (5.96)

$$\mathcal{R} = \Big(\bigoplus_{c\in\mathcal{C}} \mathcal{M}_c\Big)^*.$$

5.4.3 Reguläre Formulierung der a-priori-Wahrscheinlichkeit

Wir gehen im Folgenden von der Berechnung der a-priori-Wahrscheinlichkeiten $P(\mathbf{c})$ mit Hilfe der in Abschnitt 5.1.3 vorgestellten n-Gramm-Modelle aus und führen diese auf eine reguläre Darstellung zurück. Das ist nicht trivial, da n-Gramme MARKOV-Ketten n-ter Ordnung beschreiben. Diese sind also ihrer Natur nach nicht ohne Weiteres als endliche Automaten (die lediglich MARKOV-Ketten *erster* Ordnung beschreiben) darstellbar. Es existiert jedoch eine zulässige Lösung, deren Prinzip hier kurz vorgestellt werden soll. Details können in [30, 214] sowie ausführlicher in [39] nachgelesen werden. Die im Folgenden verwendeten Beispiele sind von CUEVAS aus [39] übernommen.

Die reguläre Formulierung von n-Grammen basiert auf der Idee, den Automatenzuständen eine „Geschichte“ vorausgegangener Symbole zuzuordnen und damit ein längeres „Gedächtnis“ zu simulieren. Betrachten wir zur Veranschaulichung vier Klassenfolgen

$$\begin{aligned} \mathbf{c}_1 &= \text{\_ABC.} \\ \mathbf{c}_2 &= \text{\_ABAB.} \\ \mathbf{c}_3 &= \text{\_BC.} \\ \mathbf{c}_4 &= \text{\_DA.} \end{aligned} \tag{5.140}$$

Dabei sind _ und . besondere Zeichen, welche den Anfang und das Ende einer Folge explizit markieren. Wir ermitteln jetzt alle in den Folgen enthaltenen Uni-, Bi- und Trigramme. Die einfachste Darstellung dafür ist ein Baum.

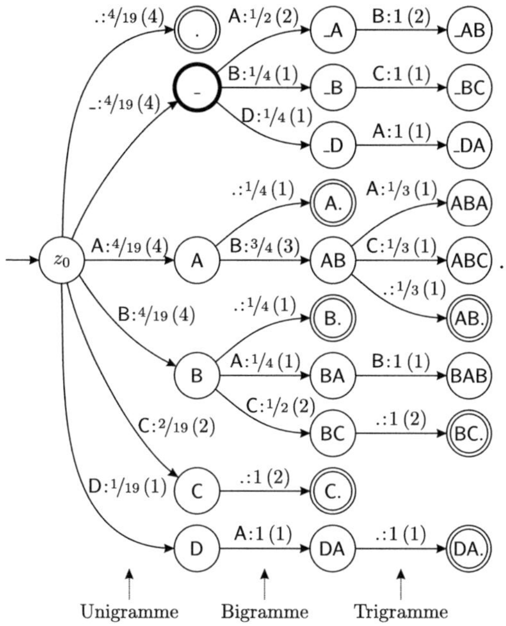

(5.141)

Die Gewichte sind Wahrscheinlichkeiten, welche aus den in Klammern mit angegebenen Zählern durch Normierung ermittelt wurden. Die Zustände sind mit ihrer Geschichte bezeichnet. Das bedeutet, dass alle an einem Zustand eintreffenden Wege zuletzt die entsprechenden Symbole akzeptiert haben. Bei einem Baum kann diese Geschichte natürlich immer angegeben werden.

Mit Hilfe des n-Gramm-Baums kann man ein Partiturmodell konstruieren. Man fügt zuerst den Zustand, dessen Geschichte der Zeichenkettenanfang ist (fett in 5.141) und alle Bigramme ab dem Zeichenkettenanfang ein. Von den Zielzuständen werden wieder alle zur Geschichte passenden Bigramme eingefügt und so weiter. Falls zu einer bestimmten Geschichte schon ein Zustand existiert, wird dieser nicht neu eingefügt, sondern der vorhandene benutzt. Das Ergebnis dieses Algorithmus sieht wie folgt aus:

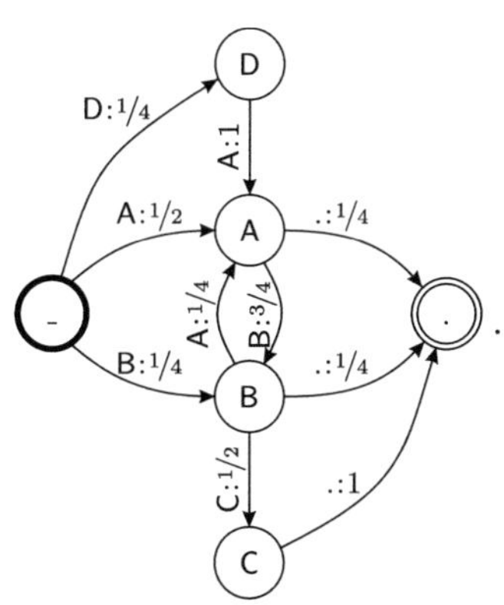

(5.142)

Nach dem gleichen Prinzip können auch Partiturmodelle aus n-Grammen höherer Ordnung aufgebaut werden. Die stochastische Trigrammpartitur zu (5.141) sieht zum Beispiel wie folgt aus:

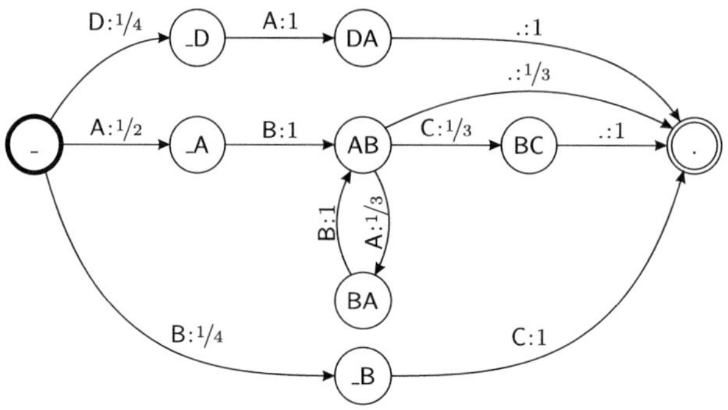

. (5.143)

Durch die Längenbegrenzung der Geschichte können n-Gramm-Partiturmodelle a-priori-Wahrscheinlichkeiten für Zeichenketten ermitteln, die nicht zum Training verwendet wurden. Für die Folge _AB. erhält man beispielsweise

$$\begin{aligned} P_{\text{Bi}}(\text{\_AB.}) &\overset{(5.142)}{=} P(\text{.}|\text{B}) \cdot P(\text{B}|\text{A}) \cdot P(\text{A}|\text{\_}) \cdot \underbrace{P(\text{\_})}_{:=1} \\ &= \frac{1}{4} \cdot \frac{3}{4} \cdot \frac{1}{2} \cdot 1 = \frac{3}{32} \end{aligned} \tag{5.144}$$

beziehungsweise

$$\begin{aligned} P_{\text{Tri}}(\text{\_AB.}) &\overset{(5.143)}{=} P(\text{.}|\text{AB}) \cdot P(\text{B}|\text{A\_}) \cdot P(\text{A}|\text{\_}) \cdot \underbrace{P(\text{\_})}_{:=1} \\ &= \frac{1}{3} \cdot 1 \cdot \frac{1}{2} \cdot 1 = \frac{1}{6}. \end{aligned} \tag{5.145}$$

Das funktioniert jedoch nicht für *jede* unbekannte Klassenfolge. Betrachtet man beispielsweise die Folge _DAB., so erhält man mit dem Bigramm-Partiturmodell

$$\begin{aligned} P_{\text{Bi}}(\text{\_DAB.}) &\overset{(5.142)}{=} P(\text{.}|\text{B}) \cdot P(\text{B}|\text{A}) \cdot P(\text{A}|\text{D}) \cdot P(\text{D}|\text{\_}) \cdot \underbrace{P(\text{\_})}_{:=1} \\ &= \frac{1}{4} \cdot \frac{3}{4} \cdot 1 \cdot \frac{1}{4} \cdot 1 = \frac{3}{64}, \end{aligned} \tag{5.146}$$

mit dem Trigramm-Partiturmodell jedoch

$$\begin{aligned} P_{\text{Tri}}(\text{\_AB.}) &\overset{(5.143)}{=} P(\text{.}|\text{AB}) \cdot P(\text{B}|\text{DA}) \cdot P(\text{A}|\text{\_D}) \cdot P(\text{D}|\text{\_}) \cdot \underbrace{P(\text{\_})}_{:=1} \\ &= \frac{1}{3} \cdot 0 \cdot 1 \cdot \frac{1}{4} \cdot 1 = 0. \end{aligned} \tag{5.147}$$

Dieses Ergebnis kommt durch das fehlende Trigramm DAB zustande.

Das Problem fehlender n-Gramme kann auf verschiedene Weise gelöst werden. Für Einzelheiten sei auf die einschlägige Literatur (beispielsweise [155], auch [304]) verwiesen. Allen diesen Verfahren ist gleich, dass sie Wahrscheinlichkeitsmasse vorhandener n-Gramme zugunsten abwesender umverteilen. Eine Möglichkeit ist der so genannte Rückfall (engl. *back-off*) auf n-Gramme niedrigerer Ordnung bei Abwesenheit eines benötigten n-Gramms höherer Ordnung.

In [214] wird ein stochastisches Partiturmodell vorgeschlagen, das auf die Rückfall-Strategie nach KATZ [157] zurückgreift. Dazu werden nicht nur n-Gramme einer bestimmten Ordnung, sondern aller Ordnungen gleichzeitig betrachtet. In das Partiturmodell werden entsprechend Zustände und n-Gramme mit verschieden langer Geschichte aufgenommen. Von einem Zustand mit „langer" Geschichte werden Rückfall-Übergänge zu Zuständen mit kürzerer Geschichte eingefügt. Diese tragen keine Eingabezeichen, aber mit Hilfe herkömmlicher n-Gramm-Glättungsverfahren ermittelte Rückfallgewichte.

Solche Partiturmodelle sind sehr komplex. Ein Beispiel, das nur aus einer einzigen Zeichenkette (_ABCD.) erstellt wurde, ist

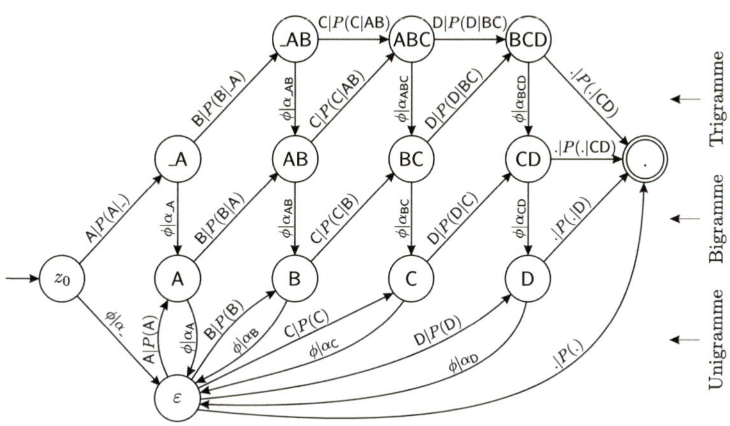

(5.148)

Dabei steht ϕ für ein spezielles, leeres Rückfallsymbol und α für Rückfallwahrscheinlichkeiten. Die Konstruktion dieses Modells ist in [39] ausführlich beschrieben. Mit seiner Hilfe können Wahrscheinlichkeiten für beliebige Folgen aus den Symbolen A, B, C und D berechnet werden. Der Weg für die Zeichenkette _DAB. durch das Rückfall-Partiturmodell sieht beispielsweise wie folgt aus:

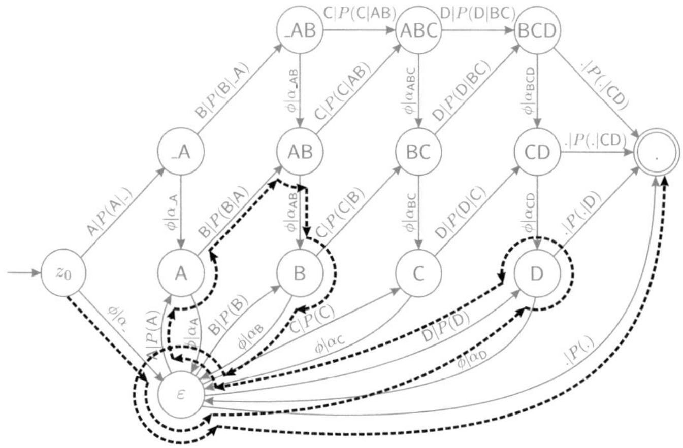

(5.149)

Die Wahrscheinlichkeit der Folge ergibt sich wieder durch Multiplikation der Übergangswahrscheinlichkeiten entlang des Weges

$$P_{\mathrm{Nmg}}(\mathsf{\_DAB.}) \overset{(5.149)}{=} \alpha_{\mathsf{\_}} \cdot P(\mathsf{D}) \cdot \alpha_{\mathsf{D}} \cdot P(\mathsf{A}) \cdot P(\mathsf{B}|\mathsf{A}) \cdot \alpha_{\mathsf{AB}} \cdot \alpha_{\mathsf{B}} \cdot P(.). \quad (5.150)$$

Der Einsatz von Rückfall-Partiturmodellen erfordert für große Alphabete und/oder große n-Gramm-Ordnungen besondere Algorithmen, beispielsweise eine spezielle Rückfall-Komposition. Auf diese kann hier nicht näher eingegangen werden. Als weiterführende Lektüre zum Thema sind die schon eingangs erwähnten Literaturstellen [39] und [214] empfehlenswert.

6 Anwendungsbeispiele

Dieses Kapitel stellt praktische Anwendungsbeispiele der akustischen Mustererkennung für Sprach-, Musik-, Bio- und technische Signale in tabellarischer Form vor. Sämtliche im Folgenden erwähnten Versuche wurden am Institut für Akustik und Sprachkommunikation der Technischen Universität Dresden durchgeführt. Bei vielen erfolgte eine Zusammenarbeit mit Partnern. Details zu den Arbeiten und den Partnern können in den jeweils angegebenen Literaturstellen nachgelesen werden.

Die Auflistung soll einen Eindruck über die vielfältigen Möglichkeiten der akustischen Mustererkennung vermitteln. Sie erhebt jedoch keinen Anspruch auf allgemeine Vollständigkeit. Die Literatur über Anwendungen der akustischen Mustererkennung ist vielfältig. Besonders auf dem Gebiet der Spracherkennung existiert eine unüberschaubare Menge von Arbeiten. Einen Überblick geben beispielsweise [155, 236] und [16].

Auf dem Gebiet der akustischen Mustererkennung für technische Signale seien stellvertretend die Arbeiten [261, 345, 9, 277, 183, 175, 346, 238, 48, 205, 206, 221] genannt. Eigene Veröffentlichungen zum Thema sind unter anderem [286, 287, 129, 124, 341, 284, 281, 288, 285]; eine Zusammenfassung findet sich in [280] sowie im Abschnitt 6.4. Einige eigene Arbeiten sind patentiert [81, 115, 116, 114].

Ein weiteres Anwendungsbeispiel für die akustische Mustererkennung ist das am Institut für Akustik und Sprachkommunikation der TU Dresden entwickelte „Vereinheitlichte System zur Sprachsynthese und -erkennung“ (*unified approach to speech synthesis and recognition*, UASR), welches im Abschnitt 7.1 näher beschrieben wird. Dort finden sich auch entsprechende Literaturverweise.

6.1 Sprachsignale

6.1.1 Prosodieerkennung zur Stimmaktivierung

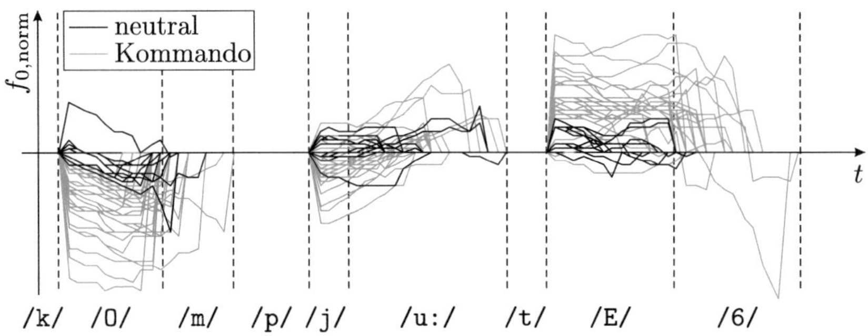

Abb. 6.1. Normierte Grundfrequenzverläufe des Wortes „Computer“ neutral und als Kommando gesprochen (Bild: M. KÜHNE, [164]).

Versuchsaufbau	: 344 Phrasen von 30 Sprechern mit dem Wort „Computer“, davon 193 als Aktivierungskommando für den Spracherkenner, der Rest neutral
Aufgabe	: Unterscheidung zwischen Kommando- und neutralem Tonfall gleicher Wörter anhand des Grundfrequenz- und Energieverlaufs
Verfahren	
- Primäranalyse	: Grundfrequenzextraktion (RAPT [275]), RMS-Energie
- Sekundäranalyse	: Dynamische Merkmale (4 Komponenten)
- Klassifikator	: HMM (je ein Modell für Kommando- und neutralen Tonfall)
Ergebnis	: Kommandodetektionsrate 74 % bei einer Fehlalarmrate von 26 % über 50 Realisierungen (zum Vergleich: menschliche Detektionsleistung unter vergleichbaren Bedingungen 81/30 %)
Verweise	: [164, 60, 163, 165, 337, 166, 62]

6.1.2 Hardware-Sprachdialogsystem

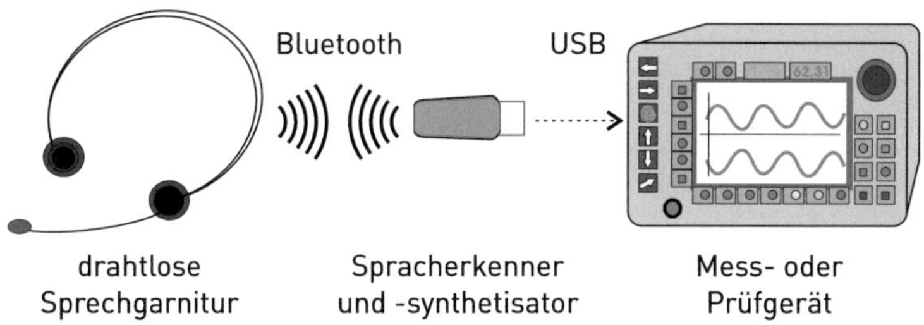

Abb. 6.2. Einsatzszenario (Bild: C. TSCHÖPE, [272]).

Versuchsaufbau	: Sprachsteuersystem für Mess- und Prüfgeräte. Erkennung von Kommandophrasen mit fließenden Zahlen. HMM-Synthese von Messwerten und Statusmeldungen.
Aufgabe	: Spracherkennung (nicht rekursive kontextfreie Grammatik), Sprachsynthese (endliche Grammatik), Stimmaktivitätserkennung
Verfahren	
- Akust. Schnittstelle	: Bluetooth
- Primäranalyse	: Melfilterbank (30 Kanäle)
- Sekundäranalyse	: Vektorstandardisierung, dynamische Merkmale, Hauptkomponentenanalyse, Dimensionsreduktion (24 Komponenten)
- Klassifikator	: HMM (Spracherkennung und -synthese), GMM (Stimmaktivitätserkennung)
Ergebnis	: Konzepterkennungsrate: 95 – 98 % (abhängig von Sprechgarnitur und Erkennergrammatik), MOS-Einschätzung der Sprachsynthese: 2,1 – 3,3 (abhängig von Synthesestimme)
Verweise	: [272, 270, 53, 57, 82, 75, 72, 321, 75, 83, 40, 289, 69]

6.1.3 Internetbasierter Spracherkenner

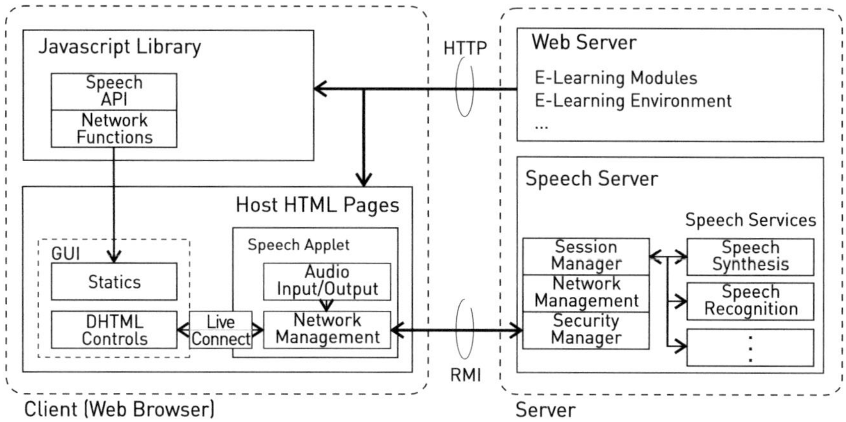

Abb. 6.3. Architektur, bestehend aus einem Java-Applet (Clientseite) und einem Sprachserver.

Versuchsaufbau	:	Kommando-Sprachsteuerung von Webseiten durch ein eingebettetes Java-Applet. Das Vokabular kann von der Webseite über eine JavaScript-API definiert werden.
Aufgabe	:	Spracherkennung (Kommandos), Stimmaktivitätserkennung
Verfahren		
- Akust. Schnittstelle	:	Störgeräuschunterdrückung nach Ephrahim/ Malah [343]
- Primäranalyse	:	Melfilterbank (30 Kanäle)
- Sekundäranalyse	:	Vektorstandardisierung, dynamische Merkmale, Hauptkomponentenanalyse, Dimensionsreduktion (24 Komponenten)
- Klassifikator	:	HMM (Spracherkennung), heuristisch (Stimmaktivitätserkennung)
Ergebnis	:	Konzepterkennungsrate: 92 – 98 % (abhängig von Sprechgarnitur und Erkennergrammatik)
Verweise	:	[60, 77, 61, 307, 74, 130, 321, 320, 62, 70, 330, 131, 71, 264]

6.1.4 Landessprachenerkennung

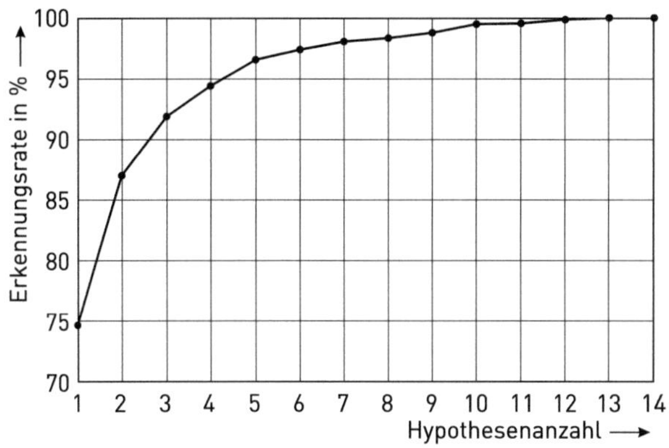

Abb. 6.4. Erkennungsrate der Landessprachenerkennung (14 Sprachen und Dialekte, siehe Versuchsaufbau) bei Berücksichtigung der n höchstbewerteten Hypothesen.

Versuchsaufbau : 20 Stunden Telefonsprache in 11 Sprachen: ägyptisches Arabisch, amerikanisches Englisch (2 Dialekte), Farsi, Französisch, Deutsch, Japanisch, Koreanisch, Mandarin (2 Dialekte), Spanisch (2 Dialekte), Tamil und Vietnamesisch (Callfriend-Datenbasis, [189])

Aufgabe : Erkennung der Landessprache und des Dialekts anhand von 30 s Sprachsignal

Verfahren
- Akust. Schnittstelle : heuristische Segmentierung
- Primäranalyse : MFCC (12 Parameter)
- Sekundäranalyse : Vektorstandardisierung, dynamische Merkmale, Supervektorbildung, Vektorquantisierung (80 Prototypen)
- Klassifikator : - HMM (70 Fenone [103]),
  - HMM (14 Sprachen und Dialekte),
  - n-Multigramm (fenotaktischer Erkenner),
  - BAYES-Klassifikator (Entscheidungsfusion)

Ergebnis : Erkennungsrate (Sprache und Dialekt): 75 %, siehe Diagramm

Verweise : [336, 308]

6.2 Musiksignale

6.2.1 Identifikation individueller Musikinstrumente

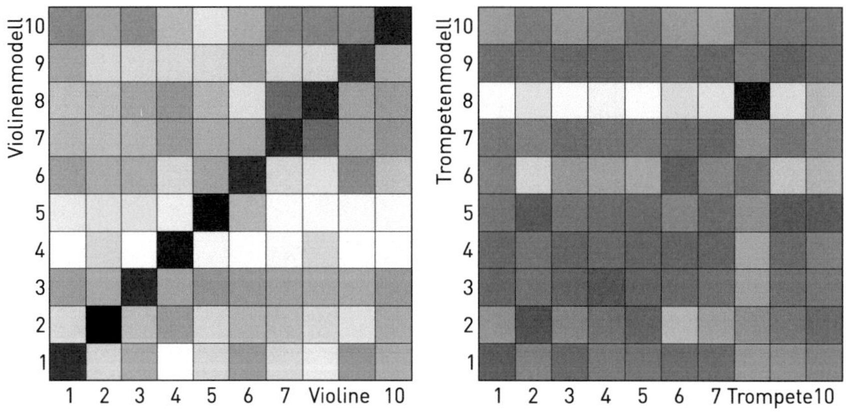

Abb. 6.5. Gemittelte Bewertungsmatrizen über alle Instrumente. Je dunkler eine Fläche, desto ähnlicher werden die Instrumente eingeschätzt.

Versuchsaufbau	:	Auf jeweils 10 Violinen, Konzertgitarren und Trompeten wurden Solostücke gespielt: von 5 Musikern, in 2 verschiedenen Räumen, 3 verschiedene Stücke, jeweils 2 Aufnahmen (insgesamt 60 Aufnahmen pro Instrument).
Aufgabe	:	Identifikation eines aus zehn Instrumenten, unabhängig von Musiker und Stück
Verfahren		
- Primäranalyse	:	Grundfrequenzverlauf, Energieverlauf, Melfilterbank (30 Kanäle)
- Sekundäranalyse	:	Gitarren: Vektorstandardisierung, dynamische Merkmale, Hauptkomponentenanalyse, Dimensionsreduktion (25 Komponenten); Violinen, Trompeten: keine
- Klassifikator	:	HMM, GMM (ein Modell pro Instrument)
Ergebnis	:	Instrument-Erkennungsraten - Violinen: 90 – 96 % - Gitarren: 95 – 99 % - Trompeten: ca. 33 % (abh. von Anzahl der Musiker i. d. Lernstichprobe)
Verweise	:	[58, 79, 173, 80, 203, 202, 56, 84, 132, 193, 4, 111, 81, 340]

6.2.2 Zeitliche Zuordnung von Liedtexten zum Signal

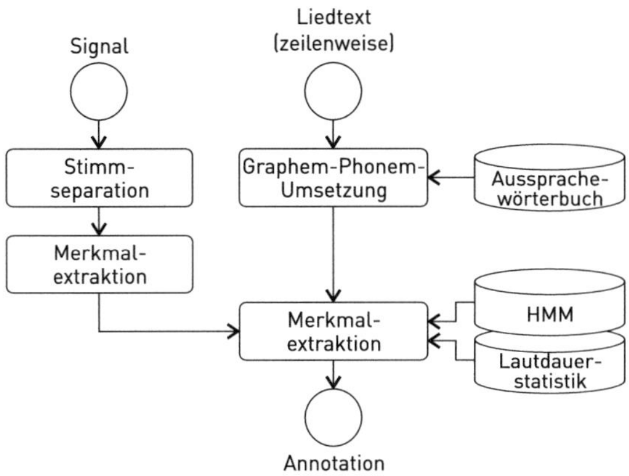

Abb. 6.6. Schematische Darstellung des Verfahrens (Bild: T. Hutschenreuther, [143]).

Versuchsaufbau	:	30 Minuten Musiksignal aus 13 Titeln mit Gesang und bekanntem Liedtext
Aufgabe	:	Zeitliche Zuordnung der Liedtexte zum Musiksignal
Verfahren		
- Akust. Schnittstelle	:	Gesangsseparation nach Dressler/Schmidt [49, 256] und Wang [136]
- Primäranalyse	:	Melfilterbank (30 Kanäle)
- Sekundäranalyse	:	Vektorstandardisierung, dynamische Merkmale, Hauptkomponentenanalyse, Dimensionsreduktion (24 Komponenten)
- Klassifikator	:	HMM (42 Phoneme und Pause)
Ergebnis	:	Recall [143] über 3 Minuten Musiksignal - Phoneme: 58 % - Wörter: 72 %
Verweise	:	[143]

6.2.3 Ermittlung musikalischer Aspekte zur Musikempfehlung

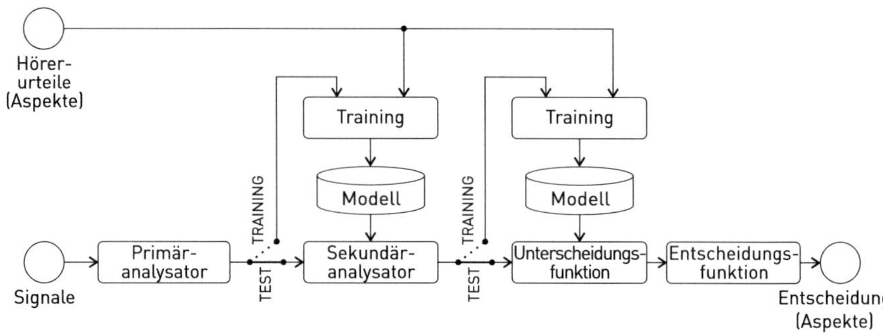

Abb. 6.7. Schematische Darstellung des Verfahrens zur automatischen Reproduktion menschlicher Urteile über bedeutungsvolle, musikalische Aspekte.

Versuchsaufbau	:	Aufzeichnungen von 836 Musikstücken aus 10 verschiedenen Genres
Aufgabe	:	Automatische Reproduktion des menschlichen Urteils über 6 verschiedene bedeutungsvolle, musikalische Aspekte (siehe Ergebnis)
Verfahren		
- Primäranalyse	:	angepasst, siehe [10, 112]
- Sekundäranalyse	:	Lineare Diskriminanzanalyse, Dimensionsreduktion
- Klassifikator	:	HMM, GMM (ein Modell pro Aspektklasse)
Ergebnis	:	Erkennungsrate [113] über 836 Stücke - Instrument Density (2 Klassen): 87 ± 4 % - Music Color (2 Klassen): 85 ± 4 % - Percussiveness (3 Klassen): 96 ± 2 % - Singing (2 Klassen): 91 ± 2 % - Style (10 Klassen): 79 ± 3 % - Tempo (3 Klassen): 62 ± 3 %
Verweise	:	[113, 112]

6.3 Biosignale

6.3.1 Auskultatorische Blutdruckmessung

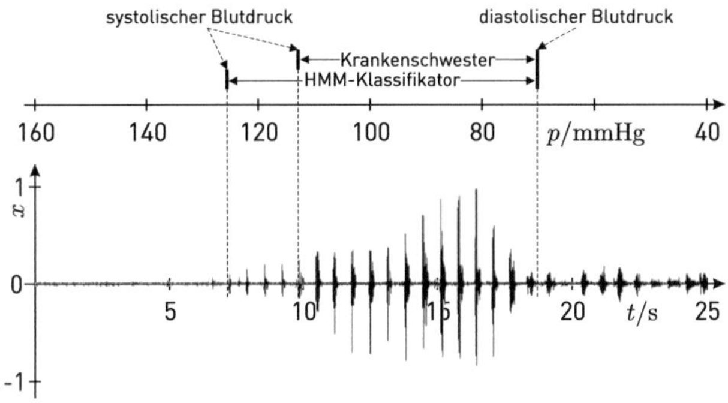

Abb. 6.8. Beispiel für ein Stethoskopsignal bei der auskultatorischen Blutdruckmessung [174]. Der Druck der Manschette wird definiert gesenkt, so dass jeder Zeitpunkt im Signal einem bestimmten Druckwert entspricht. Die Ergebnisse der manuellen und instrumentellen Messung sind eingetragen.

Versuchsaufbau	:	289 Blutdruckmessungen (siehe Abbildung) von 98 Patienten, 169 in Ruhe und 120 bei gymnastischen Übungen (Hantelheben mit Unterarmrollen)
Aufgabe	:	Instrumentelle Blutdruckmessung durch Erkennung der Anfangs- und Endzeitpunkte des Pulsgeräusches im Stethoskopsignal in Ruhe und bei gymnastischen Übungen
Verfahren		
- Akust. Schnittstelle	:	gewichtete Addition zweier Mikrofonsignale
- Primäranalyse	:	heuristisch, siehe [338]
- Sekundäranalyse	:	heuristisch, siehe [338]
- Klassifikator	:	HMM (5 KOROTKOFF-Phasen [174] und Stille)
Ergebnis	:	Richtigkeit [338] über 289 Messungen - in Ruhe: 79 % - bei gymnastischen Übungen: 41 %
Verweise	:	[338, 172, 173, 140, 171, 170, 340]

6.3.2 Klassifikation von Schnarchlauten

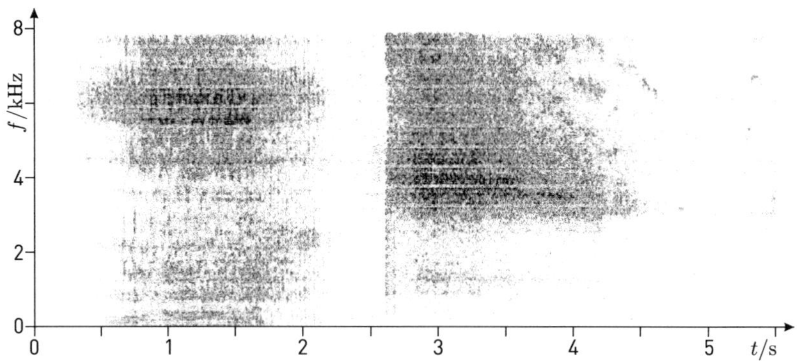

Abb. 6.9. Spektrogramm eines Schnarchsignals (nach T. RICHTER, [243]).

Versuchsaufbau	: 1088 Schnarchgeräusche von 4 Personen
Aufgabe	: Erkennung von „gefährlichem“ Schnarchen (Vorzeichen für Schlaf-Apnoe [184]), Unterscheidung von „ungefährlichem“ Schnarchen
Verfahren	
- Primäranalyse	: Preemphasis-Filter, MFCC (12 Koeffizienten), Energie
- Sekundäranalyse	: dynamische Merkmale
- Klassifikator	: HMM, DTW
Ergebnis	: Erkennungsrate über 326 Aufzeichnungen - HMM: 83 % - DTW: 92 %
Verweise	: [243]

6.3.3 Numerische Analyse von Nutztierlauten

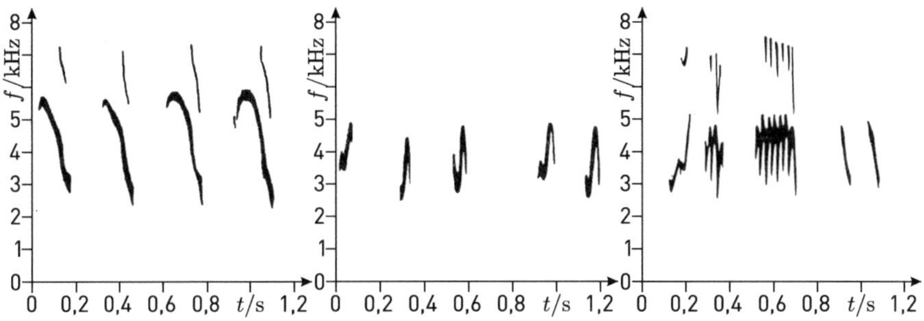

(a) Verlassenheitslaute (b) Zufriedenheitslaute (c) Schrecktriller

Abb. 6.10. Spektrografische Darstellungen der Lautäußerungen von Hühnerküken (*Gallus domesticus*, nach J.-C. GUYOMARC'H [100]).

Versuchsaufbau	: 986 Verlassenheitslaute von 8 Hühnerküken, aufgezeichnet an 7 Beobachtungstagen
Aufgabe	: Analyse typischer Merkmale von Verlassenheitslauten, Rückschlüsse über Haltungsumwelt der Tiere
Verfahren	
- Primäranalyse	: Kurzzeit-FFT
- Sekundäranalyse	: keine
- Klassifikator	: Abstandsklassifikator
Ergebnis	: Erkenntnisse über typische Merkmale von Verlassenheitslauten. „[...] Fragen der Nutzung von Lauten als Informationsquelle zum Verhältnis des Tieres zu seiner Haltungsumwelt [sind] lösbar“ [198].
Verweise	: [198, 199, 200]

6.4 Technische Signale

6.4.1 Zerstörungsfreie Prüfung von Zahnrädern

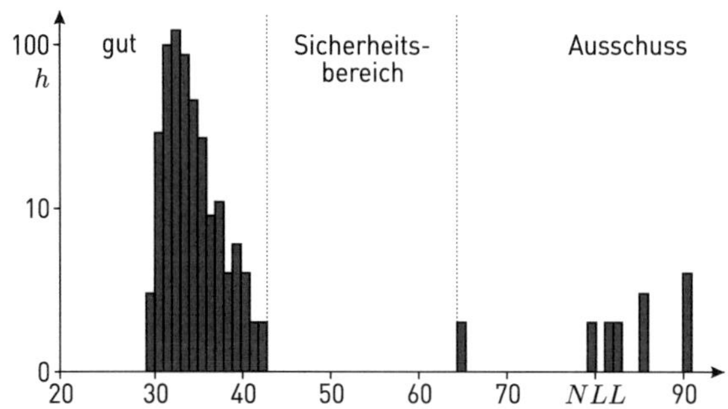

(a) NLL-Histogramm einer Stichprobe aus 450 Zahnrädern (441 gut und 9 Ausschuss)

(b) Prüfling, Pfeil: Riss

Abb. 6.11. Links: Abweichung (negative logarithmische Likelihood) von 450 Testzahnrädern vom Modell einwandfreier Teile; rechts: Röntgenbild eines fehlerhaften Prüflings (Foto: B. FISCHER, Fraunhofer IZFP-D, [340]).

Versuchsaufbau	: Definierte Anregung von 620 gesinterten Zahnrädern (602 gut, 18 Ausschuss) mit Ultraschall-Impulsen (Mittenfrequenz 250 kHz), Aufzeichnung des induzierten Klangs mit Ultraschallsensoren
Aufgabe	: Erkennung von Ausschussteilen (Ausbrüche, Risse oder Lunker) anhand des Klangs
Verfahren	
- Primäranalyse	: Kurzzeit-Leistungsspektrum (1024 Koeff.)
- Sekundäranalyse	: Vektorstandardisierung, Hauptkomponentenanalyse, Dimensionsreduktion (24 Komponenten)
- Klassifikator	: HMM (ein Modell für gute Teile)
Ergebnis	: Erkennungsrate über 450 Testteile: 100 %, Sicherheit [286]: 43 %
Verweise	: [280, 281, 282, 122, 283, 340, 115, 116, 114]

6.4.2 Zerstörungsfreie Prüfung von Radreifen

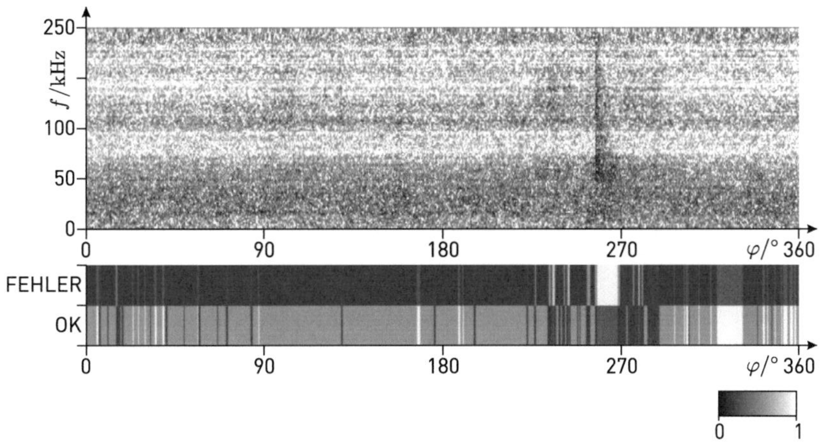

Abb. 6.12. Oben: Spektrogramm des Laufgeräusches eines Eisenbahnrades (eine Umdrehung) mit Fehler (Abplattung bei etwa 260°); unten: Fehlerdetektion und -lokalisierung durch automatische Zuordnung der HMM-Zustände „FEHLER“ und „OK“ zum Messsignal (Bild: M. EICHNER, [59]).

Versuchsaufbau	: Aufzeichnung von je - A: 125 Laufgeräuschen von acht Sensoren - B: 21 Laufgeräuschen von acht Sensoren
Aufgabe	: Detektion (B: und Lokalisierung) von Fehlern auf der Lauffläche (Abplattungen, Risse usw.)
Verfahren	
- Primäranalyse	: Kurzzeit-Leistungsspektrum (256 Koeff.)
- Sekundäranalyse	: Vektorstandardisierung, Hauptkomponentenanalyse, Dimensionsreduktion (3 Komponenten pro Sensor), A: Supervektorbildung aus acht Sensoren (24 Komponenten)
- Klassifikator	: HMM - A: je ein Modell - B: ein Modell mit je einem Zustand für normales und fehlerhaftes Laufgeräusch
Ergebnis	: Alle getesteten Fehler sicher erkannt (über 125/22 Aufzeichnungen; mit Einschränkungen, siehe [59])
Verweise	: [59, 95, 231, 340, 276]

6.4.3 Zerstörungsfreie Prüfung von Flugzeugbauteilen

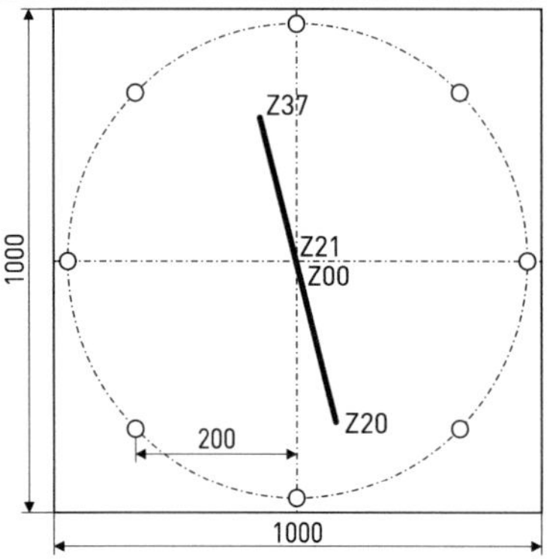

(a) Skizze eines Testkörpers (Aluminiumplatte $d = 2{,}5$ mm) mit Fehler (fette Linie) und Ultraschallaktuatoren (Kreise)

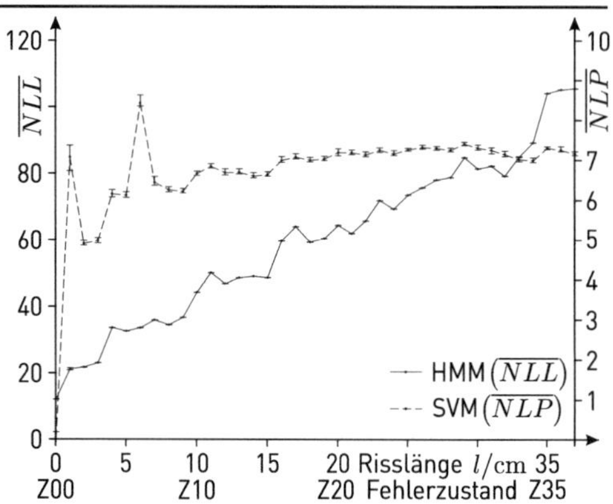

(b) Mittlere Abweichung (neg. log. Likelihood bzw. Wahrscheinlichkeit über alle Sensoren) des beschädigten Testkörpers vom Modell des intakten Zustands

Abb. 6.13. Versuchsaufbau und Ergebnis Aluminiumplatte.

Versuchsaufbau	:	Testkörper mit 8 Ultraschallaktuatoren (siehe Abbildung), Anregung mit Ultraschallimpulsen (Mittenfrequenz 250 kHz) durch je einen Aktuator, Aufzeichnung der induzierten Wellen mit den sieben restlichen Aktuatoren, 38 Zustände (1 intakt, 37 mit Riss wachsender Länge), je 9.472 Aufzeichnungen von 52 Sender-/Empfänger-Kombinationen
Aufgabe	:	Erkennung von Fehlern (Rissen)
Verfahren		
- Primäranalyse	:	- HMM: Kurzzeit-Leistungsspektrum (2048 Koeff.) - SVM: keine
- Sekundäranalyse	:	- HMM: Vektorstandardisierung, Hauptkomponentenanalyse, Dimensionsreduktion (24 Komp.) - SVM: keine
- Klassifikator	:	HMM, SVM (jeweils 1 Modell pro Messstrecke für intakten Zustand), Bewertungsfusion
Ergebnis	:	Fehlerdetektionsrate über 8072 Aufzeichnungen - HMM: 99,8 % - SVM: 100,0 % (Sicherheit [286]: 73,7 %) HMM: bessere Einschätzung des Beschädigungsgrads, SVM: bessere Detektion kleiner Fehler
Verweise	:	[280, 286, 287, 339, 340]

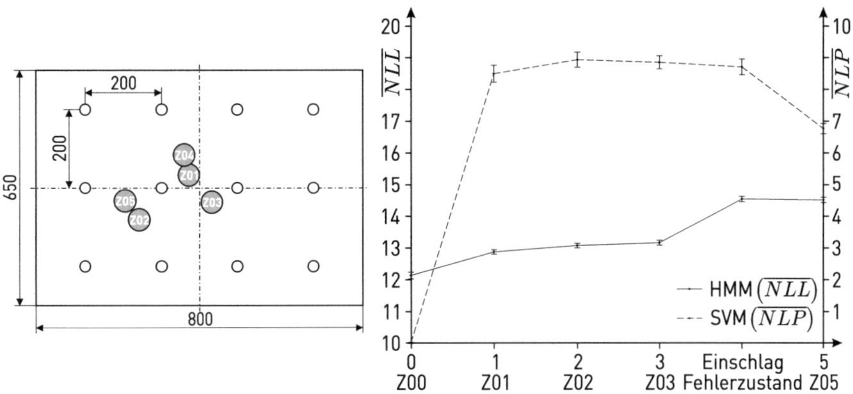

(a) Skizze des Testkörpers (CFK-Platte $d = 5$ mm) mit Fehlern (graue Kreise) und Ultraschallaktuatoren (Kreise)

(b) Mittlere Abweichung (neg. log. Likelihood bzw. Wahrscheinlichkeit über alle Sensoren) des beschädigten Testkörpers vom Modell des intakten Zustands

Abb. 6.14. Versuchsaufbau und Ergebnis CFK-Platte.

Versuchsaufbau	: Testkörper mit 12 Ultraschallaktuatoren (siehe Abbildung), Anregung mit Ultraschallimpulsen (Mittenfrequenz 100 kHz) durch je einen Aktuator, Aufzeichnung der induzierten Wellen mit den elf restlichen Aktuatoren, 8 Zustände (1 intakt, 7 aufeinander folgende Einschläge), je 6.000 Aufzeichnungen von 132 Sender-/Empfänger-Kombinationen
Aufgabe	: Erkennung von Fehlern (Rissen)
Verfahren	
- Primäranalyse	: - HMM: Kurzzeit-Leistungsspektrum (512 Koeff.) - SVM: keine
- Sekundäranalyse	: - HMM: Vektorstandardisierung, Hauptkomponentenanalyse, Dimensionsreduktion (24 Komp.) - SVM: keine
- Klassifikator	: HMM, SVM (jeweils 1 Modell pro Messstrecke für intakten Zustand), Bewertungsfusion
Ergebnis	: Fehlerdetektionsrate über 5300 Aufzeichnungen - HMM: 99,7 % - SVM: 100,0 % (Sicherheit [286]: 88,6 %) HMM: bessere Einschätzung des Beschädigungsgrads, SVM: bessere Detektion kleiner Fehler
Verweise	: [280, 286, 287, 339, 340]

6.4.4 Lebensdaueranalyse von Magnetventilen

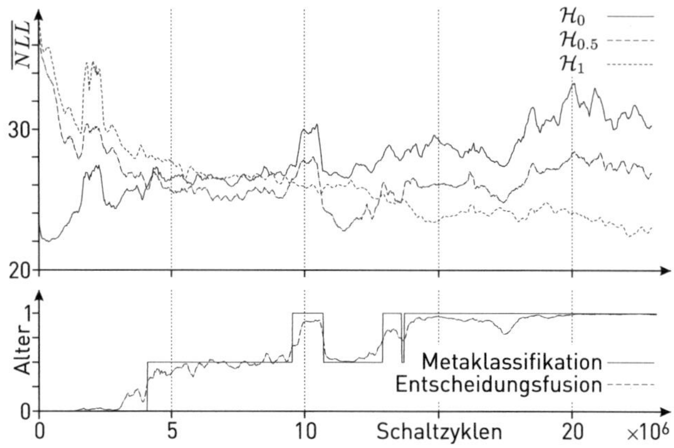

Abb. 6.15. Lebensdaueranalyse eines Magnetventils; oben: Abweichung (negative logarithmische Likelihood, NLL) von den Modellen von Schaltgeräuschen neuer ($\mathcal{H}_0$), gebrauchter ($\mathcal{H}_{0.5}$) und verschlissener ($\mathcal{H}_1$) Ventile; unten: aus dem Schaltgeräusch mit Hilfe der zuvor genannten Modelle geschätztes Alter (Bild: F. DUCKHORN, [52]).

Versuchsaufbau	: Aufzeichnung jedes 800-sten Schaltvorgangs von drei Magnetventilen über einen im Kabelkopf montierten piezoelektrischen Körperschallsensor
Aufgabe	: Schätzung des Alters und der Restlebensdauer aus dem Schaltgeräusch eines unbekannten Ventils (Lebensdauer nach Hersteller: 10 Mio. Schaltzyklen)
Verfahren	
- Primäranalyse	: Kurzzeit-Leistungsspektrum (64 Koeff.)
- Sekundäranalyse	: Vektorstandardisierung, Hauptkomponentenanalyse, Dimensionsreduktion (24 Komponenten)
- Klassifikator	: HMM (3 Modelle: neu, gebraucht und alt jeweils mit 1000 Aufzeichnungen zweier Ventile trainiert), Metaklassifikation oder Entscheidungsfusion
Ergebnis	: Test mit allen Aufzeichnungen (43.348 Stück) des dritten Ventils ergibt das oben stehende Diagramm. Alter kann anhand des Schaltgeräusches eines „unbekannten“ Ventils geschätzt werden.
Verweise	: [280, 281, 122, 52, 340]

6.4.5 Fehlerfrüherkennung an Textilmaschinen

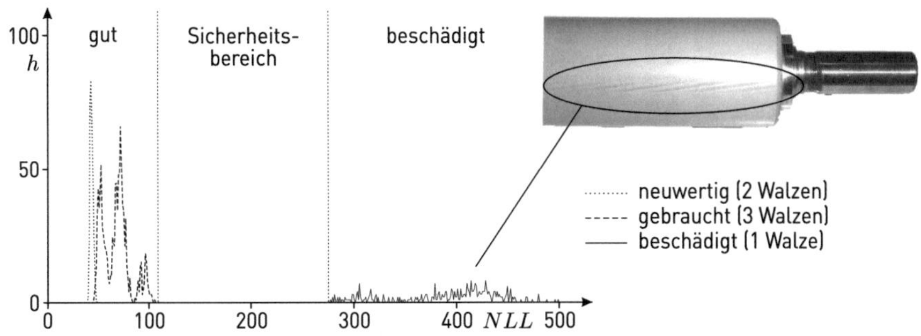

Abb. 6.16. Histogramm der Abweichungen (negative logarithmische Likelihood) von insg. 1670 Aufzeichnungen 6 verschiedener Walzen vom Modell neuer Teile; rechts oben: beschädigte Walze (Bild: S. Wittenberg, [340]).

Versuchsaufbau	: Aufzeichnung von 2030 Laufgeräuschen von 6 Oberwalzen eines Streckwerks mit Hilfe eines Köperschallsensors an der Maschinenoberfäche	
Aufgabe	: Erkennung des Verschleißzustands der Oberwalze am Laufgeräusch	
Verfahren		
- Primäranalyse	: Langzeit-Amplitudenspektrum (128 Koeff.)	
- Sekundäranalyse	: Hauptkomponentenanalyse, Dimensionsreduktion (24 Komponenten)	
- Klassifikator	: GMM (1 Modell für neue Walzen)	
Ergebnis	: Fehlerdetektionsrate über 1670 Aufz.:	100 %
	Sicherheit [286]:	52 %
Verweise	: [341, 232, 233, 235, 323, 322, 234, 340]	

6.4.6 Qualitätskontrolle von Tissue-Papieren

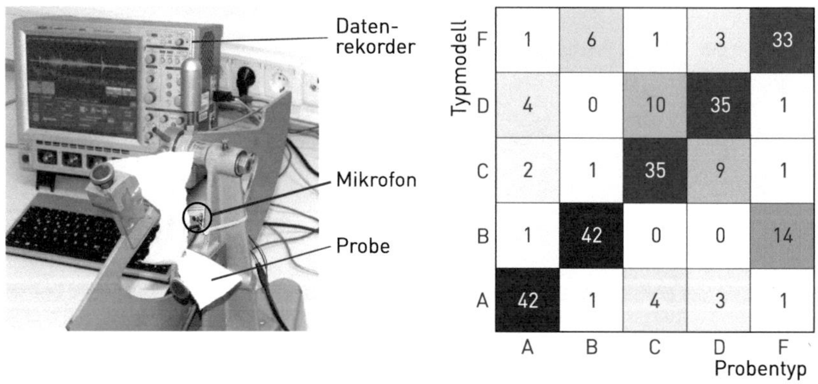

(a) Provisorischer Messaufbau

(b) Verwechslungsmatrix zwischen fünf Papiertypen

Abb. 6.17. Versuchsaufbau und Ergebnis.

Versuchsaufbau	:	Aufzeichnung des Geräusches beim definierten Zerreißen von jeweils 50 Proben fünf verschiedener Tissue-Papiere
Aufgabe	:	Erkennung des Papiertyps anhand des Geräusches beim Zerreißen
Verfahren		
- Primäranalyse	:	Kurzzeit-Leistungsspektrum (96 Koeff.)
- Sekundäranalyse	:	Vektorstandardisierung, Hauptkomponentenanalyse, Dimensionsreduktion (24 Komponenten)
- Klassifikator	:	HMM (1 Modell pro Papiertyp)
Ergebnis	:	Erkennungsrate: 75 % über 250 Aufzeichnungen
Verweise	:	[341]

6.4.7 Mustererkennung von Barkhausen-Rauschen

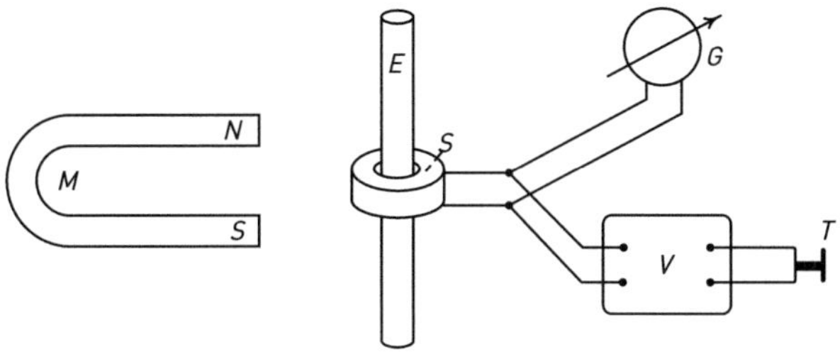

(a) Versuchsaufbau mit Permanentmagnet M, Eisenkern E, Spule S, Galvanometer G, Verstärker V und Telephon T

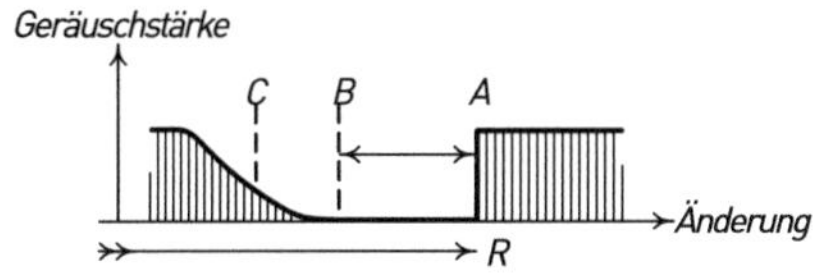

(b) Geräuschstärke bei Bewegung (Entfernung und Annäherung) des Magneten

Abb. 6.18. Reproduktionen zweier Abbildungen aus dem Originalaufsatz von H. BARKHAUSEN [6] (siehe auch [7, 8]). Im Text heißt es: „Der Unterschied [hinsichtlich des Geräusches] zwischen verschiedenen Eisensorten ist so groß, daß man darauf geradezu eine Methode zur Eisenuntersuchung aufbauen könnte.“

Versuchsaufbau	: Jeweils 60 Aufzeichnungen des BARKHAUSEN-Rauschens von 5 Werkstofftypen (verschiedene Ferrolegierungen)
Aufgabe	: Erkennung des Typs einer unbekannten Probe
Verfahren	
- Primäranalyse	: Kurzzeitspektrogramm
- Sekundäranalyse	: keine
- Klassifikator	: HMM (1 Modell pro Werkstofftyp)
Ergebnis	: Erkennungsrate: 80 %
Verweise	: [121]

6.4.8 Analyse von Bremsgeräuschen

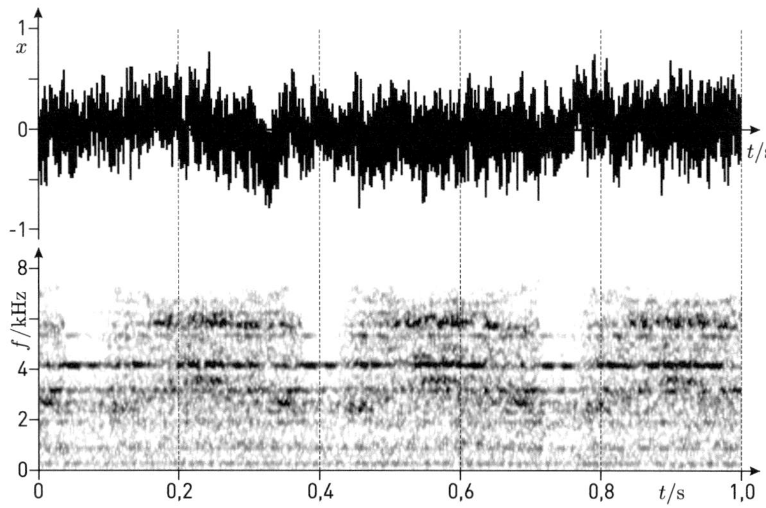

Abb. 6.19. Oszillogramm und Spektrogramm des Arbeitsgeräusches einer Pkw-Bremse mit zerstörtem Bremsbelag (Bild: D. HIRSCHFELD, [282]).

Versuchsaufbau	: Aufzeichnung von 26 Bremsgeräuschen von 4 Pkw-Bremsen in verschiedenen Verschleißzuständen (Freifeldmikrofon radial in 100 mm Abstand zur Bremsscheibe)
Aufgabe	: Erkennung des Verschleißzustands anhand eines unbekannten Bremsgeräusches
Verfahren	
- Primäranalyse	: Kurzzeit-FFT (256 Koeffizienten)
- Sekundäranalyse	: heuristisch (spektrale Mittelung, 24 Komponenten, Frequenzen der beiden größten Spitzen im Spektrum)
- Klassifikator	: heuristisch (Histogramm über spektrale Maxima)
Ergebnis	: Erkennungsrate: 95 %
Verweise	: [282, 134]

7

Ausblick: Integrierte Analyse- und Syntheseverfahren

7.1 Vereinheitlichte Spracherkennung und -synthese (UASR)

Spracherkennung (also akustische Mustererkennung für Sprachsignale) kann nicht losgelöst von der Sprachsynthese betrachtet werden. Obwohl Spracherkennungs- und -synthesesysteme traditionell weitestgehend unabhängig voneinander entwickelt werden, ist diese Erkenntnis bereits über zwanzig Jahre alt:

> *Advanced systems both for synthesis and for recognition need the same speech knowledge, and there is considerable advantage for the two applications to be studied together. [...] I predict that the most significant progress in the more advanced forms of speech synthesis and recognition will in future come from research teams with a strong interest in both problems.* (J. N. Holmes, [133])

Ausgehend von dieser Erkenntnis schlug R. Hoffmann im Jahre 1999 das „Vereinheitlichte System zur Sprachsynthese und -erkennung" (*unified approach to speech synthesis and recognition*, UASR) vor, welches seitdem am Institut für Akustik und Sprachkommunikation der Technischen Universität Dresden realisiert wird. Abbildung 7.1 zeigt eine schematische Darstellung des Systems.

Natürlich trägt der Systementwurf dem zweiten Levinsonschen Grundprinzip für sprachverarbeitende Systeme Rechnung, nach dem Sprache ein zusammengesetztes, hierarchisch organisiertes Signal ist, in dem strukturelle Restriktionen gelten [188]. Dementsprechend existieren sieben Verarbeitungsebenen (Signal-, Merkmal-, phonetische, lexikalische, syntaktische, semantische und pragmatische Ebene). Der linke Zweig des Signalflussplans stellt die Spracherkennung dar, in deren Verlauf das Sprachsignal schrittweise von Redundanz und nicht linguistischen Informationen befreit wird. Der rechte Zweig zeigt die Sprachsynthese, welche als „inverse" Spracherkennung aufgefasst wird (natürlich kann die Spracherkennung ihrerseits als „inverse"

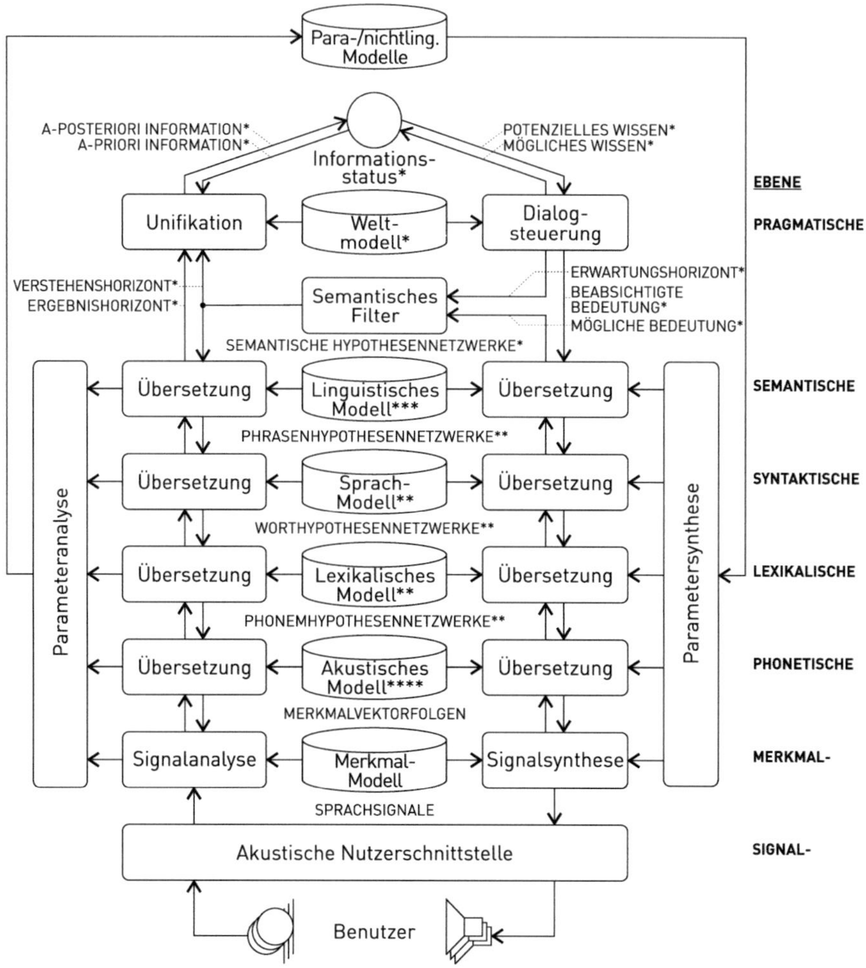

* GEWICHTETE MERKMAL-WERTE-RELATIONEN (wFVR, ENDLICHE AUTOMATEN)
** ENDLICHE AUTOMATEN
*** ÄUSSERUNGS-BEDEUTUNGS-PAARE (UMP, ENDLICHE AUTOMATEN)
**** HIDDEN-MARKOV-AUTOMATEN (HMA, ENDLICHE AUTOMATEN)

Abb. 7.1. Vereinheitlichtes System zur Sprachsynthese und -erkennung (nach [72, 40]), erweitert um eine semiotische Verarbeitung nach LORENZ/WIRSCHING/RÖMER et al. [137, 245, 244]. Links ist der Analyse- und rechts der Synthesezweig dargestellt. Beide verwenden identische Datenquellen.

Sprachsynthese interpretiert werden). Die bei der Spracherkennung abgetrennte nicht linguistische Information (hier stark vereinfachend als „Prosodie“ bezeichnet) muss der Sprachsynthese wieder zugeführt werden. Die semiotische Komponente (semantische und pragmatische Ebenen) wurde von LORENZ, WIRSCHING, RÖMER und Kollegen vorgeschlagen [137, 245, 244] und ist bislang lediglich ein Konzept. Die anderen Komponenten sind, wenn auch teilweise unvollständig, als Software realisiert. Ein relativ neues Konzept ist die Wechselwirkung zwischen den verschiedenen Verarbeitungsebenen bei der Spracherkennung und Synthese. Diese können technisch beispielsweise durch den cortikalen Algorithmus (RÖMER, [245, 244]) oder durch mehrschichtige MARKOV-Modelle (PENAGARIKANO, [226]) realisiert werden.

Im Folgenden werden die bisherigen Forschungsschwerpunkte des UASR-Systems kurz vorgestellt. Allgemeine Informationen sind in [123] sowie in [87, 54, 129, 128, 126, 75, 127, 41, 125, 63, 83, 40, 219, 64, 39, 46, 303] enthalten.

7.1.1 Akustische Nutzerschnittstelle

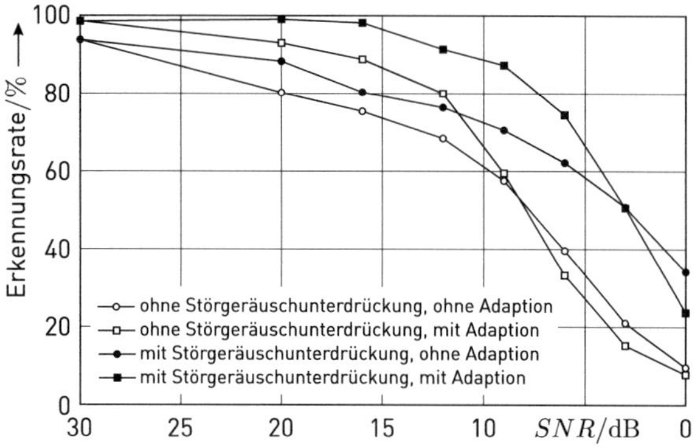

Abb. 7.2. Erkennungsraten (18 Kommandos für Textverarbeitung) in Abhängigkeit vom Signal-Stör-Verhältnis bei Störgeräuschunterdrückung durch spektrale Subtraktion (Bild: S. WITTENBERG, [320]).

Aufgabe : A richtungsabhängige Schallaufnahme und -abstrahlung
B blinde Quellentrennung und -lokalisierung
C Unterdrückung von quasistationären Störgeräuschen
D Kanalkompensation
E blinde Enthallung

Verfahren : A *beamforming* [25]
B *independent component analysis* (ICA) [220, 190]
C spektrale Subtraktion [321, 320, 263]
D cepstrale Mittelwertsubtraktion [320]
E HFA-Verfahren [227, 228, 192]

Ergebnis : A deutliche Verbesserung der Spracherkennung verhallter Signale (mit Störquellen noch nicht getestet) [220]
B –
C deutliche Verbesserung der Spracherkennung gestörter Signale [320]
D geringfügige Verbesserung der Spracherkennung [320]
E deutliche Verbesserung der Spracherkennung verhallter Signale [227, 228, 192]

7.1.2 HMM-Synthese

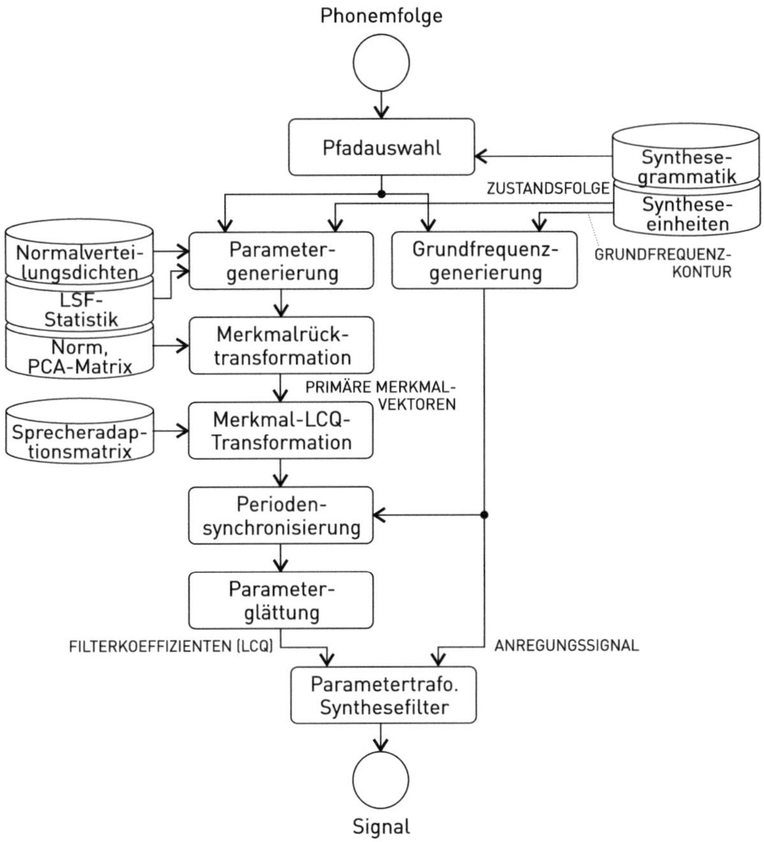

Abb. 7.3. Signalflussbild der Sprachsynthesekomponente des imAbschnitt 6.1.2 beschriebenen Hardware-Sprachdialogsystems (aus [272]).

Aufgabe : Umsetzung einer Lautfolge in eine Merkmalvektorfolge unter Benutzung von Hidden-MARKOV-Modellen sowie Signalsynthese aus der Merkmalvektorfolge und einem künstlich generierten Anregungssignal. Bei Verwendung sprecherunabhängig trainierter HMMs: zusätzlich Stimmenkonvertierung zur Synthese eines speziellen Zielsprechers.

Ergebnis : halbparametrisches HMM-Syntheseverfahren, welches als HMM-Übergangsfolgen abgelegte Bausteine verkettet und synthetisiert
MOS-Bewertung: 2,6 bis 3,2 [272]

Verweise : [57, 270, 272, 162, 51, 78, 82, 63, 69, 222, 72, 83]

7.1.3 Automatisches Lernen von Aussprachewörterbüchern

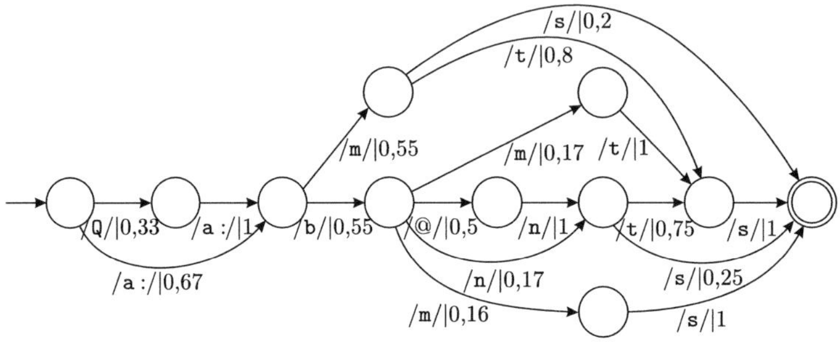

Abb. 7.4. Aus einem Korpus gelesener Sprache automatisch erlerntes Aussprachemodell für das Wort „abends“ (aus [328]).

Aufgabe : Automatisches Lernen von stochastischen Phonem-Wort-Transduktoren aus manuell erstellten phonetischen Annotationen oder aus automatisch generierten Phonemhypothesennetzwerken

Verfahren : Bestimmung der optimalen Abbildung von Phonemzeichenketten aufeinander (zeitinvariante dynamische Programmierung), Vereinigung endlicher Akzeptoren, Versäuberung (nach Übergangs- oder Wegwahrscheinlichkeiten, nach Relevanz und weiteren Kriterien [328]), automatische Zerlegung von Komposita und Verkettung häufiger Phrasen (z. B. „ich bin“) mit Hilfe von kombinierten Phonem-Graphen-Folgestatistiken [333, 329]

Ergebnis : Kommandoerkennung: Verschlechterung [328]
Schlüsselwortdetektion: geringe Verbesserung [328]
Sprachsynthese: Verbesserung der Natürlichkeit [305]

Aus automatisch erzeugten phonetischen Annotationen können nur im Falle gelesener Sprachkorpora plausible Aussprachemodelle gelernt werden. Das Verfahren ist ungeeignet für spontansprachliche Korpora.

Verweise : [328, 73, 314, 335, 334, 333, 332, 68, 331, 67, 327, 339, 329, 66, 326, 217, 313, 312]

7.1.4 Automatisches Lernen von Grammatiken

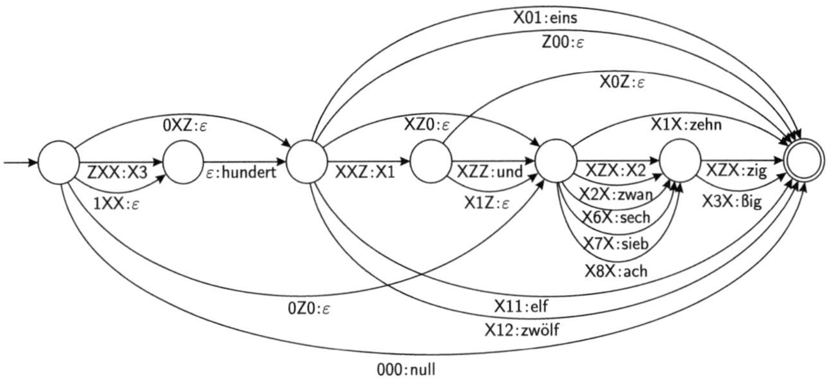

X $\in \{0,1,2,3,4,5,6,7,8,9\}$
Z $\in \{1,2,3,4,5,6,7,8,9\}$
Xn $\in$ {ein, zwei, drei, vier, fünf, sechs, sieben, acht, neun}

Abb. 7.5. Aus Zahlwortbeispielen automatisch erlernte endliche Grammatik deutscher Kardinalzahlen (0 bis 999, aus [89]).

Aufgabe : Automatisches Lernen von endlichen Grammatiken aus Beispielen von Kardinalzahlwörtern für die Sprachen Deutsch, Englisch, Tschechisch, Russisch, Spanisch (0 bis 999) und Mandarin (0 bis 9999) mit gegebenen Morphemlisten

Verfahren : Graphem-Morphem-Übersetzung (endlicher Transduktor), Bestimmung der optimalen Abbildung von Morphemzeichenketten aufeinander (zeitinvariante dynamische Programmierung), Graphenlernen (siehe Abschnitt 7.1.3), Unifikation der Eingabezeichen (Ziffernfolgen, siehe [92])

Ergebnis : Korrekte Grammatiken aus 30 bis 50 Zahlwortbeispielen gelernt (abhängig von der Sprache und der Wahl der Beispiele). Erweiterung auf Zahlen größer als 999 (bzw. 9999) und auf Ordinalzahlwörter möglich.

Verweise : [89, 92, 90, 91]

7.1.5 Verwendung von Sprachmodellen für die Sprachsynthese

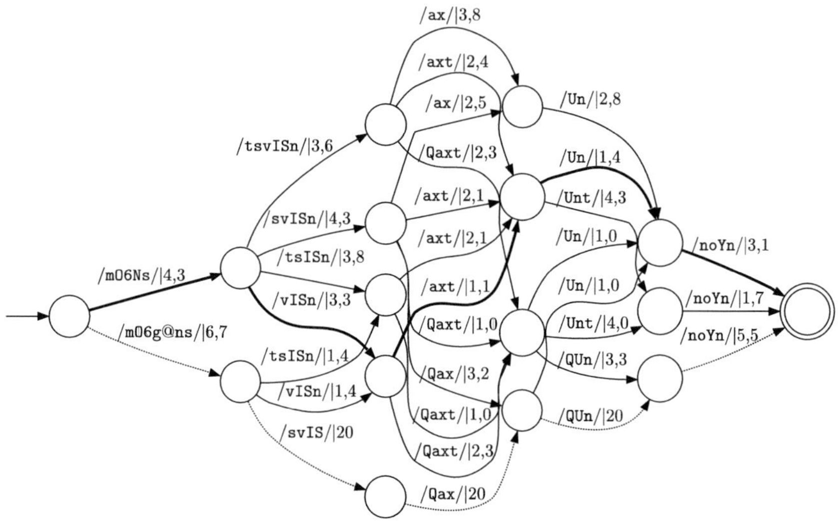

Abb. 7.6. Endlicher Akzeptor für die Bestimmung der Phonemfolge zur Sprachsynthese der Phrase „morgens zwischen acht und neun“ (aus [305]). Als Gewichte werden die negativen logarithmischen Bigramm-Wahrscheinlichkeiten der Aussprachevarianten verwendet. Der fett gezeichnete Weg ist optimal.

Aufgabe : A Dauersteuerung auf Silbenebene in Abhängigkeit von der Wortwahrscheinlichkeit im Kontext
B Realisierung der Silbendauern durch Wahl passender Aussprachevarianten
C Synthese einer wahrscheinlichen Folge von Aussprachevarianten

Verfahren : n-Gramm-Folgenmodell für Wörter und Aussprachevarianten, automatisches Lernen des Wörterbuchs (siehe Abschnitt 7.1.3)

Ergebnis : Präferenzen im Paarvergleichstest gegenüber herkömmlicher Dauersteuerung (nach Klatt [168]) und kanonischer Aussprache (B und C):
A 58 % (14 Testpersonen)
B Natürlichkeit: 53,4 % (20 Testpersonen)
C Natürlichkeit: 54,4 % (35 Testpersonen)

Verweise : [304, 305, 306, 65, 310, 309, 76, 169, 240, 262]

7.1.6 Prosodieanalyse und -synthese

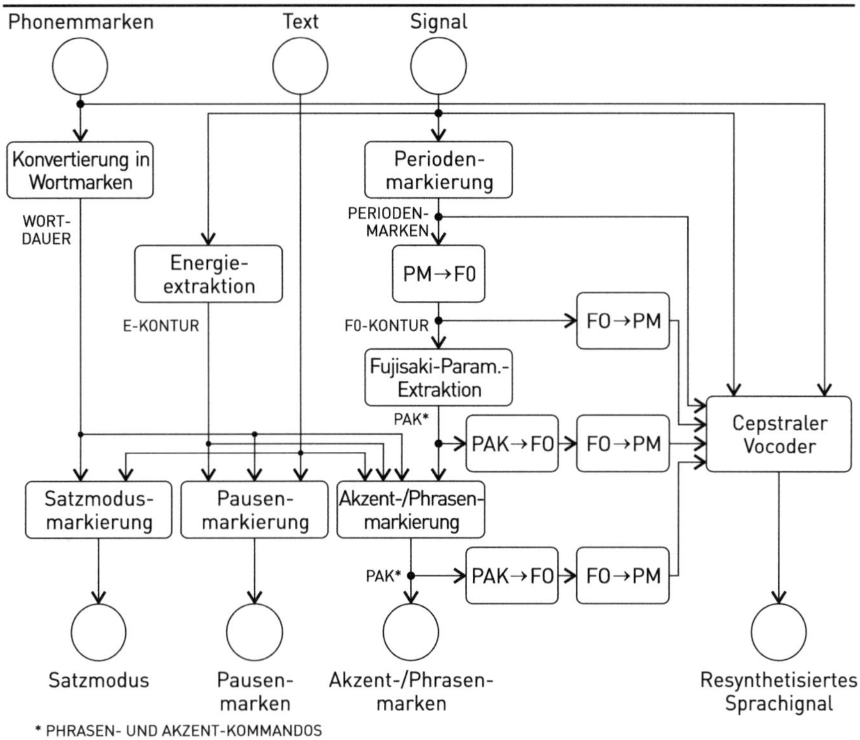

Abb. 7.7. Übersicht der Prosodieanalyse und -resynthesewerkzeuge in UASR (Bild: H. Hussein, nach [141]).

Aufgabe : Prosodische Analyse und Resynthese von Akzenten und Phrasen mit Hilfe eines cepstralen Vokoders

Verfahren :
- A Periodenmarkierung: Hybrid PMA [142], CHFA-Algorithmus [271], GCIDA [85]
- B Konvertierung von Periodenmarken in Grundfrequenzkontur [149] (mit Glättung [176])
- C Extraktion der Fujisaki-Parameter (PAK) [178]
- D Akzent-, Phrasen- und Pausenmarkierung [152]
- E Resythese [141]

Ergebnis :
- A Periodenmarkierung besser als PRAAT [21], s. [142]
- E Resynthese nach Fujisaki-Parameter-Extraktion und Akzent-/Phrasenmarkierung besser als Resynthese aus einfachen Periodenmarken [141]

Verweise : [141, 149, 142, 139, 152, 177, 271, 78, 164, 163, 165, 166, 337, 178, 85, 176]

7.2 Intelligente Audiosignalverarbeitungssysteme

Die gemeinsame Betrachtung von Analyse (und Erkennung) sowie Synthese ist nicht nur im Falle von Sprachsignalen sinnvoll. Im Kapitel 1 wurde eine „Black Box“ zur intelligenten Audiosignalverarbeitung eingeführt. Ihre Funktion beruht, wie oben erwähnt, auf der Vorstellung, dass solche Signale aus einer definierbaren räumlichen und/oder zeitlichen Anordnung von akustischen Elementarereignissen bestehen. Ausgehend von diesem Paradigma, den oben stehenden Betrachtungen zur akustischen Mustererkennung und den im Abschnitt 7.1 zusammengefassten Forschungsergebnissen zur gemeinsamen Betrachtung von Spracherkennung- und -synthese lässt sich ein allgemeines „intelligentes“ Audiosignalverarbeitungssystem (IASV-System) entwerfen. Abbildung 7.8 zeigt das entsprechende Signalflussbild.

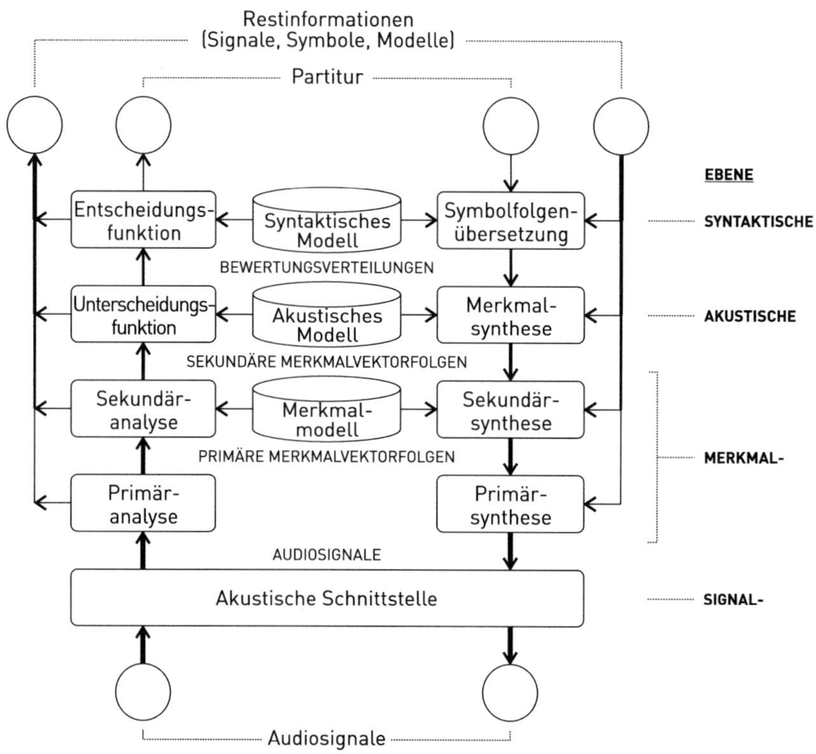

Abb. 7.8. Intelligentes Audiosignalverarbeitungssystem. Links ist der Analyse- und rechts der Synthesezweig dargestellt. Wie beim UASR-System (Abbildung 7.1) benutzen Analyse und Synthese identische Datenquellen. Die Stärke der Pfeile symbolisiert die Datenmenge.

Es umfasst die wesentlichen Funktionsblöcke Analysator und Klassifikator (siehe Abbildung 1.1) sowie deren Umkehrungen: Generator und Synthetisator. Wie in Abschnitt 2.1 eingeführt, unterscheiden wir zwischen Primär- und Sekundäranalysator. Nach Abschnitt 2.2 berechnet ein typischer Klassifikator eine Bewertungsverteilung (Gleichung 2.71) oder Unterscheidungsfunktion (Gleichung 2.72) und trifft davon ausgehend eine Entscheidung oder Gesamtaussage (Entscheidungsfunktion, Gleichungen 2.76 bis 2.79). Dabei geht der Zusammenhang zwischen Merkmalvektorfolgen und Folgen von akustischen Elementarsymbolen in Form von akustischen Modellen in die Unterscheidungsfunktion ein. Die Entscheidungsfunktion benutzt syntaktische Informationen (Grammatiken) zur Vorgabe von strukturellen Restriktionen für zulässige Elementarsymbolfolgen. Da die Strukturrestriktionen natürlich abhängig vom Signaltyp und für viele Audiosignale wesentlich einfacherer Natur als bei Sprachsignalen sind, entfällt bei der Systemdefinition die beim UASR-System getroffene Unterscheidung nach „phonetischer“, „lexikalischer“ und „syntaktischer“ Strukturrestriktion. Alle diese Modellebenen werden unter dem allgemeinen Begriff „Grammatik“ zusammengefasst. Diese bildet hier alleine die syntaktische Beschreibungsebene. Auf die Erfassung der semantischen und pragmatischen Ebenen wird ebenso verzichtet wie auf eine genauere Bezeichnung oder Modellierung der Restinformationen. Es sei jedoch angemerkt, dass diese für manche Signale durchaus sinnvoll definiert werden können.

Die benötigten Umkehrungen der Unterscheidungs- und Entscheidungsfunktionen werden allgemein als Merkmalsynthese und Symbolfolgenübersetzung bezeichnet. Wie das UASR-System muss auch ein allgemeines Audiosignalverarbeitungssystem eine akustische Schnittstelle besitzen, welche die im Abschnitt 2.1.1 beschriebenen Funktionen erfüllt.

Die in Abbildung 7.8 vorgeschlagene Architektur besitzt eine gewisse Verwandtschaft mit dem traditionellen Prinzip der Analyse durch Synthese (engl. *analysis by synthesis*, AbS [267, 13]). Allerdings ist hier die Synthese keineswegs Mittel zur Analyse. Die Wechselwirkung zwischen Synthese und Analyse besteht nur indirekt über die Modelle in der Mitte des Signalflussbilds. Die Architektur kann aber problemlos für Analyse-durch-Synthese-Verfahren benutzt werden, indem Informationen aus dem Analyse- in den Synthesezweig eingekoppelt werden und umgekehrt.

Wie in Abschnitt 1.1.2 dargestellt, besteht die Funktion eines intelligenten Systems zur Audiosignalverarbeitung in der Dekomposition von Signalen in eine symbolische Darstellung (Partitur) und nicht strukturelle Restinformationen sowie in der Komposition von Signalen aus diesen Informationen. Im Folgenden werden einige Anwendungsmöglichkeiten für solche Systeme aufgezeigt.

7.2.1 Sprachsignale

Für Sprachsignale realisiert ein intelligentes Audiosignalverarbeitungssystem die Spracherkennung, -synthese sowie bei gemeinsamer Verwendung der Analyse- und Synthesezweige das UASR-System nach Abschnitt 7.1. Beim letzteren (Abbildung 7.9 c) wurden die semantischen und pragmatischen Verarbeitungsebenen unter dem Begriff „semiotische Verarbeitung“ als separater Block gezeichnet.

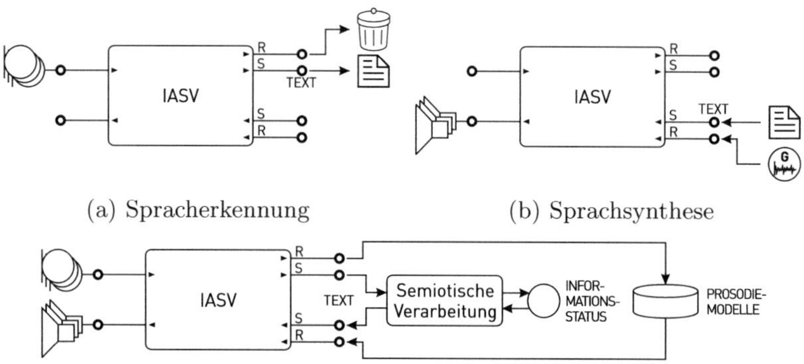

(a) Spracherkennung (b) Sprachsynthese

(c) UASR (vgl. Abbildung 7.1)

Abb. 7.9. Spracherkennung und -synthese mit IASV-Systemen.

Manche typischen Erkennungsaufgaben für Sprachsignale beziehen sich auf die Restinformationen. Abbildung 7.10 zeigt die Sprechererkennung mit Hilfe eines intelligenten Audiosignalverarbeitungssystems. Ähnlich gelagerte Aufgaben wie beispielsweise Landessprachenerkennung können mit derselben Anordnung realisiert werden.

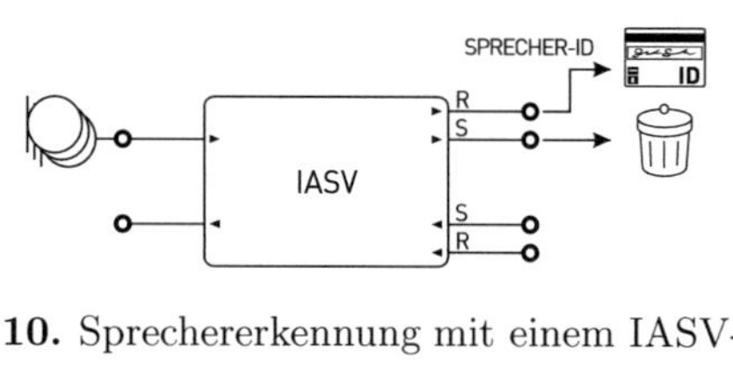

Abb. 7.10. Sprechererkennung mit einem IASV-System.

Intelligente Audiosignalverarbeitungssysteme können noch weitere klassische Aufgaben der elektronischen Sprachsignalverarbeitung lösen. Abbildung 7.11 zeigt beispielhaft die Anordnungen für einen Stimmenkonvertierer, einen Vokoder und einen Codec. Zu den letzten beiden muss angemerkt werden, dass als „Bewertung" Folgen akustischer Symbole[1] und als „Anregung" die Restinformationen verwendet werden. Dies erlaubt extreme Signalmanipulationen sowie besonders niedrige Datenraten bei der Übertragung.

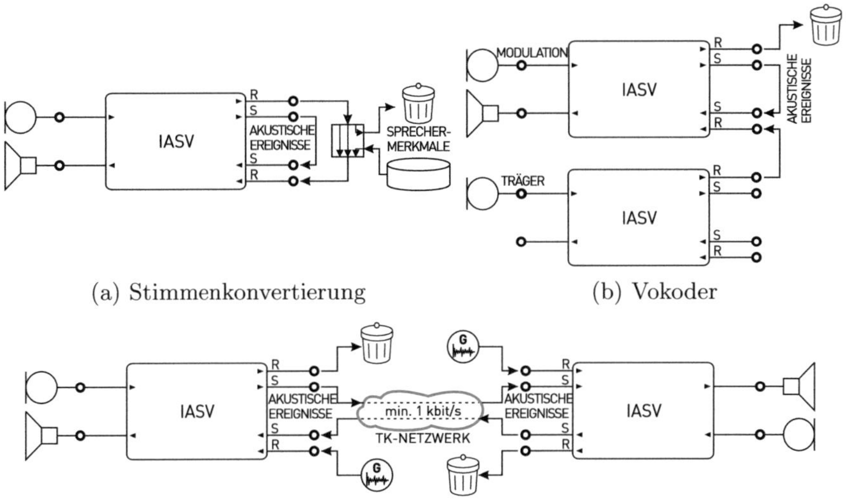

(a) Stimmenkonvertierung (b) Vokoder

(c) Codec

Abb. 7.11. Spracherkennung und -synthese mit IASV-Systemen.

[1] Bei Verwendung von Hidden-MARKOV-Modellen sind dies konkret Indizes von Verteilungsdichtefunktionen; man spricht von einem HMM-Vokoder und einem HMM-Codec.

7.2.2 Musiksignale

Die typischen Aufgaben der Musiksignalverarbeitung ähneln denen der Sprachsignalverarbeitung. Abbildung 7.12 zeigt einige mögliche Anwendungen intelligenter Audiosignalverarbeitungssysteme für Musiksignale.

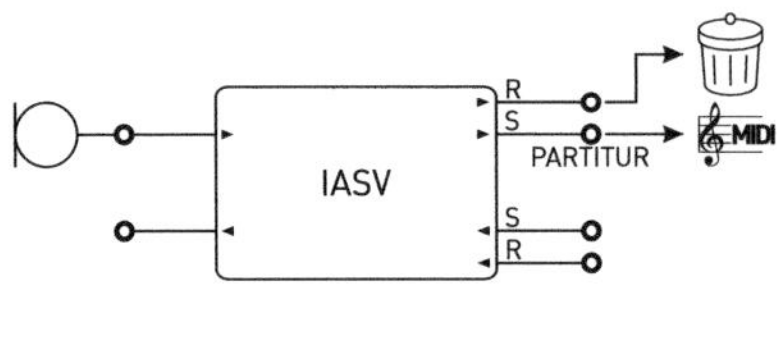

(a) Partiturerkennung

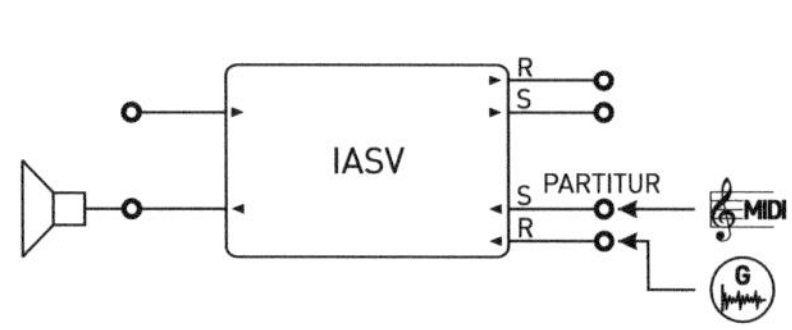

(b) Synthesizer

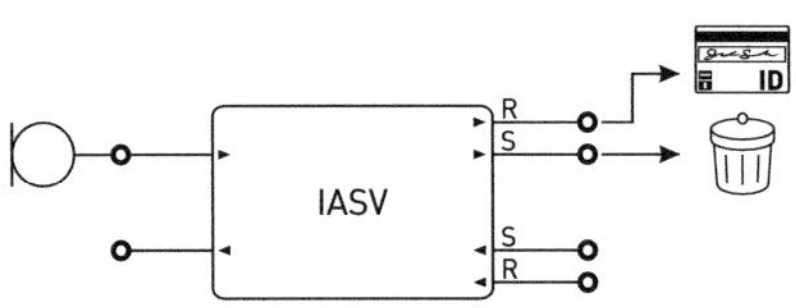

(c) Instrumentenidentifikation (vgl. Abschnitt 6.2.1)

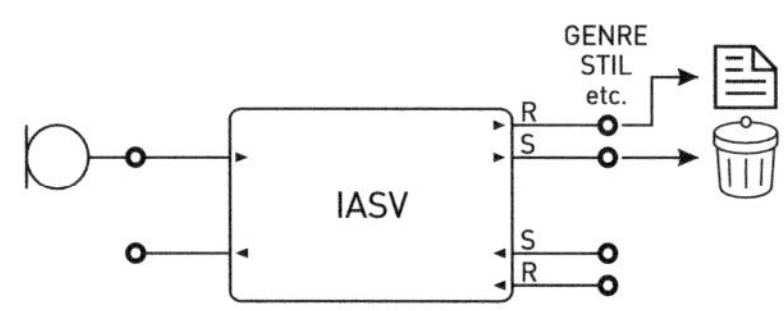

(d) Klassifikator für Musikempfehlungssysteme (vgl. Abschnitt 6.2.3)

Abb. 7.12. Anwendungen von IASV-Systemen für Musiksignale.

7.2.3 Technische und Biosignale

Technische und Biosignale (vgl. Abschnitte 6.4 und 6.3) weisen oftmals eine weniger ausgeprägte hierarchische Struktur als Sprache oder Musik auf. Dafür sind Anordnungen mit sehr vielen Sensoren typisch (siehe beispielsweise 6.4.3). Außerdem wird bei der akustischen Mustererkennung für technische und Biosignale vielfach keine Klassifikationsentscheidung, sondern ein Messwert ermittelt (vgl. 6.3.1, 6.4.3 und 6.4.4). Dies erfordert spezielle Auswertungsalgorithmen für die Bewertungsverteilungen sowie Techniken der Daten- und

Entscheidungsfusion [286]. Abbildung 7.13 zeigt zwei typische Anordnungen zur akustischen Mustererkennung von technischen und Biosignalen.

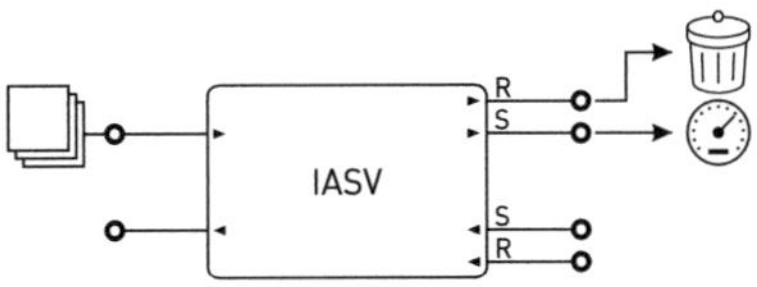

(a) Akustische Diagnose/Messung

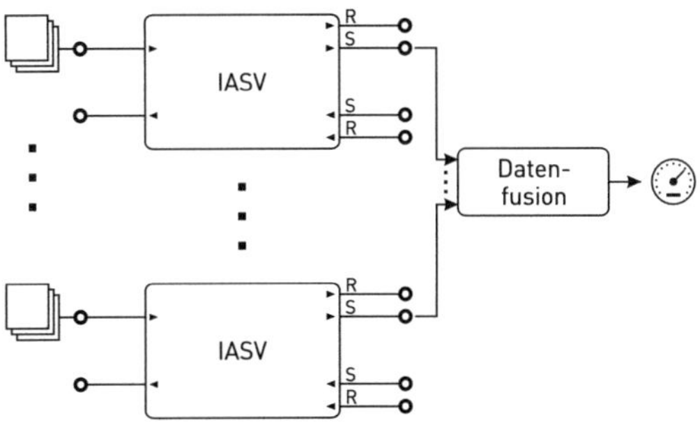

(b) Multisensor-Diagnosesystem

Abb. 7.13. Akustische Mustererkennung für technische und Biosignale mit Hilfe von IASV-Systemen.

7.3 Kognitive dynamische Systeme

Der Begriff „kognitives dynamisches System“ wurde von S. HAYKIN geprägt. Seine „Arbeitsdefinition“ lautet:

> *Cognitive dynamic systems build up rules of behavior over time through learning from continuous experimential interactions with the environment, and thereby deal with environmental uncertainties.*
>
> (S. HAYKIN, [106, 108])

Diese Definition beschreibt bis zu einem gewissen Grad die Funktionsweise der in den Abschnitten 7.1 und 7.2 vorgestellten vereinheitlichten Analyse- und Synthesesysteme. Im Besonderen sind diese fähig, mit ihrer Umwelt zu interagieren, automatisch von ihr zu lernen und sich mit Hilfe von Adaptionsverfahren beständig anzupassen (siehe Abschnitt 2.3). Die Signalflussbilder (Abbildungen 7.1 und 7.8) stellen Lernen und Adaption zwar nicht explizit dar, die jeweils im Zentrum dargestellten Modelle sind jedoch deren Ergebnisse.

HAYKIN formuliert einen hohen Anspruch: ein kognitives System muss seinem Namen nach die Fähigkeit zur „Erkenntnis“ haben und seiner Definition

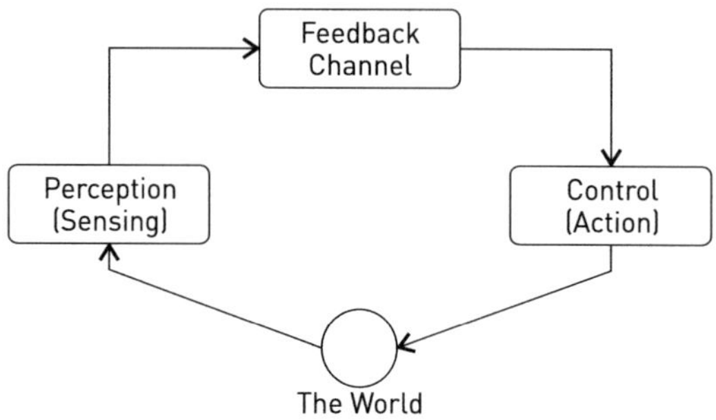

Abb. 7.14. „Der menschliche Kognitionszyklus in seiner einfachsten Form" (aus Haykin, [109]).

nach „experimentieren" können, was ein selbständiges, methodisches Vorgehen erfordert. Kein heutiges technisches System, inklusive der von Haykin angegebenen [105, 107] und der oben vorgestellten, wird diesen Ansprüchen gerecht. Von selbständiger Erkenntnis oder selbständigem methodischen Vorgehen kann keine Rede sein! Selbst die in Abbildung 7.1 enthaltenen semantischen und pragmatischen Komponenten ändern nichts an dieser Tatsache. Es handelt sich bei ihnen nämlich lediglich um mathematische Modelle von „Bedeutung" und „Sprachhandhabung", deren Parameter nach vorgegebenen Lernstrategien aus Daten ermittelt werden. Es sind keineswegs tatsächlich *erkenntnisfähige* Strukturen.

R. Hoffmann weist in [123] darauf hin, dass das von Haykin in [109] angegebene Kognitionsmodell (Abbildung 7.14) nichts weiter als ein herkömmlicher Regelkreis ist. Auch Haykin selbst bezeichnet sein Modell als „*a simplistic view of cognition*" [109]. Zum Vergleich gibt er in [110] das Modell der menschlichen Kognition nach Fuster an (Abbildung 7.15, [97]), welches die wesentlichen Merkmale einer hierarchischen Struktur und einer Interaktion zwischen den Verarbeitungsebenen aufweist. In diesen dürfte ein nennenswerter Teil der „Erkenntnisfähigkeit" liegen, und ein „kognitives" System *darf* sie nicht einfach vernachlässigen. Die Systemstrukturen aus den Abbildungen 7.1 und 7.8 ähneln stark der Fusterschen und umfassen damit wenigstens teilweise kognitive Komponenten. Es sollte an dieser Stelle erwähnt werden, dass die vereinheitlichten Analyse- und Synthesesysteme unabhängig von Fusters Arbeit unter hauptsächlich technischen Gesichtspunkten entwickelt wurden. Neurologische Forschung und technische Entwicklung führten einfach zu ähnlichen Strukturen.

Die Vision des kognitiven dynamischen Systems ist gewiss spannend und wegweisend. Zur Zeit als „kognitiv" bezeichnete Verfahren wie *cognitive radio* [105] oder *cognitive radar* [107] ähneln aber wesentlich eher Regelkreisen als „erkenntnisfähigen" Strukturen. Die hier vorgestellten Systeme zur vereinheitlichten Spracherkennung und -synthese sowie zur intelligenten Audiosignalverarbeitung bauen den Aspekt der maschinellen Erkenntnisgewinnnung

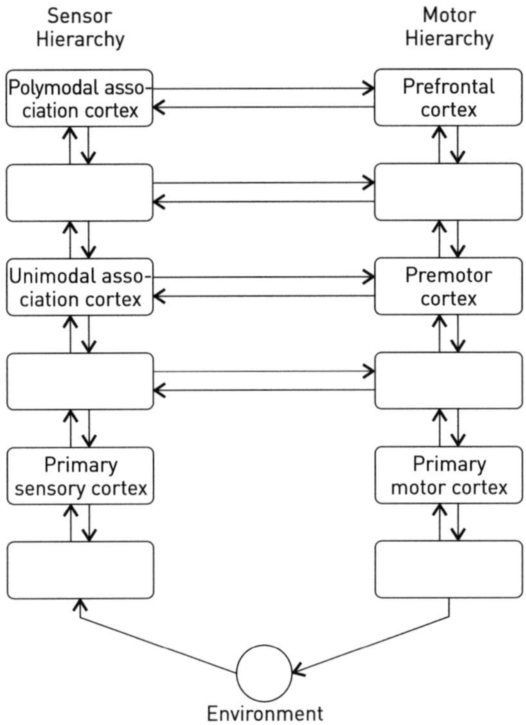

Abb. 7.15. Zusammenwirken von sensorischem und motorischem Kortex nach Fuster ([97], S. 109). Die eingezeichneten Verbindungen wurden beim Rhesusaffen nachgewiesen.

(nämlich über Signalstrukturen) aus und sind somit ein Beitrag zur Verkleinerung der Lücke zwischen visionärem Anspruch und technischer Realität.

A

Anhang

A.1 Halbringe

Ein Halbring S ist eine Menge $\mathbb{K}$ zusammen mit zwei zweistelligen Verknüpfungen $\oplus$ und $\otimes$ mit je einem neutralen Element auf der Menge M:

$$S = \left\{\mathbb{K}, \oplus, \otimes, \overline{0}, \overline{1}\right\}$$

mit

$$\left.\begin{array}{l} \oplus : \text{„Additions“-} \\ \otimes : \text{„Multiplikations“-} \end{array}\right\} \text{Operation mit neutralem Element.}$$

Es gilt für alle $a, b, c \in \mathbb{K}$:

$$\begin{array}{lllll}
(1) & (a \oplus b) \oplus c & = a \oplus (b \oplus c) & \left.\begin{array}{l} \\ \\ \end{array}\right\} & \oplus \text{ und } \otimes \text{ sind} \\
 & (a \otimes b) \otimes c & = a \otimes (b \otimes c) & & \text{assoziativ} \\
(2) & a \oplus b & = b \oplus a & & \oplus \text{ ist kommutativ} \\
(3) & (a \oplus b) \otimes c & = (a \otimes c) \oplus (b \otimes c) & \left.\begin{array}{l} \\ \\ \end{array}\right\} & \otimes \text{ ist distributiv} \\
 & a \otimes (b \oplus c) & = (a \otimes b) \oplus (a \otimes c) & & \text{über } \oplus \\
(4) & a \oplus \overline{0} = \overline{0} \oplus a & = a & \left.\begin{array}{l} \\ \\ \end{array}\right\} & \text{neutrale Elemente} \\
(5) & a \otimes \overline{1} = \overline{1} \otimes a & = a & & \overline{0}, \overline{1}
\end{array}$$

Anmerkung: Für einen Ring gilt die zusätzliche Bedingung:

$$(6) \quad \forall_{a \in M} : \exists \left(-a \in M, a \oplus -a = \overline{0}\right) \qquad \text{Negation}$$

A.2 Einheitenkontrolle

Zur mathematisch korrekten Rechnung mit physikalischen Einheiten wird ein Einheitenhalbring wie folgt definiert:

$$\mathcal{R} = (\{U\} \cup \infty \cup \text{n.def.} \cup 1, \infty, 1, \oplus, \otimes) \tag{A.1}$$

$$\begin{aligned}
\text{mit} \quad \{U\} &: \text{Menge der physikalischen Einheiten} \\
\infty &: \text{universelle Einheit} \\
\text{n. d.} &: \text{nicht definierte Einheit} \\
1 &: \text{leere Einheit (einheitenlos)}
\end{aligned}$$

$$x \oplus y = \begin{cases} x & : x = y \vee x \neq \text{n. d.} \\ \text{n. d.} & : x \neq y \\ \text{n. d.} & : x = \text{n. d.} \wedge y = \text{n. d.} \end{cases} \qquad \text{mit } x, y \in M$$

$$x \otimes y = \begin{cases} \text{n. d.} & : x = \text{n. d.} \wedge y = \text{n. d.} \\ x \cdot y & : \text{sonst} \end{cases} \qquad \text{mit } x, y \in M$$

Die Gültigkeit der Bedingungen aus A.1 soll hier nicht bewiesen, sondern lediglich anhand von Beispielen illustriert werden:

(1) $\underbrace{(\text{V} \oplus \text{V})}_{\text{V}} \oplus \text{A} = \text{n. d.}$ $\quad$ $\text{V} \oplus \underbrace{(\text{V} \oplus \text{A})}_{\text{n. d.}} = \text{n. d.}$

$\underbrace{(\text{V} \otimes \text{V})}_{\text{V}^2} \otimes \text{A} = \text{V}^2\text{A}$ $\quad$ $\text{V} \otimes \underbrace{(\text{V} \otimes \text{A})}_{\text{VA}} = \text{V}^2\text{A}$

(2) $\text{V} \oplus \text{V} = \text{V}$ $\quad$ $\text{V} \oplus \text{V} = \text{V}$

$\text{V} \oplus \text{A} = \text{n. d.}$ $\quad$ $\text{A} \oplus \text{V} = \text{n.def}$

$\text{V} \otimes \text{A} = \text{VA}$ $\quad$ $\text{A} \otimes \text{V} = \text{VA}$

(3) $\underbrace{(\text{V} \oplus \text{A})}_{\text{n. d.}} \otimes \text{V} = \text{n.def}$ $\quad$ $\underbrace{(\text{V} \otimes \text{V})}_{\text{V}^2} \oplus \underbrace{(\text{V} \otimes \text{A})}_{\text{VA}} = \text{n. d.}$

$\underbrace{(\text{V} \oplus \text{V})}_{\text{V}} \otimes \text{A} = \text{VA}$ $\quad$ $\underbrace{(\text{V} \otimes \text{A})}_{\text{VA}} \oplus \underbrace{(\text{V} \otimes \text{A})}_{\text{VA}} = \text{VA}$

(4) $\text{V} \oplus \infty = \text{V}$ $\quad$ $\infty \oplus \text{V} = \text{V}$

(5) $\text{V} \otimes 1 = \text{V}$ $\quad$ $1 \otimes \text{V} = \text{V}$

(6) $\text{V} \otimes \text{V}^{-1} = 1$

Die Gleichungen (1.9) und (1.10) lauten im Einheitenhalbring:

$$\sqrt{\left([x_1] \oplus [y_1]\right)^2 \oplus \left([x_2] \oplus [y_2]\right)^2} = \sqrt{(\text{g} \oplus \text{g})^2 \oplus (\text{m} \oplus \text{m})^2} = \sqrt{\text{g}^2 \oplus \text{m}^2} = \text{n. d.}$$

sowie

$$\sqrt{\left(\frac{[x_1] \oplus [y_1]}{[w_1]}\right)^2 \oplus \left(\frac{[x_2] \oplus [y_2]}{[w_2]}\right)^2} = \sqrt{\left(\frac{\text{g} \oplus \text{g}}{\text{g}}\right)^2 \oplus \left(\frac{\text{m} \oplus \text{m}}{\text{m}}\right)^2} = \sqrt{1} = 1.$$

A.3 Langformen der Gleichungen aus Kapitel 2.3.7

(2.159)

$$LL(q|\vec{\mathbf{x}}) = \ln p(\vec{\mathbf{x}}|q) = \sum_{k=1}^{K} \ln p(\vec{x}^k|q) \to \mathrm{Max}(q)! \tag{A.2}$$

(2.163)

$$LL(q'|\vec{\mathbf{x}}) \geq LL(q|\vec{\mathbf{x}}) \tag{A.3}$$

(2.164)

$$p(z,\vec{\mathbf{x}}|q) = p(z|\vec{\mathbf{x}},q)\,p(\vec{\mathbf{x}}|q) \tag{A.4}$$

(2.165)

$$LL(q|\vec{\mathbf{x}}) \overset{(A.2)}{=} \ln p(\vec{\mathbf{x}}|q) = \ln p(\vec{\mathbf{x}}|q) \cdot \underbrace{\int_z p(z|\vec{\mathbf{x}},q)\,\mathrm{d}z}_{=1} \tag{A.5}$$

(2.166)

$$\ln p(\vec{\mathbf{x}}|q) = \underbrace{\ln p(z,\vec{\mathbf{x}}|q)}_{LL(q|z,\vec{\mathbf{x}})} - \ln p(z|\vec{\mathbf{x}},q) \tag{A.6}$$

(2.168)

$$\begin{aligned} LL(q|\vec{\mathbf{x}}) &= \Big[LL(q|z,\vec{\mathbf{x}}) - \ln p(z|\vec{\mathbf{x}},q)\Big] \int_z p(z|\vec{\mathbf{x}},q)\,\mathrm{d}z \\ &= \underbrace{\int_z p(z|\vec{\mathbf{x}},q)\;LL(q|z,\vec{\mathbf{x}})\,\mathrm{d}z}_{Q(q,q)} - \underbrace{\int_z p(z|\vec{\mathbf{x}},q)\;\ln p(z|\vec{\mathbf{x}},q)\,\mathrm{d}z}_{H(q,q)} \end{aligned} \tag{A.7}$$

(2.169)

$$\begin{aligned} LL(q'|\vec{\mathbf{x}}) &= \ln p(\vec{\mathbf{x}}|q') \cdot \int_z p(z|\vec{\mathbf{x}},q)\,\mathrm{d}z \\ &= \Big[LL(q'|z,\vec{\mathbf{x}}) - \ln p(z|\vec{\mathbf{x}},q')\Big] \int_z p(z|\vec{\mathbf{x}},q)\,\mathrm{d}z \\ &= \underbrace{\int_z p(z|\vec{\mathbf{x}},q)\;LL(q'|z,\vec{\mathbf{x}})\,\mathrm{d}z}_{Q(q',q)} - \underbrace{\int_z p(z|\vec{\mathbf{x}},q)\;\ln p(z|\vec{\mathbf{x}},q')\,\mathrm{d}z}_{H(q',q)} \end{aligned} \tag{A.8}$$

(2.170)

$$\begin{aligned} LL(q'|\vec{\mathbf{x}}) - LL(q|\vec{\mathbf{x}}) &= Q(q',q) - Q(q,q) + H(q,q) - H(q',q) \\ &= Q(q',q) - Q(q,q) \\ &\quad + \int\limits_z p(z|\vec{\mathbf{x}},q)\Big[\ln p(z|\vec{\mathbf{x}},q) - \ln p(z|\vec{\mathbf{x}},q')\Big]\,\mathrm{d}z \\ &= Q(q',q) - Q(q,q) + \underbrace{\int\limits_z p(z|\vec{\mathbf{x}},q)\ln\frac{p(z|\vec{\mathbf{x}},q)}{p(z|\vec{\mathbf{x}},q')}\,\mathrm{d}z}_{=D_{KL}[p(z|\vec{\mathbf{x}},q),p(z|\vec{\mathbf{x}},q')]\geq 0} \end{aligned} \tag{A.9}$$

(2.173)

$$Q(q',q) = \int\limits_z LL(q'|z,\vec{\mathbf{x}})\; p(z|\vec{\mathbf{x}},q)\,\mathrm{d}z \tag{A.10}$$

(2.177)

$$Q(q',q) = \sum_z LL(q'|z,\vec{\mathbf{x}})\; P(z|\vec{\mathbf{x}},q) \tag{A.11}$$

A.4 Traditionelle Formulierung der dynamischen Zeitanpassung

Auf Grund der besonderen Topologie des Automaten wird die dynamische Zeitanpassung traditionell in einer vereinfachten Form dargestellt, welche verschleiert, dass es sich tatsächlich um eine spezielle dynamische Programmierung handelt. Schon der Originalaufsatz [251] spricht jedoch explizit von „dynamischer Programmierung“.

Es werden zwei räumliche Indizes, i für die Referenzfolge und k für die Testfolge, verwendet. Die traditionelle Formulierung lautet:

Alg. A.1
Dynamische Zeitanpassung

---

1. Initialisierung:

   $g_{0,0} = 0$

2. Rekursion:

   $g_{i,k} = \mathrm{Min}\,(g_{i-1,k}, g_{i-1,k-1}, g_{i,k-1}) + \|\vec{y}^{\,i} - \vec{o}^{\,k}\| \qquad \text{für } 0 < i \leq I, 0 < k \leq K$

3. Terminierung:

   $D(\vec{\mathbf{o}}, \vec{\mathbf{y}}) = g_{I,K}$

A.5 Automatenoperationen

Beispielrechnung zur Determinierung (Alg. 5.2)

Zur Veranschaulichung des Determinierungsalgorithmus betrachten wir den folgenden Automaten

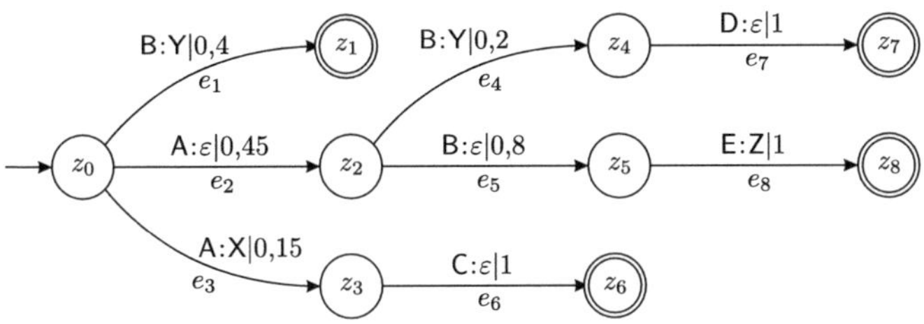

(A.12)

Die Gewichte sollen Wahrscheinlichkeiten sein. Die Zustände z_0 und z_2 sind nicht determiniert. Wir beginnen die Determinierung mit dem Einfügen eines Anfangsknotens mit einem „leeren“ Rest.

(0) $\tilde{z}_0 = \left\{ \tilde{R}_0 = (z_0|\varepsilon|1) \right\}$

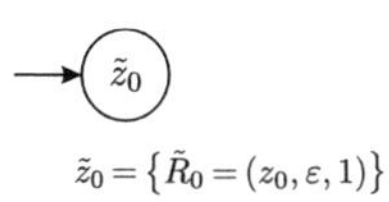

(1) am Zustand $\tilde{z}_0 = \{\tilde{R}_0\}$:

Eingabe $x = \mathsf{B}$:

Rest $\tilde{R}_0 = (z_0|\varepsilon|1)$ (bzgl. Zustand z_0) $\rightsquigarrow$ ein Übergang (e_1)

Übergang $\tilde{e}_1 = \tilde{R}_0 \otimes e_1$ und Zustand $\tilde{z}_1$

$$\tilde{\mathbf{y}} = \mathbf{y}(\tilde{R}_0) \cdot y(e_1) = \underbrace{\varepsilon \cdot \mathsf{Y}}_{\substack{\tilde{R}_1\text{: Rest bzgl. } z_1\text{:} \\ \mathbf{y}(\tilde{R}_1) = (\varepsilon \cdot \mathsf{Y}) \oslash \mathsf{Y} = \varepsilon}} = \mathsf{Y}$$

$$\tilde{w} = w(\tilde{R}_0) \cdot w(e_1) = \underbrace{1 \cdot 0{,}4}_{\substack{\tilde{R}_1\text{: Rest bzgl. } z_1\text{:} \\ w(\tilde{R}_1) = (1 \cdot 0{,}4)/0{,}4 = 1}} = 0{,}4$$

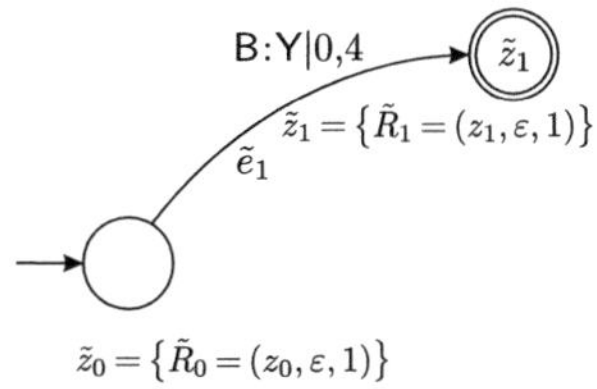

Eingabe $x = \mathsf{A}$:

Rest $\tilde{R}_0 = (z_0|\varepsilon|1)$ (bzgl. Zustand z_0) $\rightsquigarrow$ zwei Übergänge (e_2, e_3)

Übergang $\tilde{e}_2 = (\tilde{R}_0 \otimes e_2) \oplus (\tilde{R}_0 \otimes e_3)$ und Zustand $\tilde{z}_2$

$$\begin{aligned}
\tilde{\mathbf{y}} &= \mathbf{y}(\tilde{R}_0) \cdot y(e_2) && \wedge \quad \mathbf{y}(\tilde{R}_0) \cdot y(e_3) \\
&= \underbrace{\varepsilon \cdot \varepsilon}_{\substack{\tilde{R}_2\text{: Rest bzgl. } z_2\text{:}\\ \mathbf{y}(\tilde{R}_2)=(\varepsilon\cdot\varepsilon)\oslash\varepsilon=\varepsilon}} && \wedge \quad \underbrace{\varepsilon \cdot \mathsf{X}}_{\substack{\tilde{R}_3\text{: Rest bzgl. } z_3\text{:}\\ \mathbf{y}(\tilde{R}_3)=(\varepsilon\cdot\mathsf{B})\oslash\varepsilon=\mathsf{B}}} \quad = \varepsilon
\end{aligned}$$

$$\begin{aligned}
\tilde{w} &= w(\tilde{R}_0) \cdot w(e_2) && + \quad w(\tilde{R}_0) \cdot w(e_3) \\
&= \underbrace{1 \cdot 0{,}45}_{\substack{\tilde{R}_2\text{: Rest bzgl. } z_2\text{:}\\ w(\tilde{R}_2)=(1\cdot 0{,}45)/0{,}6=0{,}75}} && + \quad \underbrace{1 \cdot 0{,}15}_{\substack{\tilde{R}_3\text{: Rest bzgl. } z_3\text{:}\\ w(\tilde{R}_3)=(1\cdot 0{,}15)/0{,}6=0{,}25}} \quad = 0{,}6
\end{aligned}$$

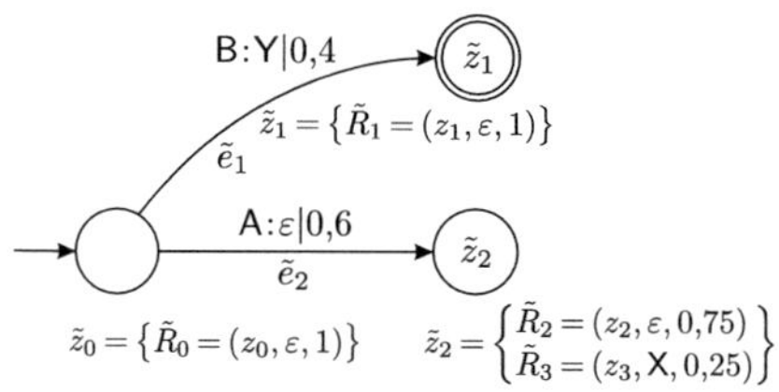

(2) am Zustand $\tilde{z}_1 = \{\tilde{R}_1\}$:
Rest $\tilde{R}_1$ leer und keine Übergänge von $z(\tilde{R}_1) = z_1 \rightsquigarrow$ nichts zu tun

(3) am Zustand $\tilde{z}_2 = \{\tilde{R}_2, \tilde{R}_3\}$:
Eingabe $x = \mathsf{B}$:
Rest $\tilde{R}_2 = (z_2|\varepsilon|0{,}75)$ (bzgl. Zustand z_2) $\rightsquigarrow$ zwei Übergänge (e_4, e_5)
Übergang $\tilde{e}_3 = (\tilde{R}_2 \otimes e_4) \oplus (\tilde{R}_2 \otimes e_4)$ und Zustand $\tilde{z}_3$

$$\begin{aligned}
\tilde{\mathbf{y}} &= \mathbf{y}(\tilde{R}_2) \cdot y(e_4) && \wedge \quad \mathbf{y}(\tilde{R}_2) \cdot y(e_4) \\
&= \underbrace{\varepsilon \cdot \mathsf{Y}}_{\substack{\tilde{R}_4\text{: Rest bzgl. } z_4\text{:}\\ \mathbf{y}(\tilde{R}_4)=(\varepsilon\cdot\mathsf{Y})\oslash\varepsilon=\varepsilon}} && \wedge \quad \underbrace{\varepsilon \cdot \varepsilon}_{\substack{\tilde{R}_5\text{: Rest bzgl. } z_5\text{:}\\ \mathbf{y}(\tilde{R}_5)=(\varepsilon\cdot\varepsilon)\oslash\varepsilon=\varepsilon}} \quad = \varepsilon
\end{aligned}$$

$$\begin{aligned}
\tilde{w} &= w(\tilde{R}_2) \cdot w(e_4) && + \quad w(\tilde{R}_2) \cdot w(e_5) \\
&= \underbrace{0{,}75 \cdot 0{,}15}_{\substack{\tilde{R}_4\text{: Rest bzgl. } z_4\text{:}\\ w(\tilde{R}_4)=(0{,}75\cdot 0{,}15)/0{,}75=0{,}2}} && + \quad \underbrace{0{,}75 \cdot 0{,}8}_{\substack{\tilde{R}_5\text{: Rest bzgl. } z_5\text{:}\\ w(\tilde{R}_5)=(0{,}75\cdot 0{,}8)/0{,}75=0{,}8}} \quad = 0{,}75
\end{aligned}$$

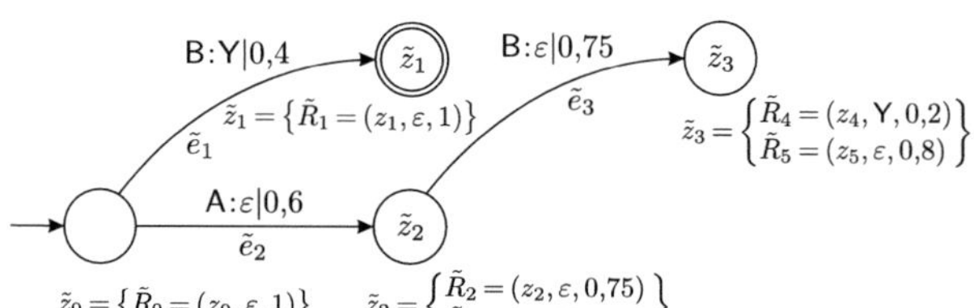

Eingabe $x = \mathsf{C}$:

Rest $\tilde{R}_3 = (z_3|\mathsf{X}|0{,}25)$ (bzgl. Zustand z_3) $\rightsquigarrow$ ein Übergang (e_6)
Übergang $\tilde{e}_4 = \tilde{R}_3 \otimes e_6$ und Zustand $\tilde{z}_4$

$$\tilde{\mathbf{y}} = \mathbf{y}(\tilde{R}_3) \cdot y(e_6) = \underbrace{\mathsf{X} \cdot \varepsilon}_{\substack{\tilde{R}_6\text{: Rest bzgl. } z_6\text{:} \\ \mathbf{y}(\tilde{R}_6)=(\mathsf{X}\cdot\varepsilon)\oslash\mathsf{X}=\varepsilon}} = \mathsf{X}$$

$$\tilde{w} = w(\tilde{R}_3) \cdot w(e_6) = \underbrace{0{,}25 \cdot 1}_{\substack{\tilde{R}_6\text{: Rest bzgl. } z_6\text{:} \\ w(\tilde{R}_6)=(0{,}25\cdot 1)/0{,}25=1}} = 0{,}25$$

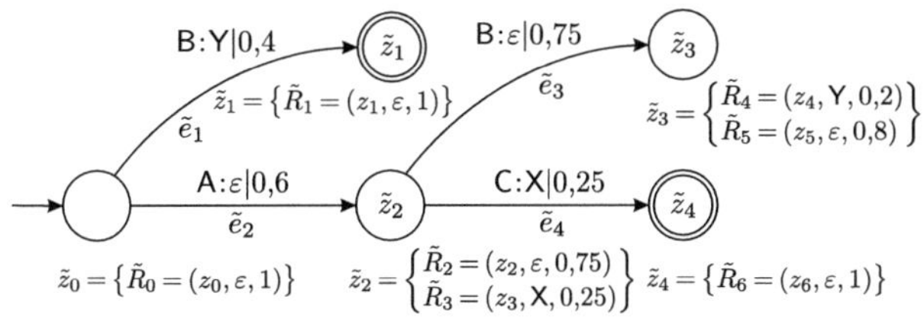

(4) am Zustand $\tilde{z}_3 = \{\tilde{R}_4, \tilde{R}_5\}$:
Eingabe $x = \mathsf{D}$:
Rest $\tilde{R}_4 = (z_4|\mathsf{Y}|0{,}2)$ (bzgl. Zustand z_4) $\rightsquigarrow$ ein Übergang (e_7)
Übergang $\tilde{e}_5 = \tilde{R}_4 \otimes e_7$ und Zustand $\tilde{z}_5$

$$\tilde{\mathbf{y}} = \mathbf{y}(\tilde{R}_4) \cdot y(e_7) = \underbrace{\mathsf{Y} \cdot \varepsilon}_{\substack{\tilde{R}_7\text{: Rest bzgl. } z_7\text{:} \\ \mathbf{y}(\tilde{R}_7)=(\mathsf{Y}\cdot\varepsilon)\oslash\mathsf{Y}=\varepsilon}} = \mathsf{Y}$$

$$\tilde{w} = w(\tilde{R}_4) \cdot w(e_7) = \underbrace{0{,}2 \cdot 1}_{\substack{\tilde{R}_7\text{: Rest bzgl. } z_7\text{:} \\ w(\tilde{R}_7)=(0{,}2\cdot 1)/0{,}2=1}} = 0{,}2$$

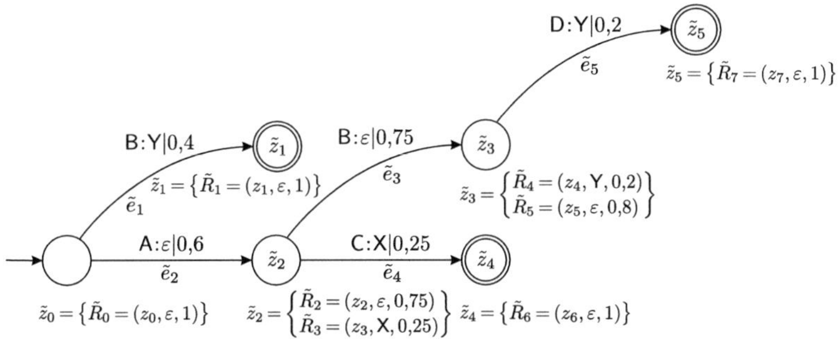

Eingabe $x = \mathsf{E}$:
Rest $\tilde{R}_5 = (z_5|\varepsilon|0{,}8)$ (bzgl. Zustand z_5) $\rightsquigarrow$ ein Übergang (e_8)
Übergang $\tilde{e}_5 = \tilde{R}_5 \otimes e_8$ und Zustand $\tilde{z}_6$

$$\tilde{\mathbf{y}} = \mathbf{y}(\tilde{R}_5) \cdot y(e_8) = \underbrace{\varepsilon \cdot \mathsf{Z}}_{\substack{\tilde{R}_8\text{: Rest bzgl. } z_8\text{:} \\ \mathbf{y}(\tilde{R}_8) = (\varepsilon\cdot\mathsf{Z}) \oslash \mathsf{Z} = \varepsilon}} = \mathsf{Z}$$

$$\tilde{w} = w(\tilde{R}_5) \cdot w(e_8) = \underbrace{0{,}8 \cdot 1}_{\substack{\tilde{R}_8\text{: Rest bzgl. } z_8\text{:} \\ w(\tilde{R}_8) = (0{,}8\cdot 1)/0{,}8 = 1}} = 0{,}8$$

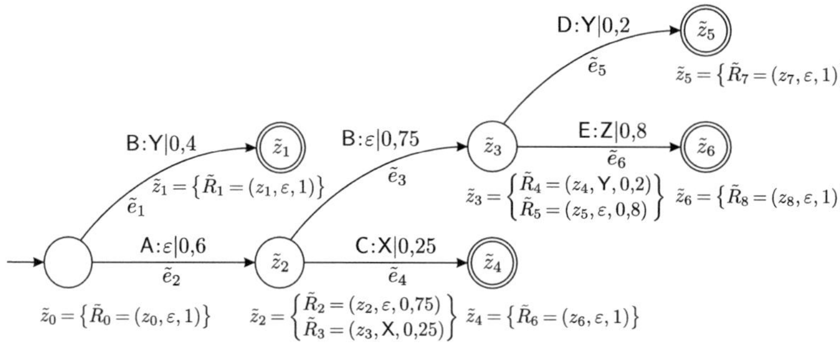

(5) am Zustand $\tilde{z}_4 = \{\tilde{R}_6\}$:
Rest $\tilde{R}_6$ leer und keine Übergänge von $z(\tilde{R}_6) = z_6 \rightsquigarrow$ nichts zu tun

(6) am Zustand $\tilde{z}_5 = \{\tilde{R}_7\}$:
Rest $\tilde{R}_7$ leer und keine Übergänge von $z(\tilde{R}_7) = z_7 \rightsquigarrow$ nichts zu tun

(7) am Zustand $\tilde{z}_6 = \{\tilde{R}_8\}$:
Rest $\tilde{R}_8$ leer und keine Übergänge von $z(\tilde{R}_8) = z_8 \rightsquigarrow$ nichts zu tun

(8) Keine offenen Zustände übrig ($O = \varnothing$) $\rightsquigarrow$ Ende

Rationaler Durchschnitt und Komposition

Für den rationalen Durchschnitt (Gleichung 5.80) sowie die Komposition (Gleichung 5.80) zweier Automaten benötigen einen bezüglich der Multiplikation kommutativen Gewichtshalbring. Diese Forderung kann man leicht nachvollziehen, in dem man die topologische Realisierung über das kartesische Produkt betrachtet.

Wir betrachten als Beispiel den rationalen Durchschnitt der Automaten (5.23) und (5.24) aus Abschnitt 5.2 (vgl. Automat 5.83) und bestimmen das Gewicht des Wegs ABD:XYZ:

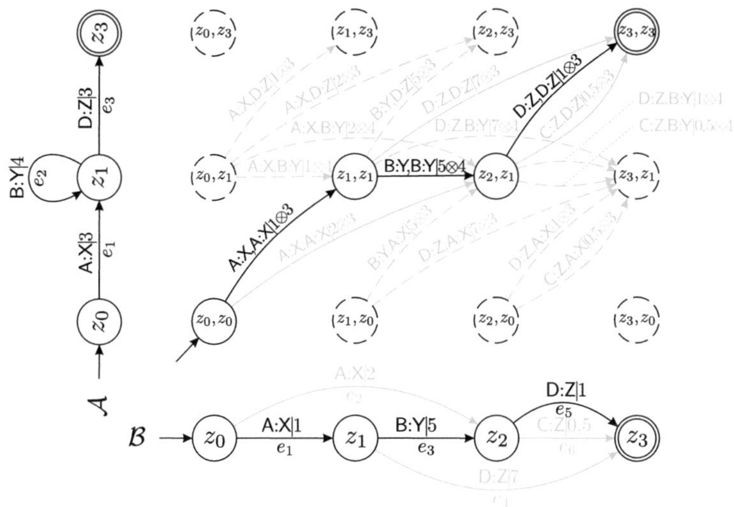

(A.13)

Aus dem kartesischen Produkt liest man

$$w(\mathsf{ABD{:}XYZ}) = \big[w(e_{1\mathcal{A}}) \otimes w(e_{1\mathcal{B}})\big] \otimes \big[w(e_{2\mathcal{A}}) \otimes w(e_{3\mathcal{B}})\big] \otimes \big[w(e_{3\mathcal{A}}) \otimes w(e_{5\mathcal{B}})\big] \tag{A.14}$$

und aus der Definition (5.80)

$$w(\mathsf{ABD{:}XYZ}) = \big[w(e_{1\mathcal{A}}) \otimes w(e_{2\mathcal{A}}) \otimes w(e_{3\mathcal{A}})\big] \otimes \big[w(e_{1\mathcal{B}}) \otimes w(e_{3\mathcal{B}}) \otimes w(e_{5\mathcal{B}})\big] \tag{A.15}$$

ab. Beide Ausdrücke sind nur gleich, wenn die Faktoren umsortiert werden können, also die Multiplikation der Gewichte kommutativ ist. Die Argumentation für die Komposition ist entsprechend.

A.6 Zeitvariante A*-Suche mit Ausgabe der N besten Wege

Zur Bestimmung der N besten Wege in Automaten mit zeitabhängigen Gewichten können die Algorithmen 5.6 (zeitvariante A*-Suche) und 5.4 (A*-Suche zur Ausgabe der N besten Wege) miteinander kombiniert werden. Das Ergebnis ist in Algorithmus A.2 dargestellt. Es müssen die bei der A*-Suche auf Seite 213 angegebenen Randbedingungen eingehalten werden.

Zeichenerklärung zu Algorithmus A.2:

- $z_{i,n}^k$: n-te Kopie des Zustands z_i zum Zeitpunkt k
- $\hat{g}_{z_{i,n}}^k$: geschätzte (vorläufige) Vorwärtsvariable der n-ten Kopie des Zustands z_i zum Zeitpunkt k

Alg. A.2

Zeitvariante A*-Suche (N beste Wege)

1. Initialisierung

   1.1 Erzeuge Schätzungen der Vorwärtsvariablen:

   $$\hat{G}^0_{z_i} = \begin{cases} \{\hat{g}^0_{z_{i,0}} = \bar{1}\} & : z_i \in I \\ \varnothing & : z_i \notin I \end{cases}$$

   1.2 Erzeuge eine Liste aktiver Zustände und füge die nullte Kopie der Anfangszustände zum Zeitpunkt $k = 0$ hinzu:

   $$O \;= \{z^0_{i,0}\} \text{ mit } z_i \in I$$

2. Rekursion

   Für den bestbewerteten aktiven Zustand $z^k_{i,n} = \arg\operatorname{ext}_{z^k \in O} \left(\hat{g}^k_z \otimes \hat{h}^k_z\right)$:

   2.1 Deaktiviere den bestbewerteten Zustand

   $$O \leftarrow O \setminus z^k_{i,n}$$

   2.2 Wenn letzter Zeitpunkt $k = K$:

   (i) Wenn Schlusszustand $z_i \in F$:

   Gib einen Weg mit dem Gesamtgewicht $\hat{g}^k_{z_{i,n}}$ durch Rückverfolgung (Alg. 5.5) ab Zustand $z^k_{i,n}$ aus

   (ii) Gehe zu 2.

   2.3 Für alle Übergänge vom bestbewerteten Zustand $\forall\, e : z(e) = z_i$:

   (i) Ermittle den Zielzustand

   $$z_j = z'(e)$$

   (ii) Füge neue Schätzung der Vorwärtsvariable ein

   $$\hat{G}^{k+1}_{z_j} \leftarrow \hat{G}^{k+1}_{z_j} \cup \left(\hat{g}^k_{z_{i,n}} \otimes w^k_e\right)$$

   (iii) Aktiviere den Zielzustand

   $$O \leftarrow O \cup \left\{z^{k+1}_{j,m}\right\} \quad \text{mit } m = \left|\hat{G}^{k+1}_{z_j}\right| \text{ (aktuelle Länge der Liste)}$$

   (iv) Speichere den benutzten Übergang und die Kopienummer des Startzustands

   $$\Psi^{k+1}_{z_{j,m}} = (e, n)$$

- $\hat{G}^k_{z_i}$: Liste von geschätzten (vorläufigen) Vorwärtsvariablen $\hat{g}^k_{z_{i,n}}$ für den Zustand z_i zum Zeitpunkt k. Bei der praktischen Implementierung braucht diese Liste nur N Plätze zu haben, kann also auf die Anzahl der auszugebenden Wege begrenzt werden. Der Vereinigungsoperator in Schritt 2.3 (ii) prüft dann *nach* dem Einfügen eines neuen Elements, ob die Liste mehr als N Einträge enthält. Wenn dies der Fall ist, wird das schlechteste Element (geringste Wahrscheinlichkeit oder größte Entfernung) entfernt und der dazugehörige Zustand deaktiviert. Die Aktivierung in Schritt 2.3 (iii) wird nur ausgeführt, wenn in Schritt 2.3 (ii) tatsächlich eine neue Schätzung eingefügt wurde.

- O: Liste der aktiven Zustände (Menge von Zuständen $z_{i,n}^k$)

A.7 Zeitvariante A*-Suche für alle Gewichtshalbringe

Algorithmus A.3 erweitert die zeitvariante A*-Suche (Algorithmus 5.6) für die Verwendung mit beliebigen Gewichtshalbringen. Der Algorithmus terminiert spätestens, wenn in Schritt 2. keine aktiven Zustände mehr vorhanden sind. Der beste Weg kann analog zu Algorithmus 5.3 durch Rückverfolgung ermittelt werden. Mit den VITERBI-Halbringen (tropischer, arktischer und Max/Mal-Halbring) entsteht in Schritt 2.2 der tatsächliche Wert $g_{z_i}^k$ der Vorwärtsvariable (das heißt die „kürzeste Entfernung" von einem Anfangszustand). In der angegebenen Form ist der Algorithmus über den VITERBI-Halbringen nicht optimal effizient (das heißt, er expandiert zu viele Zustände). Abhilfe kann durch eine Liste geschlossener Zustände geschaffen werden, in die z_i^k im Schritt 2.2. eingefügt wird. Geschlossene Zustände werden später nie wieder aktiviert.

Algorithmus A.3 ist unter den bei der A*-Suche auf Seite 213 angegebenen Randbedingungen gültig. Zusätzlich darf der durchsuchte Automat $\mathcal{A}$ keine leeren Übergänge (mit dem Eingabesymbol $x(e) = \varepsilon$) enthalten. Ohne Verwendung der VITERBI-Approximation liefert er vom ersten Erreichen eines Schlusszustands bis zum endgültigen Terminieren eine sich ständig verbessernde Kompromisslösung zwischen der VITERBI-Approximation $\hat{g}^K$ des Gesamtgewichts und der richtigen Lösung g^K. Abbildung A.1 zeigt diesen Zusammenhang schematisch.

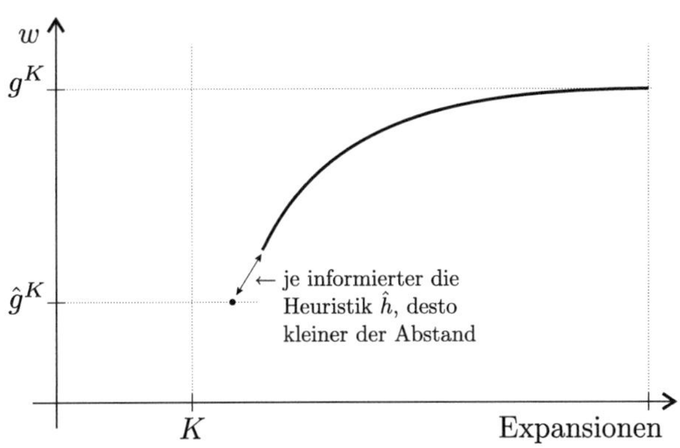

Abb. A.1. Schematische Darstellung der schrittweisen Verbesserung des Gesamtgewichts w über der Anzahl der expandierten Zustände (der tatsächliche Verlauf ist sprunghaft). Die Lösung liegt zwischen der VITERBI-Approximation $\hat{g}^K$ und der richtigen Lösung g^K, welche spätestens bei der Terminierung erreicht wird.

Alg. A.3
Zeitvariante A*-Suche (bester Weg, alle Gewichtshalbringe)

1. Initialisierung
   1.1 Erzeuge Schätzungen der Vorwärtsvariablen:
   $$\hat{g}_{z_i}^k = \begin{cases} \overline{1} : z_i \in I \wedge k = 0 \\ \overline{0} : \text{sonst} \end{cases}$$
   1.2 Erzeuge eine Liste aktiver Zustände und füge die Anfangszustände zum Zeitpunkt $k = 0$ hinzu:
   $$O = \{z_i^0 \mid z_i \in I\}$$
   1.3 Initialisiere das Gesamtgewicht:
   $$g^K = \overline{0}$$
2. Rekursion
   Für den bestbewerteten aktiven Zustand $z_i^k = \arg\operatorname{ext}_{z^k \in O} \left(\hat{g}_z^k \otimes \hat{h}_z^k\right)$:
   2.1 Deaktiviere den bestbewerteten Zustand
   $$O \leftarrow O \setminus z_i^k$$
   2.2 Wenn letzter Zeitpunkt $k = K$:
   (i) Wenn Schlusszustand $z_i \in F$:
   Aktualisiere das Gesamtgewicht:
   $$g^K \leftarrow g^K \oplus \hat{g}_{z_i}^k$$
   VITERBI-Halbringe: Gehe zu 3.
   (ii) Gehe zu 2.
   2.3 Für alle Übergänge vom bestbewerteten Zustand $\forall\, e : z(e) = z_i$:
   (i) Ermittle den Zielzustand
   $$z_j = z'(e)$$
   (ii) Aktualisiere die Schätzung der Vorwärtsvariable
   $$\hat{g}_{z_j}^{k+1} \leftarrow \hat{g}_{z_j}^{k+1} \oplus \left(\hat{g}_{z_i}^k \otimes w_e^k\right)$$
   (iii) Aktiviere den Zielzustand
   $$O \leftarrow O \cup \{z_j^{k+1}\}$$
   (iv) VITERBI-Halbringe: Wenn $\hat{g}_{z_j}^{k+1}$ verbessert wurde:
   Speichere den besten Übergang zum Zielzustand
   $$\Psi_{z_j}^{k+1} = e$$
   2.4 Lösche die Schätzung der Vorwärtsvariablen (nicht nötig in VITERBI-Halbringen)
   $$\hat{g}_{z_i^k} = \overline{0}$$
3. Terminierung
   3.1 Ausgabe Gewicht
   $$[\![\mathcal{A}]\!](\vec{\mathbf{o}}) = g^K$$
   3.2 VITERBI-Halbringe: Ausgabe des besten Weges
   Rückverfolgung (Alg. 4.4) ab dem letzten deaktivierten Zustand z_i^k

Zeichenerklärung zu Algorithmus A.3:

- z_i^k: Zustand z_i zum Zeitpunkt k
- $g_{z_i}^k$: Vorwärtsvariable („Entfernung" von einem Anfangszustand) des Zustands z_i zum Zeitpunkt k
- $\hat{g}_{z_i}^k$: Schätzung (vorläufiger Wert) der Vorwärtsvariable des Zustands z_i zum Zeitpunkt k
- $\hat{h}_{z_i}^k$: Schätzung (Heuristik) der Rückwärtsvariable („Entfernung" zu einem Schlusszustand) des Zustands z_i zum Zeitpunkt k, auch „Restgewichtsschätzung".
- O: Liste der aktiven Zustände (Menge von Zuständen z_i^k)

B

Beweise

B.1 Konvergenz des seriellen Perzeptron-Lernalgorithmus

Es folgt der Konvergenzbeweis für den im Abschnitt 2.3.2 dargestellten Algorithmus. Die Argumentation folgt [120].

Wir betrachten nur Korrekturschritte, also Iterationsschritte, bei denen der Parametervektor tatsächlich geändert wird. Ohne Beschränkung der Allgemeinheit setzen wir $\alpha = 0{,}5$ und erhalten damit folgende leicht vereinfachte Lernregel:

$$\vec{w}^{(p+1)} = \begin{cases} \vec{w}^{(p)} & : c^{(p)} = s\left(\vec{o}^{(p)}\right) \\ \vec{w}^{(p)} + \vec{o}^{(p)} c^{(p)} & : c^{(p)} \neq s\left(\vec{o}^{(p)}\right) \end{cases} . \tag{B.1}$$

Wir setzen voraus, dass die Lernstichprobe linear separierbar ist. Das bedeutet, dass mindestens ein Parametervektor $\vec{w}^*$ existiert, der *alle* Elemente $\vec{o}^{(p)}$ der Lernstichprobe richtig klassifiziert. Es gilt also

$$\forall \vec{o}^{(p)} : \operatorname{sgn}\left(\vec{w}^{*\top} \vec{o}^{(p)}\right) = c^{(p)}, \tag{B.2}$$

was gleichbedeutend ist mit

$$\forall \vec{o}^{(p)} : \vec{w}^{*\top} \vec{o}^{(p)} c^{(p)} > 0. \tag{B.3}$$

Wir setzen auch weiterhin ohne Beschränkung der Allgemeinheit $\vec{w}^{(0)} = \vec{0}$. Dann lautet $\vec{w}$ nach n Korrekturschritten:

$$\vec{w}^{(n)} = \sum_{p=0}^{n-1} \vec{o}^{(p)} c^{(p)}. \tag{B.4}$$

Für den Beweis führen wir zwei Abschätzungen der Länge des Parametervektors $\vec{w}$ durch und vergleichen diese anschließend.

1. Abschätzung

Wir multiplizieren Gleichung (B.4) von links mit $\vec{w}^{*\top}$ und erhalten

$$\vec{w}^{*\top}\vec{w}^{(n)} = \sum_{p=0}^{n-1} \vec{w}^{*\top}\vec{o}^{(p)}c^{(p)}. \tag{B.5}$$

Der Term innerhalb der Summe ist wegen (B.3) immer größer Null, und wir können damit den gesamten Ausdruck nach unten abschätzen:

$$\vec{w}^{*\top}\vec{w}^{(n)} \geq n \cdot d_{\text{min}}. \tag{B.6}$$

d_{min} steht dabei für den kleinsten Term der Summe in Gleichung (B.5). Mit der CAUCHY-SCHWARZschen Ungleichung $(\sum x_i y_i)^2 \leq (\sum x_i)^2 \cdot (\sum y_i)^2$ ergibt sich schließlich

$$\|\vec{w}^{(n)}\|^2 \geq \frac{n^2 d_{\text{min}}^2}{\|\vec{w}^*\|^2}. \tag{B.7}$$

Das Quadrat der Länge des Parametervektors $\vec{w}$ wächst also mindestens quadratisch mit der Anzahl n der Korrekturschritte.

2. Abschätzung

Aus Gleichung (B.1) erhalten wir im Falle der Korrektur einen direkten Ausdruck für die Länge des $(p+1)$-ten Parametervektors:

$$\|\vec{w}^{(p+1)}\|^2 = \left(\vec{w}^{(p)} + c^{(p)}\vec{o}^{(p)}\right)^\top \left(\vec{w}^{(p)} + c^{(p)}\vec{o}^{(p)}\right) \tag{B.8}$$

$$= \|\vec{w}^{(p)}\|^2 + 2\vec{w}^{(p)\top}\vec{o}^{(p)}c^{(p)} + \|\vec{o}^{(p)}\|^2 c^{(p)2}. \tag{B.9}$$

Der zweiter Term der Summe in (B.9) ist bei Korrekturschritten immer kleiner als Null, und es gilt $c^{(p)2} = 1$. Wir können damit das Quadrat der Länge des Parametervektors nach oben abschätzen:

$$\|\vec{w}^{(p+1)}\|^2 \leq \|\vec{w}^{(p)}\|^2 + \|\vec{o}^{(p)}\|^2. \tag{B.10}$$

Wird nicht korrigiert, gilt nach (B.1) $\vec{w}^{(p+1)} = \vec{w}^{(p)}$ und damit ebenfalls die Beziehung (B.10).

Für den n-ten Korrekturschritt erhalten wir also mit $\vec{w}^{(0)} = \vec{0}$

$$\|\vec{w}^{(n)}\|^2 \leq \sum_{p=0}^{n-1} \|\vec{o}^{(p)}\|^2. \tag{B.11}$$

Bezeichnen wir den größten Term der Summe mit l_{max}^2, so können wir die Abschätzung zu

$$\|\vec{w}^{(n)}\|^2 \leq n \cdot l_{\text{max}}^2 \tag{B.12}$$

vergröbern. Das Quadrat der Länge des Parametervektors $\vec{w}$ wächst also höchstens linear mit der Anzahl n der Korrekturschritte.

Vergleich der Abschätzungen

Wenn das Quadrat der Länge des Parametervektors $\vec{w}$ mindestens quadratisch, aber höchstens linear mit der Anzahl n der Korrekturschritte wächst, können wir folgern, dass es eine maximale Anzahl $n_{\max}$ von Korrekturschritten gibt, bis zu der beide Ergebnisse gelten und bei der eine fehlerfreie Klassifikation der Lernstichprobe erfolgt. Abbildung B.1 veranschaulicht diese Schlussfolgerung.

□

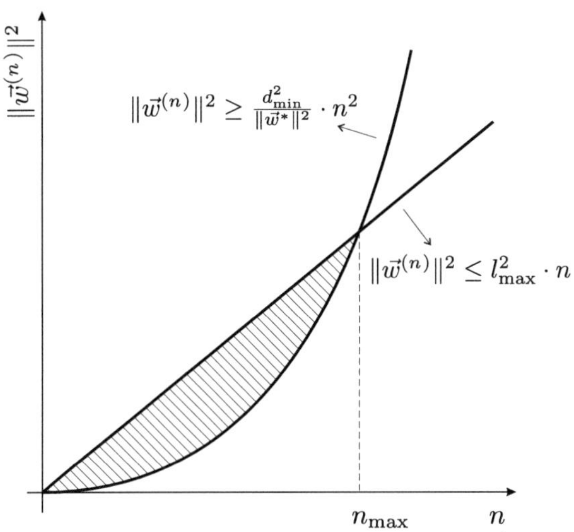

Abb. B.1. Zum Konvergenzbeweis des seriellen Perzeptron-Lernalgorithmus: die beiden Kurven beschreiben das quadratische und lineare Wachsen der Länge des Parametervektors $\vec{w}$ je nach Abschätzung. Nur im schraffierten Bereich werden beide Bedingungen eingehalten. Dieser Bereich hat immer eine rechte Grenze $n_{\max}$, bis zu welcher der Algorithmus konvergiert sein muss.

B.2 Optimalität des Bayes-Klassifikators

In diesem Abschnitt wird der Beweis erbracht, dass der BAYES-Klassifikator (Abschnitt 3.2.1, Gleichung 3.72) eine optimale Entscheidungsstrategie verfolgt. Als Optimalitätskriterium wird dabei die Gesamtwahrscheinlichkeit von Klassifikationsfehlern gewählt.

Wir betrachten zunächst die Wahrscheinlichkeit $P(s|c)$ dafür, dass die Entscheidung s getroffen wird, wenn objektiv die Klasse c vorliegt. Dieser Wert hängt offensichtlich vom Merkmalvektor und von der klassenabhängigen Verteilungsdichtefunktion ab und kann als

$$P(s|c) = \int\limits_{\vec{o}:s(\vec{o})=s} p(\vec{o}|c)\mathrm{d}\vec{o} \tag{B.13}$$

ausgedrückt werden. Die Einschränkung $s(\vec{o}) = s$ des Integrationsbereichs bedeutet: „nur der Bereich des Merkmalraums, in dem die Entscheidung $s(\vec{o})$ des Klassifikators s lautet.“ Wir gehen davon aus, dass diese Entscheidung scharf ist und dass bei jedem Merkmalvektor $\vec{o}$ genau für eine Klasse entschieden wird: $s \in \{1, \ldots, C\}$.

Die Verbundwahrscheinlichkeit des gemeinsamen Eintretens der Entscheidung s und der objektiven Klassenzugehörigkeit c ist mit (B.13):

$$P(s, c) = P(s|c) \cdot P(c) = \int\limits_{\vec{o}:s(\vec{o})=s} p(\vec{o}|c)P(c)\mathrm{d}\vec{o}. \tag{B.14}$$

Analog können wir die Wahrscheinlichkeit einer *Fehlentscheidung* unter der Bedingung, dass objektiv die Klasse c vorliegt, als

$$P(F|c) = \int\limits_{\vec{o}:s(\vec{o})\neq c} p(\vec{o}|c)\mathrm{d}\vec{o} \tag{B.15}$$

und die entsprechende Verbundwahrscheinlichkeit

$$P(F, c) = P(s|c) \cdot P(c) = \int\limits_{\vec{o}:s(\vec{o})\neq c} p(\vec{o}|c)P(c)\mathrm{d}\vec{o}. \tag{B.16}$$

berechnen. Die Gesamtfehlerwahrscheinlichkeit kann also durch die Randverteilung

$$P(F) = \sum_{c=1}^{C} P(F, c) = \sum_{c=1}^{C} \int\limits_{\vec{o}:s(\vec{o})\neq c} p(\vec{o}|c)P(c)\mathrm{d}\vec{o} \tag{B.17}$$

ausgedrückt werden. Der Klassifikator arbeitet optimal, wenn die Fehlerwahrscheinlichkeit minimal ist:

$$P(F) \to \text{Min!} \tag{B.18}$$

Für die Minimierung ist die einschränkende Bedingung an den Integrationsbereich aus Gleichungen (B.13) bis (B.16) hinderlich. Als ersten Schritt der Minimierungsaufgabe versuchen wir daher, diese Bedingungen anders auszudrücken. Die Einschränkung $\vec{o} : s(\vec{o}) = s$ des Integrationsbereichs aus Gleichung (B.13) kann beispielsweise durch eine Indikatorfunktion

$$P(s|\vec{o}, c) = \begin{cases} 1 : s = c \\ 0 : \text{sonst} \end{cases} \tag{B.19}$$

ausgedrückt werden, deren Wert im zu integrierenden Bereich Eins und sonst Null ist. Eine solche Funktion ist ihrem Wesen nach eine bedingte Wahrscheinlichkeit (Abbildung B.2 zeigt ein zweidimensionales Beispiel). Mit ihrer Hilfe

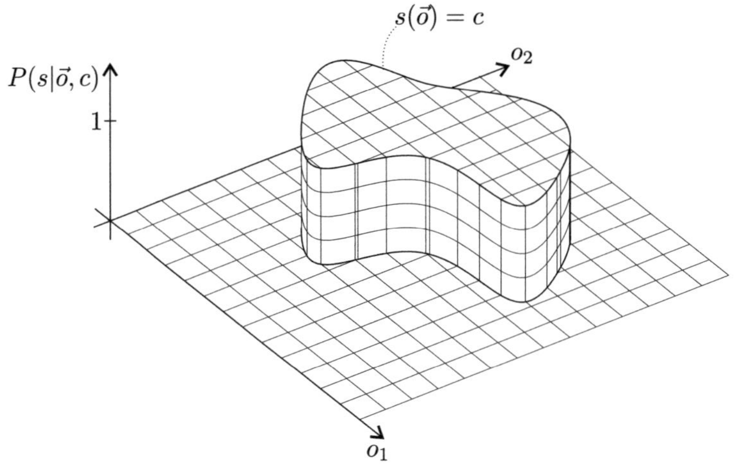

Abb. B.2. Indikatorfunktion zur Einschränkung des Integrationsbereichs nach Gleichung (B.19).

können wir (B.13) durch

$$P(s|c) = \int_{\vec{o}} P(s|\vec{o}, c) p(\vec{o}|c) \mathrm{d}\vec{o} \tag{B.20}$$

ausdrücken. Zur Umschreibung des Integrationsbereichs im Fall der Fehlentscheidung (Gleichungen B.15 und B.16) benutzen wir eine komplementäre Indikatorfunktion

$$P(F|\vec{o}, c) = \begin{cases} 1 : s(\vec{o}) \neq c \\ 0 : \text{sonst} \end{cases} \tag{B.21}$$

und schreiben mit ihrer Hilfe unser Minimierungsproblem (B.17) als

$$\begin{aligned} P(F) &= \sum_{c=1}^{C} \int_{\vec{o}} P(F|\vec{o}, c) \cdot p(\vec{o}|c) \cdot P(c) \, \mathrm{d}\vec{o} \\ &= \int_{\vec{o}} \sum_{c=1}^{C} P(F|\vec{o}, c) \cdot p(\vec{o}|c) \cdot P(c) \, \mathrm{d}\vec{o} \rightarrow \text{Min!} \end{aligned} \tag{B.22}$$

Das Integral wird genau dann minimal, wenn der Integrand für jeden beliebigen Merkmalvektor $\vec{o}$ minimal wird:

$$\rightsquigarrow \sum_{c=1}^{C} P(F|\vec{o}, c) \cdot p(\vec{o}|c) \cdot P(c) \rightarrow \text{Min!} \tag{B.23}$$

$P(F|\vec{o}, c)$ ist Null, wenn die Klassifikationsentscheidung korrekt ist (also $s = c$ gilt), und Eins, wenn die Entscheidung falsch ist (also $s \neq c$ gilt). Wir können also die Indikatorfunktion wieder eliminieren, indem wir

$$\rightsquigarrow \sum_{\substack{c=1 \\ s \neq c}}^{C} p(\vec{o}|c)P(c) \to \text{Min!} \tag{B.24}$$

schreiben. Dieser Ausdruck wird natürlich genau dann minimal, wenn sich der Klassifikator für die Klasse s entscheidet, bei der die Summe minimal ist:

$$\rightsquigarrow s^* = \arg\min_{s=1\ldots C} \sum_{\substack{c=1 \\ s \neq c}}^{C} p(\vec{o}|c)P(c). \tag{B.25}$$

Da die arg min-Entscheidung durch streng monoton wachsende Transformationen des Arguments nicht verändert wird, können wir zu diesem $\sum_{c=1}^{C} p(\vec{o}|c)P(c)$ addieren, wobei ausdrücklich erwähnt sei, dass diese Summe *unabhängig* von der objektiv vorliegenden Klasse c *und* der Entscheidung s ist:

$$\rightsquigarrow s^* = \arg\min_{c} \left[-p(\vec{o}|c)P(c)\right]. \tag{B.26}$$

Wir multiplizieren nun das Argument der arg min-Funktion noch mit -1 und beachten, dass die Vorzeichenänderung die arg max-Entscheidung erfordert. Damit erhalten wir als Klassifikationsentscheidung mit der geringsten Fehlerwahrscheinlichkeit

$$s^* = \arg\max_{c} p(\vec{o}|c)P(c), \tag{B.27}$$

was genau die Entscheidungsregel (3.72) des BAYES-Klassifikators ist.

B.3 Autokorrelations- und Kovarianzmatrizen

Voraussetzungen.

- Seien A, B quadratische $N \times N$-Matrizen.
- Seien $\vec{v}, \vec{x}$ reelle, N-dimensionale Vektoren.
- Sei $\{\vec{x}^{(k)}\}$ eine Stichprobe aus K reellen, N-dimensionalen Vektoren.
- Seien α, β nicht-negative Skalare.

Definition B.3.1. *A heißt positiv semidefinit, wenn $\vec{v}^\top A\vec{v} \geq 0$ für alle $\vec{v} \neq \vec{0}$ gilt.*

Satz B.3.1. *Die Matrix $\vec{x}\vec{x}^\top$ ist positiv semidefinit.*

Beweis.

$$\vec{v}^\top(\vec{x}\vec{x}^\top)\vec{v} = (\vec{v}^\top\vec{x})(\vec{v}^\top\vec{x}) = \langle\vec{v}, \vec{x}\rangle^2 \geq 0$$

□

Satz B.3.2. *Wenn A und B positiv semidefinit sind, dann ist auch $\alpha A + \beta B$ positiv semidefinit.*

Beweis.

$$\vec{v}^\top (\alpha A + \beta B)\, \vec{v} = \alpha \underbrace{\vec{v}^\top A \vec{v}}_{\geq 0 \text{ (Vorauss.!)}} + \beta \underbrace{\vec{v}^\top B \vec{v}}_{\geq 0 \text{ (Vorauss.!)}} \geq 0$$

□

Satz B.3.3. *Empirische Autokorrelationsmatrizen*

$$S = \frac{1}{K} \sum_{k=1}^{K} \vec{x}^{(k)} \vec{x}^{(k)\top}$$

und empirische Kovarianzmatrizen

$$\Sigma = \frac{1}{K} \sum_{k=1}^{K} \left(\vec{x}^{(k)} - \vec{\mu} \right) \left(\vec{x}^{(k)} - \vec{\mu} \right)^\top$$

sind positiv semidefinit.

Beweis. Die einzelnen Summanden sind wegen Satz B.3.1 und die Summe wegen Satz B.3.2 positiv semidefinit.

□

Schlussfolgerung. Aus den Sätzen B.3.2 und B.3.3 folgt, dass jede gewichtete Summe aus Autokorrelations- oder Kovarianzmatrizen ebenfalls positiv semidefinit ist, vorausgesetzt die Gewichte sind nicht negativ.

B.4 Eigenwertprobleme

Voraussetzungen.

- Sei A eine quadratische, positiv semidefinite $N \times N$-Matrix.
- Seien $\vec{b}_i, \vec{b}_j$ reelle, N-dimensionale, paarweise orthogonale Einheitsvektoren.

Bemerkung. Wegen der zweiten Voraussetzung gilt:

$$\vec{b}_i^\top \vec{b}_j = \delta_{i,j} = \begin{cases} 1 : i = j \\ 0 : i \neq j \end{cases}.$$

Satz B.4.1. *Die Lösungen $\vec{b}_j$ und λ_j des Eigenwertproblems*

$$A\vec{b} = \lambda \vec{b}$$

sind auch Lösungen der Gleichung

$$\vec{b}_i^\top A \vec{b}_j = \lambda_j \delta_{i,j}.$$

Beweis.

$$\begin{aligned} A\vec{b}_j &= \lambda_j \vec{b}_j && \Big| \vec{b}_i^\top \cdot \\ \vec{b}_i^\top A\vec{b}_j &= \lambda_j \vec{b}_i^\top \vec{b}_j && \Big| \vec{b}_i^\top \vec{b}_j = \delta_{i,j} \text{ (Vorauss.)} \\ &= \lambda_j \delta_{i,j} \end{aligned}$$

□

B.5 Wahrscheinlichkeitsrechnung

Definition B.5.1. *Bedingte Wahrscheinlichkeit:*

$$P(A|B) = \frac{P(A,B)}{P(B)} = \frac{P(A,B)}{\sum_{a\in A} P(A,B)}$$

Satz B.5.1 (Gesetz der totalen Wahrscheinlichkeit). *Es gilt:*

$$P(B) = \sum_{a\in A} P(A,B).$$

Satz B.5.2 (Bayes-Formel). *Es gilt:*

$$P(A|B)\cdot P(B) = P(B|A)\cdot P(A).$$

Satz B.5.3. *Die Summe bedingter Wahrscheinlichkeiten ist Eins:*

$$\sum_{a\in A} P(A|B) = 1.$$

Beweis.

$$\sum_{a\in A} P(A|B) = \sum_{a\in A} \frac{P(A,B)}{P(B)} = \frac{\sum_{a\in A} P(A,B)}{P(B)} = \frac{P(B)}{P(B)} = 1$$

□

Satz B.5.4. *Es gilt:*

$$P(A|B,C) = \frac{P(A,B|C)}{\sum_{a\in A} P(A,B|C)}.$$

Beweis.

$$\begin{aligned} \frac{P(A,B|C)}{\sum_{a\in A} P(A,B|C)} &= \frac{P(A,B,C)}{P(C)} \cdot \frac{1}{\sum_{a\in A} \frac{P(A,B,C)}{P(C)}} \\ &= \frac{P(A,B,C)}{P(C)} \cdot \frac{P(C)}{\sum_{a\in A} P(A,B,C)} = \frac{P(A,B,C)}{P(B,C)} \\ &= P(A|B,C) \end{aligned}$$

□

Literaturverzeichnis

1. C. Allauzen and M. Mohri. Linear-space computation of the edit-distance between a string and a finite automaton. *CoRR*, abs/0904.4686, 2009. informal publication.
2. S. Amari, A. Cichocki, and H. H. Yang. A new learning algorithm for blind signal separation. In *Advances in Neural Information Processing Systems*, pages 757–763. MIT Press, 1996.
3. H. Arens. *Sprachwissenschaft*, chapter Aufbau: Romantische Geisteswissenschaft, page 210. Karl Alber, Freiburg, München, 1969.
4. D. Aurich. Dynamische Strukturen in Musiksignalen. Diplomarbeit, Technische Universität Dresden, Institut für Akustik und Sprachkommunikation, 2006.
5. F. Ayres. *Theory and Problems of Matrices, SI (metric) Edition*. McGraw-Hill, London, UK, 1978.
6. H. Barkhausen. Zwei mit Hilfe der neuen Verstärker entdeckte Erscheinungen. *Physikalische Zeitschrift*, 20:401–403, 1919.
7. H. Barkhausen. Die Geschwindigkeit des Umklappens der Molekularmagnetverbände. *Zeitschr. f. techn. Physik*, 5(11):518–519, 1924. Leipzig, Germany.
8. H. Barkhausen. Zur Geschichte des Magneteffektes. Vortrag beim Richtfest des Laborgebäudes für das Forschungsinstitut für magnetische Werkstoffe, Jena. Typoskript mit handschriftl. Ergänzungen, 1952. Dresden: Techn. Univ., Fakultät Elektrotechnik, Barkhausen-Archiv.
9. P. Baruah and R. B. Chinnam. HMMs for diagnostics and prognostics in machining processes. In *Proc. 57th Meeting of the Society for Machinery Failure Prevention Technology*, pages 389–398, Virginia Beach, VA, USA, 2003.
10. C. Bastuck. An extensible and multiperspective approach for music similarity. In *Music Information Retrieval Evaluation eXchange 2007. (MIREX 2007)*, Vienna, Austria, Sep. 2007.
11. L. E. Baum and T. Petrie. Statistical inference for probabilistic functions of finite state Markov chains. *Ann. Math. Stat.*, 37:1554–1563, 1966.
12. A. J. Bell and T. J. Sejnowski. An information-maximisation approach to blind separation and blind deconvolution. *Neural Computation*, 7:1129–1159, 1995.
13. C. G. Bell, H. Fujisaki, J. M. Heinz, K. N. Stevens, and A. S. House. Reduction of speech spectra by analysis-by-synthesis techniques. *The Journal of the Acoustical Society of America*, 33(12):1725–1736, 1961.

14. R. E. Bellman. *Dynamic Programming.* Princeton University Press, Princeton, NJ, USA, 1957. Republished 2003: Dover, ISBN 0486428095.
15. R. E. Bellman. On a routing problem. *Quarterly of Applied Mathematics*, 16(5):87–90, 1958. ISSN 0033-569X.
16. J. Benesty, M. M. Sondhi, and Y. Huang, editors. *Springer Handbook of Speech Processing.* Springer, 2008. ISBN 978-3-540-49125-5.
17. J. Bilmes. A gentle tutorial of the EM algorithm and its application to parameter estimation for Gaussian Mixture and hidden Markov models. Technical report, International Computer Science Institute, 1998.
18. F. Bimbot, R. Pieraccini, E. Levin, and B. Atal. Variable-length sequence modeling: multigrams. *Signal Processing Letters, IEEE*, 2(6):111–113, Jun 1995.
19. W. Bäni. *Wavelets. Eine Einführung für Ingenieure.* Oldenbourg Verlag, München, Wien, 2002.
20. K.-D. Bünting. *Einführung in die Linguistik*, chapter 4.5 und 4.6, pages 168–196. Beltz, 1996.
21. P. Boersma. Praat, a system for doing phonetics by computer. *Glot International*, 5(9/10):341–345, 2001.
22. S. F. Boll. Suppression of acoustic noise in speech using spectral subtraction. *IEEE Transactions on Acoustics, Speech, and Signal Processing*, 27(2):113–120, 1979.
23. J. Bortz. *Statistik für Human- und Sozialwissenschaftler.* Springer, Berlin, 2005. ISBN 9783540212713.
24. I. Boutron, C. Estellat, L. Guittet, A. Dechartres, D. L. Sackett, A. Hrobjartsson, and P. Ravaud. Methods of blinding in reports of randomized controlled trials assessing pharmacologic treatments: A systematic review. *PLoS Med*, 3(10):e425, 10 2006.
25. M. Brandstein and D. Ward, editors. *Microphone Arrays. Signal Processing Techniques and Applications.* Springer, 2001.
26. A. S. Bregman. *Auditory scene analysis: the perceptual organization of sound.* The MIT Press, 1999.
27. J. A. Brzozowski. Canonical regular expressions and minimal state graphs for definite events. *Mathematical Theory of Automata*, 12:529–561, 1962.
28. J. A. Brzozowski. Minimization by reversal is not new. *Bulletin of the EATCS*, 37:130, 1989.
29. J. J. Bussgang. Crosscorrelation functions of amplitude-distorted gaussian signals. Technical Report 216, Research Laboratory of Electronics, Massachusetts Institute of Technology, march 1952.
30. D. Caseiro and I. Trancoso. A specialized on-the-fly algorithm for lexicon and language model composition. *IEEE Transactions on Audio, Speech, and Language Processing*, 14(4):1281–1291, Jul. 2006.
31. C.-C. Chang and C.-J. Lin. LIBSVM: a library for support vector machines, 2001. Software available at http://www.csie.ntu.edu.tw/ cjlin/libsvm.
32. J.-T. Chien and B.-C. Chen. A new independent component analysis for speech recognition and separation. *IEEE Transactions on Audio, Speech, and Language Processing*, 14(4):1245–1254, July 2006.
33. Y.-C. Cho, A. Choi, and S.-Y. Bang. Non-negative component parts of sound for classification. In *Proceedings of the 3rd IEEE International Symposium on Signal Processing and Information Technology, 2003. ISSPIT 2003.*, pages 633–636, Dec. 2003.

34. N. Chomsky. Three models for the description of language. *IRE Transactions on Information Theory*, 2:113–124, 1956.
35. N. Chomsky. On certain formal properties of grammars. *Information and Control*, 2:137–167, 1959.
36. P. Comon. Independent component analysis, a new concept? *Signal Process.*, 36(3):287–314, 1994.
37. R. Corbeil and S. Searle. Restricted maximum likelihood (REML) estimation of variance components in the mixed model. *Technometrics*, 18:31–38, 1976.
38. N. Cristianini and J. Shawe-Taylor. *An Introduction to Support Vector Machines and other Kernel-based Learning Methods.* Cambridge University Press, New York, NY, USA, 2000.
39. M. Cuevas. Language model using Katz' back-off method. Forschungsbericht, Technische Universität Dresden, Institut für Akustik und Sprachkommunikation, Aug. 2004.
40. M. Cuevas, M. Eichner, S. Werner, and M. Wolff. Integration von Spracherkennung und -synthese unter Verwendung gemeinsamer Datenbasen. Abschlussbericht zum DFG-Projekt HO 1674/7, Technische Universität Dresden, Institut für Akustik und Sprachkommunikation, Aug. 2005.
41. M. Cuevas, M. Wolff, S. Werner, M. Eichner, and R. Hoffmann. Integration von Finite State Transducers in das UASR-System. In *ITG-Fachtagung Sprachkommunikation*, volume 192 of *ITG-Fachbericht*, Kiel, Apr. 2006. VDE-Verlag, Berlin/Offenbach.
42. [DAZ]. Wirkung ohne Molekül. *Deutsche Apothekerzeitung*, 145(44):24–26, 2005.
43. M. DeGroot. *Optimal Statistical Decisions.* Wiley-Interscience, 2004. ISBN 978-0471680291.
44. J. R. Deller, J. G. Proakis, and J. H. L. Hansen. *Discrete-time Processing of Speech Signals.* Macmillan, New York, NY, 1993.
45. A. P. Dempster, N. M. Laird, and D. B. Rubin. Maximum likelihood from incomplete data via the EM algorithm. *Journal of the Royal Statistical Society. Series B (Methodological)*, 39(1):1–38, 1977.
46. S. Dienerowitz. Fehleranalyse von Phonemhypothesengraphen. Studienarbeit, Technische Universität Dresden, Institut für Akustik und Sprachkommunikation, 2004.
47. R. Diestel. *Graph Theory*, volume 173 of *Graduate Texts in Mathematics.* Springer, New York, second edition, 2000. ISBN 0-387-98976-5.
48. M. Dong, D. He, P. Banerjee, and J. Keller. Equipment health diagnosis and prognosis using hidden semi-Markov models. *The International Journal of Advanced Manufacturing Technology*, 30(7):738–749, 2006.
49. K. Dressler. An auditory streaming approach on melody extraction. In *Proceedings of the International Conference on Music Information Retrieval 2006. ISMIR 2006*, Victoria, BC, Canada, Oct. 2006. Extended abstract for MIREX 2006.
50. M. Droste, W. Kuich, and H. Vogler, editors. *Handbook of Weighted Automata.* Monographs in Theoretical Computer Science. An EATCS Series. Springer Berlin Heidelberg, 2009. ISBN 978-3-642-01491-8.
51. R. Dörschel. Verfahren zur Rücktransformation der Mel-Filter-Koeffizienten. Studienarbeit, Technische Universität Dresden, Institut für Akustik und Sprachkommunikation, 2008.

52. F. Duckhorn. Optimierung von Hidden-Markov-Modellen für die Sprach- und Signalerkennung. Diplomarbeit, Technische Universität Dresden, Institut für Akustik und Sprachkommunikation, 2007.
53. F. Duckhorn, G. Strecha, M. Wolff, and R. Hoffmann. Ein Sprachdialogsystem mit begrenzten Hardwareressourcen. In R. Hoffmann, editor, *Elektronische Sprachsignalverarbeitung 2009. ESSV 2009*, volume 52 of *Studientexte zur Sprachkommunikation*, pages 88–93, Dresden, Germany, Sep. 2009. TUDpress, Dresden. ISBN: 978-941298-31-6.
54. F. Duckhorn, M. Wolff, G. Strecha, and R. Hoffmann. An application example for unified speech synthesis and recognition using Hidden Markov Models. In *One day meeting on unified models for speech recognition and synthesis*, Birmingham, U.K., Mar. 2009.
55. F. Duckhorn, M. Wolff, and C. Tschöpe. Hidden Markov Model training using finite state machines. Technical report, Technische Universität Dresden, Institut für Akustik und Sprachkommunikation, May 2009.
56. M. Eichner. Beurteilung von Musikinstrumenten anhand von Solomusikstücken. Zwischenbericht zum BMBF-Projekt 03i4745A, Technische Universität Dresden, Institut für Akustik und Sprachkommunikation, 2005.
57. M. Eichner. *Spracherkennung und Sprachsynthese mit gemeinsamen Datenbasen - Akustische Analyse und Modellierung.* Dissertationsschrift, Technische Universität Dresden, Institut für Akustik und Sprachkommunikation, 2006. Volume 43 of *Studientexte zur Sprachkommunikation.* w.e.b. Universitätsverlag, Dresden. ISBN 978-3-940046-10-9.
58. M. Eichner. Bewertung und Beurteilung von Musikinstrumenten anhand von Solomusikstücken. Abschlussbericht zum Bmbf-Projekt 03i4745A, Technische Universität Dresden, Institut für Akustik und Sprachkommunikation, Feb. 2007.
59. M. Eichner. Signalverarbeitung für ein rotationsbezogenes Messsystem. Forschungsbericht, Technische Universität Dresden, Institut für Akustik und Sprachkommunikation, Apr. 2007.
60. M. Eichner, M. Göcks, R. Hoffmann, M. Kühne, and M. Wolff. Speech-enabled services in a web-based e-learning environment. *Advanced Technology for Learning*, 1(2):91–98, 2004.
61. M. Eichner, M. Göcks, R. Hoffmann, and M. Wolff. Speech enabled services in a web-based e-learning environment. In *Proceedings of the International Conference on Web Based Education (WBE)*, pages 157–162, Anaheim, Calgary, Zürich, Feb. 2004. ACTA Press. ISBN: 0-88986-377-6.
62. M. Eichner, M. Kühne, S. Werner, and M. Wolff. Sprachtechnologien in der Lernumgebung eines internet-basierten Studienganges. In K. Kroschel, editor, *Elektronische Sprachsignalverarbeitung 2003. ESSV 2003*, volume 28 of *Studientexte zur Sprachkommunikation*, pages 370–377, Karlsruhe, Germany, Sep. 2003. w.e.b. Universitätsverlag, Dresden. ISBN 3-935712-83-9.
63. M. Eichner, S. Ohnewald, M. Wolff, and R. Hoffmann. Anwendung stochastischer Markovgraphen in einem integrierten Spracherkennungs- und -synthesesystem. In *27. Jahrestagung für Akustik 2001. DAGA 2001*, Fortschritte der Akustik, Hamburg, Germany, Mar. 2001.
64. M. Eichner, S. Werner, M. Wolff, and R. Hoffmann. Integration von Spracherkennung und -synthese unter Verwendung gemeinsamer Datenbasen. Zwischenbericht und Fortsetzungsantrag zum DFG-Projekt Ho 1674/7-1, Techni-

sche Universität Dresden, Institut für Akustik und Sprachkommunikation, Dec. 2002.

65. M. Eichner, S. Werner, M. Wolff, and R. Hoffmann. Towards spontaneous speech synthesis - LM based selection of pronunciation variants. In *Proceedings of the IEEE International Conference on Acoustics, Speech, and Signal Processing 2003. ICASSP '03*, volume 1, pages 248–251, Hongkong, PR China, April 2003.
66. M. Eichner and M. Wolff. Datengetriebener Aufbau eines Aussprachelexikons – Diskussion experimenteller Ergebnisse. In D. Mehnert, editor, *Elektronische Sprachsignalverarbeitung 1999. ESSV 1999*, volume 16 of *Studientexte zur Sprachkommunikation*, pages 166–173, Görlitz, Germany, Sep. 1999. w.e.b. Universitätsverlag, Dresden. ISBN 3-933592-64-X.
67. M. Eichner and M. Wolff. Evaluation criteria for dictionary learning. In R. Vích, editor, *Czech-German Workshop on Speech Processing 1999*, Prague, Czech Republic, Sep. 1999.
68. M. Eichner and M. Wolff. Data-driven generation of pronunciation dictionaries in the german verbmobil project: discussion of experimental results. In *Proceedings of the IEEE International Conference on Acoustics, Speech, and Signal Processing, 2000. ICASSP '00*, volume 3, pages 1687–1690, Instanbul, Turkey, Jun. 2000.
69. M. Eichner and M. Wolff. Verfahren zur parametrischen Synthese von Sprache. Deutsches Patent 100 40 991, Nov. 2001.
70. M. Eichner and M. Wolff. Untersuchungen zum Einsatz von Sprachtechnologien in der Lernumgebung eines internet-basierten Studienganges. In R. Hoffmann, editor, *Elektronische Sprachsignalverarbeitung 2002. ESSV 2002*, volume 24 of *Studientexte zur Sprachkommunikation*, pages 341–347, Dresden, Germany, Sep. 2002. w.e.b. Universitätsverlag, Dresden. ISBN 3-935712-72-3.
71. M. Eichner and M. Wolff. eL-IT - e-Learning-Module für Studiengänge der Informations-, Kommunikations- und Medientechnik. Abschlussbericht zum BMBF-Projekt 08NM136C, Technische Universität Dresden, Institut für Akustik und Sprachkommunikation, Mar. 2004.
72. M. Eichner, M. Wolff, and R. Hoffmann. A unified approach for speech synthesis and speech recognition using Stochastic Markov Graphs. In *Proceedings of the Internation Conference on Spoken Language Processing 2000. ICSLP 2000*, volume 1, pages 701–704, Beijing, PR China, Oct. 2000.
73. M. Eichner, M. Wolff, and R. Hoffmann. Data driven generation of pronunciation dictionaries. In W. Wahlster, editor, *Verbmobil - Foundations of speech-to-speech translation*, Artificial Intelligence, pages 95–105. Springer, Berlin, Heidelberg, New York, etc., 2000. ISBN 3-540-67783-6.
74. M. Eichner, M. Wolff, and R. Hoffmann. A framework for internet-based tutorials on spoken language engineering. In *IEEE International Symposium on Intelligent Signal Processing and Communication Systems, 2000. ISPACS 2000*, volume 2, pages 722–726, Honolulu, HI, USA, Nov. 2000.
75. M. Eichner, M Wolff, and R. Hoffmann. Integration of speech synthesis and recognition into a unified system. In *Czech-German WS on Speech Processing 2001*, Prague, Czech Republic, Sep. 2001.
76. M. Eichner, M. Wolff, and R. Hoffmann. Improved duration control for speech synthesis using a multigram language model. In *Proceedings of the IEEE International Conference on Acoustics, Speech, and Signal Processing, 2002. ICASSP '02*, volume 1, pages 417–420, Orlando, FL, USA, May 2002.

77. M. Eichner, M. Wolff, and R. Hoffmann. Sprachtechnologien in eL-IT: Einsatzszenarien und Umsetzung. In K. Fellbaum and M. Göcks, editors, *eLearning an der Hochschule*, pages 111–120. Shaker Verlag, Aachen, 2004. ISBN: 3-8322-2531-5.
78. M. Eichner, M. Wolff, and R. Hoffmann. Voice characteristics conversion for TTS using reverse VTLN. In *Proceedings of the IEEE International Conference on Acoustics, Speech, and Signal Processing, 2004. ICASSP '04*, volume 1, pages 17–20, Montreal, Canada, May 2004.
79. M. Eichner, M. Wolff, and R. Hoffmann. Instrument classification using Hidden Markov Models. In *International Conference on Music Information Retrieval 2006. ISMIR 2006*, pages 349–350, Victoria, BC, Canada, Oct. 2006.
80. M. Eichner, M. Wolff, and R. Hoffmann. An HMM based investigation of differences between musical instruments of the same type. In *Proceedings of the International Congress on Acoustics 2007. ICA 2007*, Madrid, Spain, Sep. 2007. 5 pages on CD-ROM proceedings.
81. M. Eichner, M. Wolff, R. Hoffmann, U. Kordon, and G. Ziegenhals. Verfahren und Vorrichtung zur Klassifikation und Beurteilung von Musikinstrumenten. Deutsches Patent 102006014507, Dec. 2008.
82. M. Eichner, M. Wolff, S. Ohnewald, and R. Hoffmann. Speech synthesis using stochastic Markov graphs. In *Proceedings of the IEEE International Conference on Acoustics, Speech and Signal Processing, 2001. ICASSP 2001*, pages 829–832, Salt Lake City, UT, USA, May 2001.
83. M. Eichner, M. Wolff, S. Werner, and R. Hoffmann. Ein kombiniertes Spracherkennungs-/Sprachsynthesesystem auf Phonemebene. In K. Fellbaum, editor, *Elektronische Sprachsignalverarbeitung 2000. ESSV 2000*, volume 20 of *Studientexte zur Sprachkommunikation*, pages 141–149, Cottbus, Germany, Sep. 2000. w.e.b. Universitätsverlag, Dresden. ISBN 3-933592-76-3.
84. M. Eichner and G. Ziegenhals. Bewertung und Beurteilung von Musikinstrumenten anhand von Solomusikstücken. *Musicon Valley Report*, pages 14–22, 2006.
85. T. Engel. Robuste Markierung von Grundfrequenzperioden. Diplomarbeit, Technische Universität Dresden, Institut für Akustik und Sprachkommunikation, 2003.
86. J. Ester. *Systemanalyse und mehrkriterielle Entscheidung.* Verlag Technik, Berlin, 1987. ISBN 3-341-00242-1.
87. K. Fellbaum and R. Hoffmann. Zwanzig Jahre Elektronische Sprachsignalverarbeitung im Spiegel einer Konferenz. In R. Hoffmann, editor, *Elektronische Sprachsignalverarbeitung 2009. ESSV 2009*, volume 52 of *Studientexte zur Sprachkommunikation*, pages 15–24, Dresden, Germany, Sep. 2009. TUDpress, Dresden. ISBN: 978-941298-31-6.
88. M. A. T. Figueiredo and A. K. Jain. Unsupervised learning of finite mixture models. *IEEE Transactions on Pattern Analysis and Machine Intelligence*, 24:381–396, 2002.
89. G. Flach, M. Holzapfel, C. Just, A. Wachtler, and M. Wolff. Automatic learning of numeral grammars for multi-lingual speech synthesizers. In *Proceedings of the IEEE International Conference on Acoustics, Speech, and Signal Processing, 2000. ICASSP '00*, volume 3, pages 1291–1294, Instanbul, Turkey, Jun. 2000.

90. G. Flach, D. Just, A. Wachtler, and M. Wolff. Automatische Zahlwortgenerierung in TTS-Systemen. Forschungsbericht, Technische Universität Dresden, Institut für Akustik und Sprachkommunikation, Oct. 1999.
91. G. Flach, A. Wachtler, and M. Wolff. GR - Ein Werkzeug zur Aussprache von Zahlwörtern. Forschungsbericht, Technische Universität Dresden, Institut für Akustik und Sprachkommunikation, Oct. 1999.
92. G. Flach and M. Wolff. Automatische Generierung von Zahlwortgrammatiken. Forschungsbericht, Technische Universität Dresden, Institut für Akustik und Sprachkommunikation, Oct. 2000.
93. L. R. Ford. *Network flow theory*. The Rand Corporation, Santa Monica, CA, USA, 1956. Paper P-923.
94. G. D. Forney. The Viterbi algorithm. *Proceedings of the IEEE*, 61:268–278, Mar. 1973.
95. B. Frankenstein, D. Hentschel, E. Pridöhl, and F. Schubert. Hollow shaft integrated health monitoring system for railroad wheels. In *International Symposium on Nondestructive Evaluation for Health Monitoring and Diagnostics 2005. SPIE 2005*, San Diego, CA, USA, Mar. 2005. paper 5770-6.
96. D. Freitag and A. McCallu. Information extraction with HMM structures learned by stochastic optimization. *Proceedings of the Seventeenth National Conference on Artificial Intelligence and Twelfth Conference on Innovative Applications of Artificial Intelligence*, pages 584–589, 2000.
97. J. M. Fuster. *Cortex and Mind: Unifying Cognition*. Oxford University Press, New York, NY, USA, 2005. 978-0-19-530084-0.
98. J. Gauvain and C. Lee. Map estimation of continuous density HMM: Theory and applications. In *Proceedings of the IEEE International Conference on Acoustics, Speech and Signal Processing 1992. ICASSP 1992*, volume I, pages 481–484, San Francisco, CA, USA, 1992.
99. D. M. Green and J. A. Swets. *Signal Detection Theory and Psychophysics*. Wiley, New York, NY, USA, 1964. ISBN 0-471-32420-5.
100. J.-C. Guyomarc'h. Contribution a l'etude du comportement vocal du poussin de gallus domesticus. *J. Psychol. Norm. Pathol.*, 3:283–306, 1962.
101. A. Haar. Zur Theorie der orthogonalen Funktionensysteme. *Mathematische Annalen*, 69(3):331–371, 1910.
102. W. Hahn and S. Tretter. Optimum processing for delay-vector estimation in passive signal arrays. *IEEE Transactions on Information Theory*, 19(5):608–614, Sep 1973.
103. S. Harbeck and U. Ohler. Multigrams for language identification. In *Proceedings of the European Conference on Speech Communication and Technology 1999. Eurospeech 1999*, pages 375–378, Budapest, Hungary, 1999.
104. S. Haykin, editor. *Unsupervised Adaptive Filtering*, volume 1. Wiley, 2000.
105. S. Haykin. Cognitive radio: brain-empowered wireless communications. *IEEE Journal on Selected Areas in Communications*, 23(2):201–220, Feb. 2005.
106. S. Haykin. Cognitive dynamic systems. *Proceedings of the IEEE*, 94(11):1910–1911, Nov. 2006.
107. S. Haykin. Cognitive radar: a way of the future. *Signal Processing Magazine, IEEE*, 23(1):30–40, Jan. 2006.
108. S. Haykin. Cognitive dynamic systems. In *Proceedings of the IEEE International Conference on Acoustics, Speech and Signal Processing 2007. ICASSP 2007*, volume 4, pages 1369–1372, Apr. 2007.

109. S. Haykin. Foundations of cognitive dynamic systems. IEEE Lecture, Queens University, 29 Jan. 2009. URL http://soma.mcmaster.ca/papers/Slides_Haykin_Queens.pdf.
110. S. Haykin. Cognitive dynamic systems. In *Proc. Joint COST 2101 and 2102 International Conference on Biometric ID Management and Multimodal Communication*, Madrid, Spain, Sept. 2010.
111. S. Hübler. Untersuchung zur subjektiven und objektiven Bewertung und Beurteilung von Geigen anhand von Solomusikstücken. Studienarbeit, Technische Universität Dresden, Institut für Akustik und Sprachkommunikation, 2006.
112. S. Hübler. Suchraumoptimierung zur Identifizierung ähnlicher Musikstücke. Diplomarbeit, Technische Universität Dresden, Institut für Akustik und Sprachkommunikation, 2008.
113. S. Hübler, M. Wolff, and M. Eichner. Vergleich statistischer Klassifikatoren zur Ermittlung musikalischer Aspekte. In R. Hoffmann, editor, *Elektronische Sprachsignalverarbeitung 2009. ESSV 2009*, volume 52 of *Studientexte zur Sprachkommunikation*, pages 338–345, Dresden, Germany, Sep. 2009. TUDpress, Dresden. ISBN: 978-941298-31-6.
114. D. Hentschel, C. Tschöpe, R. Hoffmann, M. Eichner, and M. Wolff. Verfahren zur Beurteilung einer Güteklasse eines zu prüfenden Objekts. Deutsches Patent 10 2004 023 824, Jul. 2006.
115. D. Hentschel, C. Tschöpe, R. Hoffmann, M. Eichner, and M. Wolff. Verfahren zur Beurteilung einer Güteklasse eines zu prüfenden Objekts. Europäisches Patent EP 1 733 223, Jan. 2008.
116. D. Hentschel, C. Tschöpe, R. Hoffmann, M. Eichner, and M. Wolff. Verfahren zur Beurteilung einer Güteklasse eines zu prüfenden Objekts. Österreichisches Patent AT 384261, Feb. 2008.
117. H. Hermansky and N. Morgan. RASTA processing of speech. *IEEE Transactions on Speech and Audio Processing*, 2(4):578–589, Oct 1994.
118. H. Hermansky, N. Morgan, A. Bayya, and P. Kohn. RASTA-PLP speech analysis. Technical Report Technical Report TR-91-069, International Computer Science Institute (ICSI), Berkely, CA, USA, 1991.
119. J. Högberg, A. Maletti, and H. Vogler. Bisimulation minimisation of weighted automata on unranked trees. *Fundam. Inf.*, 92(1-2):103–130, 2009.
120. R. Hoffmann. *Signalanalyse und -erkennung*. Springer Berlin, Heidelberg, New York, 1998. ISBN 3-540-63443-6.
121. R. Hoffmann, editor. *Jahresbericht 1999*, chapter Erkennungsexperimente mit Barkhausen-Rauschen, page 34. Technische Universität Dresden, Institut für Akustik und Sprachkommunikation, Dec. 1999.
122. R. Hoffmann. Recognition of non-speech acoustic signals. In Z. Kacic, editor, *Proceedings of the International Workshop on Advances in Speech Technology Advances 2006. AST 2006*, page 107, Maribor, Slovenia, Jul. 2006. University of Maribor.
123. R. Hoffmann. Denken in Systemen - Reflexionen über das Motto einer Fakultät. In G. Gerlach, editor, *Neue Entwicklungen in der Elektroakustik und elektromechanischen Messtechnik*, volume 40 of *Dresdner Beiträge zur Sensorik*, pages 13–23. TUDpress, Dresden, Germany, 2009.
124. R. Hoffmann, M. Eichner, U. Kordon, C. Tschöpe, and M. Wolff. Anwendung von Spracherkennungsalgorithmen auf nichtsprachliche akustische Signale. In C. Hentschel, editor, *Sprachsignalverarbeitung – Analyse und Anwendun-*

gen, volume 44 of *Studientexte zur Sprachkommunikation*. TUDpress, Dresden, 2007. ISBN-13 978-3-940046-02-4.

125. R. Hoffmann, M. Eichner, S. Werner, and M. Wolff. The project UASR (unified approach for speech synthesis and recognition) – a progress report. In *Speech Processing Workshop, DAGM 2003*, pages 17–24, Magdeburg, Germany, 2003.
126. R. Hoffmann, M. Eichner, S. Werner, and M. Wolff. State of the art in the project UASR. In *Proceedings of the International Workshop on Advances in Speech Technology 2004. AST 2004*, pages 21–34, Maribor, Slovenia, Jul. 2004.
127. R. Hoffmann, M. Eichner, and M. Wolff. Utilizing the convergence of speech synthesis and speech recognition. In *Conference and Workshop on Assistive Technologies for Vision and Hearing Impairment 2001*, page 19, Castelvecchio Pascoli, Italy, Aug. 2001.
128. R. Hoffmann, M. Eichner, and M. Wolff. Inverse Probleme in der Sprachsignalverarbeitung. In A. Braun and H. R. Masthoff, editors, *Phonetics and its Applications*, pages 420–434. Steiner, 2002. ISBN 3-515-08094-5.
129. R. Hoffmann, M. Eichner, and M. Wolff. Analysis of verbal and nonverbal acoustic signals with the Dresden UASR system. In A. Esposito, M. Faundez-Zanuy, E. Keller, and M. Marinaro, editors, *Verbal and Nonverbal Communication Behaviours*, number 4775 in Lecture Notes in Artifical Intelligence, pages 200–218. Springer, Berlin etc., 2007.
130. R. Hoffmann and M. Wolff. Framework design and implementation of web-based tutorials in spoken language engineering. In *Proceedings of the IEEE International Conference on Multimedia and Expo 2000. ICME 2000*, New York, NY, USA, Aug. 2000. paper TA 5.09.
131. R. Hoffmann and M. Wolff. Lehrsoftware für Sprachtechnologie. In *Workshop Studieren im neuen Jahrtausend – Rechnergestütztes Lehren und Lernen an der TU Dresden*, pages 125–129, Dresden, Germany, Feb. 2000. Media Design Center an der TU Dresden.
132. K. Hoge. Messtechnische und numerische Analyse einer Geige im Vergleich. Diplomarbeit, Technische Universität Dresden, Institut für Akustik und Sprachkommunikation, 2007.
133. J. N. Holmes. *Speech Synthesis and Recognition.* Van Norstrand Reinhold, London, 1988.
134. P. Holstein, M. Koch, D. Hirschfeld, R. Hoffmann, D. Bader, and K. Augsburg. A strategy for signal recognition under adverse conditions. In *INTERNOISE 2003*, Jeju, Korea, Aug. 2003. Paper N-111.
135. J. Hromkovič. *Theoretische Informatik*, chapter 10. Grammatiken und Chomsky-Hierarchie, pages 348–407. Teubner, Wiesbaden, Germany, 2007.
136. G. Hu and D. Wang. Monaural speech segregation based on pitch tracking and amplitude modulation. *IEEE Transactions on Neural Networks*, 2004.
137. M. Huber, C. Kölbl, R. Lorenz, R. Römer, and G. Wirsching. Semantische Dialogmodellierung mit gewichteten Merkmal-Werte-Relationen. In R. Hoffmann, editor, *Elektronische Sprachsignalverarbeitung 2009. ESSV 2009*, volume 52 of *Studientexte zur Sprachkommunikation*, pages 25–32, Dresden, Germany, Sep. 2009. TUDpress, Dresden. ISBN: 978-941298-31-6.
138. W. Hupfeld. Klassifikation von Modellen. Online: http://modsim.hupfeld-software.de/pmwiki/pmwiki.php?n=Main.KlassifikationVonModellen.
139. H. Hussein and O. Jokisch. Hybrid electroglottograph and speech signal based algorithm for pitch marking. In *Proceedings of the Annual Conference of the*

International Speech Communication Association 2007. INTERSPEECH 2007, pages 1653–1656, Antwerp, Belgium, Aug. 2007.

140. H. Hussein and U. Kordon. Untersuchung von Analyseverfahren zur Pulsdetektion in gestörten Korotkov-Geräuschsignalen. Zwischenbericht zum Projekt „Nichtinvasive Blutdruckmessung am aktiven Menschen“, Technische Universität Dresden, Institut für Akustik und Sprachkommunikation, May 2005.
141. H. Hussein, G. Strecha, and R. Hoffmann. Resynthesis of prosodic information using the cepstrum vocoder. In *Proc. Speech Prosody 2010*, Chicago, IL, USA, 2010. to appear.
142. H. Hussein, M. Wolff, O. Jokisch, F. Duckhorn, G. Strecha, and R. Hoffmann. A hybrid speech signal based algorithm for pitch marking using finite state machines. In *Proceedings of the Annual Conference of the International Speech Communication Association 2008. INTERSPEECH 2008*, pages 135–138, Brisbane, Australia, Sep. 2008.
143. T. Hutschenreuther. Automatische Anordnung von Gesangstexten zu Musik mit Hilfe von Methoden aus der Spracherkennung. Diplomarbeit, Technische Universität Dresden, Institut für Akustik und Sprachkommunikation, 2009.
144. T. Hutschenreuther. Konzept zur Dissertation. 2010.
145. A. Hyvärinen, J. Karhunen, and E. Oja. *Independent Component Analysis*. John Wiley & Sons, Inc., New York, NY, USA, wiley-interscience edition, 2001. ISBN: 0-471-40540-X.
146. A. Hyvärinen and E. Oja. A fast fixed-point algorithm for independent component analysis. *Neural Computation*, 9(7):1483–1492, 1997.
147. T. Irino, Y. Minami, T. Nakatani, M. Tsuzaki, and H. Tagawa. Evaluation of a speech recognition/generation method based on HMM and STRAIGHT. In *Proceedings of the International Conference on Spoken Language Processing 2002. ICSLP 2002*, volume 4, pages 2545–2548, Denver, CO, USA, Sep. 2002.
148. J. E. Jackson. *A User's Guide to Principal Components*. Wiley Series in Probability and Statistics. John Wiley & Sons, 2003. ISBN-13: 978-0471471349.
149. R. Jäckel and H. Hussein. Kontrastive Untersuchung zur Realisierung der Fokusakzente in gelesenen Äußerungen (Am Beispiel der Sprachenpaarung L1 Russisch – L2 Deutsch). In R. Hoffmann, editor, *Elektronische Sprachsignalverarbeitung 2009. ESSV 2009*, volume 52 of *Studientexte zur Sprachkommunikation*, pages 380–387, Dresden, Germany, Sep. 2009. TUDpress, Dresden. ISBN: 978-941298-31-6.
150. F. Jelinek, L. R. Bahl, and R. L. Mercer. Continuous speech recognition: Statistical methods. In P. R. Krishnaiad, editor, *Handbook of Statistics*, volume 2: Classification, Pattern Recognition and Reduction of Dimensionality, pages 549–573. North-Holland Publishing Company, Amsterdam, The Netherlands, 1982.
151. D. H. Johnson and D. E. Dudgeon. *Array Signal Processing: Concepts and Techniques*. P T R Prentice-Hall, 1993.
152. O. Jokisch, S. Wittenberg, M. Cuevas, H. Hussein, G. Strecha, H. Ding, and R. Hoffmann. Towards an automatic process chain for the speech corpora annotation. In *Processings of the International Conference on Speech and Computer 2007. SPECOM 2007*, pages 869–876, Moscow, Russia, Oct. 2007.
153. K. Jöreskog. A general approach to confirmatory maximum likelihood factor analysis. *Psychometrika*, 34:183–202, 1969.

154. H.-H. Juang and L. R. Rabiner. The segmental K-means algorithm for estimating parameters of Hidden Markov Models. *IEEE Transactions on Acoustics, Speech, Signal Processing*, 38(9):1639–1641, 1990.
155. D. Jurafsky and J. H. Martin. *Speech and Language Processing: An Introduction to Natural Language Processing, Computational Linguistics, and Speech Recognition*. Prentice Hall, Jun. 2008. ISBN-13 978-0131873216.
156. W. Karush. Minima of functions of several variables with inequalities as side constraints. Master's thesis, Dept. of Mathematics, Univ. of Chicago, Chicago, Illinois, 1939.
157. S. Katz. Estimation of probabilities from sparse data for the language model component of a speech recognizer. *IEEE Transactions on Acoustics, Speech and Signal Processing*, 35(3):400–401, Mar 1987.
158. H. Kawahara, I. Masuda-Katsuse, and A. de Cheveigné. Restructuring speech representations using a pitch-adaptive time-frequency smoothing and an instantaneous-frequency-based f0 extraction: possible role of a repetitive structure in sounds. *Speech Commun.*, 27(3-4):187–207, 1999.
159. K. Keck. Homöopathieforschung an der Universität Leipzig. *Skeptiker*, (3):104–110, 2005.
160. W. Kellermann, W. Herboldt, and H. Buchner. Signalverarbeitung für akustische Mensch/Maschine-Schnittstellen. In R. Hoffmann, editor, *Elektronische Sprachsignalverarbeitung*, volume 24 of *Studientexte zur Sprachkommunikation*, pages 49–57, Dresden, Germany, 2002. w.e.b. Universitätsverlag. ISBN 3-935712-72-3.
161. B.-U. Köhler. *Konzepte der statistischen Signalverarbeitung*. Springer, Berlin, 2005. ISBN-13: 978-3540234913.
162. R. Köhler. Parametergenerierung für die HMM-Synthese. Studienarbeit, Technische Universität Dresden, Institut für Akustik und Sprachkommunikation, 2008.
163. M. Kühne. Stimmaktivierung eines Spracherkenners. Diplomarbeit, Technische Universität Dresden, Institut für Akustik und Sprachkommunikation, 2004.
164. M. Kühne, M. Wolff, M. Eichner, and R. Hoffmann. Voice activation using prosodic features. In *Proceedings of the Annual Conference of the International Speech Communication Association 2004. INTERSPEECH 2004*, pages 3001–3004, Oct. 2004.
165. M. Kühne, M. Wolff, M. Eichner, and R. Hoffmann. Voice activation using prosodic features. In *Czech-German Workshop on Speech Processing 2004*, page 11, Prague, Czech Republic, Sep. 2004.
166. M. Kühne, M. Wolff, M. Eichner, S. Werner, and R. Hoffmann. Stimmaktivierung eines Spracherkenners unter Berücksichtigung prosodischer Merkmale und der Variabilität der Aussprache. In *31. Jahrestagung für Akustik 2005. DAGA 2005*, Fortschritte der Akustik, pages 327–328, Munich, Germany, Mar 2005.
167. K. Kinoshita, T. Nakatani, and M. Miyoshi. Fast estimation of a precise dereverberation filter based on the harmonic structure of speech. *Acoustical science and technology*, 28(2):105–114, 2007.
168. D. H. Klatt. Review of text to speech conversion for English. *Journal of the Acoustical Society of America*, (88):737–793, 1987.
169. S. Kluth. Algorithmen zur Glättung von stochastischen Sprachmodellen. Studienarbeit, Technische Universität Dresden, Institut für Akustik und Sprachkommunikation, 2008.

170. U. Kordon, S. Kürbis, and M. Wolff. Nichtinvasive Blutdruckmessung am aktiven Menschen. Forschungsbericht an Fa. Gesundheitstechnik Stier, Technische Universität Dresden, Institut für Akustik und Sprachkommunikation, Mar. 2004.
171. U. Kordon and M. Wolff. Verfahren der Mustererkennung zur Pulsdetektion in gestörten Korotkow-Geräuschsignalen. Forschungsbericht, Technische Universität Dresden, Institut für Akustik und Sprachkommunikation, Apr. 2006.
172. U. Kordon, M. Wolff, and H. Hussein. Auswertung von Korotkoff-Geräuschsignalen mit Verfahren der Mustererkennung für die Blutdruckmessung am aktiven Menschen. In *32. Jahrestagung für Akustik 2006. DAGA 2006*, Fortschritte der Akustik, pages 719–720, Braunschweig, Germany, Mar. 2006.
173. U. Kordon, M. Wolff, and C. Tschöpe. Mustererkennung für Sensorsignale. In G. Gerlach, editor, *Neue Entwicklungen in der Elektroakustik und elektromechanischen Messtechnik*, volume 40 of *Dresdner Beiträge zur Sensorik*, pages 69–78. TUDpress, Dresden, Germany, 2009.
174. N. C. Korotkoff. On the subject of methods of determining blood pressure. *Bull. Imperial. Mil. Med. Acad.*, 11:365–367, 1905.
175. R. Kothamasu, J. Shi, S. H. Huang, and H. R. Leep. Comparison of selected model evaluation criteria for maintenance applications. *Structural Health Monitoring*, 3(3):213–224, 2004.
176. H. Kruschke. Advances in the parameter extraction of a command-response intonation model. In *Proc. International Symposium on Intelligent Signal Processing and Communication Systems. ISPACS 2001*, pages 135–138, Nashville, TN, USA, 2001.
177. H. Kruschke. *Prosodische Analyse von Sprechstilen - Ein Beitrag zur Simulation von Sprechstilen in synthetischer Sprache.* Dissertationsschrift, Technische Universität Dresden, 2007. Volume 45 of *Studientexte zur Sprachkommunikation.* TUDpress, Dresden. ISBN 978-3-940046-44-4.
178. H. Kruschke and M. Lenz. Estimation of the parameters of the quantitative intonation model with continuous wavelet analysis. In *Proceedings of the European Conference on Speech Communication and Technology 2003. Eurospeech 2003*, pages 2881–2884, 2003.
179. H. W. Kuhn and A. W. Tucker. Nonlinear programming. In *Proceedings of the 2nd Berkeley Symposium*, pages 481–492, Berkeley, 1951. University of California Press.
180. W. Kuich and A. Salomaa. *Semirings, Automata, Languages*, volume 5 of *EATCS Monographs on Theoretical Computer Science.* Berlin, New York, 1986.
181. L. I. Kuncheva. *Fuzzy Classifier Design.* Physica, 2000. ISBN-13: 978-3790812985.
182. T. O. Kvalseth. Generalized divergence and Gibbs' inequality. In *IEEE International Conference on Systems, Man, and Cybernetics, 1997. Computational Cybernetics and Simulation*, volume 2, pages 1797–1801, Oct 1997.
183. H. Y. K. Lau. A hidden Markov model-based assembly contact recognition system. *Mechatronics*, 13(8-9):1001–1023, 2003. ISSN 0957-4158.
184. T. H. Lee and U. R Abeyratne. Analysis of snoring sounds for the detection of obstructive sleep apnea. In *Proceedings of the EMBEC 1999*, 1999.
185. J. Lember and A. Koloydenko. Adjusted Viterbi training for Hidden Markov Models. Online, Sep. 2007. URL: http://arxiv.org/abs/0709.2317.
186. V. I. Levenshtein. Binary codes capable of correcting deletions, insertions, and reversals. *Doklady Akademii Nauk SSSR*, 163(4):845–848, 1965. (Russian).

187. V. I. Levenshtein. Binary codes capable of correcting deletions, insertions, and reversals. *Soviet Physics Doklady*, 10(8):707–710, 1966.
188. S. E. Levinson. Structural methods in automatic speech recognition. *Proceedings of the IEEE*, 73(11):1625–1650, Nov. 1985.
189. Linguistic Data Consortium. LDC96S46 – LDC96S51, LDC96S53 – LDC96S60. University of Pennsylvania. Online: http://www.ldc.upenn.edu, Apr. 2005.
190. M. Lippmann. Quellenortung in Räumen. Diplomarbeit, Technische Universität Dresden, Institut für Akustik und Sprachkommunikation, 2007.
191. P. Lockwood and M. Blanchet. An Algorithm for the dynamic inference of Hidden Markov Models (DIHMM). *Proceedings of the IEEE International Conference on Acoustics, Speech and Signal Processing 1993. ICASSP-93*, 2:251–254, 1993.
192. M. Lorenz. Maßnahmen zur Steigerung der Erkennungsleistung von Spracherkennern bei verhallter Sprache. Studienarbeit, Technische Universität Dresden, Institut für Akustik und Sprachkommunikation, 2008.
193. H. Löschke. Entwicklung einer Methodik zur Differenzierung und Beurteilung von Musikinstrumenten anhand von Solomusikstücken. Diplomarbeit, Technische Universität Dresden, Institut für Akustik und Sprachkommunikation, 2006.
194. M. M. Brand. Structure learning in conditional probability models via an entropic prior and parameter extinction. *Neural Computation*, 11(5):1155–1182, 1999.
195. A. Malcher. Minimizing finite automata is computationally hard. *Theor. Comput. Sci.*, 327(3):375–390, 2004.
196. C. D. Manning and H. Schütze. *Foundations of Statistical Natural Language Processing*. MIT Press, Cambridge, MA, USA; London, UK, 2001.
197. R. Martin. Noise power spectral density estimation based on optimal smoothing and minimum statistics. *IEEE Transactions on Speech and Audio Processing*, 9(5):504–512, 2001.
198. G. Marx. *Entwicklung einer Methode zur numerischen Lautanalyse*. Dissertationsschrift, Martin-Luther-Universität Halle-Wittenberg, 1994. Landaufbauforschung Völkenrode, ISSN 0376-0723.
199. G. Marx and R.-B. Laube. A new method of comparative sound analysis on domestic animals. In *Proceedings of the Annual Meeting of the American Society of Animal Sciences and International Society of Applied Ethology*, Pittsburg, PA, USA, Aug. 1992.
200. G. Marx, R.-B. Laube, C. Igney, and J. Helbig. Grundlagen der numerischen Lautanalyse bei Nutztieren. In *24. Fachkolloquium Informationstechnik*, Dresden, Germany, Feb. 191.
201. J. Mercer. Functions of positive and negative type and their connection with the theory of integral equations. *Philosophical Transactions of the Royal Society A*, (209):415–446, 1909.
202. S. Merchel. Untersuchungen zur subjektiven und objektiven Bewertung und Beurteilung von Musikinstrumenten anhand von Solomusikstücken. Diplomarbeit, Technische Universität Dresden, Institut für Akustik und Sprachkommunikation, 2005.
203. S. Merchel and R. Hoffmann. Subjective evaluation of musical instruments on the basis of solo pieces of music. In *Proceedings of the ISCA/DEGA Workshop on Perceptual Quality of Systems 2005*, pages 68–75, Berlin, Germany, Sep. 2005.

204. A. Mertins. *Signaltheorie*. Teubner, Stuttgart, Germany, 1996. ISBN: 3-519-06178-3.
205. Q. Miao, H.-Z. Huang, and X Fan. A novel hybrid system with neural networks and Hidden Markov Models in fault diagnosis. In *Lecture notes in computer science*, number 4293, pages 513–521. Springer Verlag, 2006.
206. Q. Miao and V. Makis. Condition monitoring and classification of rotating machinery using wavelets and Hidden Markov Models. *Mechanical Systems and Signal Processing*, 21(2):840–855, 2007.
207. M. Müller. *Information Retrieval for Music and Motion*, chapter 3 Pitch- and Chroma-Based Audio Features. Springer, Berlin, Heidelberg, 2007.
208. M. Mohri. Minimization of sequential transducers. In *Lecture Notes in Computer Science*, pages 151–163. Springer-Verlag, 1994.
209. M. Mohri. Finite-state transducers in language and speech processing. *Computational Linguistics*, 23(2):269–311, 1997.
210. M. Mohri. Weighted automata algorithms. In M. Droste, W. Kuich, and H. Vogler, editors, *Handbook of Weighted Automata*, Monographs in Theoretical Computer Science. An EATCS Series, pages 213–254. Springer Berlin Heidelberg, 2009. ISBN 978-3-642-01491-8.
211. M. Mohri, F. Pereira, and M. Riley. Weighted automata in text and speech processing. In *In ECAI-96 Workshop*, pages 46–50. John Wiley and Sons, 1996.
212. M. Mohri, F. C. N. Pereira, and M. Riley. Speech recognition with weighted finite-state transducers. In L. Rabiner and F. Juang, editors, *Handbook on Speech Processing and Speech Communication*, volume Part E: Speech recognition. Springer-Verlag, Heidelberg, Germany, 2008.
213. M. Mohri and M. Riley. A weight pushing algorithm for large vocabulary speech recognition. In *In European conf. on Speech Communication and Technology*, pages 1603–1606, 2001.
214. M. Mohri, M. Riley, D. Hindle, A. Ljolje, and F. Pereira. Full expansion of context-dependent networks in large vocabulary speech recognition. In *Proceedings of the IEEE International Conference on Acoustics, Speech and Signal Processing 1998. ICASSP 1998*, volume 2, pages 665–668, May 1998.
215. M. Mohri, M. Riley, and R. Sproat. Finite-state transducers in language and speech processing. In *Proceedings of the International Conference on Computational Linguistics 1996. COLING-96*, Copenhagen, Denmark, 1996. tutorial.
216. T. Nakatani, K. Kinoshita, M. Miyoshi, and P. S. Zolfaghari. Harmonicity based monaural speech dereverberation with time warping and F0 adaptive window. In *Proceedings of the Annual Conference of the International Speech Communication Association 2004. INTERSPEECH 2004*, pages 873–876, 2004.
217. U. Netz and M. Wolff. Entwicklung von Lösungen zum strukturellen Training hierarchisch organisierter Aussprachewörterbücher. Zwischenbericht und Fortsetzungsantrag zum DFG-Projekt Ho 1674/3, Technische Universität Dresden, Institut für Akustik und Sprachkommunikation, Apr. 1999.
218. A. Neumaier and E. Groeneveld. Restricted maximum likelihood estimation of covariances in sparse linear models, 1996.
219. A. Nicht. Algorithmen der dynamischen Programmierung. Studienarbeit, Technische Universität Dresden, Institut für Akustik und Sprachkommunikation, 2008.
220. T. Näth. Realisierung eines Algorithmus zur Quellentrennung auf Basis der Independent Component Analysis. Diplomarbeit, Technische Universität Dresden, Institut für Akustik und Sprachkommunikation, 2007.

221. H. Ocak, K. A. Loparo, and F. M. Discenzo. Online tracking of bearing wear using wavelet packet decomposition and probabilistic modeling: A method for bearing prognostics. *Journal of Sound and Vibration*, 302(4-5):951–961, May 2007.
222. S. Ohnewald. Parametrisches Sprachsyntheseverfahren auf Basis von Stochastischen Markovgraphen (SMG) und Implementierung der gefundenen Lösung auf einem DSP. Diplomarbeit, Technische Universität Dresden, Institut für Akustik und Sprachkommunikation, 2001.
223. A. V. Oppenheim and R. W. Schafer. *Discrete-Time Signal Processing*. Prentice Hall, 3rd edition edition, 2009. ISBN-13: 978-0131988422.
224. D. Paskalev, A. Kircheva, and S. Krivoshiev. A centenary of auscultatory blood pressure measurement: A tribute to Nikolai Korotkoff. *Kidney & Blood Press Research*, 28:259–263, 2005.
225. D. W. Patterson. *Künstliche neuronale Netze*. Pearson Education Deutsch, 1997. ISBN-13: 978-3827295316.
226. M. Penagarikano and G. Bordel. Layered markov models: a new architectural approach to automatic speech recognition. In *Machine Learning for Signal Processing, 2004. Proceedings of the 2004 14th IEEE Signal Processing Society Workshop*, pages 305–314, Oct. 2004.
227. R. Petrick. *Robuste Spracherkennung unter raumakustischen Umgebungsbedingungen*. Dissertation, Technische Universität Dresden, Dresden, 2009. Studientexte zur Sprachkommunikation, Vol 49. TUDpress.
228. R. Petrick, K. Lohde, M. Wolff, and R. Hoffmann. The harming part of room acoustics in automatic speech recognition. In *Proceedings of the Annual Conference of the International Speech Communication Association 2007. INTERSPEECH 2007*, pages 1094–1097, Antwerp, Belgium, Aug. 2007.
229. A. G. Piersol and T. L. Paez. *Harris' Shock and Vibration Handbook*. McGraw-Hill Handbooks. McGraw-Hill, 2009. ISBN 978-0071508193.
230. W. B. Powell. *Approximate Dynamic Programming: Solving the Curses of Dimensionality*. Wiley, 2007. ISBN 0470171553.
231. E. Pridöhl, B. Frankenstein, and F. Schubert. Möglichkeiten der akustischen Detektion von Rissen in rollenden Radsätzen. In *Internationale Schienenfahrzeugtagung Dresden*, pages 61–63, Dresden, Germany, 2003.
232. T. Pusch, C. Cherif, A. Farooq, S. Wittenberg, R. Hoffmann, and C. Tschöpe. Early fault detection at textile machines with the help of structure-borne sound analysis. *Melliand English*, 11-12:E 144 – E 145, 2008.
233. T. Pusch, C. Cherif, A. Farooq, S. Wittenberg, M. Wolff, R. Hoffmann, and C. Tschöpe. Fehlerfrüherkennung an Textilmaschinen mit Hilfe der Körperschallanalyse. *Melliand Textilberichte*, 3:113–115, 2009.
234. T. Pusch and S. Wittenberg. Fehlerfrüherkennung an Spinnereimaschinen. Zwischenbericht zum AiF-Projekt KF0413201WD6, Technische Universität Dresden, 2007.
235. T. Pusch and S. Wittenberg. Fehlerfrüherkennung an Spinnmaschinen. Abschlussbericht zum AiF-Projekt KF0413201WD6, Technische Universität Dresden, 2009.
236. L. Rabiner and F. Juang, editors. *Handbook on Speech Processing and Speech Communication*, volume Part E: Speech recognition. Springer-Verlag, Heidelberg, Germany, 2008.
237. L. R. Rabiner. A tutorial on Hidden Markov Models and selected applications in speech recognition. *Proceedings of the IEEE*, 77(2):257–286, February 1989.

238. R. Rammohan and M. R. Taha. Exploratory investigations for intelligent damage prognosis using hidden Markov models. In *Proceedings of the IEEE International Conference on Systems, Man and Cybernetics 2005*, volume 2, pages 1524–1529, 2005.
239. J. Ramírez, J. M. Górriz, and J. C. Segura. Voice activity detection. fundamentals and speech recognition system robustness. In M. Grimm, editor, *Robust speech recognition and understanding*. I-TECH Education and Publ., Vienna, Austria, 2007. 978-3-902613-08-0.
240. S. Reifegerste. Internetbasierte Datensammlung zur Erstellung eines Sprachmodells. Studienarbeit, Technische Universität Dresden, Institut für Akustik und Sprachkommunikation, 2001.
241. D. Revuz. Minimisation of acyclic deterministic automata in linear time. *Theoretical Computer Science*, 92:181—-189, 1992.
242. G. D. Rey and K. F. Wender. *Neuronale Netze: Eine Einführung in die Grundlagen, Anwendungen und Datenauswertung*. Huber, Bern; Auflage, 2008. ISBN-13: 978-3456845135.
243. T. Richter. Erkennung von Biosignalen. Diplomarbeit, Technische Universität Dresden, Institut für Akustik und Sprachkommunikation, 2001.
244. R. Römer. Konzeption zum Cortikalen Algorithmus unter Verwendung der FST-Notation. Arbeitspapier, Jan. 2010.
245. R. Römer and T. Herbig. Konzeptionelle Beschreibung des cortikalen Algorithmus und seine Verwendung in der automatischen Sprachverarbeitung. In R. Hoffmann, editor, *Elektronische Sprachsignalverarbeitung 2009. ESSV 2009*, volume 52 of *Studientexte zur Sprachkommunikation*, pages 33–40, Dresden, Germany, Sep. 2009. TUDpress, Dresden. ISBN: 978-941298-31-6.
246. S. E. Rodabaugh and E. P Klement, editors. *Topological and Algebraic Structures in Fuzzy Sets: A Handbook of Recent Developments in the Mathematics of Fuzzy Sets*. Springer, 2003. ISBN-13: 978-1-4020-1515-1.
247. A. E. Rosenberg, C.-H. Lee, and F. K. Soong. Cepstral channel normalization techniques for HMM-based speaker verification. In *Proceedings of the International Conference on Spoken Language Processing 1994. ICSLP 1994*, pages 1835—-1838, 1994.
248. S. T. Roweis. One microphone source separation. *Neural Information Processing Systems*, pages 793–799, 2000.
249. T. Rudolph. *Evolutionäre Optimierung schneller Worterkenner*. Dissertationsschrift, Technische Universität Dresden, Institut für Akustik und Sprachkommunikation, 1999. Volume 15 of *Studientexte zur Sprachkommunikation*. w.e.b. Universitätsverlag, Dresden. ISBN 3-933592-63-1.
250. G. Ruske. *Automatische Spracherkennung - Methoden der Klassifikation und Merkmalsextraktion*. Oldenbourg, München, Germany, 1988.
251. H. Sakoe and S. Chiba. Dynamic programming algorithm optimization for spoken word recognition. *Acoustics, Speech and Signal Processing, IEEE Transactions on*, 26(1):43–49, 1978.
252. M. F. Schilling, A. E. Watkins, and W. Watkins. Is human height bimodal? *The American Statistician*, 56(3):223–229, August 2002. doi:10.1198/00031300265.
253. M. Schlang and M. Mummert. Die Bedeutung der Fensterfunktion für die Fourier-t-Transformation als gehörgerechte Spektralanalyse. In *Fortschritte der Akustik (DAGA'90)*, pages 1043–1046, Bad Honnef, Germany, 1990.

254. B. Schölkopf and A. Smola. *Learning with Kernels: Support Vector Machines, Regularization, Optimization, and Beyond (Adaptive Computation and Machine Learning).* MIT Press, Cambridge, MA, 2002. ISBN 0-262-19475-9.
255. F. Schmidt, W. Süß, and K. Nieber. In-Vitro Testung von homöopathischen Verdünnungen. *Biol. Medizin*, 33(1):32–37, Feb. 2004.
256. K. Schmidt. Konzeption und Implementierung eines Systems zur Erkennung von Phonemen in Gesangspassagen polyphoner Musik. Diplomarbeit, Technische Universität Ilmenau, 2007.
257. R. Schmidt. Multiple emitter location and signal parameter estimation. *IEEE Transactions on Antennas and Propagation*, 34(3):276–280, Mar 1986.
258. G. Schnitger. Computational learning theory. Vorlesungsmanuskript, Universität Frankfurt/M, Institut für Informatik, Professur Theoretische Informatik, 2009. http://www.thi.cs.uni-frankfurt.de/AlgLearning/Lernen09.pdf.
259. R. Schubert. Domainkategorisierung und -indizierung mit Supportvektormaschinen (SVM). Studienarbeit, Technische Universität Dresden, Institut für Akustik und Sprachkommunikation, 2006.
260. E. G. Schukat-Talamazzini. *Automatische Spracherkennung.* Künstliche Intelligenz. Friedr. Vieweg & Sohn Verlagsgesellschaft mbH, Braunschweig/Wiesbaden, 1995. ISBN 3-528-05492-1.
261. P. Smyth. Hidden Markov Models and neural networks for fault detection in dynamic systems. In *Proceedings of the 1993 IEEE-SP Workshop on Neural Networks for Signal Processing*, pages 582–592, Sept. 1993.
262. D. Sündermann. Entwurf und Entwicklung von allgemeinen Symbolfolgestatistiken und deren Anwendung in der Sprachverarbeitung. Studienarbeit, Technische Universität Dresden, Institut für Akustik und Sprachkommunikation, 2001.
263. D. Sobe. Vergleich akustischer Vorverarbeitungsverfahren für einen Worterkenner. Studienarbeit, Technische Universität Dresden, Institut für Akustik und Sprachkommunikation, 2002.
264. D. Sobe. Sprachsteuerung eines Computerspiels - Untersuchungen zur Leistungsfähigkeit und Ergonomie. Diplomarbeit, Technische Universität Dresden, Institut für Akustik und Sprachkommunikation, 2004.
265. H. W. Sorenson. *Parameter Estimation: Principles and Problems.* Marcel Dekker, 1980. ISBN 978-0824769871.
266. I. Steinwart and A. Christmann. *Support Vector Machines.* Springer, New York, 2008. ISBN 978-0-387-77241-7.
267. K. N. Stevens. Toward a model for speech recognition. *The Journal of the Acoustical Society of America*, 32(1):47–55, 1960.
268. S. S. Stevens, J. Volkmann, and E. B. Newman. A scale for the measurement of the psychological magnitude pitch. *The Journal of the Acoustical Society of America*, 8(3):185–190, 1937.
269. A. Stolcke and S. Omohundr. Hidden Markov Model Induction by Bayesian Model Merging. In S. J. Hanson, J. D. Cowan, and C. L. Giles, editors, *Advances in Neural, Information Processing Systems*, volume 5. Morgan Kaufman, San Mateo, CA, USA, 1993.
270. G. Strecha. *Skalierbare akustische Synthese für konkatenative Sprachsynthesesysteme.* Dissertationsschrift, Technische Universität Dresden, 2010. TUDpress. erscheint vsl. 2010.

271. G. Strecha, F. Duckhorn, and U. Feldmann. Pitch period detection based on complex harmonic filter analysis (CHFA). In *Czech-German Workshop on Speech Processing 2006*, pages 59–63, Prague, Czech Republic, Sep. 2006.
272. G. Strecha, M. Wolff, F. Duckhorn, S. Wittenberg, and C. Tschöpe. The HMM synthesis algorithm of an embedded unified speech recognizer and synthesizer. In *Proceedings of the Annual Conference of the International Speech Communication Association 2009. INTERSPEECH 2009*, pages 1763–1766, Brighton, U.K., Sep. 2009.
273. R. Sundberg. An iterative method for solution of the likelihood equations for incomplete data from exponential families. *Scand. J. Statist.*, 1:49–58, 1976.
274. J. A. Swets. *Signal Detection and Recognition by Human Observers*. Peninsula Publishing, 1964. ISBN 0-932146-21-X.
275. D. Talkin. A robust algorithm for pitch tracking (RAPT). *Elsevier*, 1995.
276. T. Tandjeu. Signalverarbeitung zur Überwachung rotierender Eisenbahnräder. Diplomarbeit, Technische Universität Dresden, Institut für Akustik und Sprachkommunikation, 2003.
277. A. R. Taylor and S. R. Duncan. A comparison of techniques for monitoring process faults. In *Proceedings of the Conference on Control Systems*, pages 323–327, Stockholm, Sweden, 2002.
278. E. Terhardt. Fourier transformation of time signals - conceptual revision. *Acustica*, 57:242–256, 1985.
279. E. Terhardt. *Akustische Kommunikation - Grundlagen mit Hörbeispielen*. Springer, Berlin/Heidelberg, 1998. ISBN 3-540-63408-8.
280. C. Tschöpe. *Klassifikation technischer Signale*. Dissertationsschrift, Technische Universität Dresden, 2010. TUDpress. erscheint vsl. 2010.
281. C. Tschöpe, D. Hentschel, M. Wolff, M. Eichner, and R. Hoffmann. Classification of non-speech acoustic signals using structure models. In *Proceedings of the IEEE International Conference on Acoustics, Speech, and Signal Processing, 2004. ICASSP '04*, volume 5, pages V–653–V–656, May 2004.
282. C. Tschöpe, D. Hirschfeld, and R. Hoffmann. Klassifikation technischer Signale für die Geräuschdiagnose von Maschinen und Bauteilen. In H. Tschöke and W. Henze, editors, *Motor- und Aggregateakustik II*, pages 45–53. expert Verlag, Renningen, Magdeburg, Germany, 2005.
283. C. Tschöpe and H. Neunübel. Machbarkeitsstudie zur Prüfung von gesinterten Zahnrädern. Abschlussbericht an Miba Sinter Austria GmbH, Fraunhofer-Institut für zerstörungsfreie Prüfverfahren, Dresden (IZFP-D), Sep. 2005.
284. C. Tschöpe and M. Wolff. Automatic decision making in SHM using Hidden Markov Models. In *Database and Expert Systems Applications, 2007. DEXA '07*, pages 307–311, Sept. 2007.
285. C. Tschöpe and M. Wolff. Automatische Beurteilung akustischer Signale. In *Forum Akustische Qualitätssicherung 2008 der DGAQS*, pages 3–1 – 3–4, Dezember 2008.
286. C. Tschöpe and M. Wolff. Statistical classifiers for structural health monitoring. *IEEE Sensors Journal*, 9(11):1567–1676, Nov. 2009.
287. C. Tschöpe, M. Wolff, and R. Hoffmann. Akustische Mustererkennung für die ZfP. In *MP Materials Testing*, volume 10, pages 701–704. Carl Hanser Verlag, 2009.
288. C. Tschöpe, M. Wolff, and R. Hoffmann. Automatische Klassifikationsverfahren in der Zustandsüberwachung. In *DGZFP-Jahrestagung 2009*, Münster, Germany, May 2009. Di.3.B.2.

289. C. Tschöpe, M. Wolff, and D. Joneit. Sprachsteuerung von Mess- und Prüfgeräten. In *BMBF-Statustagung KMU-innovativ: IKT*, Nov. 2008.
290. O. Uschmann. *Gemeinsamkeiten und Unterschiede in den Sprachphilosophien Humboldts und Chomskys*. GRIN, 2000. ISBN 978-3-638-81595-6.
291. V. Vapnik. *The Nature of Statistical Learning Theory*. Springer-Verlag New York, Inc., New York, NY, USA, 1995.
292. V. Vapnik. *Statistical Learning Theory*. Wiley-Interscience, 1998.
293. P. Vary, U. Heute, and W. Hess. *Digitale Sprachsignalverarbeitung*. Teubner, Stuttgart, 1998. ISBN-13: 978-3519061656.
294. R. C. Vasko, A. El-Jaroudi, and J. R. Boston. An algorithm to determine Hidden Markov Model topology. *Proceedings of the IEEE International Conference on Acoustics, Speech and Signal Processing 1996. ICASSP-96*, 6:3577–3580, 1996.
295. T. Virtanen. Monaural sound source separation by nonnegative matrix factorization with temporal continuity and sparseness criteria. *IEEE Transactions on Audio, Speech, and Language Processing*, 15(3):1066–1074, Mar. 2007.
296. A. J. Viterbi. Error bounds for convolutional codes and an asymptotically optimal decoding algorithm. *IEEE Transactions on Information Theory*, IT-13:260–269, Apr. 1967.
297. W. von Humboldt. *Gesammelte Werke*, volume 7, page 98. 1920.
298. G. G. Walter and X. Shen. *Wavelets and Other Orthogonal Systems*. Chapman & Hall/CRC, Boca Raton London, New York, 2001. ISBN-13: 978-1584882275.
299. D. Wang and G. J. Brown. *Computational Auditory Scene Analysis: Principles, Algorithms, and Applications*. John Wiley & Sons, Inc., Hoboken, NJ, USA, 2006. ISBN: 0471741094.
300. B. W. Watson. A taxonomy of finite automata minimization algorithms. Technical Report 93/44, Eindhoven University of Technology, The Netherlands, 1993.
301. A. Wendemuth. *Grundlagen der Digitalen Signalverarbeitung*. Springer Verlag, Heidelberg, 2004. ISBN: 3-540-21885-8.
302. A. Wendemuth. *Grundlagen der stochastischen Sprachverarbeitung*. Oldenbourg Verlag, München, Wien, 2004. ISBN 3-486-27465-1.
303. S. Werner. Angepasste Merkmalextraktion für ein kombiniertes Spracherkennungs- und -synthesesystem. Diplomarbeit, Technische Universität Dresden, Institut für Akustik und Sprachkommunikation, 2000.
304. S. Werner. *Sprachsynthese und Spracherkennung mit gemeinsamen Datenbasen – Sprachmodell und Aussprachemodellierung*. Dissertationsschrift, Technische Universität Dresden, 2007. Volume 48 of *Studientexte zur Sprachkommunikation*. TUDpress, Dresden. ISBN 978-3-940046-65-9.
305. S. Werner, M. Eichner, M. Wolff, and R. Hoffmann. Toward spontaneous speech synthesis – utilizing language model information in TTS. *IEEE Transactions on Speech and Audio Processing*, 12(4):436–445, July 2004.
306. S. Werner, M. Wolff, M. Eichner, and R. Hoffinann. Modeling pronunciation variation for spontaneous speech synthesis. In *Proceedings of the IEEE International Conference on Acoustics, Speech, and Signal Processing, 2004. ICASSP '04*, volume 1, pages 673–676, Montreal, Canada, May 2004.
307. S. Werner, M. Wolff, M. Eichner, and R. Hoffmann. Integrating speech enabled services in a web-based e-learning environment. In *Proceedings of the International Conference on Information Technology: Coding and Computing 2004. ITCC 2004*, volume 2, pages 303–307, April 2004.

308. S. Werner, M. Wolff, M. Eichner, R. Hoffmann, and J. Estelmann. Language identification using meta-classification of multiple experts. In *Processings of the International Conference on Speech and Computer 2005. SPECOM 2005*, pages 519–522, Patras, Greece, Oct. 2005.
309. S. Werner, M. Wolff, and R. Hoffmann. Pronunciation variation modeling for spontaneous speech synthesis. In R. Vích, editor, *Electronic Speech Signal Processing*, volume 36 of *Studientexte zur Sprachkommunikation*, pages 381–387, Prague, Czech Republic, Sep. 2005. ISBN 3-938863-17-X.
310. S. Werner, M. Wolff, and R. Hoffmann. Pronunciation variant selection for spontaneous speech synthesis-listening effort as a quality parameter. In *Proceedings of the IEEE International Conference on Acoustics, Speech and Signal Processing, 2006. ICASSP 2006*, volume 1, pages 857–860, Toulouse, France, May 2006.
311. C.-M. Westendorf. *Einführung in die Methodik der automatischen Erkennung*, volume 3 of *Studientexte zur Sprachkommunikation*. Technische Universität Dresden, Dresden, Germany, 1989.
312. C.-M. Westendorf and M. Wolff. Automatische Erzeugung hierarchischer Aussprachewörterbücher. In K. Fellbaum, editor, *Elektronische Sprachsignalverarbeitung 1997. ESSV 1997*, volume 14 of *Studientexte zur Sprachkommunikation*, pages 124–133, Cottbus, Germany, Aug. 1997. w.e.b. Universitätsverlag, Dresden.
313. C.-M. Westendorf and M. Wolff. Automatische Erzeugung hierarchischer Aussprachewörterbücher. In R. Hoffmann, editor, *Elektronische Sprachsignalverarbeitung 1998. ESSV 1998*, pages 25–28, Dresden, Germany, Sep. 1998.
314. C.-M. Westendorf and M. Wolff. Automatische Generierung von Aussprachewörterbüchern aus Signaldaten. In B. Schröder, W. Lenders, W. Hess, and T. Portele, editors, *Computer, Linguistik und Phonetik zwischen Sprache und Sprechen*, pages 213–225. Peter Lang Pub. Inc., 1998. ISBN 978-0820435718.
315. M. Westphal. The use of cepstral means in conversational speech recogniti-on. In *Proceedings of the European Conference on Speech Communication and Technology 1997. Eurospeech 1997*, pages 1143–1146, 1997.
316. M. Westphal and A. Waibel. Model-combination-based acoustic mapping. In *Proceedings of the IEEE International Conference on Acoustics, Speech and Signal Processing, 2001. ICASSP 2001*, volume 1, pages 221–224, Salt Lake City, UT, USA, 2001.
317. B Widrow and M. E. Hopf. Adaptive switching circuits. *IRE WESCON Convention Record*, 4:96–104, 1960.
318. K. W. Wilson, B. Raj, P. Smaragdis, and A. Divakaran. Speech denoising using nonnegative matrix factorization with priors. In *Proceedings of the IEEE International Conference on Acoustics, Speech and Signal Processing 2008. ICASSP 2008*, pages 4029–4032, Apr. 2008.
319. G. Wirsching. Woher kommen die p-Normen? Technical report, Katholische Universität Eichstätt, 2010. URL http://edoc.ku-eichstaett.de/5535/.
320. S. Wittenberg. Kanaladaption für ein Internet-Frontend eines Spracherkenners. Diplomarbeit, Technische Universität Dresden, Institut für Akustik und Sprachkommunikation, 2006.
321. S. Wittenberg, R. Petrick, M. Wolff, and R. Hoffmann. Einkanalige Störgeräuschunterdrückung zur Steigerung der Worterkennungsrate eines Spracherkenners. In K. Fellbaum, editor, *Elektronische Sprachsignalverarbeitung*

2007. ESSV 2007, volume 46 of *Studientexte zur Sprachkommunikation*, pages 52–59, Cottbus, Germany, Sep. 2007. TUDpress, Dresden. ISBN 978-3-940046-40-6.

322. S. Wittenberg, T. Pusch, R. Hoffmann, and C. Cherif. Fehlerfrüherkennung an Textilmaschinen mit Hilfe der Körperschallanalyse. In *Aachen-Dresden International Textile Conference*, Dresden, Germany, Dec. 2008.
323. S. Wittenberg, M. Wolff, and R. Hoffmann. Feasibility of statistical classifiers for monitoring rollers. In *Proceedings of the International Conference on Signals and Electronic Systems 2008. ICSES 08*, pages 463–466, Krakow, Poland, Sep. 2008.
324. D. Wolf. *Signaltheorie - Modelle und Strukturen.* Springer-Verlag, Berlin etc., 1999.
325. F. Wolfertstetter and G. Ruske. Structured Markov models for speech recognition. In *Proceedings of the IEEE International Conference on Acoustics, Speech, and Signal Processing 1995. ICASSP-95*, volume 1, pages 544–547, May 1995.
326. M. Wolff. Effizientere Nutzung von Trainingsdaten für das Wörterbuchlernen durch eine verallgemeinerte hierarchische Gliederung der Wortliste. In D. Mehnert, editor, *Elektronische Sprachsignalverarbeitung 1999. ESSV 1999*, volume 16 of *Studientexte zur Sprachkommunikation*, pages 236–243, Görlitz, Germany, Sep. 1999. w.e.b. Universitätsverlag, Dresden. ISBN 3-933592-64-X.
327. M. Wolff. On representation and training of pronunciation dictionaries. In H. Höge, B. Horvat, and Z. Kacic, editors, *Proceedings of the International Workshop on Advances in Speech Technology 1999. AST 1999*, pages 175–190, Munich, Germany, Jul. 1999. ISBN 86-435-0335-5.
328. M. Wolff. *Automatisches Lernen von Aussprachewörterbüchern.* Dissertationsschrift, Technische Universität Dresden, 2004. Volume 32 of *Studientexte zur Sprachkommunikation.* w.e.b. Universitätsverlag, Dresden. ISBN 3-937672-71-0.
329. M. Wolff and M. Eichner. Untersuchungen zum statistischen Zusammenhang zwischen orthographischer und phonetischer Repräsentation deutscher Wörter. In W. Hess, editor, *Elektronische Sprachsignalverarbeitung 2001. ESSV 2001*, volume 22 of *Studientexte zur Sprachkommunikation*, pages 315–322, Bonn, Germany, Sep. 2001. w.e.b. Universitätsverlag, Dresden. ISBN 3-935712-62-6.
330. M. Wolff, M. Eichner, and R. Hoffmann. Eine Entwicklungsumgebung zur Erstellung internetbasierter Tutorien für die elektronische Sprachsignalverarbeitung. In K. Fellbaum, editor, *Elektronische Sprachsignalverarbeitung 2000. ESSV 2000*, volume 20 of *Studientexte zur Sprachkommunikation*, pages 184–192, Cottbus, Germany, Sep. 2000. w.e.b. Universitätsverlag, Dresden. ISBN 3-933592-76-3.
331. M. Wolff, M. Eichner, and R. Hoffmann. Entwicklung von Lösungen zum strukturellen Training hierarchisch organisierter Aussprachewörterbücher. Abschlussbericht zum DFG-Projekt Ho 1674/3, Technische Universität Dresden, Institut für Akustik und Sprachkommunikation, Dec. 2000.
332. M. Wolff, M. Eichner, and R. Hoffmann. Automatic learning and optimization of pronunciation dictionaries. In *ISCA ITR-Workshop on adaptation methods for speech recognition*, pages 159–162, Sophia Antipolis, France, 2001.
333. M. Wolff, M. Eichner, and R. Hoffmann. Improved data-driven generation of pronunciation dictionaries using an adapted word list. In *Proceedings of the*

European Conference on Speech Communication and Technology 2001. Eurospeech 2001, pages 1433–1436, Aalborg, Denmark, 2001.

334. M. Wolff, M. Eichner, and R. Hoffmann. Evaluation of automatically trained pronunciation dictionaries. In *Czech-German WS on Speech Processing 2002*, Prague, Czech Republic, 2002.
335. M. Wolff, M. Eichner, and R. Hoffmann. Measuring the quality of pronunciation dictionaries. In *ISCA Workshop on Pronunciation Modeling and Lexicon Adaptation for Spoken Language 2002. PMLA 2002*, pages 117–122, Estes Park, CO, USA, Sep. 2002.
336. M. Wolff, M. Eichner, S. Werner, J. Estelmann, and R. Hoffmann. Metaclassification for a language identification task. In R. Vích, editor, *Electronic Speech Signal Processing*, volume 36 of *Studientexte zur Sprachkommunikation*, pages 346–355, Prague, Czech Republic, Sep. 2005. ISBN 3-938863-17-X.
337. M. Wolff and M. Kühne. Stimmaktivierung eines Spracherkenners. In K. Fellbaum, editor, *Elektronische Sprachsignalverarbeitung 2004. ESSV 2004*, volume 30 of *Studientexte zur Sprachkommunikation*, pages 69–78, Cottbus, Germany, Sep. 2004. w.e.b. Universitätsverlag, Dresden. ISBN 3-937672-65-5.
338. M. Wolff, U. Kordon, H. Hussein, M. Eichner, R. Hoffmann, and C. Tschöpe. Auscultatory blood pressure measurement using HMMs. In *Proceedings of the IEEE International Conference on Acoustics, Speech and Signal Processing, 2007. ICASSP 2007*, volume 1, pages 405–408, Honolulu, HI, USA, April 2007.
339. M. Wolff, R. Schubert, R. Hoffmann, C. Tschöpe, E. Schulze, and H. Neunübel. Experiments in acoustic structural health monitoring of airplane parts. In *Proceedings of the IEEE International Conference on Acoustics, Speech and Signal Processing, 2008. ICASSP 2008*, pages 2037–2040, Las Vegas, NV, USA, Apr. 2008.
340. M. Wolff and C. Tschöpe. Entwicklung von Datenanalyseverfahren für die Qualitätsbewertung technischer Prozesse, basierend auf spektralen Repräsentationen akustischer Vorgänge. Abschlussbericht zum DFG-Projekt HO 1674/8-1, Technische Universität Dresden, Institut für Akustik und Sprachkommunikation, Dec. 2007.
341. M. Wolff and C. Tschöpe. Pattern recognition for sensor signals. In *Proceedings of the IEEE Sensors Conference 2009*, pages 665–668, Christchurch, New Zealand, Okt. 2009.
342. G. Wunsch and H. Schreiber. *Digitale Systeme.* TUDpress, Dresden, 5. auflage edition, 2006. ISBN 978-3-938863-34-8.
343. Ephraim Y. and D. Malah. Speech enhancement using a minimum mean-square error log-spectral amplitude estimator. *IEEE Transactions on Acoustic Speech Signal Processing*, 33(2):443–445, 1985.
344. L. A. Zadeh. Fuzzy sets. *Information and Control*, 8:338–353, 1965.
345. D. Zhang, Y. Zeng, X. Zhou, and Y. Cheng. The pattern recognition of nondestructive testing based on HMM. In *In Proceedings 4th World Congress on Intelligent Control and Automation (Cat. No. 02EX527)*, volume 3, pages 2198–2202, Piscataway, NJ, USA, 2002.
346. X. Zhang, R. Xu, K. Chiman, S. Y. Liang, Quilin Xie, and L. Haynes. An integrated approach to bearing fault diagnostics and prognostics. In *Proceedings of the American Control Conference 2005*, volume 4, pages 2750–2755, 2005.
347. H.-J. Zimmermann. *Fuzzy Set Theory and its Applications.* Springer Netherlands, 2001. ISBN 0-7923-7435-5.

348. G. K. Zipf. *Psycho-Biology of Languages.* MIT Press, 1965. (original publication: Houghton-Mifflin, 1935).
349. M. H. Zweig and G. Campbell. Receiver-operating characteristic (ROC) plots: a fundamental evaluation tool in clinical medicine. *Clinical Chemistry*, 39(8):561–277, 1993.
350. E. Zwicker. *Psychoakustik.* Springer, Berlin, 1984. ISBN-13: 978-3540114017.